工业和信息化设计人才实训指南

Maya 基础与实战教程

周玉山 李娜 编著

電子工業出版社
Publishing House of Electronics Industry
北京 • BEIJING

读者服务

读者在阅读本书的过程中如果遇到问题，可以关注"有艺"公众号，通过公众号中的"读者反馈"功能与我们取得联系。此外，通过关注"有艺"公众号，您还可以获取艺术教程、艺术素材、新书资讯、书单推荐、优惠活动等相关信息。

扫一扫关注"有艺"

资源下载方法：关注"有艺"公众号，在"有艺学堂"的"资源下载"中获取下载链接。如果遇到无法下载的情况，可以通过以下三种方式与我们取得联系。

1.关注"有艺"公众号，通过"读者反馈"功能提交相关信息。

2.请发邮件至art@phei.com.cn，邮件标题命名方式：资源下载+书名。

3.读者服务热线：（010）88254161~88254167转1897。

扫一扫看视频

投稿、团购合作：请发邮件至art@phei.com.cn。

图书在版编目（CIP）数据

Maya基础与实战教程 / 周玉山, 李娜编著. -- 北京:电子工业出版社, 2023.9
（工业和信息化设计人才实训指南）
ISBN 978-7-121-46368-6

Ⅰ.①M… Ⅱ.①周… ②李… Ⅲ.①三维动画软件－教材 Ⅳ.①TP391.414

中国国家版本馆CIP数据核字(2023)第175472号

责任编辑：高　鹏　　特约编辑：刘红涛
印　　刷：北京市大天乐投资管理有限公司
装　　订：北京市大天乐投资管理有限公司
出版发行：电子工业出版社
　　　　　北京市海淀区万寿路173信箱　　邮编：100036
开　　本：787×1092　1/16　印张：18　字数：518.4千字
版　　次：2023 年 9 月第 1 版
印　　次：2023 年 9 月第 1 次印刷
定　　价：79.00 元

凡所购买电子工业出版社图书有缺损问题，请向购买书店调换。若书店售缺，请与本社发行部联系，联系及邮购电话：（010）88254888，88258888。
质量投诉请发邮件至 zlts@phei.com.cn，盗版侵权举报请发邮件至 dbqq@phei.com.cn。
本书咨询联系方式：（010）88254161 ～ 88254167 转 1897。

Preface 前言

随着三维技术的发展，《哪吒之魔童降世》《姜子牙》《白蛇：缘起》等越来越多的国风三维动画片出现在大众的面前，带给观众一次又一次惊喜，逼真的特效、国风人物、优秀的动作……使观众身临其境。每看到一部动画片产生，都让人不由感慨动画行业的复兴。在动画制作方面，首选的软件就是 Maya。Maya 是 Autodesk 旗下著名的三维建模软件，主要用于影视动画、动漫设计、游戏设计与开发等领域。

自 Maya 2018 版本推出以来，大大提高了电影、电视、游戏等领域开发、设计、创作的工作效率，同时改善了多边形建模操作，通过新的运算法则提高了软件性能，多线程支持可以让用户充分利用多核处理器的优势，新的 HLSL 着色工具和硬件着色 API 则可以大大增强新一代主机游戏的外观。另外，在角色建立和动画制作方面也更具弹性。由于 Maya 软件功能更为强大，体系更为完善，因此国内很多的三维动画制作人员都开始使用 Maya，很多公司也都将 Maya 作为其主要的创作工具。

作者依据动画行业的制作要求，以软件命令与实例操作贯穿全书。这是一本综合 Maya 建模、材质、灯光、动画及特效交融应用的实战类教材。全书共 10 章，内容涵盖软件基础、多边形建模、NURBS 曲线曲面建模、Maya 自带的 Arnold（阿诺德）材质灯光、动画曲线编辑器、骨架蒙皮绑定、角色动画制作、Bifrost 流体特效、nParticle（粒子）、nCloth（布料）及 nHair（毛发系统）等，全书从基础操作到中级技术应用都进行了深入的讲解。当然，有一定制作基础的读者也可以按照自己的喜好直接查阅自己感兴趣的章节。在编写本书的过程中，作者以求真务实的态度，力求精益求精，与众不同。

给读者朋友们的建议：在学习 Maya 软件的过程中，初学者首先要秉持良好的心态，软件是实现大家设计想法的工具，但并不是万能的，也并不代表学习软件技术后就能创作出令人叹为观止的作品。因此，学习软件的过程是创作的过程，不要等所有的章节都学习完才开始创作，而是应该从刚接触命令的时候就要树立创作的概念。学习本书时请读者采用书本理论与视频教学两者相结合的方式，遇到难度较高的案例，也可以打开本书提供的案例源文件进行参考。本书视频教程分为课堂案例和课堂练习两个部分，每个案例都配有多媒体高清视频教学录像，其详细地讲解了每个案例的制作过程，帮助读者把制作过程中遇到的难题逐一解决。

在本书的编写过程中，得到很多同行、朋友的帮助，在此由衷地表示感谢。另外，特别感谢烟台南山学院、烟台黄金职业学院给予的大力支持和帮助。由于时间仓促，书中内容难免有疏漏之处，还请读者朋友们海涵雅正。

作 者

增值服务介绍

本书增值服务丰富，包括图书相关的训练营、素材文件、源文件、视频教程；设计行业相关的资讯、开眼、社群和免费素材，助力大家自学与提高。

在每日设计APP中搜索关键词“D46368”，进入图书详情页面获取；设计行业相关资源在APP主页即可获取。

训练营

书中课后习题线上练习，提交作品后，有专业老师指导。

赠送配套讲义、素材、源文件和课后习题答案，辅助学习。

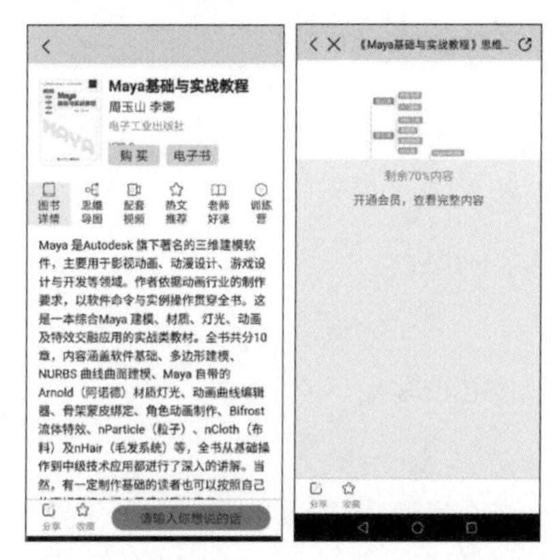

视频教程

配套视频讲解知识点，由浅入深，让你学以致用。

设计资讯

搜集设计圈内最新动态、全球尖端优秀创意案例和设计干货，了解圈内最新资讯。

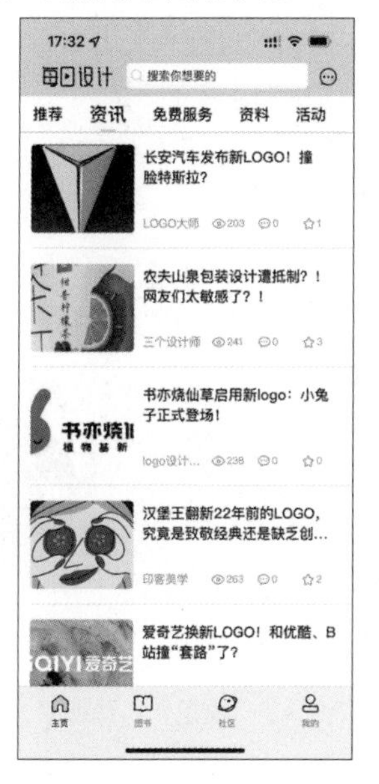

设计开眼

汇聚全球优质创作者的作品，带你遍览全球，看更好的世界，挖掘更多灵感。

设计社群

八大设计学习交流群，专业老师在线答疑，帮助你成为更好的自己。

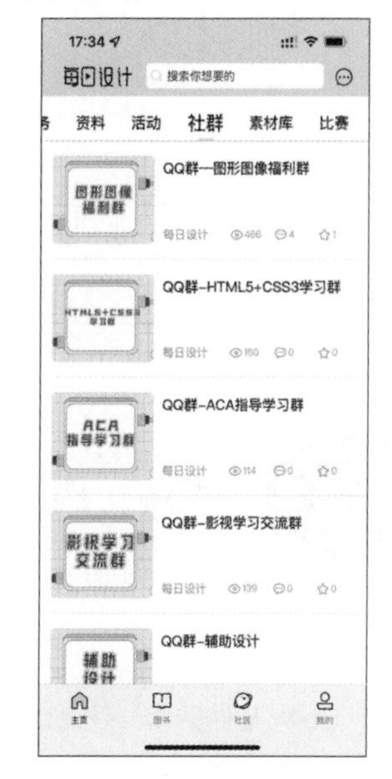

免费素材

涵盖Photoshop、Illustrator、Auto CAD. Cinema 4D. Premiere、PowerPoint等相关软件的设计素材、免费教程，满足你全方位学习需求。

目录 Contents

第1章 Maya概述

第2章 多边形建模

第3章 NURBS建模

第4章 材质贴图

第5章 灯光渲染

第6章 动画入门

第7章 骨架蒙皮绑定

第8章 角色动画

第9章 特效

第10章 综合案例

第1章

Maya 概述

Maya 的前身是基于 Windows NT 系统的，属于 Alias 公司研发的三维制作软件（2005 年被 Autodesk 公司收购）。Maya 功能强大，用户界面友好，操作快捷，一直广泛应用于动画、影视、游戏、工业等创意设计领域。本章通过对 Maya 的介绍，使读者对 Maya 建立初步的印象，为后续的学习打好基础。

MAYA

学习目标

- 了解 Maya 的硬件要求与系统配置
- 了解 Maya 的界面布局
- 了解 Maya 的视图操控
- 了解 Maya 的首选项设置

技能目标

- 掌握 Maya 的基本操作方法
- 掌握 Maya 的首选项设置

Maya软件概述

Maya是当今设计领域流行的三维动画制作软件，广泛应用于动画制作、影视特效、游戏特效、工业设计、可视化产品、医疗、军事等行业。它具有强大的创意设计功能，多年来一直受到CG艺术家和爱好者的喜爱。Maya的强大功能也为数字艺术家提供了一系列灵活又实用的设计工具，帮助他们完成从基础建模、材质制作、灯光设置、骨骼蒙皮绑定、动画特效应用到最终输出的全部工作流程，大大提升了动画制作效率。

1.1.1 硬件要求与系统配置

Maya 2018作为一款高端的三维软件，对操作系统和硬件配置要求不是太高，现在市场上销售的整机或配置不错的笔记本都能满足Maya的运行要求。当然，计算机的整体性能越好，软件的运行速度就越快，具体配置如表1-1所示。

表1-1 硬件要求与系统配置

操作环境及硬件配置	版本类型	型号规格
Windows版	Microsoft Windows 7(SP1)	
	Windows 10 Professional	
Apple版	Apple Mac OS X 10.11.x、10.12.x、10.13.x、10.14x	
浏览器	Apple Safari、Google Chrome Web浏览器、Microsoft Internet Explorer Web浏览器、Mozilla Firefox Web浏览器	
CPU	Intel或AMD多核处理器	支持SSE4.2指令集的64位
显卡		建议Quadro RTX/GTX、Radeon Pro W系列
内存		8 GB RAM（建议使用16 GB或更大空间）
硬盘		大于4GB可用磁盘空间（用于安装）
其他设备		三键鼠标、键盘

1.1.2 应用领域

Maya作为全球顶级三维动画制作软件，应用于国内外诸多视觉设计领域。Maya能给予用户完善的动画制作、3D建模、高效的渲染及特效等功能，广泛应用于广告、影视、工业设计、建筑设计、多媒体制作、游戏、辅助教学以及工程可视化等领域。基于Maya强大的软件功能和完善的流程体系，很多公司将其作为主要的创作工具。在影视媒体领域，比如《星球大战》系列、《指环王》系列、《蜘蛛侠》系列、《哈里波特》系列、《木乃伊归来》、《最终幻想》、《精灵鼠小弟》、《马达加斯加》、《Sherk》及《金刚》等都是出自Maya之手。至于其他领域的应用更是不胜枚举。正是因为受到影视动画师、广告宣传人员、影视制片人、娱乐设计人员、视觉设计专业人员、网络设计开发者的推崇，才成就了Maya 的强大功能，如图 1-1 所示。

图 1-1

Maya的界面布局

Maya 的界面中包含很多功能区，每个功能区又涵盖了很多小的功能分支，分别作用于 Maya 的建模模块、装备模块、动画模块、Fx 模块、渲染模块等，如图 1-2 所示。

图 1-2

1.2.1 Maya 2018的工作区

工作区中包括各种窗口、面板及有序排列的其他界面选项，如图 1-3 所示。

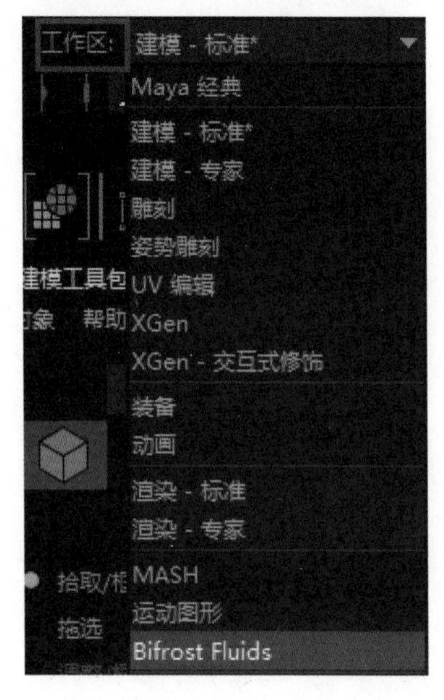

图 1-3

【Maya 经典】：Maya 软件从产生到现在一直沿用的经典工作界面。

【建模 - 标准】：用于基础建模的标准工作界面。

【建模 - 专家】：用于高级建模的工作界面。

【雕刻】：用于雕刻模型细节的工作界面。

【姿势雕刻】：用于雕刻模型姿态的工作界面。

【UV 编辑】：用于拆分模型 UV 的工作界面。

【XGen】：用于毛发系统的工作界面。

【XGen- 交互式修饰】：用于毛发系统交互式修饰的工作界面。

【装备】：用于角色绑定的工作界面。

【动画】：用于角色动画的工作界面。

【渲染 - 标准】：用于标准灯光、材质渲染的工作界面。

【渲染 - 专家】：用于高级灯光、材质渲染的工作界面。

【MASH】：用于制作特效的工作界面。

【运动图形】：用于制作运动图形效果的工作界面。

【Bifrost Fluids】：用于制作流体特效的工作界面。

【重置当前工作区】：用于恢复所用工作区的默认工作界面。

【将当前工作区另存为】：将适合自己的工作区域进行保存，以便下次打开直接调用。

【导入工作区文件】：导入已经创建好的工作界面预设文件。

1.2.2 Maya 2018的操作界面

Maya 2018 的操作界面分为 8 个部分，主要包括标题栏、菜单栏、状态栏、工具栏、工具箱、通道盒、层编辑器和动画控制区等，如图 1-4 所示。

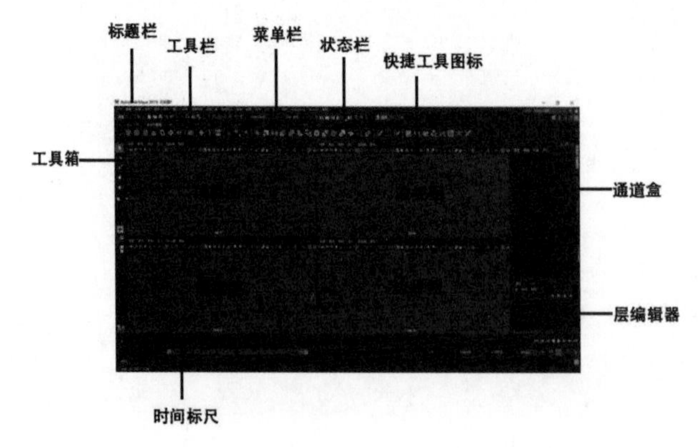

图 1-4

1. 标题栏

标题栏用于显示文件的一些相关信息，如当前使用的软件版本、文件保存目录和文件名称等，如图 1-5 所示。

Autodesk Maya 2018: 无标题*

图 1-5

2. 菜单栏

菜单栏中包含 Maya 所有的命令和工具。因为 Maya 的命令非常多，无法在同一个菜单栏中全部显示出来，所以采用模块化的方式显示，除了 7 个公共菜单命令，其他的菜单命令都被归纳在不同的模块中，这样的菜单结构就让人一目了然，如图 1-6 所示。

文件 编辑 创建 选择 修改 显示 窗口 网格 编辑网格 网格工具 网格显示 曲线 曲面 变形 UV 生成 缓存 Arnold 帮助

图 1-6

3. 状态栏

状态栏中是一些常用的视图操作工具，如模块选择器、选择层级、捕捉开关和编辑器开关等，如图 1-7 所示。

图 1-7

4. 工具箱和视图控制按钮

工具箱位于 Maya 软件操作界面的左边，集合了许多用于常规操作的工具，如图 1-8 所示。

视图控制按钮位于工具箱的正下方，是 Maya 中常用的视图布局快捷按钮，方便用户在不同的环境下更便捷地观察对象，主要包括透视视图、四视图、组合视图等按钮，如图 1-9 所示。

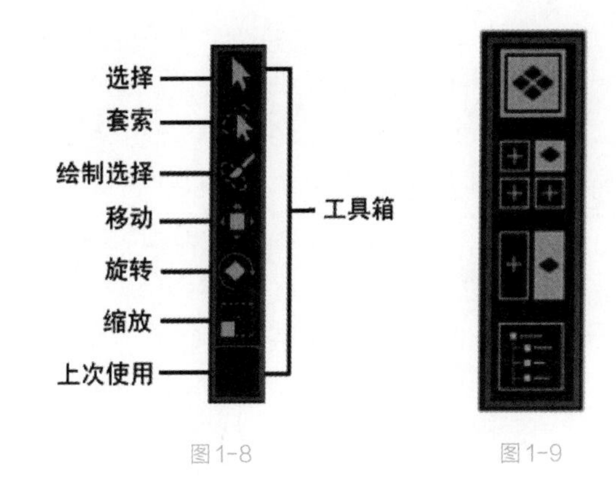

图 1-8　　图 1-9

5. 工具栏

工具栏在 Maya 软件操作界面中是非常醒目的，带有许多按钮和标签，包括各个模块的主要命令和功能。Maya 工具栏中集合了大量快捷命令，这些快捷命令都是 Maya 各个模块中最常用的命令，每个命令按钮都非常形象。工具栏分上下两部分，上面一行是标签栏，排列着很多卡片一样的标签；下面一行是工具按钮，对应每个标签放置了很多按钮。每一个标签都有文字说明，分别对应着 Maya 中的一个功能模块，如图 1-10 所示。

图 1-10

6. 通道盒和层编辑器

通道盒位于操作界面的右边，主要用于编辑对象数值、属性。在通道盒内可以调节对象的移动、旋转、缩放和显示等参数，如图 1-11 所示。

单击鼠标右键，会弹出一个新的通道盒，可以对所选属性进行动画方面的设置。下面对具体命令的用法做详细讲解，如图 1-12 所示。

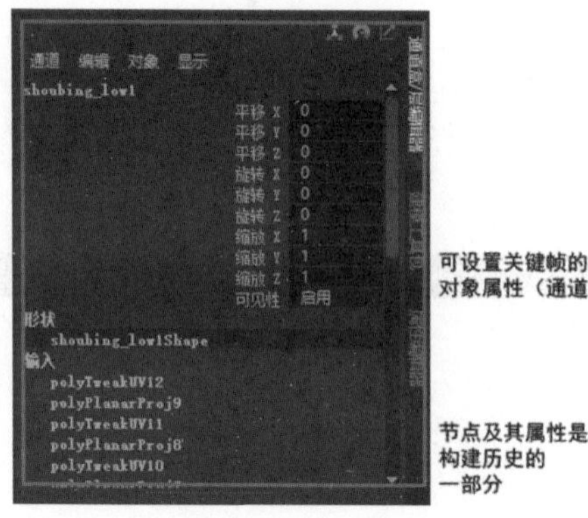

图 1-11

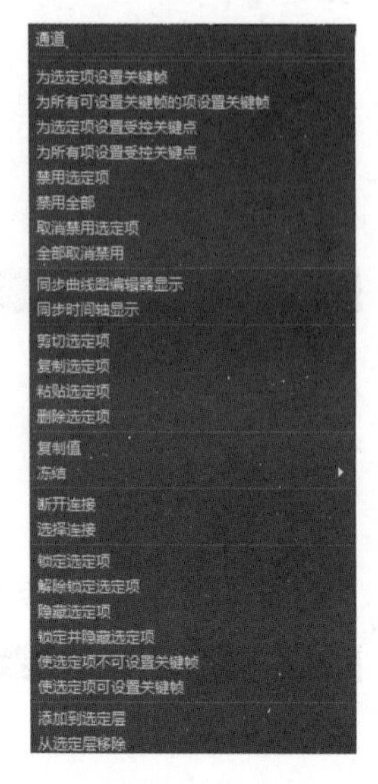

图 1-12

【为选定项设置关键帧】：在当前帧处为选定对象的亮显属性创建动画关键帧。

【为所有可设置关键帧的项设置关键帧】：在当前帧处为选定对象所有可设置关键帧的属性创建动画关键帧。

【为选定项设置受控关键点】：在当前帧处为选定对象的亮显属性创建受控关键点。

【为所有项设置受控关键点】：在当前帧处为选定对象的所有属性创建受控关键点。

【禁用选定项】：在播放过程中禁用选定对象的亮显属性动画。

【禁用全部】：在播放过程中禁用选定对象的所有动画。通道盒中所有禁用的属性均显示为灰色。

【取消禁用选定项】：在播放过程中启用选定对象的亮显属性动画。

【同步曲线图编辑器显示】：启用此选项时会在通道盒中同步选择，使其同时显示在曲线图编辑器中。

【同步时间轴显示】：启用此选项时会将通道盒中的选择同步到时间轴，以便时间轴只显示这些选定通道的关键帧。

【剪切选定项】：移除选定对象亮显属性的动画，并将其放置在关键帧剪贴板中。

【复制选定项】：复制选定对象亮显属性的动画，并将其放置在关键帧剪贴板中。

【粘贴选定项】：将关键帧剪贴板中的动画应用于选定对象的亮显属性。

【删除选定项】：移除选定对象亮显属性的动画。

【复制值】：将一个对象的亮显属性复制到任意数量的其他对象。

【冻结】：将选定对象上当前的变换、旋转、缩放或全部三项重置为对象的零位置。

【断开连接】：移除属性与其控制之间的链接，如果属性具有控制链接，将以紫色亮显该属性。

【选择连接】：选择与选定对象的亮显属性对应的链接节点。

【锁定选定项】：将选定对象的亮显属性锁定为其在时间轴当前帧中的值。

【解除锁定选定项】：解除锁定选定对象的亮显属性，从而允许修改其值。

【隐藏选定项】：从通道盒中移除选定属性。

【锁定并隐藏选定项】：锁定选定属性，并将其从通道盒中移除。

【使选定项不可设置关键帧】：禁用为选定对象的亮显属性设置关键帧功能。

【使选定项可设置关键帧】：启用为选定对象的亮显属性设置关键帧功能。

7. 动画控制区

动画控制区位于操作界面的下方，主要用于编辑各类关键帧动画等参数，如图 1-13 所示。

【当前时间指示器】：是指时间滑块上的灰色色块，在动画预演中可以随意拖动。

【关键帧标记】：是时间滑块上的红色标记，如果为选定对象设置关键帧，其颜色通常为红色。受控关键点是在时间滑块上显示为绿色标记的特殊类型的关键帧。

【时间字段】：用于显示时间，可以输入一个新值来更改当前时间，如图 1-14 所示。

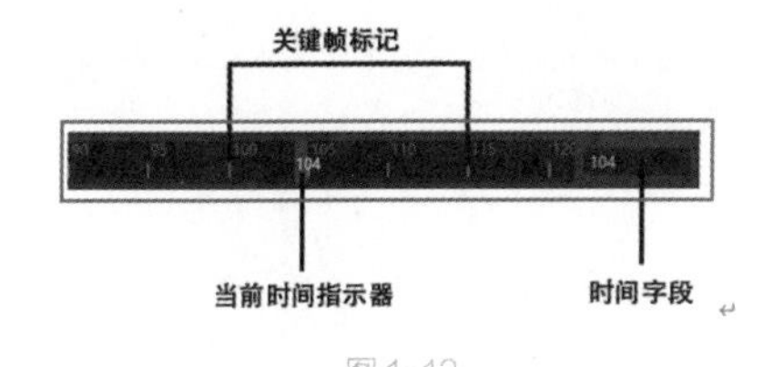

图 1-13

图 1-14

【动画开始时间】：该功能用于设置动画的开始时间。

【动画结束时间】：该功能用于设置动画的结束时间。

【范围滑块】：拖动范围滑块的任意一端可手动延长或缩短播放范围。

【播放开始时间】：该字段用于显示播放范围的当前开始时间。

【播放结束时间】：该字段用于显示播放范围的当前结束时间。

动画层：通过【动画层】下拉菜单可快速切换当前动画层。

【角色集】：通过【角色】下拉菜单可快速切换当前角色集。

【播放控件】：是一组播放动画和预演动画的按钮。播放范围显示在时间滑块中，如图 1-15 所示。

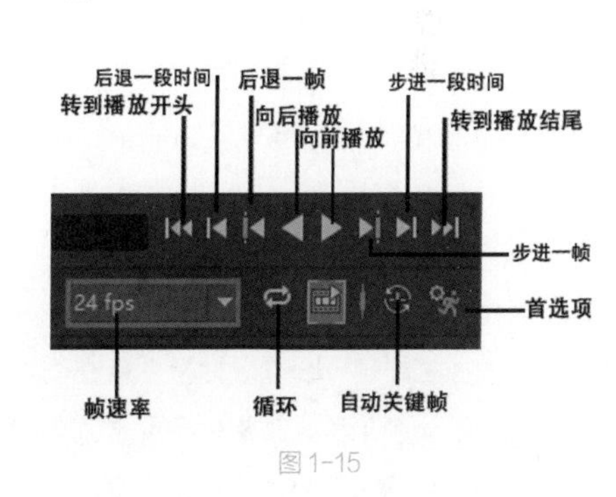

图 1-15

- 【转到播放开头】：单击此按钮可转到播放范围的起点。
- 【后退一段时间】：后退一段时间。
- 【后退一帧】：后退一个关键帧。
- 【向后播放】：反向播放，按 Esc 键停止播放。
- 【向前播放】：正向播放。
- 【步进一帧】：前进一个关键帧。
- 【步进一段时间】：前进一段时间。
- 【转到播放结尾】：单击此按钮可转到播放范围的结尾。

【帧速率】：用于设置场景的帧速率，以每秒帧数（fps）表示。

【循环】：对三维动画进行循环播放。

【自动关键帧】：可以启用自动关键帧模式。激活【自动关键帧】按钮后，当更改当前时间和属性值时，系统自动在属性上设置关键帧。

【首选项】：可以用来设置各类项目制作前最优化的参数。

提示

单击【停止】按钮■停止播放。此按钮仅在播放动画时显示，用于替换【向前播放】或【向后播放】按钮。默认快捷键：Esc 键。

8. 命令栏

用户可以在命令栏的命令行中输入单个 Mel 或 Python 命令，无须打开脚本编辑器。在命令行中输入 Mel 或 Python 相关命令，结果就会显示在命令行右侧的彩色框中，如图 1-16 所示。

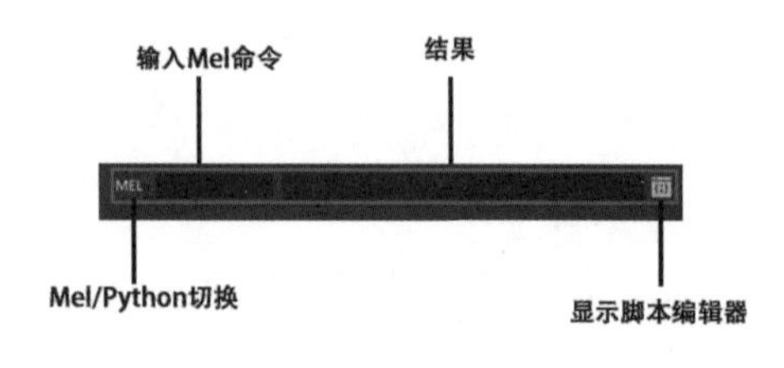

图 1-16

9. 快捷菜单与热盒

快捷菜单：是在 Maya 中进行快速操作的一个重要菜单，相当于 Maya 界面的简版，熟练掌握快捷菜单可以快速提升工作效率。

热盒：将鼠标指针移动到 Maya 操作界面中，按住空格键，会以鼠标指针所在位置为中心出现一个菜单，其中包含屏幕菜单和视图菜单，这个菜单被称为标记菜单，也叫热盒，如图 1-17 所示。

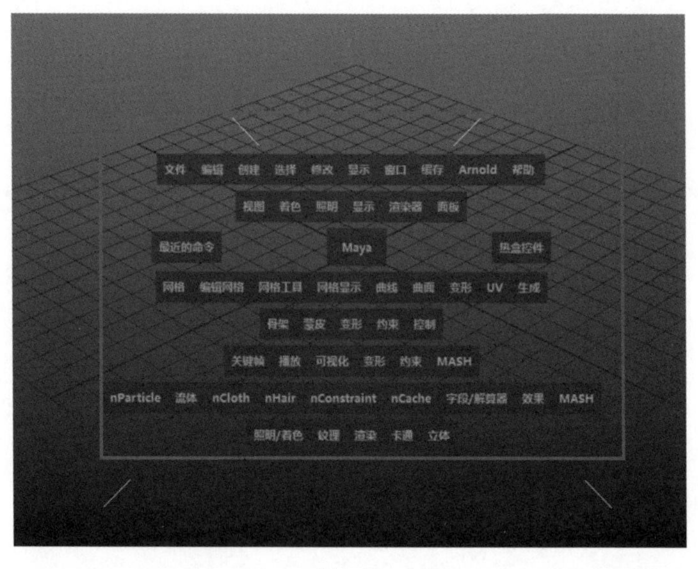

图 1-17

提示

热盒基本上包含每个菜单和菜单项。

如果要快速使用其他菜单集，又不想切换，使用热盒无疑是最好的选择。为了节省空间可以将菜单栏和其他 UI 元素隐藏，也可以使用热盒。

热盒提供了 5 个可自定义的标记菜单，可以通过单击【热盒控件】选项的内部、上方、下方、左侧或右侧来显示。

Maya 软件的入门基础

Maya 软件中包含很多功能模块，如项目工程创建、基础功能、三维坐标系统、工作区、视图面板、工具栏、工具箱、渲染模块。掌握基础模块的应用，可以为后续学习打下坚实的基础。

1.3.1 创设项目工程

一般来说，制作一个完整的动画项目会涉及很多模块及文件，从建模渲染到动画输出，每道工序都会用到很多文件，而文件的存储路径也各不相同。在这种情况下，如果缺乏一个统一、有序的项目文件管理结构，那么各种文件就会杂乱不堪，延缓项目制作进度。因此，为了更加方便地进行项目文件的存储与调用，大家应该掌握创建及编辑工程目录的步骤。

安装好 Maya 软件后，会自动在【用户】>【我的文档】文件夹中新建一个【Maya】文件夹。在该目录下会生成一个【Projects】文件夹，它是 Maya 默认的工程目录文件夹。执行【Project】>【Default】菜单命令，就会看到分类细致、完整的文件夹，日常创建的 Maya 场景文件（*.mb 文件），默认保存在【scenes】文件夹中。而场景文件中存放贴图资源的文件夹，也会默认指向【textures】文件夹，渲染图会默认存放在【images】文件夹中，如图 1-18 所示。

名称	修改日期	类型
assets	2018/11/29 22:35	文件夹
autosave	2020/2/13 15:13	文件夹
cache	2018/11/29 22:35	文件夹
clips	2018/11/29 22:35	文件夹
data	2018/11/29 22:35	文件夹
images	2019/12/9 19:27	文件夹
movies	2019/8/28 15:45	文件夹
muscleCache	2019/8/28 13:59	文件夹
renderData	2018/11/29 22:35	文件夹
sceneAssembly	2018/11/29 22:35	文件夹
scenes	2020/1/4 12:57	文件夹
scripts	2019/1/8 20:48	文件夹
sound	2018/11/29 22:35	文件夹
sourceimages	2019/12/21 9:33	文件夹
Time Editor	2018/11/29 22:35	文件夹
workspace.mel	2018/11/29 22:35	Maya Script File

图 1-18

提示

设置默认 Projects 路径的优势在于，当将一个庞大且复杂的动画项目从一台计算机复制到另外一台或多台计算机上时，如果没有设置过工程目录，那么很难保证场景文件的各种链接资源的链接始终正确，需要人为重新确认链接，过程非常复杂并且容易出错。如果设置了工程目录，则只需将整个项目文件夹复制过去即可，文件夹之间的相对路径是不变的。

Maya 的工程目录会自动创建在【我的文档】中，在实际工作中，一般需要设计师自定义一个项目工程文件夹来保存工程文件。执行【文件】>【项目窗口】菜单命令，打开【项目窗口】对话框即可进行设置，如图 1-19 所示。

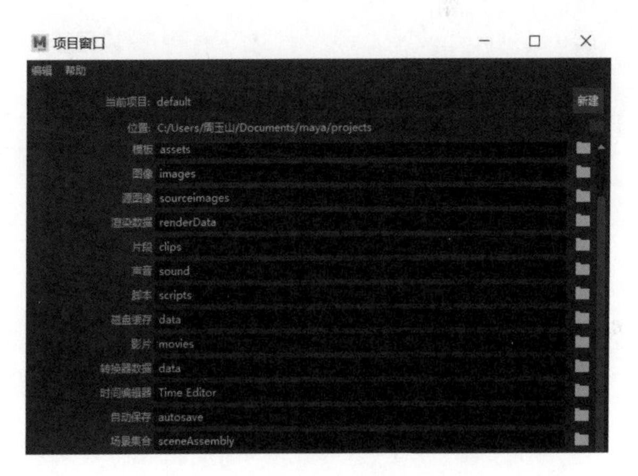

图 1-19

课堂案例 渲染与输出

素材文件	素材文件 \ 第 1 章 \ 无
案例文件	案例文件 \ 第 1 章 \ 课堂案例——渲染与输出 .mb
视频教学	视频教学 \ 第 1 章 \ 课堂案例——渲染与输出 .mp4
练习要点	掌握静帧的渲染与输出的制作技巧。

Step 01 打开案例文件【课堂案例——渲染与输出.mb】，如图 1-20 所示。

Step 02 单击工具箱中的【渲染设置】按钮，弹出【渲染设置】对话框，单击【公用】选项卡，设置【图像格式】为【JPEG（jpg）】，设置【图像大小】下的【预设】为【HD 720】，设置【宽度】为 1280、【高度】为 720，如图 1-21 所示。

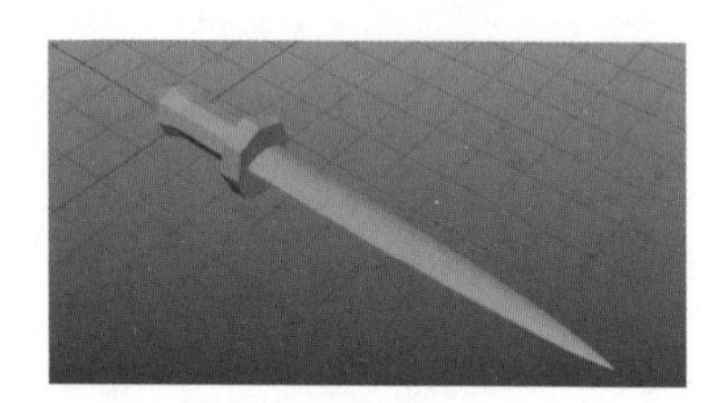

图 1-20

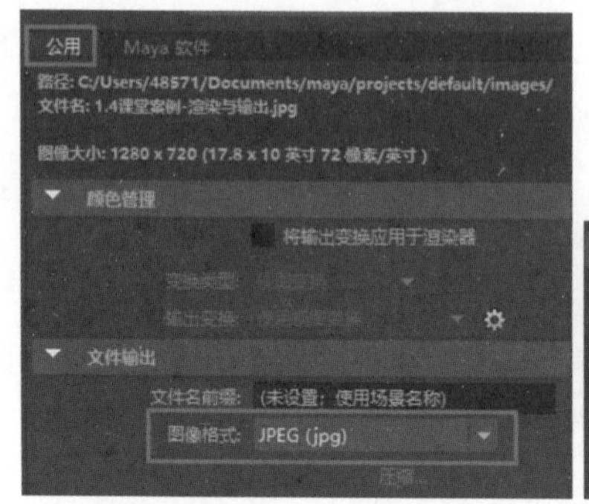

图 1-21

Step 03 单击工具箱中的【IPR 渲染】按钮，打开【渲染视窗】对话框，渲染效果如图 1-22 所示。

Step 04 执行【文件】>【保存图像】菜单命令，选择合适的存储路径进行输出保存，如图 1-23 所示。

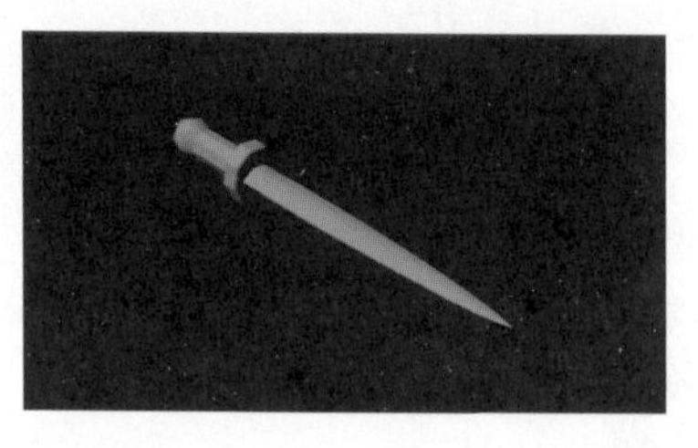

图 1-22

图 1-23

1.3.2 文件保存

文件保存是项目收尾的一项重要工作，有序保存与管理工程文件能够提升工作效率。执行【文件】>【保存场景】菜单命令，就能对场景文件进行存储，如图 1-24 所示。

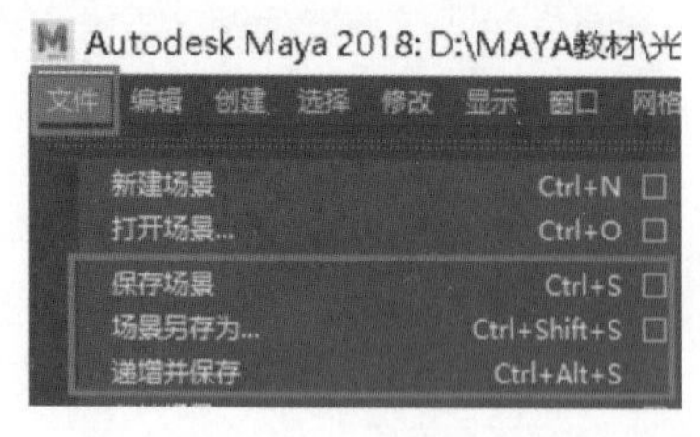

图 1-24

提示

【保存场景】：使用当前名称保存场景。

【场景另存为】：为当前场景文件设置新名称和保存位置。

【递增并保存】：以新的增量名称保存当前文件。默认情况下，增量名称使用“*.0001.mb”格式。

1.4 Maya的视图操控

视图面板用于查看场景中的对象。既可以是单个的形式，也可以是多个的形式，具体取决于所选的布局。单击左侧的快速布局按钮，可以轻松地在单视图面板布局与四视图面板布局之间切换。用户可以在每个视图面板中设置不同的摄影机，并设置不同的显示选项。

Maya 中有 4 种视图，分别是顶视图、透视图、前视图、边视图，如图 1-25 所示。

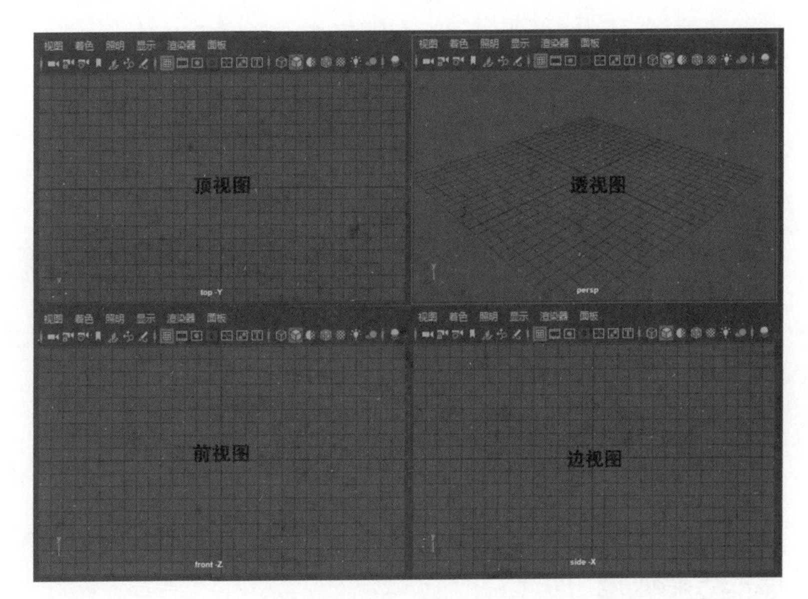

图 1-25

视图面板中包含很多 Maya 软件操作工具。下面逐一讲述常用的视图功能，使用户快速地掌握 Maya 的理论基础知识，如图 1-26 所示。

视图 着色 照明 显示 渲染器 面板

0.00 1.00 sRGB gamma

图 1-26

命令解析

- 【选择摄影机】：可以在面板中选择当前摄影机，执行【视图】>【选择摄影机】菜单命令也可执行此操作。
- 【锁定摄影机】：可以避免意外更改摄影机位置进而更改动画。
- 【书签】：可以将当前视图设置为书签。
- 【图像平面】：切换现有图像平面的显示，执行【视图】>【图像平面】菜单命令也可访问图像平面。
- 【二维平移 / 缩放】：在此按钮上单击鼠标右键可显示场景中的所有二维书签。
- 【油性画笔】：允许用户使用虚拟的绘制工具在屏幕上绘制。
- 【栅格】：用于在视图窗口显示栅格，执行【显示】>【栅格】菜单命令也可显示 / 隐藏栅格。
- 【胶片门】：切换胶片门，执行【视图】>【摄影机设置】>【胶片门】菜单命令也可切换胶片门。
- 【分辨率】：显示分辨率，执行【视图】>【摄影机设置】>【分辨率】菜单命令也可切换分辨率。
- 【门遮罩】：显示门遮罩，执行【视图】>【摄影机设置】>【门遮罩】菜单命令也可切换门遮罩。
- 【区域图】：显示区域图，执行【视图】>【摄影机设置】>【区域图】菜单命令也可切换区域图。
- 【安全动作】：显示安全动作，执行【视图】>【摄影机设置】>【安全动作】菜单命令也可切换安全动作。
- 【安全标题】：显示安全标题，执行【视图】>【摄影机设置】>【安全标题】菜单命令也可切换安全标题。
- 【线框】：设置线框的显示 / 隐藏，执行【着色】>【线框】菜单命令也可切换线框的显示 / 隐藏。
- 【对所选项目进行平滑着色处理】：可对所有项目进行平滑着色处理。
- 【使用默认材质】：可使用默认材质。
- 【着色对象上的线框】：显示所有着色对象上的线框。
- 【纹理显示】：显示硬件纹理。
- 【使用所有灯光】：通过场景中的所有灯光切换曲面的照明。
- 【阴影】：使用所有灯光处于启用状态时的硬件阴影贴图。
- 【隔离选择】：限制视图面板以仅显示选定对象。
- 【X 射线显示】：设置所有着色对象上的半透明度。
- 【X 射线显示活动组件】：在其他着色对象的顶部切换显示活动组件。
- 【X 射线显示关节】：在其他着色对象的顶部切换显示骨架关节。
- 【曝光】0.00：可以调整显示亮度。
- 1.00：调整要显示的图像的对比度和中间调。
- sRGB gamma：控制颜色。

课堂案例 视图区的操作

素材文件	素材文件 \ 第 1 章 \ 无	扫码观看视频 
案例文件	案例文件 \ 第 1 章 \ 课堂案例——视图区的操作演练 .mb	
视频教学	视频教学 \ 第 1 章 \ 课堂案例——视图区的操作演练 .mp4	
练习要点	掌握 Maya 三维视图区的操作技巧	

Step 01 打开案例文件【课堂案例——视图区的操作演练 .mb】，如图 1-27 所示。

Step 02 单击任一视图，按下空格键，即可实现四视图与单视图的切换，如图 1-28 所示。

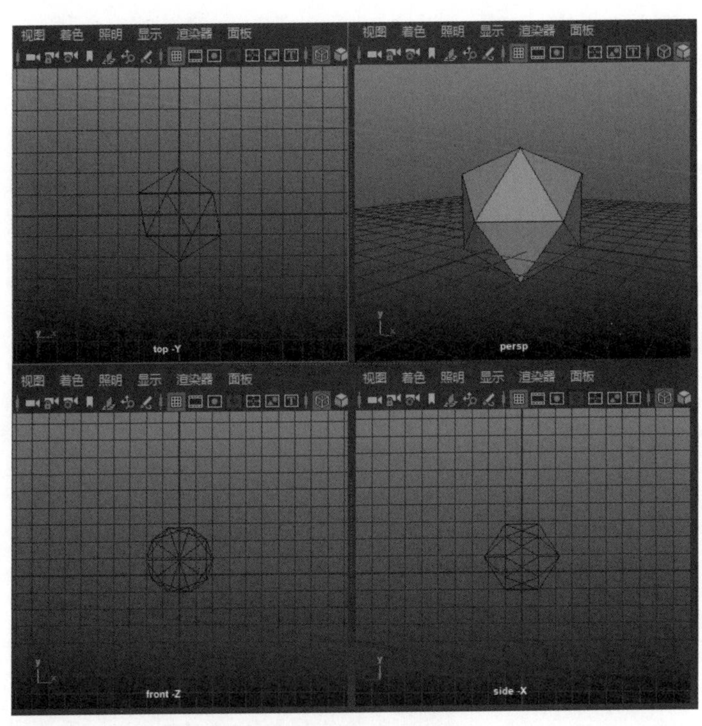

图 1-27

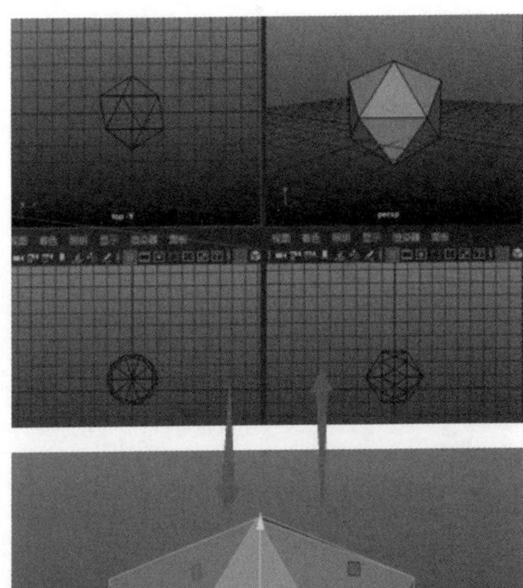
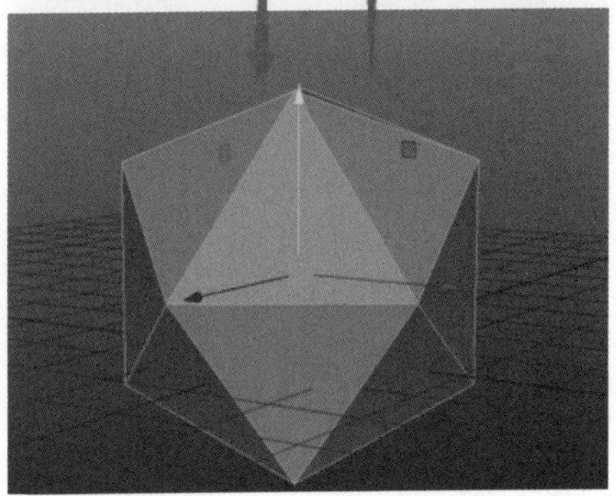

图 1-28

Step 03 在透视图中，按住 Alt 键单击鼠标，可以实现三维视图各个角度的摇移效果，如图 1-29 所示。

Step 04 在透视图中，按住 Alt 键单击鼠标中键，可以实现三维视图各个角度的平移效果，如图 1-30 所示。

Step 05 在透视图中，按住 Alt 键单击鼠标右键，可以实现三维视图各个角度的推拉效果，如图 1-31 所示。

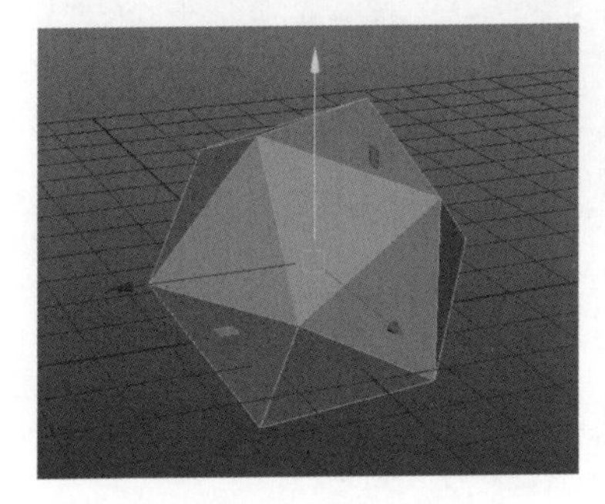

图 1-29

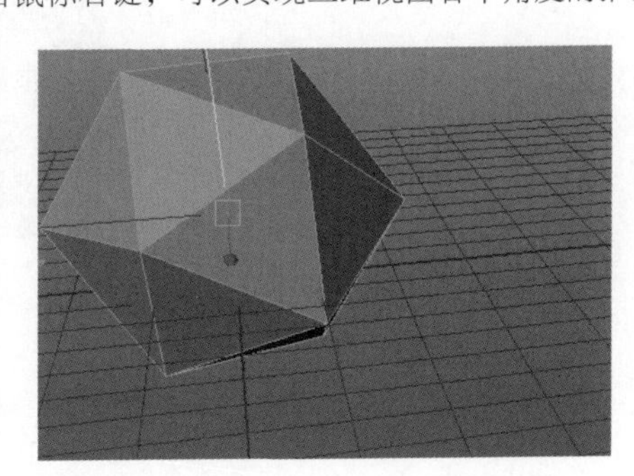

图 1-30

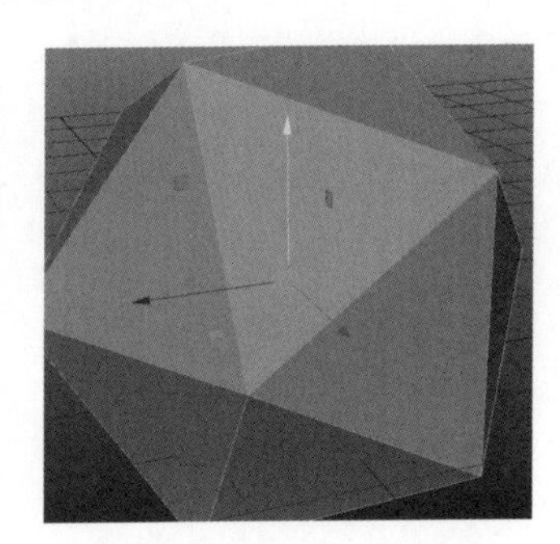

图 1-31

1.5 物体各属性的编辑

常用的编辑物体各属性的工具包含选择工具、套索工具、绘制选择工具、移动工具、旋转工具、缩放工具等，掌握这些工具的使用可以让用户掌握 Maya 软件中对视图和物体模型的具体操作。

在项目制作过程中，熟练地使用工具操作物体是一项重要的技能。要想编辑对象，必须先掌握最基本的变换操作，正确理解三维空间的概念。常用物体属性编辑工具如图 1-32 所示。

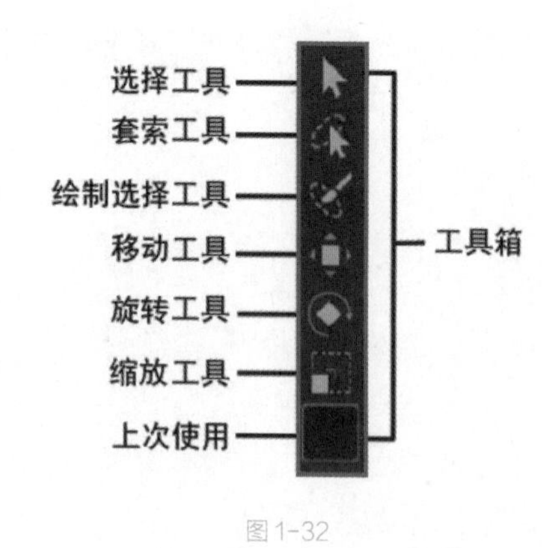

图 1-32

1. 选择工具

【选择工具】：用于选择场景中的任意物体。【选择工具】有两种模式，分别是【软选择】和【对称选择】。双击工具箱中的【选择工具】按钮，打开【工具设置】窗口，选中【软选择】复选框，激活【软选择】模式，如图 1-33 所示。

【套索工具】：单击此按钮，按住鼠标左键画出一条虚线，可确定一个选择范围。

【绘制选择工具】：单击此按钮，可以笔刷的形式对物体的顶点进行旋转。单击【选择工具】按钮，进入多边形选择模式，然后单击工具箱中的【绘制选择工具】按钮，可以对物体的顶点、边和面进行选择。

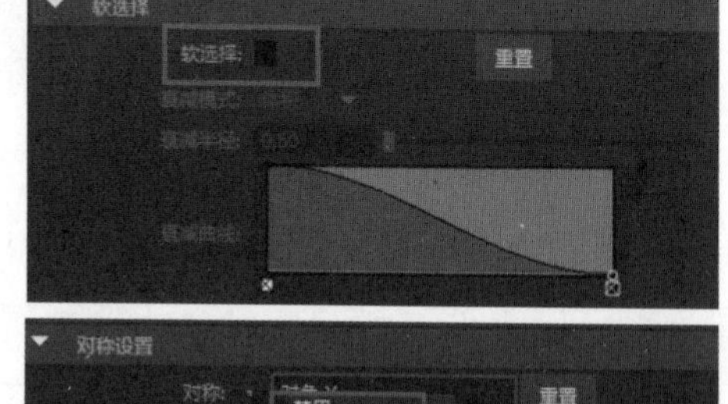

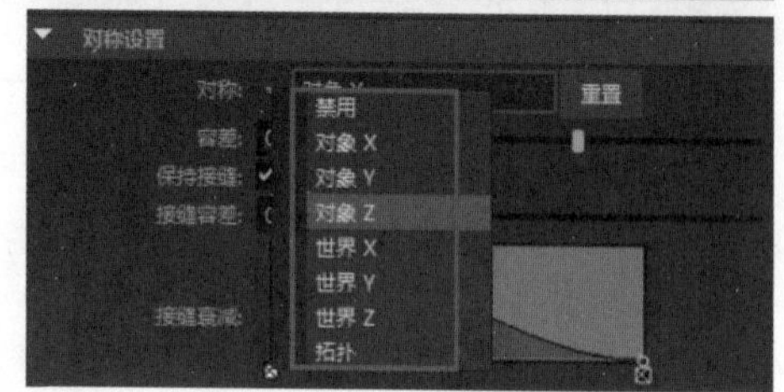

图 1-33

提示

【绘制选择工具】：在激活该工具的状态下，按住 B 键，可以对笔刷大小进行调节。

2. 移动

【移动工具】：可选择任意物体进行各个轴向的位移，如图 1-34 所示。

3. 旋转工具

【旋转工具】: 可选择任意物体进行各个轴向的旋转，如图 1-35 所示。

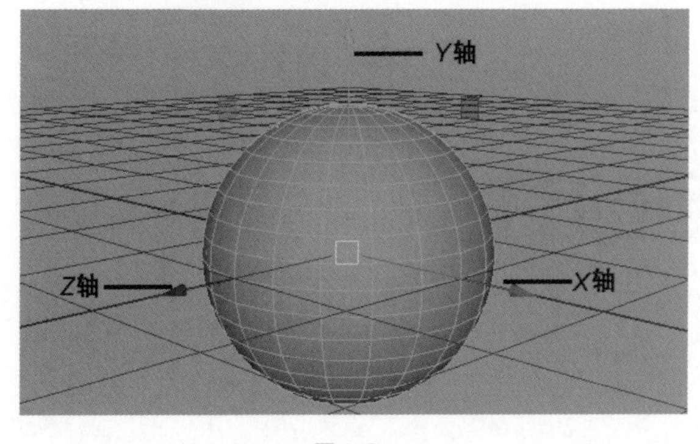

图 1-34

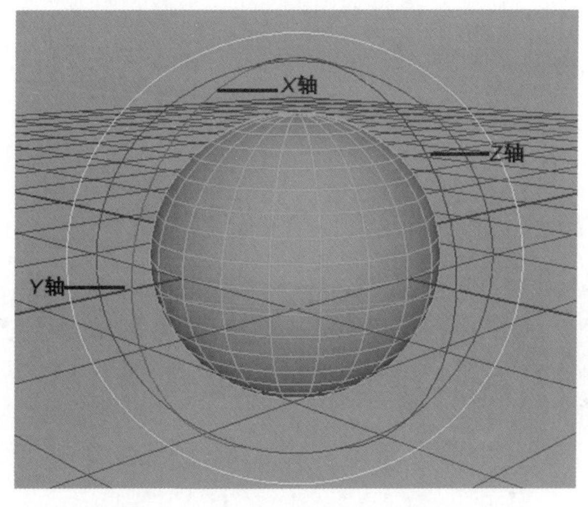

图 1-35

4. 缩放工具

【缩放工具】: 可选择任意物体进行各个轴向的缩放，如图 1-36 所示。

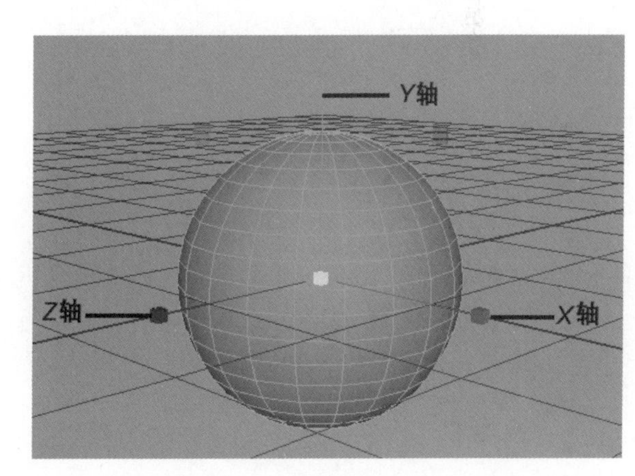

图 1-36

5. 普通复制与特殊复制

普通复制和特殊复制可用于创建原始对象的完整副本或轻量实例。执行【编辑】>【复制】菜单命令，可以对物体进行复制操作，快捷键是 Ctrl+D；执行【编辑】>【特殊复制】菜单命令，可以对物体进行特殊复制，快捷键是 Ctrl+Shift+D；执行【编辑】>【复制】菜单命令，再执行【编辑】>【复制并变换】菜单命令，可以对物体进行连续复制并对位，如图 1-37 所示。

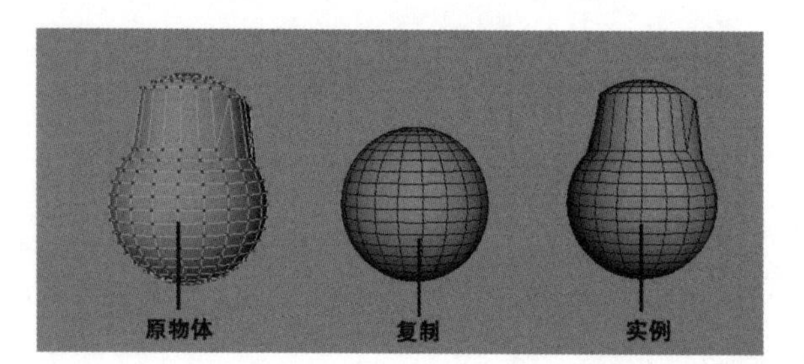

图1-37

普通复制：是指在复制完成后，新复制的物体跟原物体无任何关系。
特殊复制：是指在复制完成后，新复制的物体跟原物体在进行多边形操作时会有关联。

首选项设置与插件

启动 Maya 时，将在默认位置查找其 prefs 文件夹，除非已将 MAYA_APP_DIR 环境变量设置为其他路径。如果首选项不存在，则 Maya 将使用默认设置启动。自定义 Maya 后，新的设置将存储在 prefs 文件夹中，这样每次启动该应用程序时系统都将使用这些设置而不是默认设置。大多数首选项将以包含 MEL 命令的文本文件的形式保存。Maya 将首选项文件存储在以下路径：

【Windows 系统】：\Documents\maya\<XX 版本 >\prefs

【Mac OS X 系统】： Users/< 用户名 >/Library/Preferences/Autodesk/maya/<XX 版本 >/prefs

1. 首选项设置

首选项是设置 Maya 参数的重要选项，执行【窗口】>【设置 / 首选项】>【首选项】菜单命令，打开首选项设置对话框，可对所需参数进行设置，如图 1-38 至图 1-40 所示。

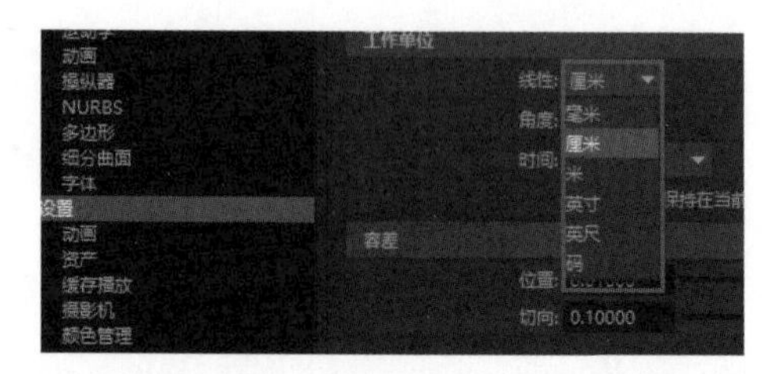

图1-38

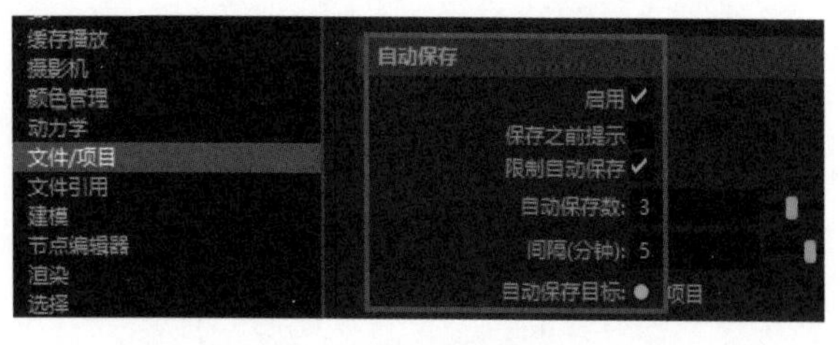

图1-39

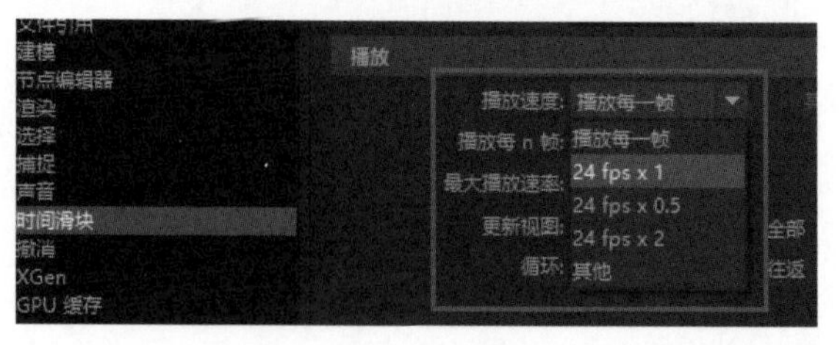

图1-40

2. Maya 2018插件的安装与调用

Maya 2018 可以预置安装几种不同类型的插件，每种插件都有不同的安装方式。通常做法是根据不同的扩展名进行不同种类的安装。

Step 01 以“*.mel”为扩展名的插件的安装方法：以“*.mel”为扩展名的插件，要将它们放到“C:\Documents and Settings\ 计算机名称 \My Documents\ Maya\Scripts”路径下，如图 1-41 所示。

Step 02 以“shelf_ ”插件名开头的插件的安装：在 Maya 的插件中，以“shelf_”插件名开头的插件文件，要放到“C:\Documents and Settings\ 用户 \ 计算机名称 \My Documents\Maya\2018\zh_CN\prefs\shelves”路径下。插件安装完成后，打开 Maya 后就可以调用了，如图 1-42 所示。

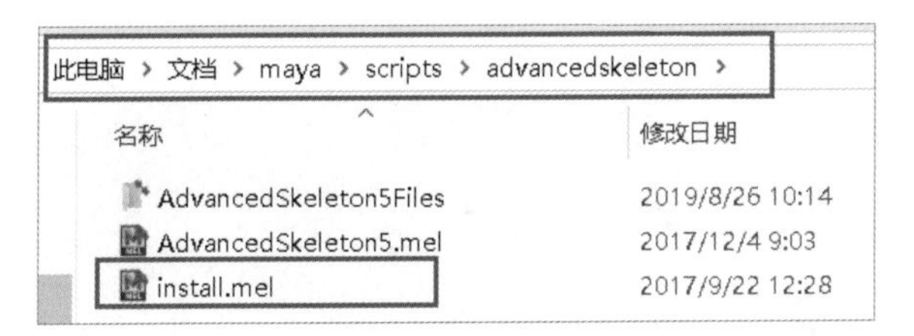

图 1-41

图 1-42

Step 03 Maya 插件的调用方法：启动 Maya 2018，执行【窗口】>【设置 / 首选项】>【插件管理器】菜单命令，在弹出的【插件管理器】对话框中，选择安装的插件，选中【已加载】和【自动加载】两个复选框即可，如图 1-43 所示。

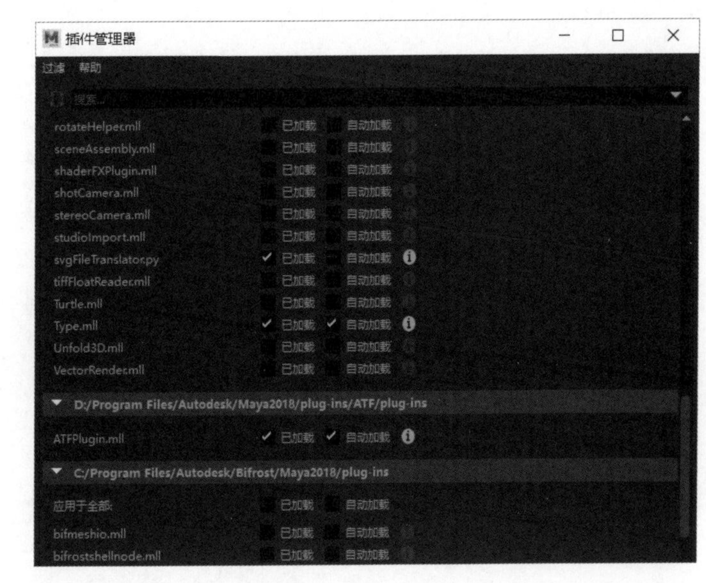

图 1-43

课堂练习 盖大楼

素材文件	素材文件 \ 第 1 章 \ 无	扫码观看视频 
案例文件	案例文件 \ 第 1 章 \ 课堂练习——盖大楼.prproj	
视频教学	视频教学 \ 第 1 章 \ 课堂练习——盖大楼.mp4	
练习要点	盖大楼案例综合了项目工程创设、视图区操作，以及移动、旋转和复制等操作	

1. 练习思路

（1）根据模型文件进行案例制作。

（2）利用【设置窗口】和【视图操作】功能创建项目。

（3）利用【选择】和【特殊复制】命令进行盖楼操作。

（4）利用【推拉】和【摇移】命令检查新复制的模型。

（5）利用【渲染设置】和【IPR】命令进行静帧输出。

2. 制作步骤

Step 01 执行【文件】>【设置窗口】菜单命令，创设工程文件，如图 1-44 所示。

Step 02 打开案例文件【课堂练习——盖大楼 .prproj】，如图 1-45 所示。

Step 03 单击工具箱中的【选择工具】按钮，框选场景模型，配合 Alt 键和鼠标右键调整视图角度，按快捷键 Ctrl+D 进行复制，单击工具箱中的【移动工具】按钮，将复制的模型向上移动对位，如图 1-46 所示。

图 1-44

图 1-45

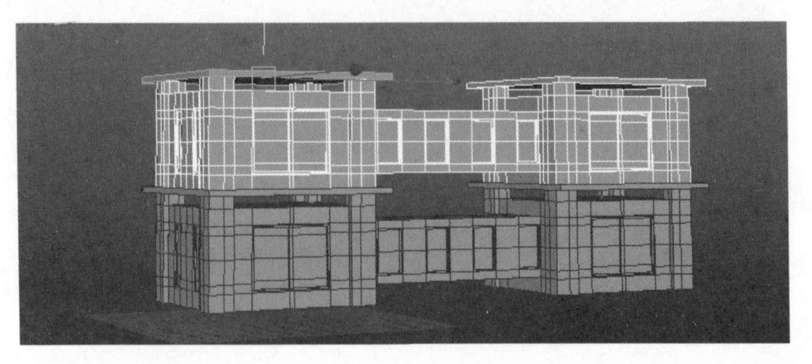

图 1-46

图 1-47

Step 04 在透视图中，反复按快捷键 Ctrl+D，连续复制以形成大楼的框架结构，如图 1-47 所示。

Step 05 利用【推拉】和【摇移】命令，检查新复制的模型是否完美对位，出现问题可以使用【移动工具】进行重新对位，如图 1-48 所示。

图 1-48

Step 06 检查完成后，执行【渲染设置】>【图像大小】菜单命令，设置【宽度】为 1280、【高度】为 720，单击工具箱中的【IPR】渲染按钮，预览渲染效果，如图 1-49 和图 1-50 所示。

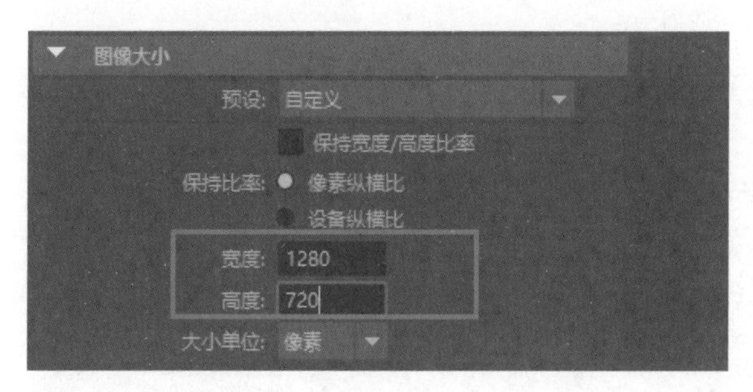

图 1-49

图 1-50

课后习题

一、选择题

1. Maya 2018 中最基本的视图类型有（　　）种。

A. 1　　B. 2　　C. 3　　D. 4

2. 安装和调用 Maya 脚本有两种格式，分别是（　　）。

A. *.mel　　B. *.mal　　C. *.aec　　D. shelf_

3. 针对物体属性的 3 种操作分别是（　　）。

A. 移动　　B. 选择　　C. 旋转　　D. 缩放

4. 【选择工具】的两种模式分别是（　　）。

A. 选择　　B. 软选择　　C. 对称选择　　D. 连续选择

二、填空题

1. ______ 键用来移动物体。

2. 选择物体进行连续复制并对位，使用的快捷键是 ______。

3. ______ 位于 Maya 软件的右边，主要用于编辑对象的数值、属性，在通道盒内可以调节对象的移动、旋转、缩放和显示等参数。

4. 通过 ______ 菜单可快速切换当前角色集。

5. 使对象呈现半透明显示状态的是 ______。

三、简答题

1. 【冻结】的概念。

2. 复制和特殊复制的区别。

3. 常用物体属性操作包括哪些内容？

四、案例习题

案例文件：第 1 章 \ 案例习题

视频教学：第 1 章 \ 案例习题 .mp4

练习要点：

1. 根据案例场景熟悉视图的操作。

2. 运用物体操作命令对场景物体进行操作。

3. 通过移动对位操作完成案例制作，如图 1-51 和图 1-52 所示。

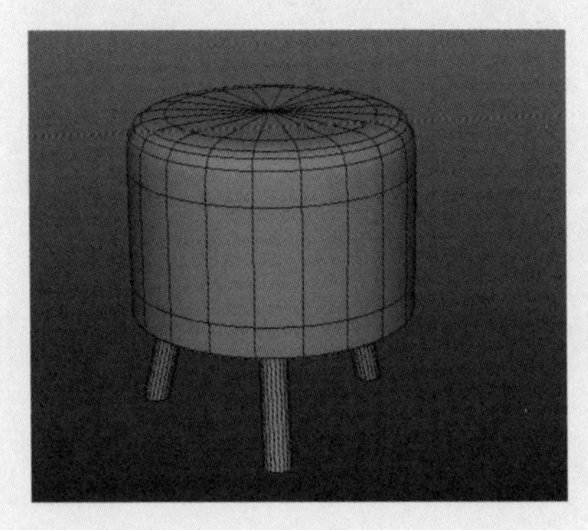

图 1-51

图 1-52

第2章 多边形建模

Maya 软件的建模功能十分强大，涵盖从基本几何体模型的创建到生物角色模型的创建全过程。Maya 软件的建模功能有很多，本章着重介绍多边形建模工具，以及网格建模命令，使读者快速掌握多边形建模命令的使用。

MAYA

学习目标

- 了解多边形建模的概念及基本原则
- 了解多边形建模的选择方式
- 了解多边形的创建
- 了解编辑网格菜单
- 了解网格工具菜单
- 了解网格显示菜单

技能目标

- 掌握编辑网格菜单和网格工具菜单的应用

多边形建模概述

在 Maya 中可以采用多种方法创建多边形模型：基本体是可以在 Maya 中创建的三维几何体。可用的基本体包括球体、立方体、圆柱体、圆锥体、平面等。用户可以修改这些基本体的属性，以使其更复杂或更简单。此外，还可以使用建模工具包中的各种工具分割、挤出、合并或删除多边形网格，以修改基本体的形状。许多 3D 建模者开始使用基本体作为模型的起始点。使用创建多边形工具或四边形绘制工具，可以创建单个多边形。通过这些工具，可以将单个顶点放置在场景中，以便定义单个多边形面的形状。

1. 多边形建模的概念

多边形建模是一种常见的建模方式，通过创建、构筑多边形来实现建模过程。多边形建模早期主要用于游戏，现在广泛用于影视、广告等领域，多边形建模已经成为CG行业中与NURBS并驾齐驱的建模方式。从技术角度来看，多边形建模在创建复杂表面时，细节部分可以任意加线，在结构穿插关系很复杂的模型中就能体现出它的优势。

2. 多边形建模的原则

作为 Maya 的建模方式之一，多边形建模是通过控制三维空间中物体的点、线、面来塑造物体外形的。多边形建模是主流的建模方式，长期以来被称为“万能建模工具”，用户可以灵活地塑造各种虚拟模型。多边形建模在创建有机体模型方面，具有其他方式不可替代的优越性。在多边形建模中，用直线连接 3 个或 3 个以上的点形成的闭合图形称为面。由 3 条边组成的面称为三角形，由 4 条边组成的面称为四边形。Maya 也支持 4 条边以上的面，但是在实际工作中较少使用。在创建多边形物体时，应尽量保持多边形的面由四边面组成，如果不能使用四边面，也可以采用三角面。但是，尽量不要用超过 4 条边的面。因为边过多的面在渲染时可能出现错误，如图 2-1 所示。

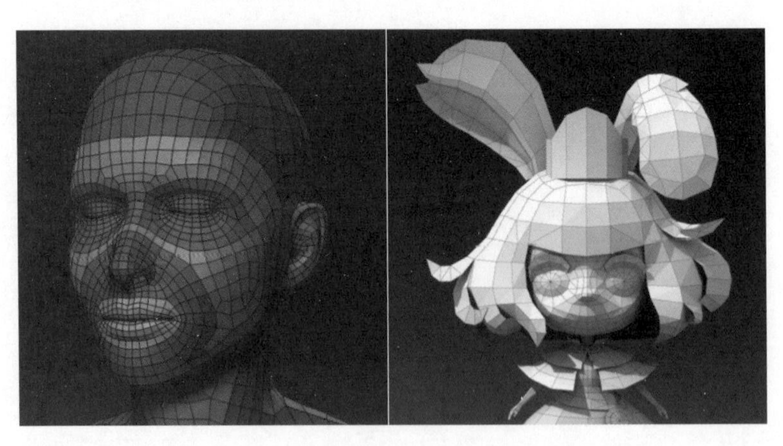

图 2-1

3. 建模工具包

建模工具包是 Maya 2017 之后新增的建模工具面板，它涵盖了基本的选择模式、建模工具、变换工具设置等，为三维模型师提供各种便利，如图 2-2 所示。

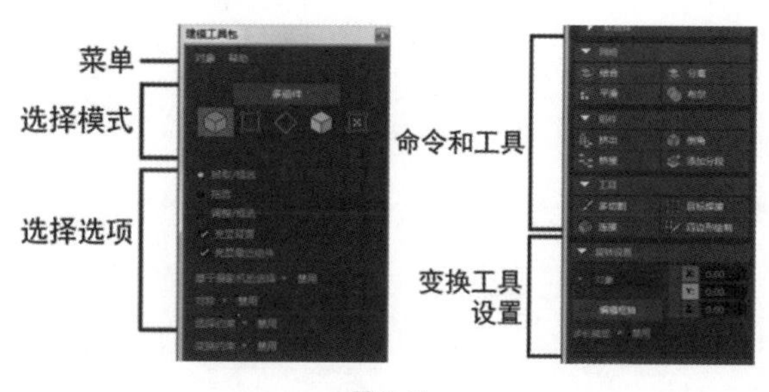

图 2-2

4. 多边形建模的优势

多边形建模具有许多其他建模方式不可替代的优势。物体是由多个多边形面组成的，而面与面之间的衔接不像 NURBS 物体有着严格的限制。只要用户遵循简单的规律，就可以创造出复杂的物体。Polygon 模型也是一种最为常见的模型，其数据可以在多种平台和几乎所有三维软件之间共享。需要注意的是，不同软件的多边形成形工具原理是不同的，在做数据交换时，需要将多边形的面做转换处理，这样才能使其在其他软件中接收数据时不至于出现错误。

Polygon 的 UV 是可以随意编辑的，不像 NURBS 物体本身就是一个设置好的物体，无法随意编辑。对于物体的复杂贴图绘制更是直观的、有利的，用户可以通过多边形物体表面的 UV 展开，分门别类地规划到一张或几张贴图上，轻松绘制出复杂的贴图。由于这些便捷的特性，多边形建模方式被广泛用于各个领域，特别是在游戏领域。在较少的面上绘制出复杂的图形，这样可以在不影响游戏效果的前提下，加快游戏的运行速度。

2.2 多边形建模的选择方式

1. 顶点、边、面

顶点、边、面：多边形模型是由基于顶点、边和面的几何体组成的，如图 2-3 所示。

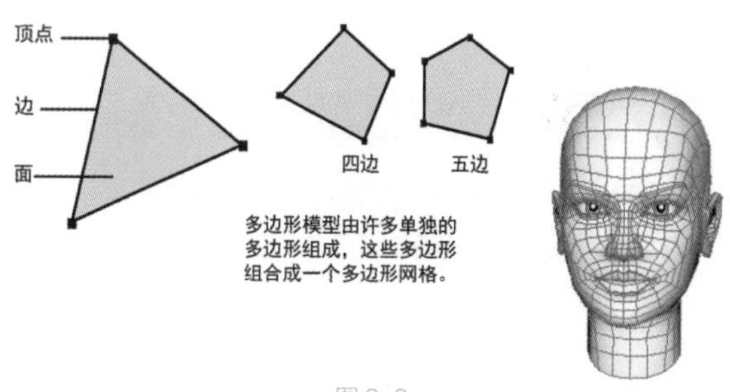

图 2-3

▶ 参数解析

【顶点】：是指选择多边形物体后，按住鼠标右键选择的点。

【边】：是指选择多边形物体后，按住鼠标右键选择的边。

【面】：是指选择多边形物体后，按住鼠标右键选择的面。

2. 边界边

边界边：指多边形镂空面边缘的边，如图 2-4 所示。

3. UV

UV：指二维纹理坐标，一般使用字母 U 和 V 表示二维空间中的轴。UV 的主要作用是将图像纹理贴图放置在三维模型上。一般在创建模型时，UV 是按照 Maya 中默认的方式展开的。随着模型制作细节的增加，原有的 UV 分布会被打破，UV 点会出现交叉重叠，此时就需要重新排列 UV。因为默认排列方式通常不会与创建模型的后续编辑匹配，UV 纹理坐标的位置也不会自动更新。在完成建模之后，将纹理指定给模型之前，可以映射并排布 UV，如图 2-5 所示。

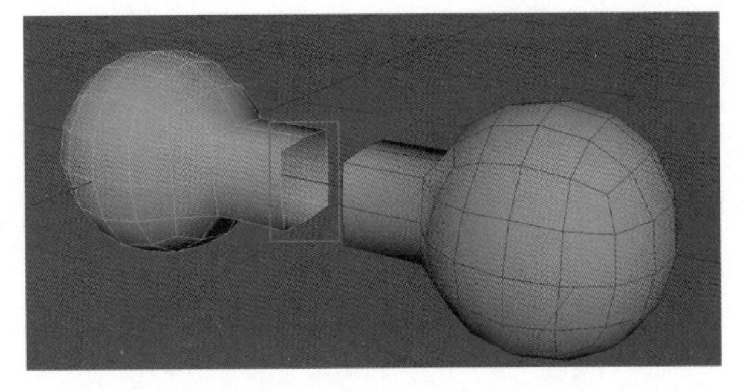

图 2-4

图 2-5

4. 法线

法线：指垂直于曲线或曲面上每个点的虚线，在三维模型中都默认存在这种虚拟线，它还是曲线图形或曲面图形的间接指示器。由于法线始终与曲线或曲面垂直，因此法线之间相互靠近或彼此背离的路径可以展示精细的曲率，如图 2-6 所示。

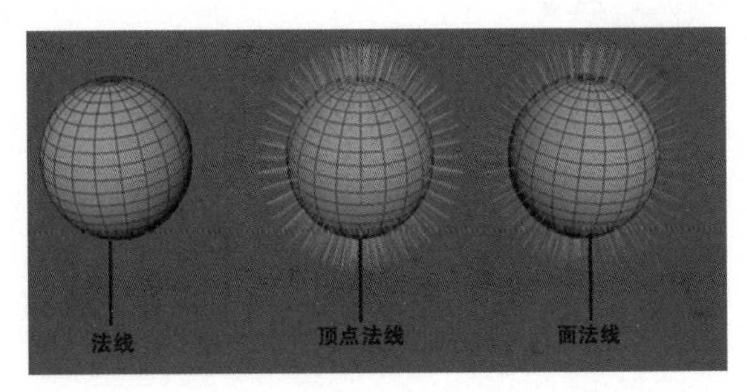

图 2-6

顶点法线：从每个连接面的顶点获取法线。

面法线：从每个连接面获取法线。

创建多边形

在日常的建模过程中，执行【创建】>【多边形基本体】菜单命令，打开创建几何体面板，单击其中的按钮，可以创建基础模型，如图 2-7 所示。

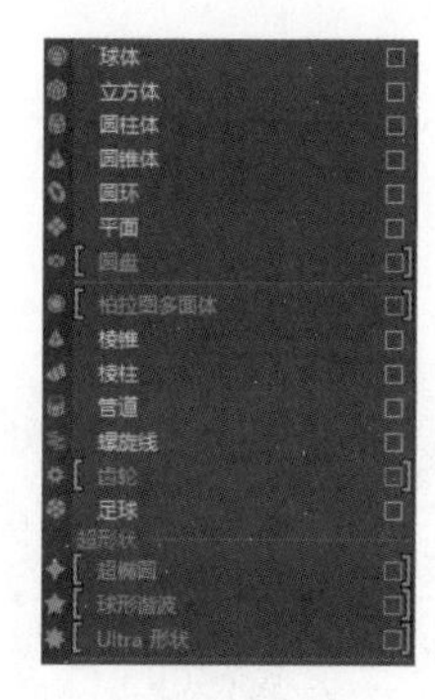

图 2-7

1. 球体

球体：多边形基础模型，主要用来创建细分曲面的物体，如图 2-8 所示。

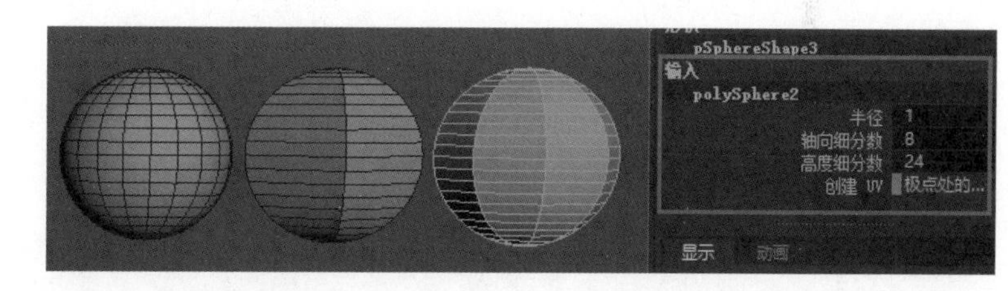

图 2-8

▶ 参数解析

【半径】：用于设置球体的大小。

【轴向细分数】：用于设置球体经度方向上的线段数。

【高度细分数】：用于设置球体纬度方向上的线段数。

2. 立方体

立方体：多边形基础模型，主要用来创建工业产品、室内外家具，如图 2-9 所示。

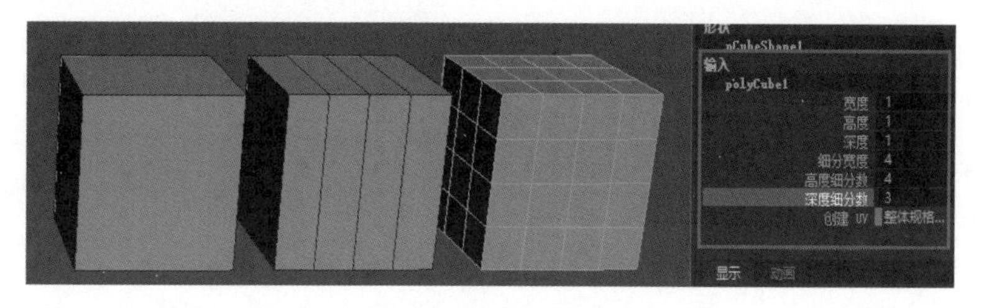

图 2-9

▶ 参数解析

【宽度】: 用于设置立方体的宽度。

【高度】: 用于设置立方体的高度。

【深度】: 用于设置立方体顶部到底部的长度。

【细分宽度】: 用于设置立方体表面的网格细分参数。

【高度细分数】: 用于设置立方体高度方向的网格细分参数。

【深度细分数】: 用于设置立方体深度方向的网格细分参数。

3. 圆柱体

圆柱体：多边形基础模型，主要用来创建管状物体，如图 2-10 所示。

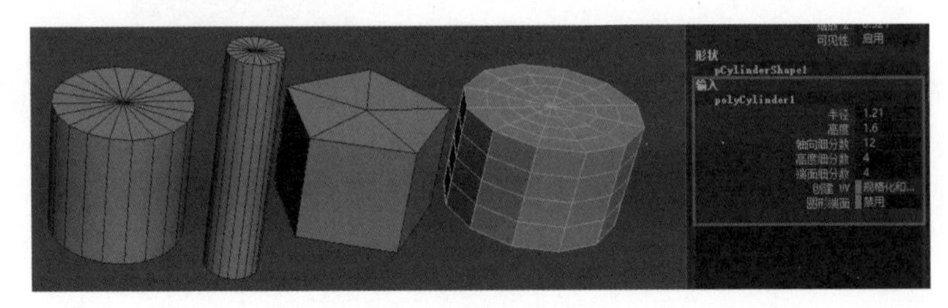

图 2-10

▶ 参数解析

【半径】: 用于设置圆柱体的大小。

【高度】: 用于设置圆柱体高度方向上的线段数。

【轴向细分数】: 用于设置圆柱体经度方向上的细分数。

【高度细分数】: 用于设置圆柱体高度方向上的细分数。

【端面细分数】: 用于设置圆柱体端面上的细分数。

4. 圆锥体

圆锥体：多边形基础模型，主要用来创建锥状物体，如图 2-11 所示。

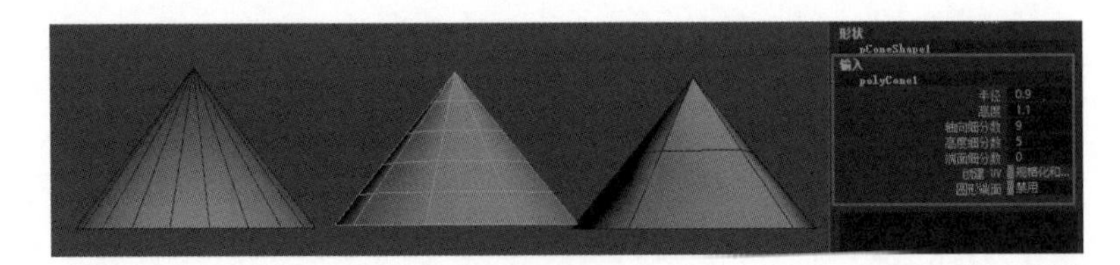

图 2-11

▶ 参数解析

【半径】: 用于设置圆锥体的大小。

【高度】: 用于设置圆锥体高度方向上的线段数。

【轴向细分数】: 用于设置圆锥体经度方向上的细分数。

【高度细分数】: 用于设置圆锥体高度方向上的细分数。

【端面细分数】: 用于设置圆锥体端面上的细分数。

5. 圆环

圆环：多边形基础模型，主要用来创建环状物体，如图 2-12 所示。

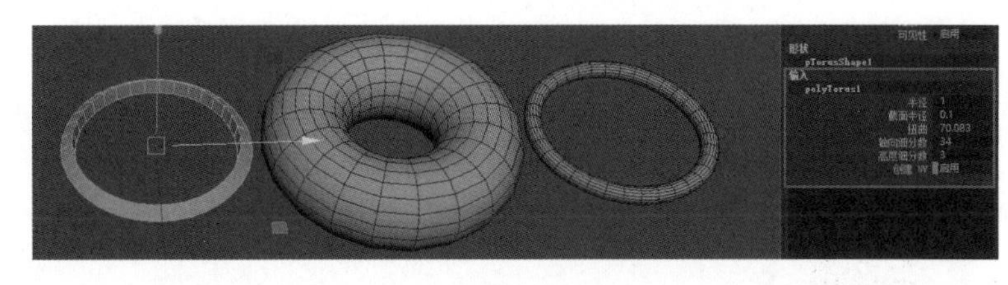

图 2-12

▶ 参数解析

【半径】：用于设置圆环大小。

【截面半径】：用于设置圆环粗细的半径细分数。

【扭曲】：用于设置圆环圆方向上的细分数。

【轴向细分数】：用于设置圆环经度方向上的细分数。

【高度细分数】：用于设置圆环高度方向上的细分数。

6. 平面

平面：多边形基础模型，主要用来创建面状物体，如图 2-13 所示。

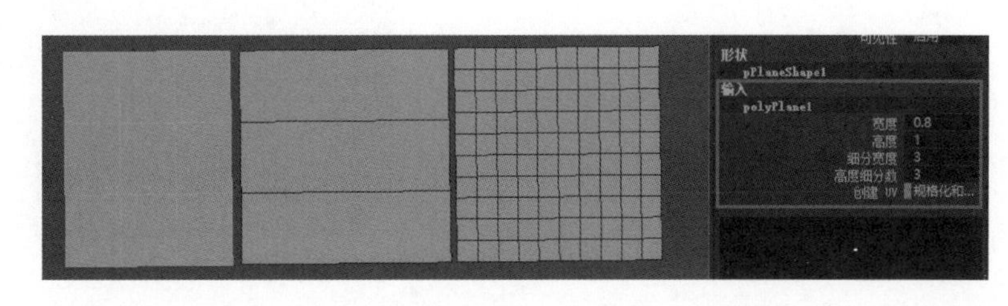

图 2-13

▶ 参数解析

【宽度】：用于设置平面的宽度。

【高度】：用于设置平面高度方向上的线段数。

【细分宽度】：用于设置平面经度方向上的细分数。

【高度细分数】：用于设置平面高度方向上的细分数。

7. 圆盘

圆盘：多边形基础模型，主要用来创建单体，如图 2-14 所示。

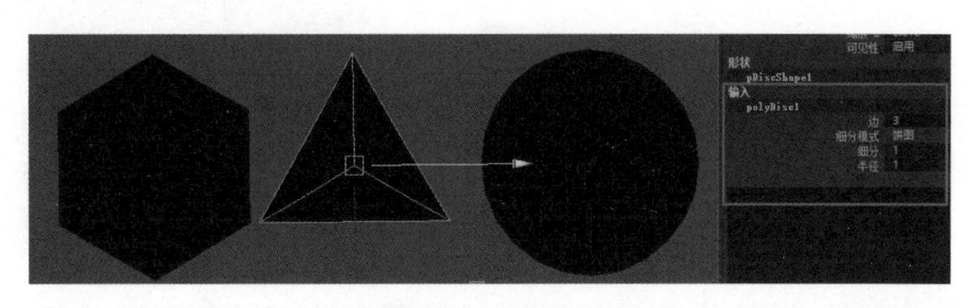

图 2-14

▶ 参数解析

【边】：用于设置圆盘表面随机的网格分布。

【细分模式】：用于设置圆盘内置的各种形态。

【细分】：用于设置圆盘表面网格细分数。

【半径】：用于设置圆盘大小。

圆盘属于 Maya 2018 软件新增的几何体，其细分模式包含 5 种，分别是【圆形】、【四边形】、【三角形】、【饼图】和【封口】，每一种几何体都可以通过设置产生形态变化，有助于模型的创建。

8. 特殊多面体

特殊多面体：属于 Maya 2018 中带有细节的几何体，包括柏拉图多面体、棱锥、棱柱、管道、螺旋线、齿轮、足球，每一种几何体通过参数设置都可以有各种形态的变化，如图 2-15 所示。

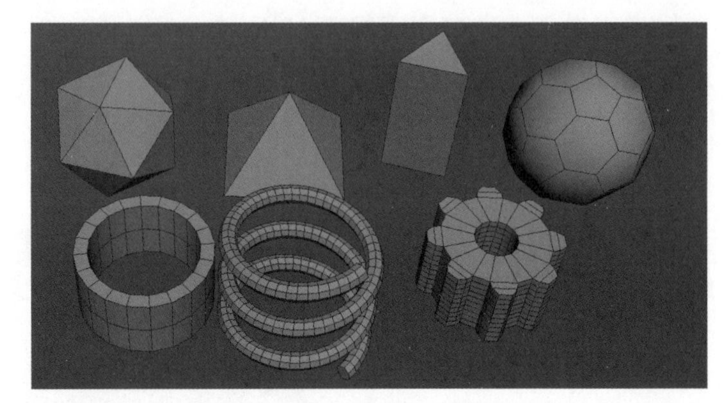

图 2-15

9. 超形状

超形状：属于 Maya 2018 中新增的几何体类型，包括超椭圆、球形谐波、Ultra 形状，通过设置相关参数可以创建异形几何体，如图 2-16 所示。

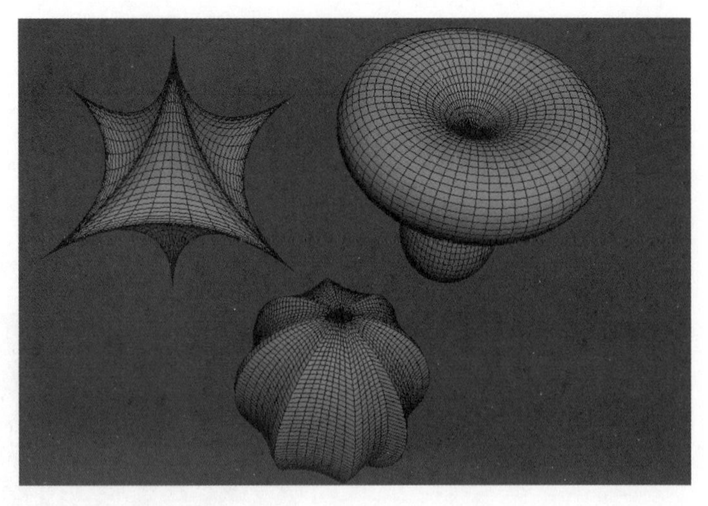

图 2-16

课堂案例 黄色小哨兵

素材文件	素材文件 \ 第 2 章 \ 无	扫码观看视频
案例文件	案例文件 \ 第 2 章 \ 课堂案例——黄色小哨兵.mb	
视频教学	视频教学 \ 第 2 章 \ 课堂案例——黄色小哨兵.mp4	
练习要点	掌握黄色小哨兵模型的创建	

Step 01 打开案例文件【课堂案例——小哨兵 .mb】，如图 2-17 所示。

Step 02 制作头部。单击工具栏中的【圆柱体】按钮，利用【移动】和【复制】命令，制作帽子、脸部和脖子。单击工具栏中的【多边形立方体】按钮，制作角色的眉毛、鼻子和眼睛，如图 2-18 所示。

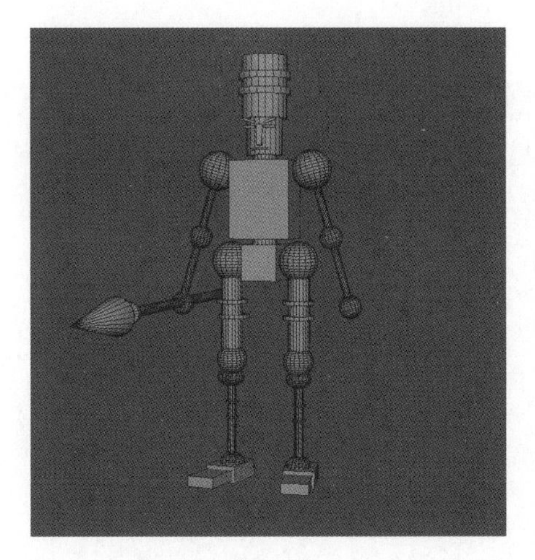

图 2-17

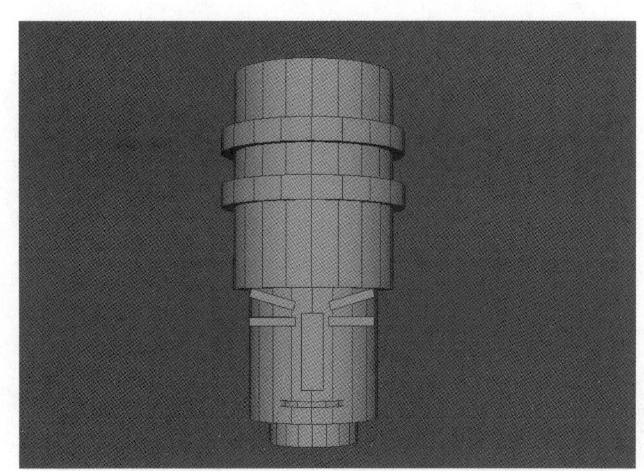

图 2-18

Step 03 制作身体部分。单击工具栏中的【立方体】按钮，利用【移动】和【复制】命令制作身体模型，如图 2-19 所示。

Step 04 制作胳膊和手部。单击工具栏中的【球体】按钮，利用【移动】和【旋转】命令制作肘关节；单击工具栏中的【圆柱体】按钮，利用【移动】和【旋转】命令进行对位，效果如图 2-20 所示。

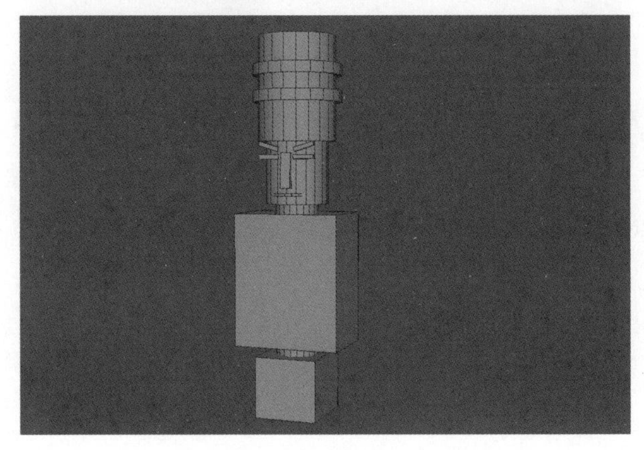

图 2-19

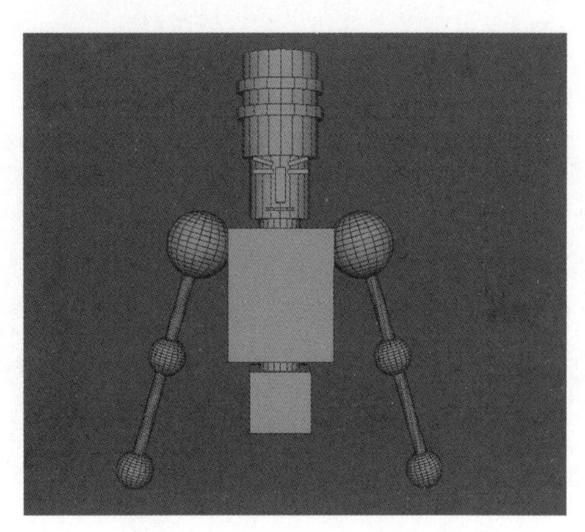

图 2-20

Step 05 制作腿部。单击工具栏中的【球体】按钮，利用【移动】和【旋转】命令制作右腿肘关节；单击工具栏中的【圆柱体】按钮，利用【移动】和【旋转】、【缩放】命令进行对位，如图 2-21 所示。

Step 06 单击工具栏中的【选择】按钮，框选整个右腿模型，按快捷键 Ctrl+G，进行成组操作。执行【编辑】>【特殊复制】菜单命令，单击右侧的小方框，打开【特殊复制选项】对话框，设置【几何体类型】为【实例】、【缩放】为 -1.0000，如图 2-22 所示，效果如图 2-23 所示。

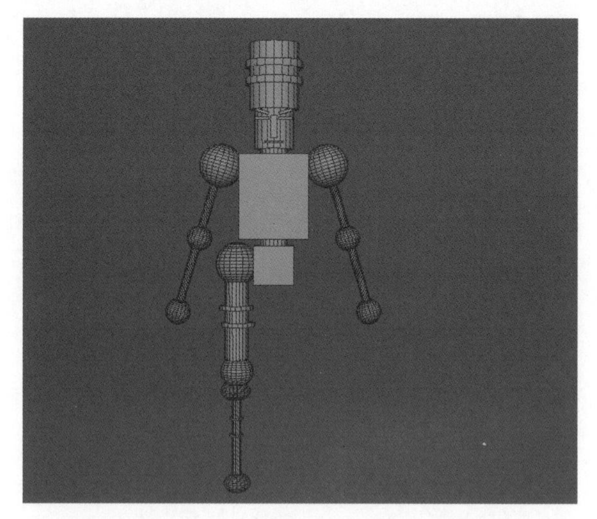

图 2-21

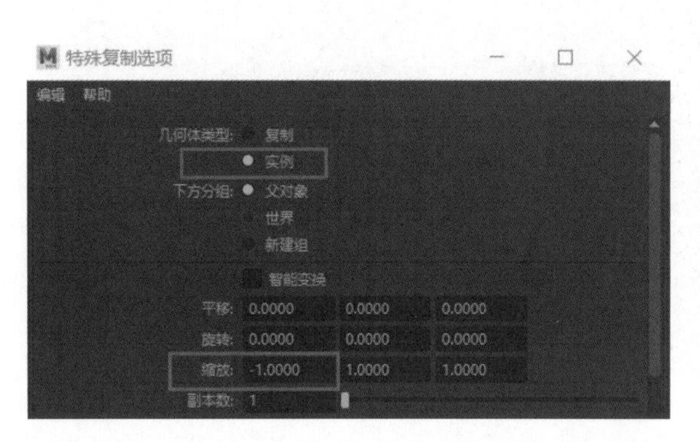

图 2-22

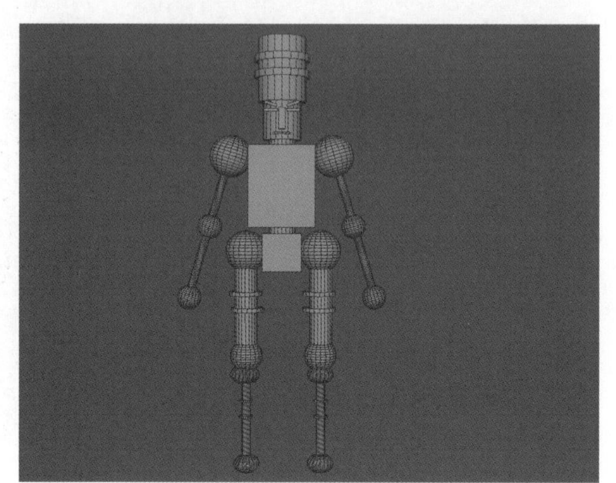

图 2-23

Step 07 制作双脚。单击工具栏中的【立方体】按钮，利用【移动】和【旋转】命令移动对位右脚。制作完一侧后，复制对位另一侧，如图 2-24 所示。

Step 08 制作武器。单击工具栏中的【圆锥体】按钮，制作枪头。单击工具栏中的【圆柱体】按钮，利用【移动】、【旋转】和【缩放】命令，制作枪环和枪柄，如图 2-25 所示。

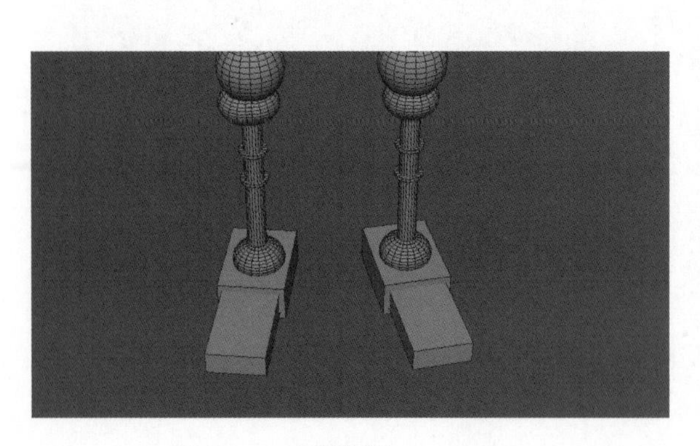

图 2-24

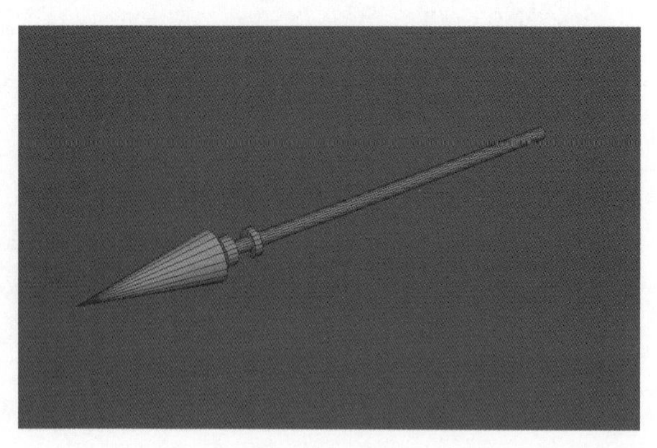

图 2-25

Step 09 最终效果如图 2-26 所示。

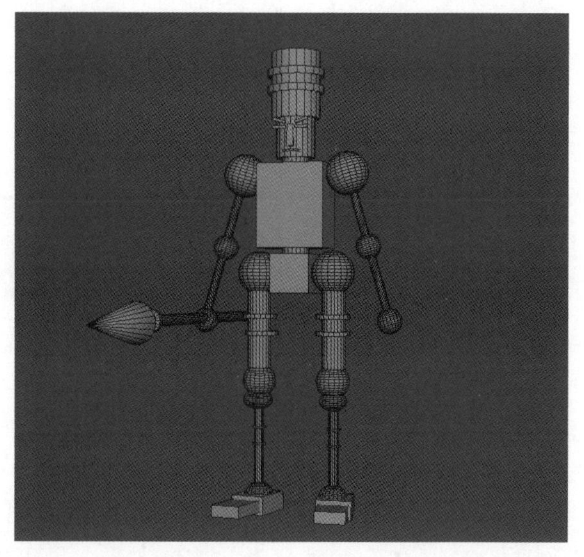

图 2-26

2.4 网格菜单

Maya 把对 Polygon 的编辑工具分为两大类：Mesh（网格）和 Edit Mesh（编辑网格）。Mesh（网格）菜单中的工具主要用于对 Polygon 物体进行整体修改，例如布尔运算、分离、细化等。

课堂案例 布尔运算——窗洞

素材文件	素材文件 \ 第 2 章 \ 无	扫码观看视频
案例文件	案例文件 \ 第 2 章 \2.4.1 课堂案例：布尔运算——窗洞.mb	
视频教学	视频教学 \ 第 2 章 \2.4.1 课堂案例：布尔运算——窗洞.mp4	
练习要点	掌握利用布尔运算制作窗洞的技巧	

Step 01 打开 Maya 2018，单击工具栏中的【立方体】按钮，在透视图中创建立方体作为墙，如图 2-27 所示。

Step 02 选择立方体，切换到右视图，利用【移动工具】和【缩放工具】调整立方体的外形，使其接近墙体，如图 2-28 所示。

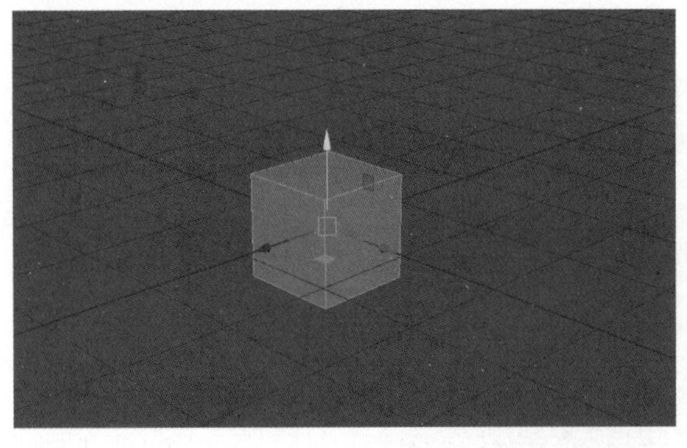

图 2-27

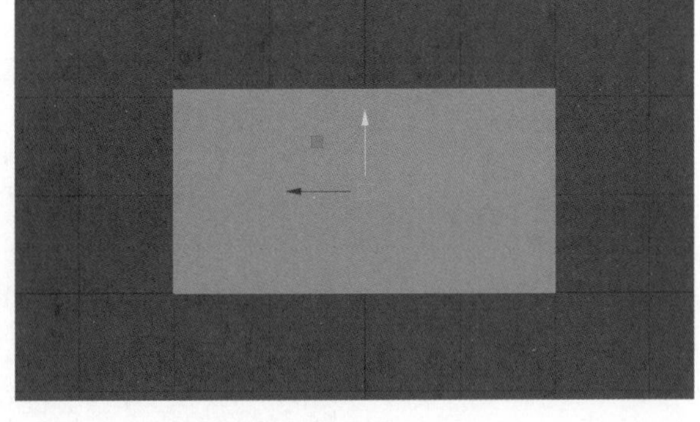

图 2-28

Step 03 切换到透视图，利用【缩放工具】继续调整，如图 2-29 所示。

Step 04 单击工具栏中的【立方体】按钮，利用【移动工具】和【缩放工具】调整窗洞大小，如图 2-30 所示。

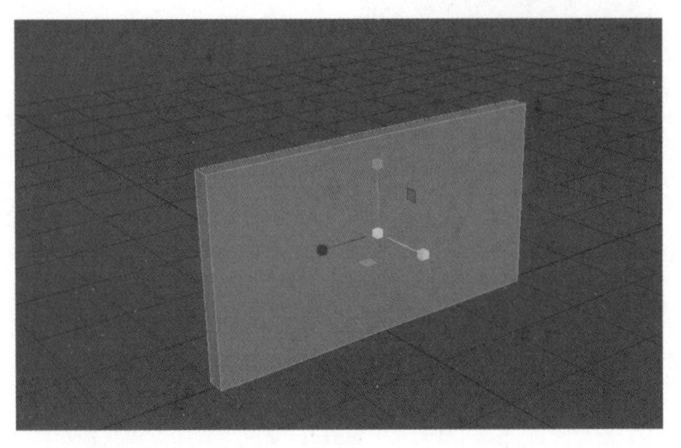

图 2-29

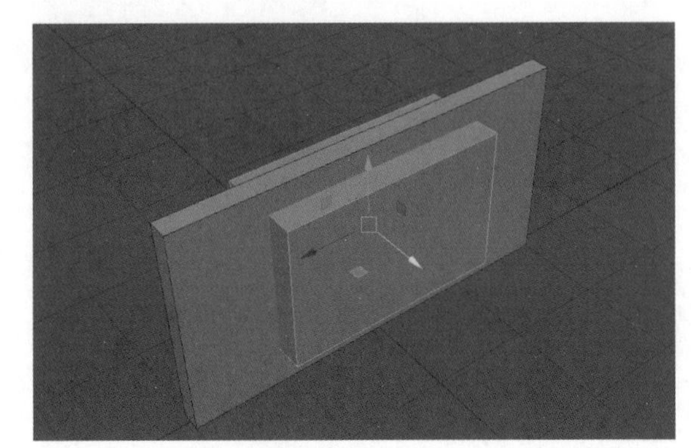

图 2-30

Step 05 单击工具栏中的【选择】按钮，先选择大立方体，然后按住 Shift 键加选小立方体，执行【网格】>【布尔】>【差集】菜单命令，单击右侧的小方框，弹出【差集操作选项】对话框，选中【使用旧版布尔算法】复选框，然后单击【应用】按钮，如图 2-31 所示。

Step 06 窗洞制作完成，如图 2-32 所示。

图 2-31

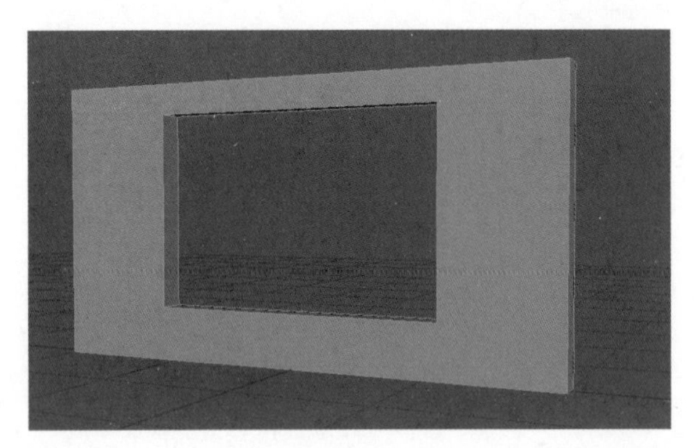

图 2-32

1. 结合

结合：将不同的两个或者多个多边形物体合并成一个物体。使用【结合】命令进行合并的物体与将多个物体合并在一个组不同，执行【结合】命令后的多个物体只有唯一的中心点，在大纲视图中，显示为一个物体名，如图 2-33 所示。

图 2-33

2. 分离

分离：将包含多个具有独立物体的单一物体分成多个物体。【分离】命令与【结合】命令刚好相反。执行【结合】命令后结合在一起的物体，再执行【分离】命令可以将其分离，如图 2-34 所示。

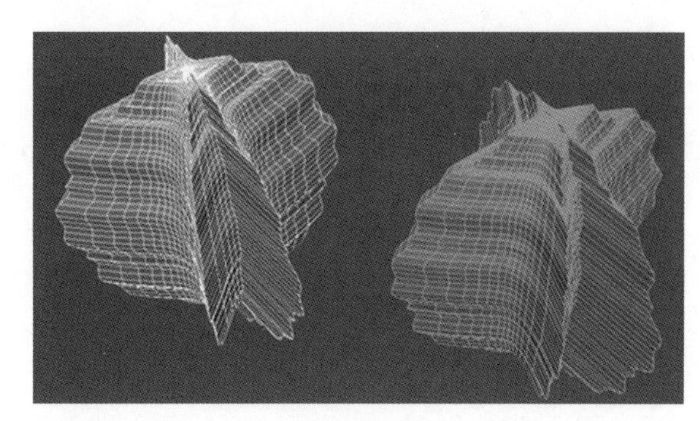

图 2-34

3. 填充洞

填充洞：用于当多边形物体表面有缺面时，在空缺部分创建一个新面，如图 2-35 所示。

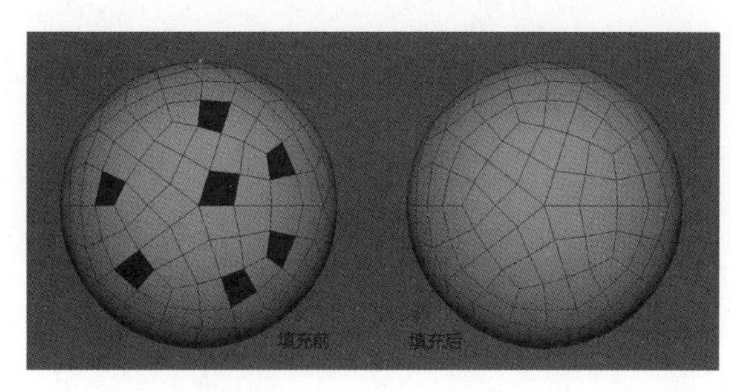

图 2-35

4. 减少

减少：用于对多边形中面数较多的物体进行精简，如图 2-36 所示。

5. 平滑

平滑：将粗糙的模型通过细分面的方式进行平滑处理，细分的面越多，模型就越光滑，如图 2-37 所示。

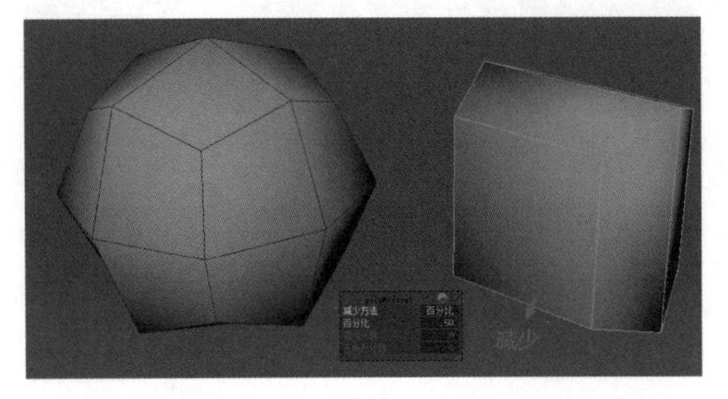

图 2-36

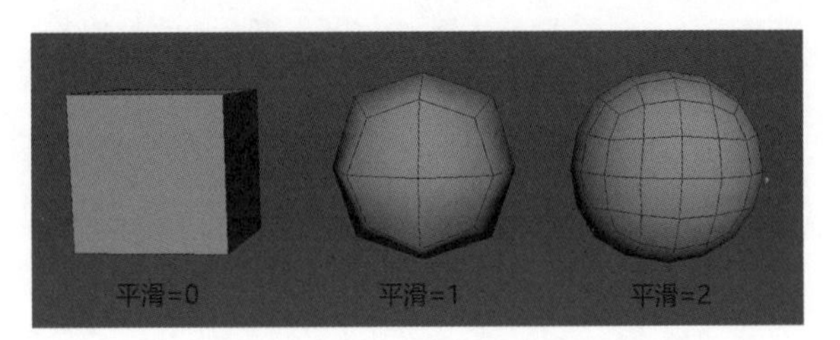

图 2-37

课堂案例 三角化/四边化模型制作

素材文件	素材文件 \ 第 2 章 \ 无	扫码观看视频
案例文件	案例文件 \ 第 2 章 \2.4.7 课堂案例——三角化模型 .mb	
视频教学	视频教学 \ 第 2 章 \2.4.7 课堂案例——三角化模型 .mp4	
练习要点	掌握转换三角面、四边化模型的技巧	

Step 01 打开案例文件【课堂案例——三角化模型 .mb】，如图 2-38 所示。

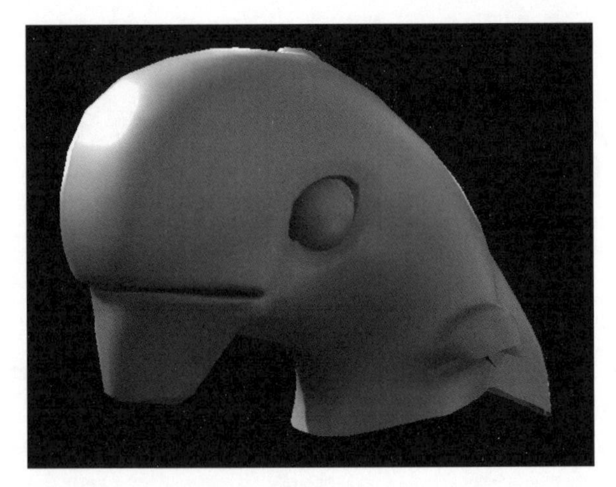
图 2-38

Step 02 选择原始模型，按快捷键 Ctrl+D 进行复制，执行【网格】>【三角化】菜单命令，将模型由四边面转换成三角面，如图 2-39 所示。

Step 03 选择三角化模型，按快捷键 Ctrl+D 进行复制，执行【网格】>【四边形化】菜单命令，将模型由三角面转换成四边面，如图 2-40 所示。

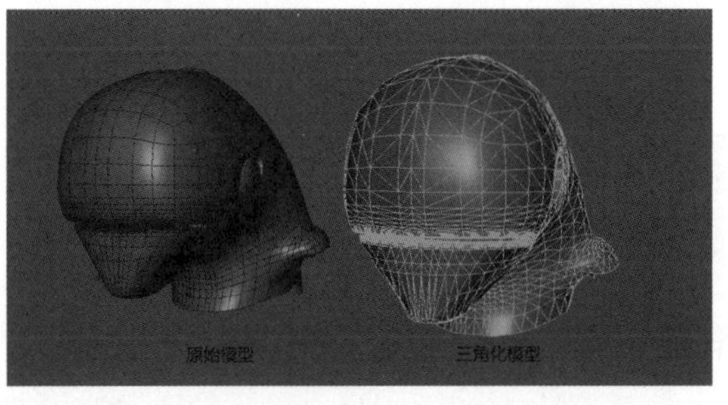

图 2-39

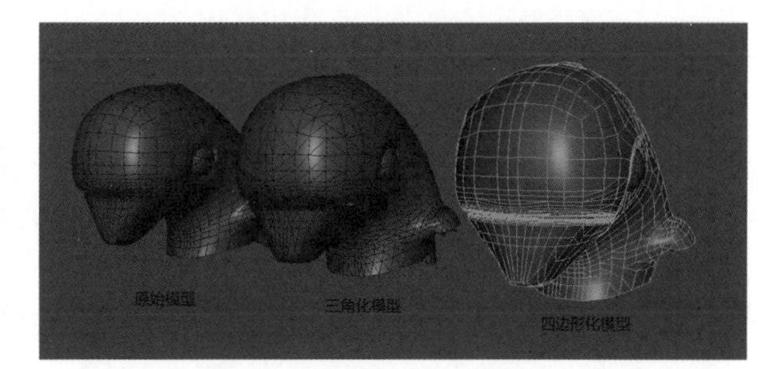

图 2-40

6. 镜像

镜像：用于将一侧的模型镜像复制到另一侧，如图 2-41 所示。

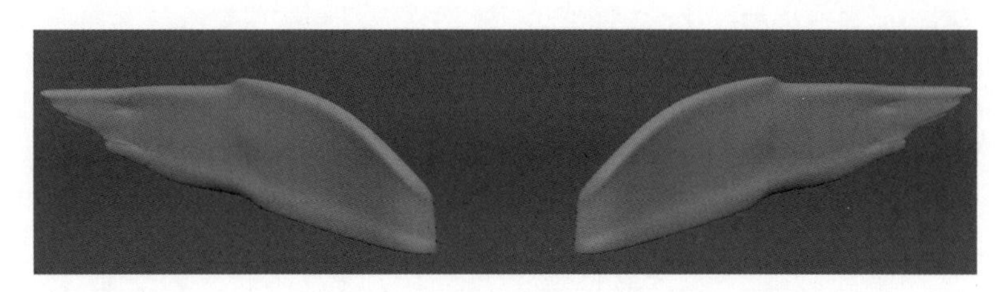
图 2-41

编辑网格菜单

编辑网格菜单在继承以前版本的基础上，又增加了更快捷、方便的新工具，使建模功能变得更加强大，如图 2-42 所示。

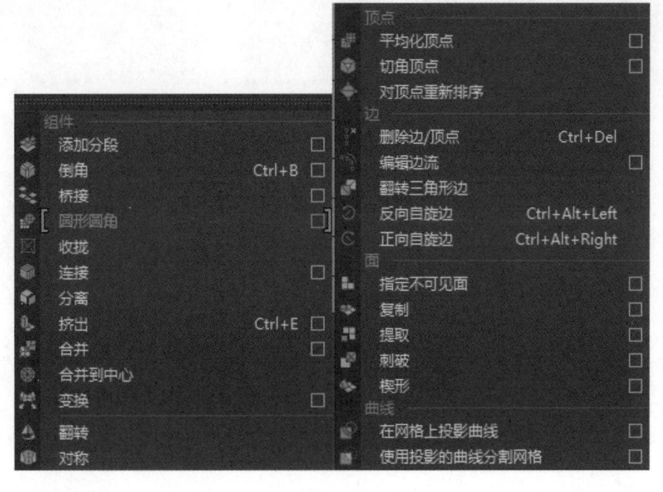

图 2-42

1. 添加分段

添加分段：是指对物体原有的网格进行进一步细分，如图 2-43 所示。

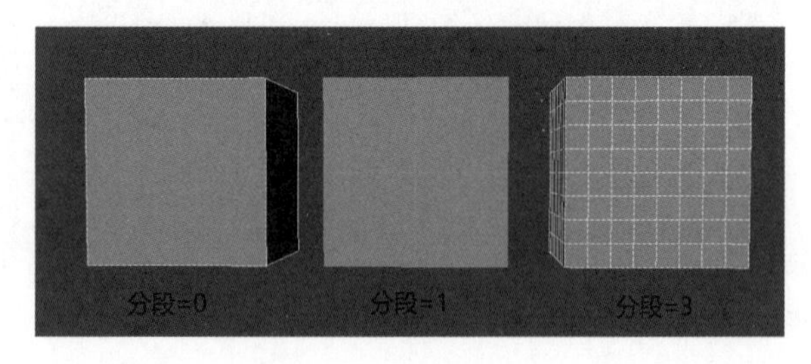

图 2-43

课堂案例 文字倒角

素材文件	素材文件 \ 第 2 章 \ 无	扫码观看视频
案例文件	案例文件 \ 第 2 章 \2.4.7 课堂案例——文字倒角 .mb	
视频教学	视频教学 \ 第 2 章 \2.4.7 课堂案例——文字倒角 .mp4	
练习要点	掌握三维文字倒角的制作方法	

Step 01 打开 Maya 2018，单击工具栏中的【创建文本】按钮T，输入 3D Type，如图 2-44 所示。

Step 02 选择文字，单击右侧属性面板中的 type1 选项卡，将文本改为 Sunny，如图 2-45 所示。

图 2-44

图 2-45

Step 03 单击属性面板下方的【几何体】选项卡，设置【挤出分段】为 1，如图 2-46 所示。

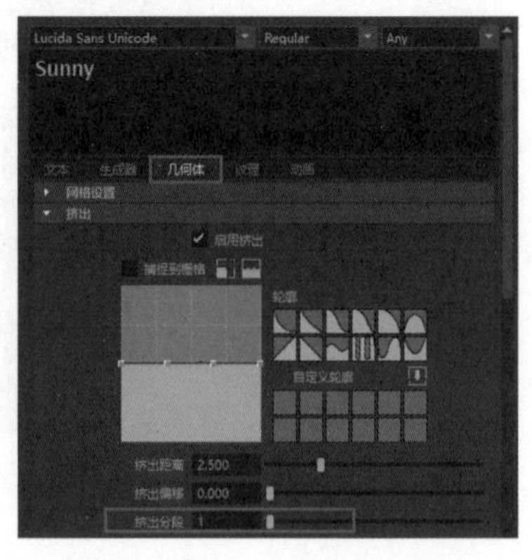

图 2-46

Step 04 选择文字，执行【编辑网格】>【倒角】菜单命令，设置【分数】为 1.5、【分段】为 2，如图 2-47 所示。

图 2-47

课堂案例 桥接——哑铃

素材文件	素材文件 \ 第 2 章 \ 无	扫码观看视频
案例文件	案例文件 \ 第 2 章 \2.4.7 课堂案例——文字倒角 .mb	
视频教学	视频教学 \ 第 2 章 \2.4.7 课堂案例——文字倒角 .mp4	
练习要点	掌握哑铃模型的制作方法	

Step 01 在透视图中，单击工具栏中的【球体】按钮，创建球体，如图 2-48 所示。

Step 02 选择球体，在右侧的属性通道栏中设置【旋转 Z】为 -90，如图 2-49 所示。

Step 03 在透视图中，用鼠标右键选择面，按 Delete 键，删除选定面，如图 2-50 所示。

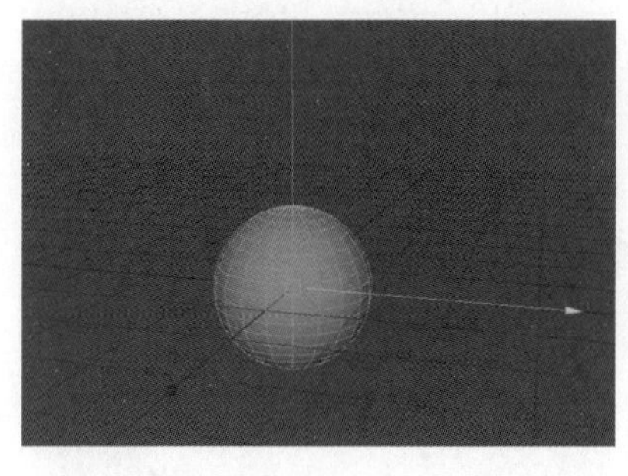
图 2-48

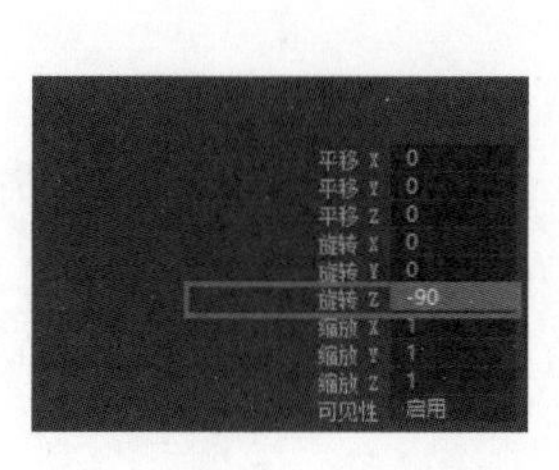

图 2-49

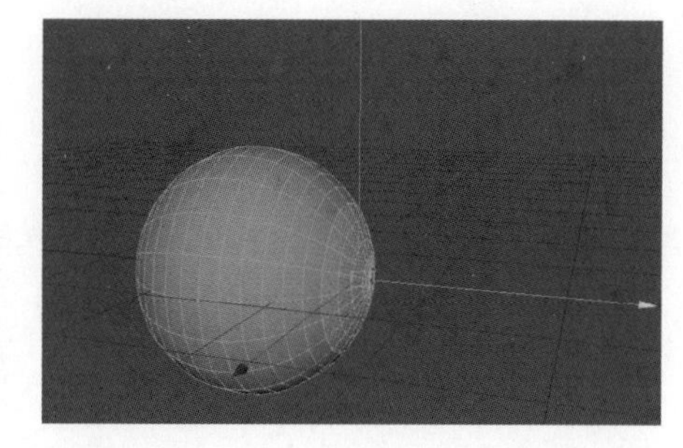
图 2-50

Step 04 选择球体，按快捷键 Ctrl+D 进行复制，并旋转对位，如图 2-51 所示。

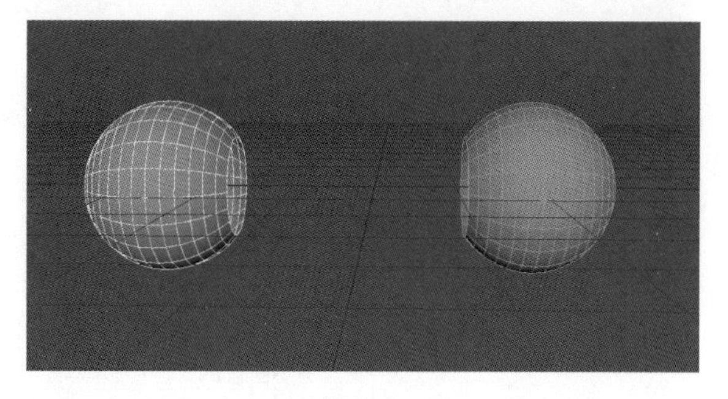
图 2-51

Step 05 选择场景中的两个球体，执行【网格】>【结合】菜单命令，将两个物体结合成一个物体。切换到边模式，选择一圈边，按住 Shift 键加选另一个物体的边，如图 2-52 所示。

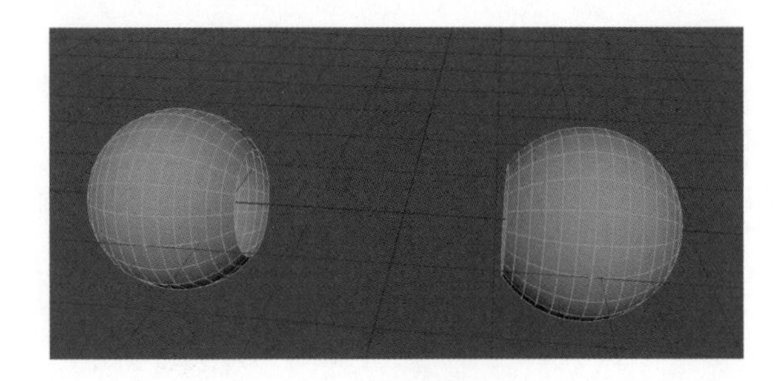

图 2-52

Step 06 执行【编辑网格】>【桥接】菜单命令，将两条线圈的【分段】设置为 6，如图 2-53 所示。

Step 07 执行【网格显示】>【软化边】菜单命令，将物体表面变光滑，效果如图 2-54 所示。

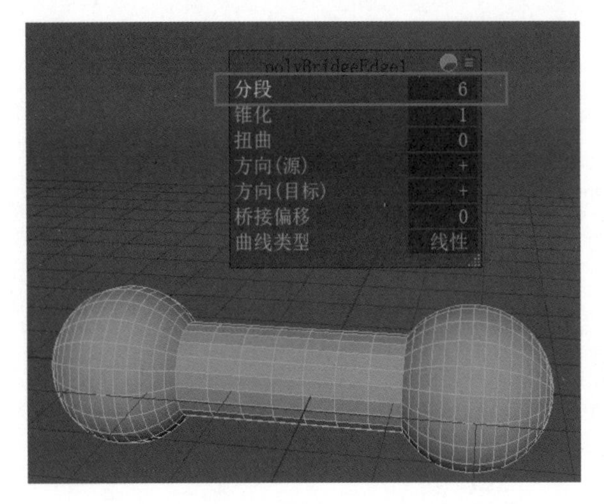

图 2-53

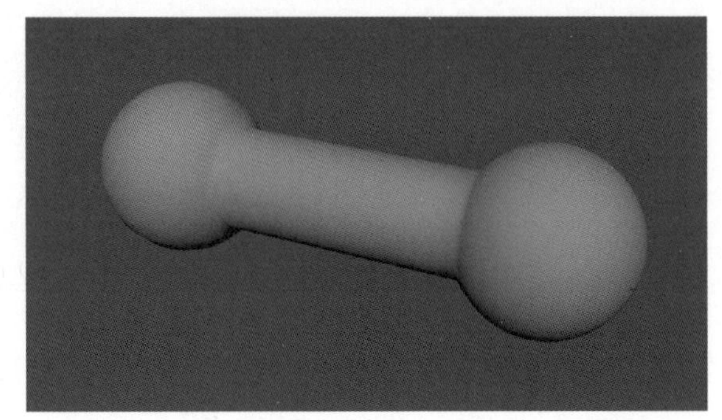

图 2-54

2. 圆形圆角

圆形圆角：是指对原有多边形表面的线段进行圆形化的梳理，使其对称，如图 2-55 所示。

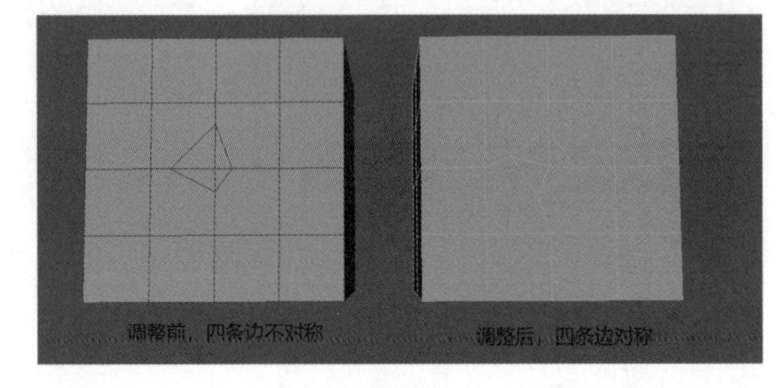

图 2-55

3. 收拢

收拢：按组件基础使组件的边收拢，然后单独合并每个收拢边关联的顶点，如图 2-56 所示。

4. 连接

连接：是指在所选线段中间位置加一条线，如图 2-57 所示。

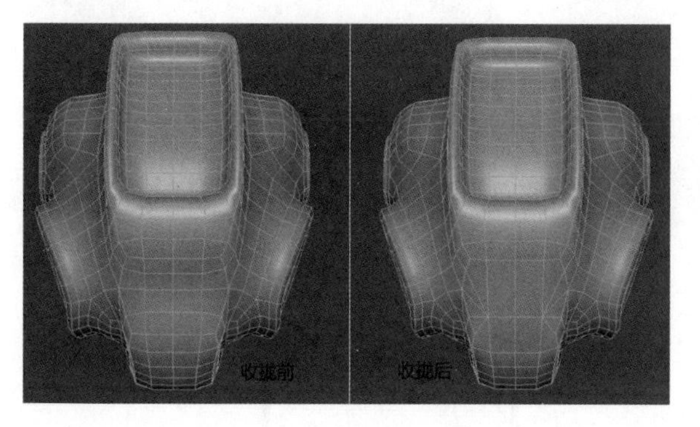

图 2-56

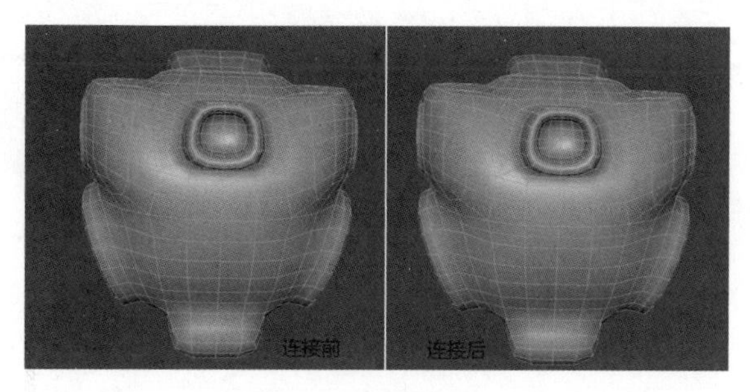

图 2-57

5. 分离

分离：是指将结合在一起的物体变成单个物体，如图 2-58 所示。

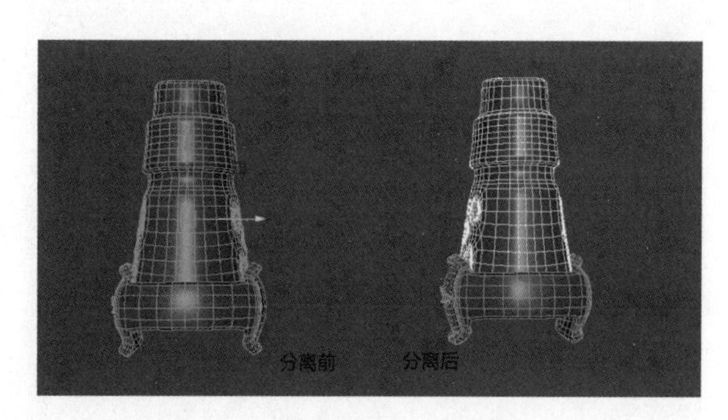

图 2-58

课堂案例 挤出——旧电视

素材文件	素材文件 \ 第 2 章 \ 无
案例文件	案例文件 \ 第 2 章 \ 课堂案例：挤出——旧电视 .mb
视频教学	视频教学 \ 第 2 章 \ 课堂案例：挤出——旧电视 .mp4
练习要点	掌握电视机的制作方法

扫码观看视频

Step 01 在透视图中，单击工具栏中的【立方体】按钮，创建立方体，单击工具箱中的【缩放】按钮，对立方体进行缩放，如图 2-59 所示。

Step 02 在透视图中，用鼠标右键选择面，按住 Shift 键，进行缩放复制，如图 2-60 所示。

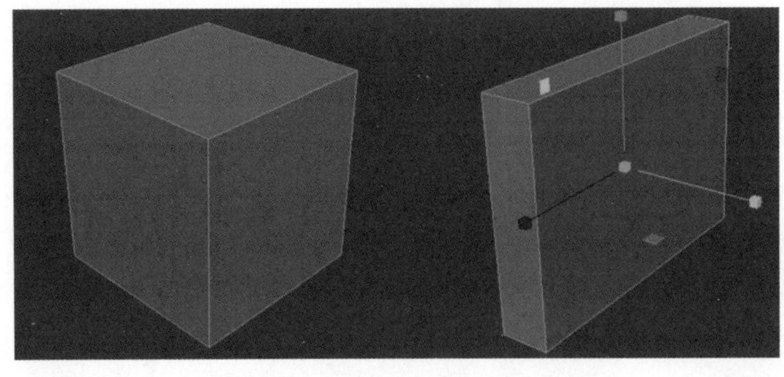

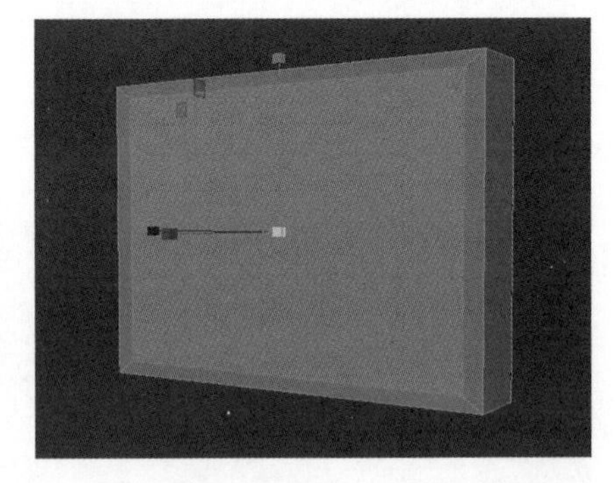

图 2-59　　图 2-60

Step 03 执行【编辑网格】>【挤出】菜单命令，在弹出的【挤出】对话框中，设置【厚度】为 0、【局部平移 Z】为 -0.0545，如图 2-61 所示。

Step 04 选择电视机下方的面，按住 Shift 键，配合【移动工具】和【缩放工具】进行调整，如图 2-62 所示。

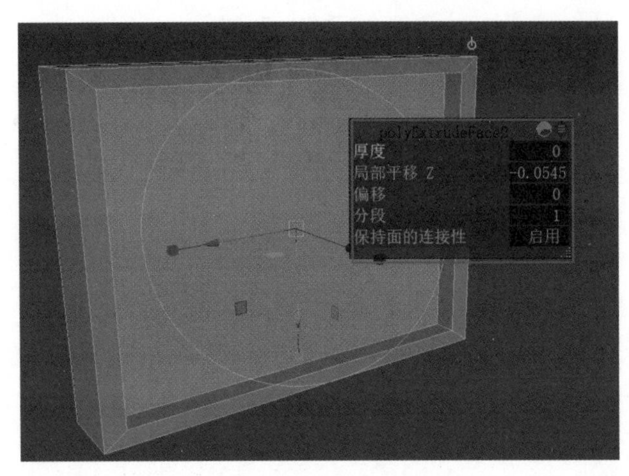

图 2-61

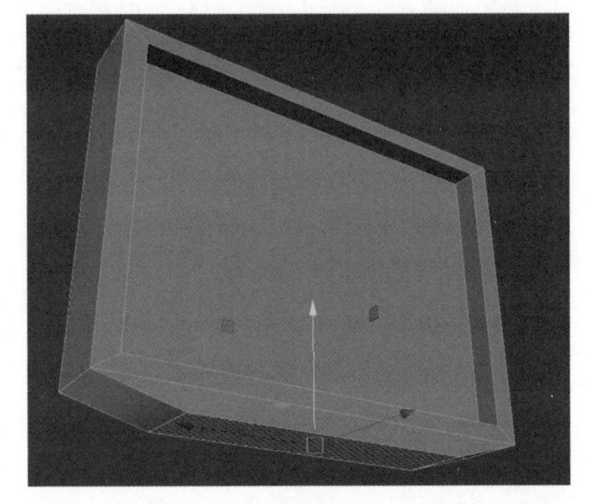

图 2-62

Step 05 选择电视机下方的面，执行【编辑网格】>【挤出】菜单命令，打开【挤出】对话框，设置电视机底座的厚度，如图 2-63 所示。

Step 06 选择电视机背面，执行【编辑网格】>【挤出】菜单命令，挤出两次，利用【移动工具】和【缩放工具】调整外形，如图 2-64 所示。

Step 07 电视机模型制作完成，效果如图 2-65 所示。

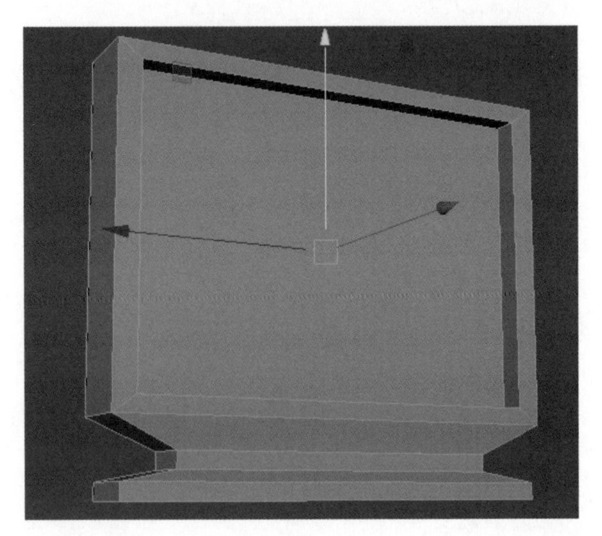

图 2-63

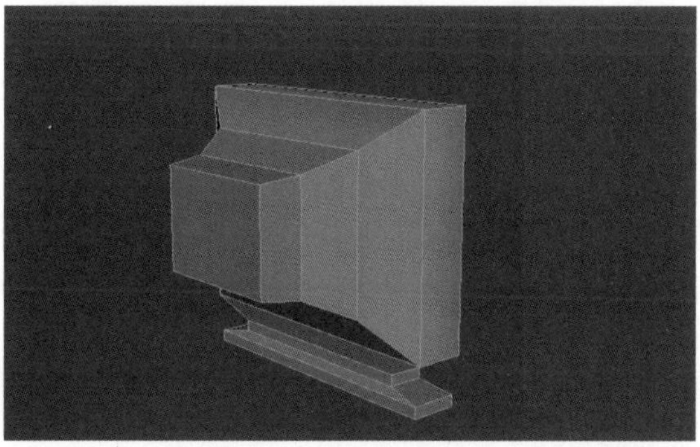

图 2-64

图 2-65

6. 变换

变换：是指在选定顶点、边、面上调出一个控制手柄，通过这个控制手柄可以很方便地在物体坐标和世界坐标之间进行转换。

7. 翻转

翻转：是指使用选定组件的镜像组件沿对称轴交换选定组件的位置。

8. 对称

对称：是指将组件沿对称轴移动到相应组件的镜像位置。

9. 平均化顶点

平均化顶点：通过移动顶点的位置平滑多边形网格。

10. 切角顶点

切角顶点：将一个顶点替换为一个平坦多边形面。

11. 删除边/顶点

删除边 / 顶点：根据选定的组件从多边形网格中删除突出的边或顶点。

课堂案例 编辑边流——整理布线

素材文件	素材文件 \ 第 2 章 \ 无	扫码观看视频
案例文件	案例文件 \ 第 2 章 \2.5.15 课堂练习——整理布线.mb	
视频教学	视频教学 \ 第 2 章 \2.5.15 课堂练习——整理布线.mp4	
练习要点	掌握整理布线的制作方法	

Step 01 打开案例文件【课堂练习——整理布线.mb】，如图 2-66 所示。

Step 02 选择卡通模型，用鼠标右键选择边模式，选择一条边，执行【编辑网格】>【编辑边流】菜单命令，选定边就会自动移动到上下线段中间，如图 2-67 所示。

图 2-66

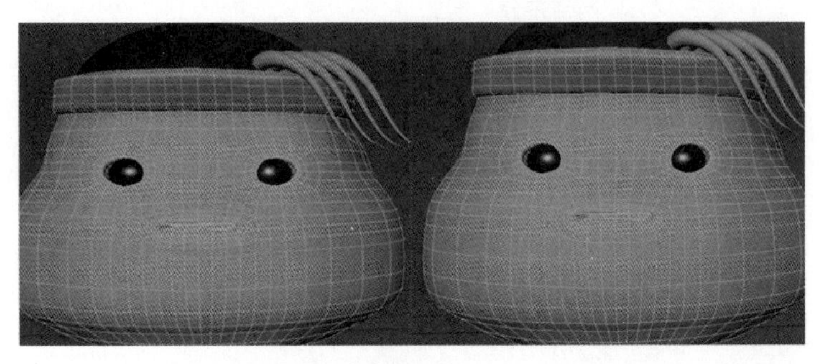

图 2-67

Step 03 依次选择模型下方的边，执行【编辑网格】>【编辑边流】菜单命令，选定边就会自动移动到上下线段中间，多次调整后如图 2-68 所示。

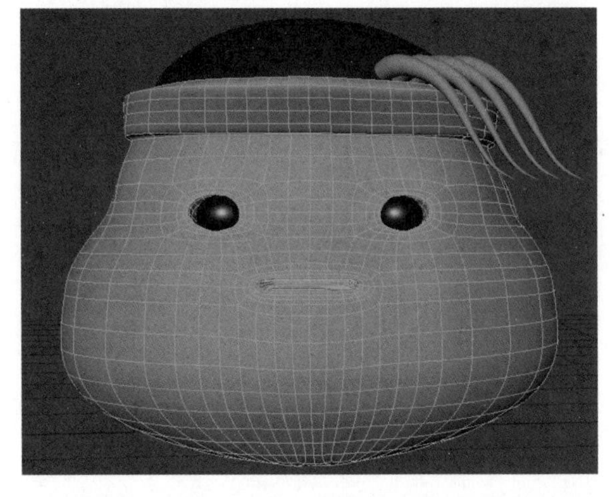

图 2-68

12. 反向自旋边

反向自旋边：是指按与其缠绕方向相反的方向自旋选定边，这样可以一次性更改其连接的顶点。

13. 正向自旋边

正向自旋边：是指向缠绕方向自旋选定边，这样可以一次性更改其连接的顶点。当然，为了能够自旋这些边，它们必须仅附加到两个面。

14. 复制

复制：创建任何选定面的新的单独副本。复制面变为原始网格的一部分，否则将不受影响。

15. 提取

提取：从关联网格中分离选定面。提取的面成为现有网格内单独的壳。

16. 刺破

刺破：分割选定面以推动或拉动原始多边形的中心。

17. 楔形

楔形：拉动现有面的新多边形的一个弧。

2.6 网格工具菜单

网格工具菜单是制作基础模型的基本菜单，常用于建筑、场景等基础模型的搭建，主要包含附加到多边形 、连接、折痕、创建多边形、生成洞、多切割等常用的建模命令。

1. 附加到多边形

附加到多边形：可以将多边形添加到现有网格，将多边形的边作为起始点。

2. 连接

连接：可以通过其他边连接顶点或边。

3. 折痕

折痕：允许在多边形网格上使边和顶点起折痕。用户可以使用【折痕】工具修改多边形网格，并获取在硬和平滑之间过渡的形状，而不会过度增大基础网格的分辨率。

4. 创建多边形

创建多边形：可以通过在场景视图中放置顶点来创建单独的多边形。

课堂案例 插入循环边——细分多边形

素材文件	素材文件 \ 第 2 章 \ 无	扫码观看视频
案例文件	案例文件 \ 第 2 章 \2.6.5 课堂练习：插入循环边——细分多边形.mb	
视频教学	视频教学 \ 第 2 章 \2.6.5 课堂练习：插入循环边——细分多边形.mp4	
练习要点	掌握为模型加线细分的制作方法	

Step 01 打开案例文件【课堂练习：插入循环边——细分多边形.mb】，如图 2-69 所示。

Step 02 选择帽子模型，执行【网格工具】>【插入循环边】菜单命令，在模型上添加线段，如图 2-70 所示。

图 2-69

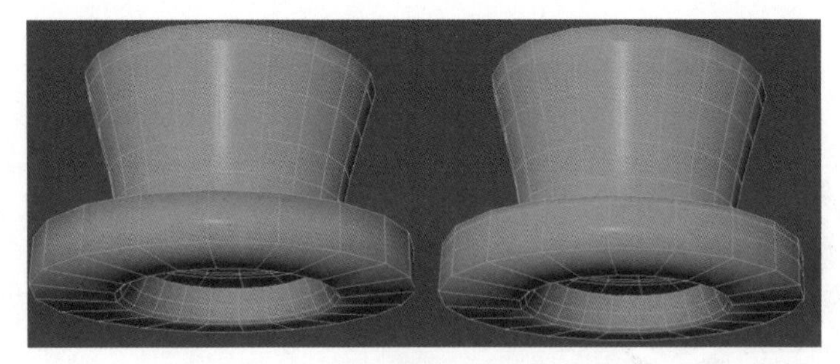

图 2-70

Step 03 选择帽子模型，执行【网格工具】>【插入循环边】菜单命令，在模型的其他部位添加线段，如图 2-71 所示。

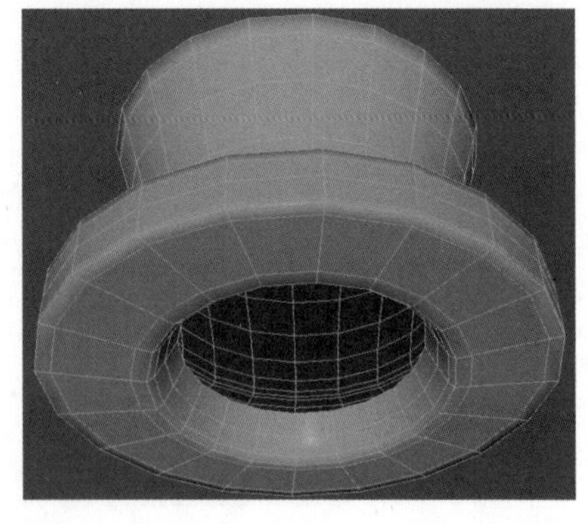

图 2-71

5. 生成洞

生成洞：允许用户在多边形的一个面中创建一个洞，也可以在另一个图形的面中创建一个洞。

6. 多切割

多切割：允许对循环边进行切割、切片和插入，可以沿着切割位置提取或删除边，通过边流和细分插入循环边或进行切割，并在平滑网格预览模式下进行编辑。

课堂案例 偏移循环边——多边形细分

素材文件	素材文件\第2章\无	扫码观看视频
案例文件	案例文件\第2章\2.6.7 课堂练习：偏移循环边——多边形细分.mb	
视频教学	视频教学\第2章\2.6.7 课堂练习：偏移循环边——多边形细分.mp4	
练习要点	掌握偏移模型并加线细分的制作方法	

Step 01 打开案例文件【课堂练习：插入循环边——细分多边形.mb】，如图 2-72 所示。

Step 02 选择饮料模型，执行【网格工具】>【插入循环边】菜单命令，在模型上新增 3 条线段，单击工具栏中的【缩放】按钮，分别对 3 条线段进行缩放调整，如图 2-73 所示。

图 2-72

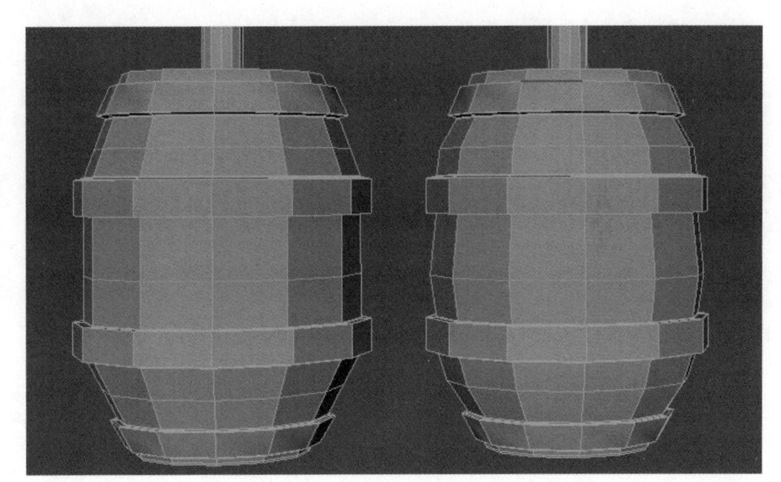

图 2-73

Step 03 选择饮料模型中间的边，执行【网格工具】>【偏移循环边】菜单命令，在选定边的上下方向自动生成两条边，模型细分效果如图 2-74 所示。

Step 04 选择饮料模型上下部分中间的边，再次执行【网格工具】>【偏移循环边】菜单命令，在选定边的上下方向自动生成两条边，模型细分效果如图 2-75 所示。

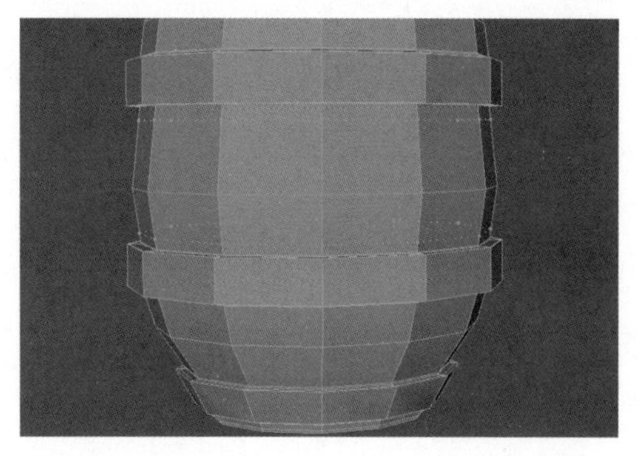

图 2-74

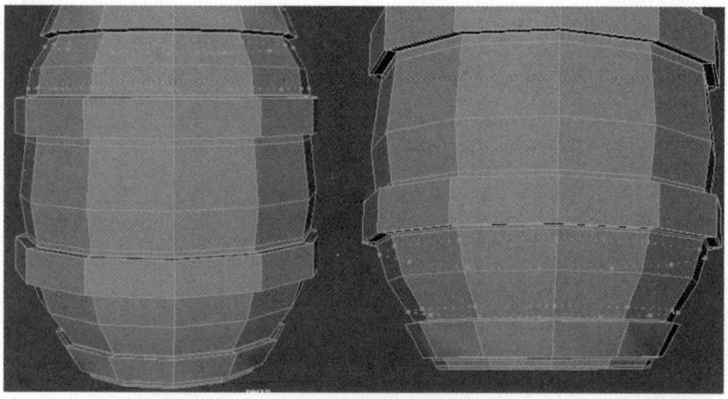

图 2-75

Step 05 选择饮料模型，单击工具箱中的【平滑】按钮，设置【分段】为 2，模型细分效果如图 2-76 所示。

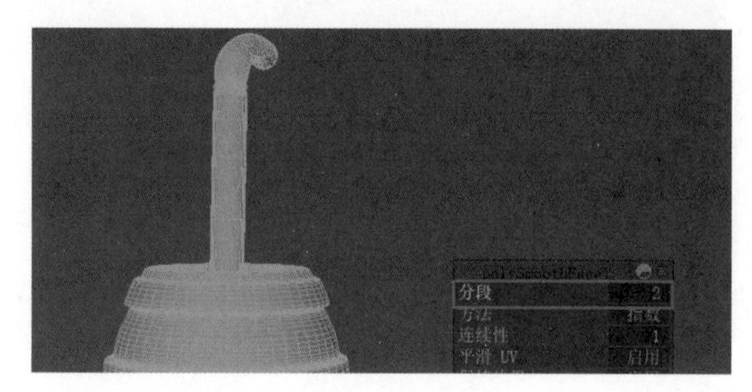

图 2-76

7. 四边形绘制

四边形绘制：以自然而有机的方式建模，使用简化的单工具工作流重新拓扑化网格。当手动重新拓扑流程时，可以在保留参考曲面形状的同时，创建简洁的网格。

8. 雕刻工具

雕刻工具：允许雕刻三维曲面，与在黏土或其他建模材质上雕刻真正的三维对象一样。

9. 滑动边

滑动边：允许重新定位多边形网格上的边或整个循环边。

10. 目标焊接

目标焊接：允许合并顶点或边并在它们之间创建共享顶点或边。

网格显示菜单

网格显示菜单同网格工具菜单的功能基本是一致的，是用于调整或修改三维模型的工具菜单，网格显示菜单主要包含平均、一致、反转、设置为面、硬化边、软化边等命令。

1. 平均

平均：可以平均化顶点法线的方向，这将影响已进行着色的多边形的外观。

2. 一致

一致：统一选定多边形网格的曲面法线方向，生成的曲面法线方向将基于网格中共享的大多数面的方向。

3. 反转

反转：反转选定多边形上的法线，也可以指定是否反转用户定义的法线。

4. 设置为面

设置为面：允许将顶点法线设置为与面法线的方向相同。

5. 硬化边

硬化边：操纵顶点法线，以更改使用硬化外观渲染的着色多边形外观。

6. 软化边

软化边：控制顶点法线，以更改渲染过程中柔化的外观。

7. 软化/硬化边

软化 / 硬化边：允许用户通过指定法线的角度来操纵多边形的着色外观。

课堂练习 单眼怪

素材文件	素材文件\第2章\无	扫码观看视频
案例文件	案例文件\第2章\2.8 课堂练习——单眼怪.mb	
视频教学	视频教学\第2章\2.8 课堂练习——单眼怪.mp4	
练习要点	掌握单眼怪模型的制作方法	

Step 01 打开 Maya 2018，切换到前视图，执行【视图】>【图像平面】>【导入图像】菜单命令，在前视图中导入“单眼怪角色设置”作为参考，如图 2-77 所示。切换到边视图，执行【视图】>【图像平面】>【导入图像】菜单命令，在边视图中导入“单眼怪角色设置”作为参考，调整两张参考图的位置，如图 2-78 所示。

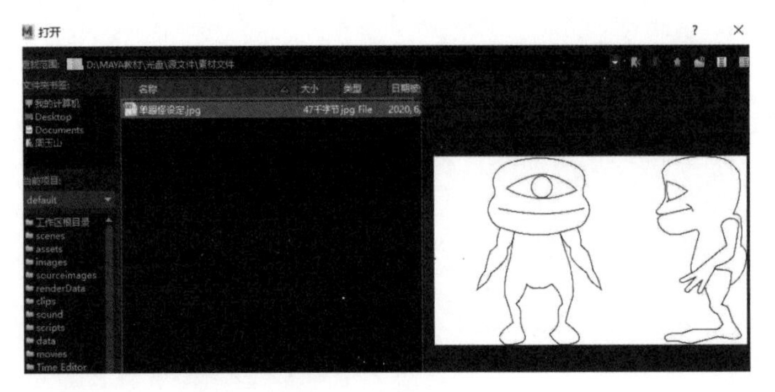

图 2-77

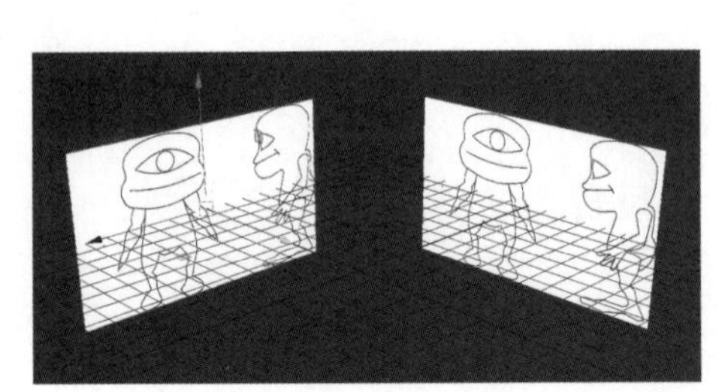

图 2-78

Step 02 单击工具栏中的【立方体】按钮，在透视图中创建立方体。切换到前视图，向上移动立方体。选择参考图，单击工具栏中的【移动】工具按钮，将参考图向左侧移动，与立方体进行匹配，如图 2-79 所示。在边视图中，同样进行匹配调整，如图 2-80 所示。

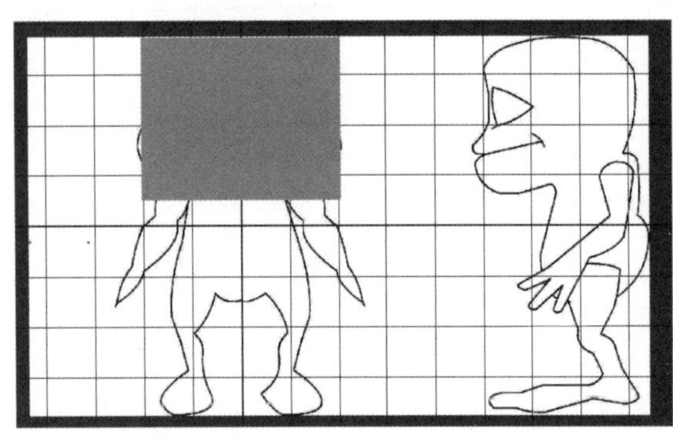

图 2-79

图 2-80

Step 03 选择立方体，单击工具栏中的【平滑】按钮，设置【分段】为 2，如图 2-81 所示。选择模型顶点，分别在前视图和边视图中调整模型的外形，如图 2-82 所示。用鼠标右键选择【面】模式，选择模型左侧一半面，按 Delete 键进行删除，如图 2-83 所示。选择未删除的模型，执行【编辑】>【特殊复制】菜单命令，单击右侧的小方框，打开【特殊复制选项】窗口。在该窗口中设置【几何体】类型为【实例】、【缩放】为 -1.0000，最后单击【应用】按钮，复制出另一半模型，如图 2-84 所示。

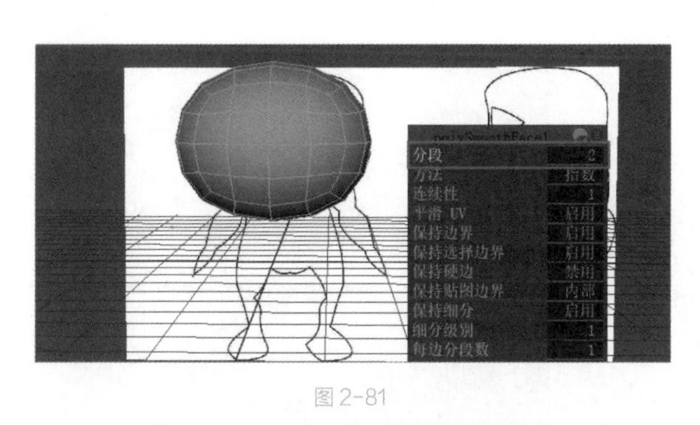

图 2-81

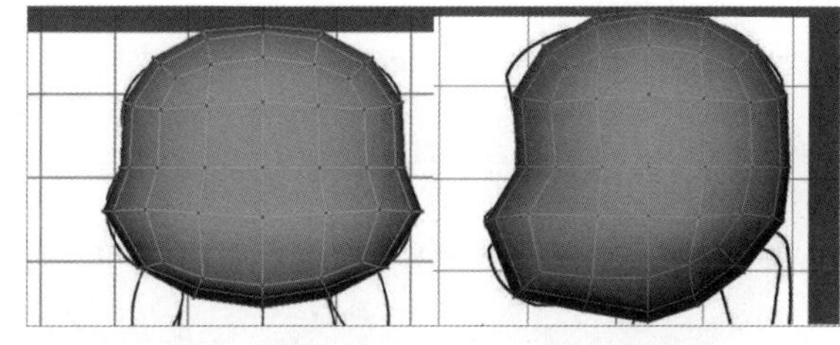

图 2-82

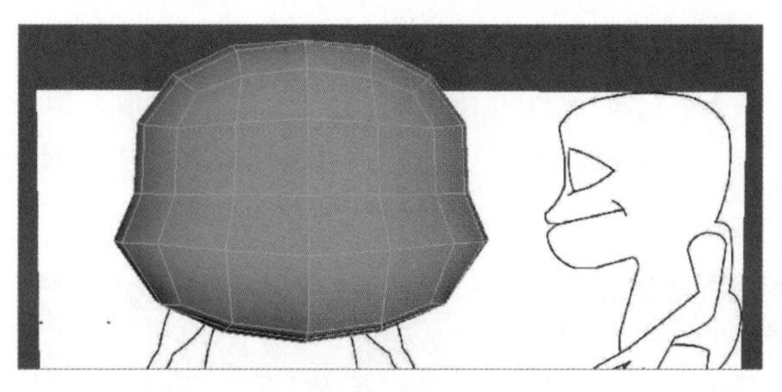

图 2-83

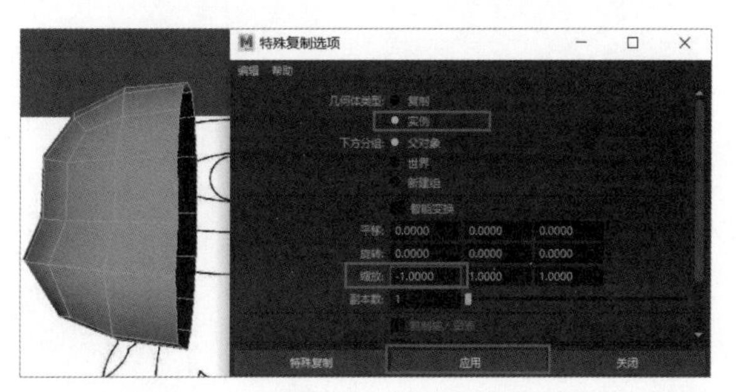

图 2-84

Step 04 单击工具栏中的【X 射线显示】按钮，将头部以半透明的方式显示。选择模型，然后执行【显示】>【多边形】>【背面消隐】菜单命令，将模型后面的线段隐藏。单击工具箱中的【切割】按钮，对模型的眼部进行切割，删除多余的边，调整眼部外轮廓，如图 2-85 所示。选择角色眼角部分的任意一条边，按住 Ctrl 键配合鼠标右键，执行【环形边工具】>【到环形边并切割】菜单命令，添加一圈线，分别在前视图和边视图调整顶点和线段，如图 2-86 所示。

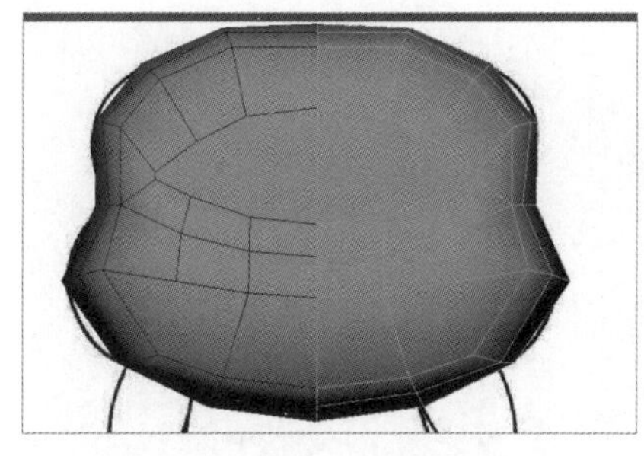

图 2-85

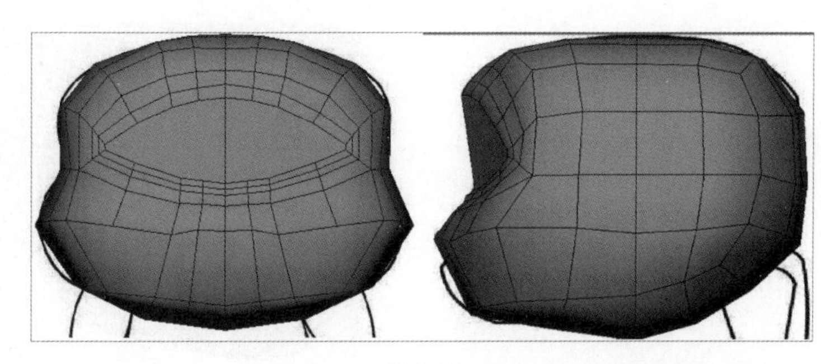

图 2-86

Step 05 制作嘴部。单击工具箱中的【切割】按钮，为嘴部增加一条轮廓线，如图 2-87 所示。选择嘴部的面，按 Delete 键进行删除，调整嘴部，如图 2-88 所示。选择嘴部的边，按住 Shift 键，单击工具箱中的【缩放】工具按钮，缩放复制出嘴部的厚度，并调整外形。之后在嘴角上方继续添加一条边，细化嘴部，如图 2-89 所示。

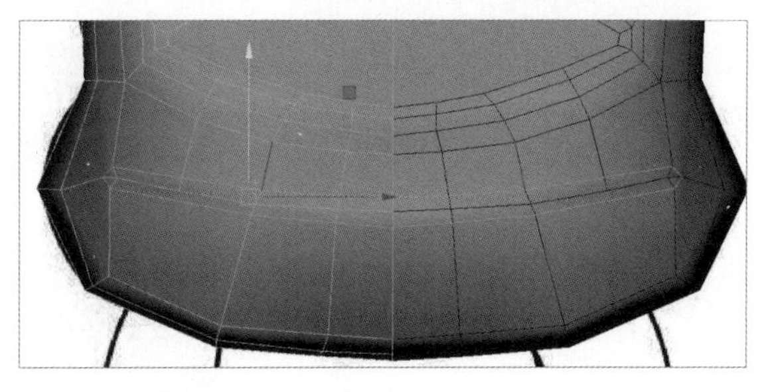

图 2-87

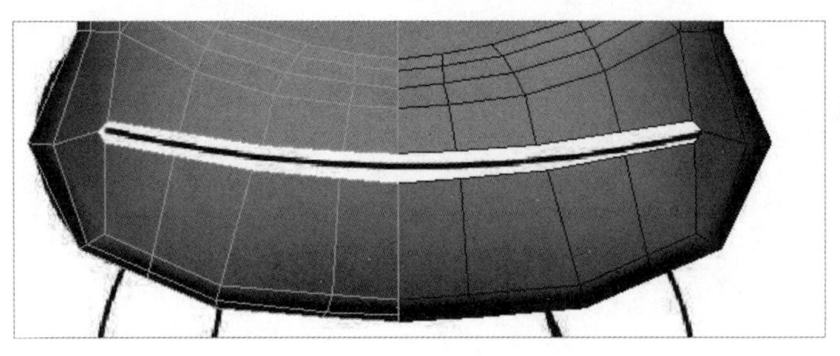

图 2-88

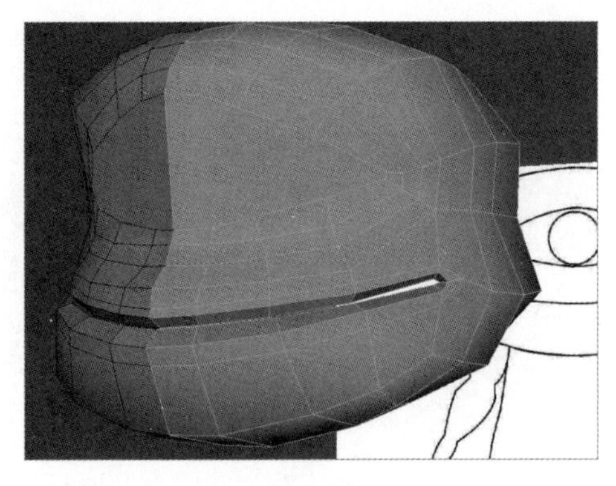

图 2-89

Step 06 调整嘴部及下颌的线条分布。单击工具栏中的【切割】按钮，切割出嘴角的两条边，如图 2-90 所示。更改布线，添加口轮匝肌环线，并调整外形，如图 2-91 所示。继续修改嘴角上方的线，使颧骨与口轮匝肌布线合理，如图 2-92 所示。

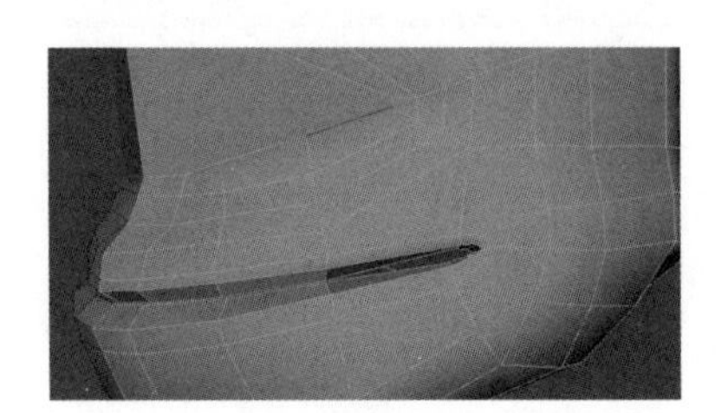

图 2-90

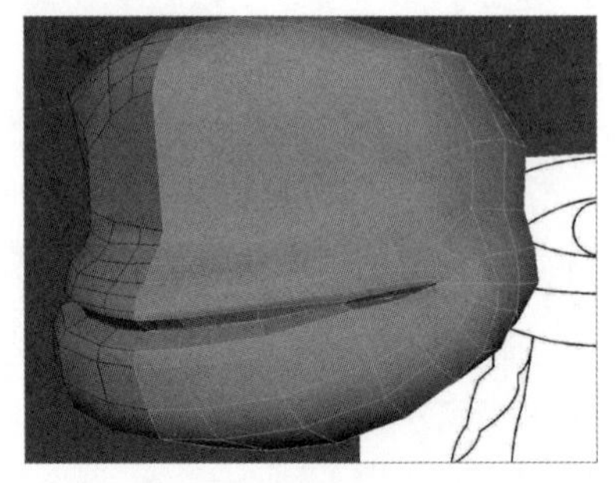

图 2-91

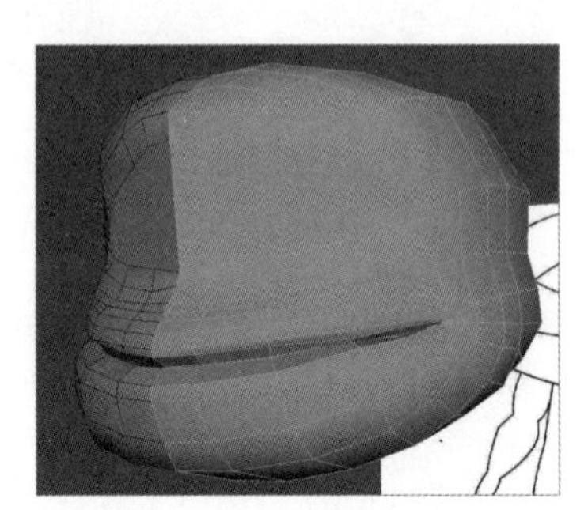

图 2-92

Step 07 细化面部。选择头部的任意一条边，按住 Ctrl 键，配合【环形边工具】>【到环形边并切割】菜单命令，添加一圈线，更改下颌部分的布线，如图 2-93 所示。

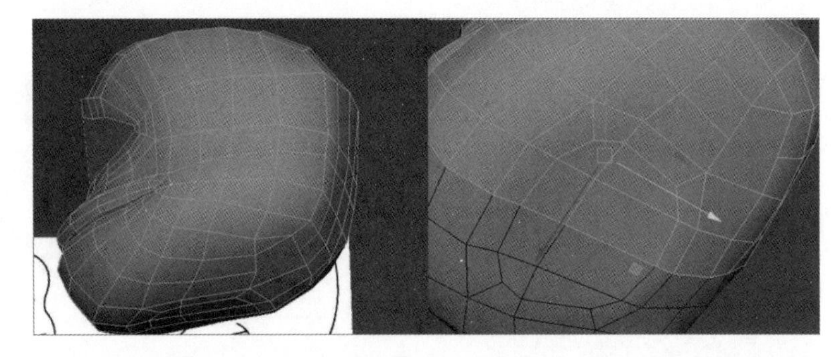

图 2-93

Step 08 制作眼睛。选择角色的眼睛部分，单击工具栏中的【挤出】按钮，挤出眼部的厚度，并删除中间相交的面。继续挤出两次，删除眼窝部分的面。单击工具栏中的【球体】按钮，创建眼球。然后按 E 键，旋转眼球并适配大小，选择模型，按数字键 3，预览平滑效果，如图 2-94 所示。

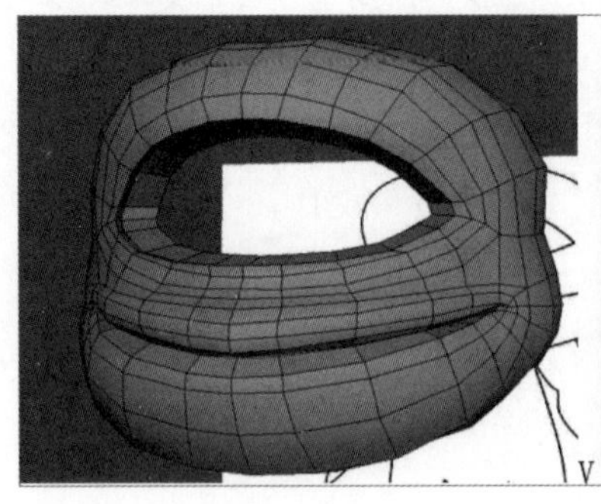

图 2-94

Step 09 整理头部。选择模型的一半，按Delete键进行删除。执行【编辑】>【特殊复制】>【特殊复制选项】菜单命令，打开【特殊复制选项】窗口，设置【几何体类型】为【复制】，单击【应用】按钮。全选脸部模型，按住 Shift 键配合鼠标右键，执行【结合】命令，将模型合并成一个整体。用鼠标右键选择模型中间部分的顶点，按住Shift键，选择【合并顶点】>【合并顶点】命令，头部模型即制作完成，如图 2-95 所示。

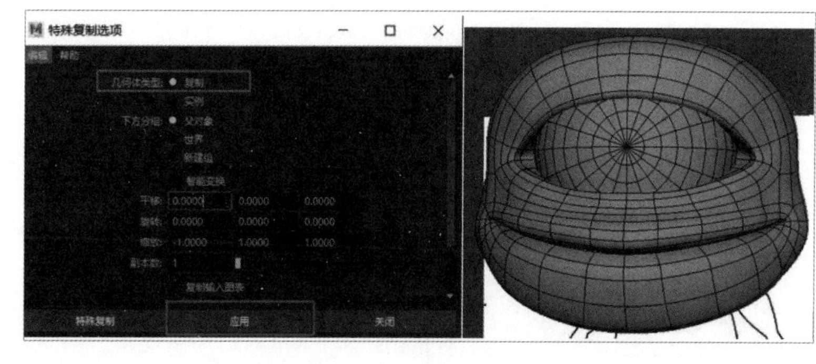

图 2-95

课后习题

一、选择题

1. 多边形建模是通过控制三维空间中物体的（　　）来塑造物体外形的。

A.【点、线、面】

B.【点、点、线】

C.【点、面、线】

D.【线、面、点】

2. 多边形建模是主流的建模方式，长期以来被称为（　　）。

A.【建模工具】

B.【万能建模工具】

C.【强悍工具】

D.【手动工具】

3. Maya 把对 Polygon 的编辑工具分为两大类：Mesh 和（　　）。

A.【Mash】

B.【NURBS】

C.【Circle】

D.【Edit Mesh】

4. 分离是指将包含多个独立物体的单一物体分成多个物体。分离命令与（　　）命令刚好相反。

A. 选择

B. 软选择

C. 结合

D. 断开

二、填空题

1. ______ 一般使用字母 U 和 V 表示二维空间中的轴。

2. 选择物体进行连续复制并对位，快捷键是 ______。

3. 两个物体进行 $A-B$ 运算模式，这种算法称为 ______。

4. 对网格物体进行细分的常用建模命令是 ______。

三、简答题

1. 简述【镜像】的概念。

2. 简述【法线】的概念。

3. 简述平均与一致的区别。

四、案例习题

案例文件：第 2 章 \ 单眼怪身体建模

效果文件：第 2 章 \ 单眼怪身体建模.mp4

练习要点：

1. 根据单眼怪草图进行建模。

2. 运用建模命令对场景中的物体进行操作。

3. 通过移动对位操作完成案例的制作，如图 2-96 所示。

图 2-96

Chapter

3

第 3 章

NURBS 建模

NURBS 是应用广泛的一种建模方法，自带一整套建模造型工具。NURBS 建模的特点是使用数学函数来定义曲线和曲面，最大的优势是模型表面精度具有可控性。即在不改变模型外形的前提下，使用者可以自由控制曲面的精细程度。这一特点决定了 NURBS 建模经常被用于工业类产品建模、工业造型设计和有机生物体模型的创建。

MAYA

学习目标

- 了解 NURBS 建模的构成方式
- 了解创建 NURBS 对象的工具
- 了解曲线编辑菜单
- 了解曲面编辑菜单
- 了解 NURBS 建模的应用技巧

技能目标

- 掌握 NURBS 曲线建模工具
- 掌握 NURBS 曲面编辑工具

NURBS建模概述

NURBS 建模（非均匀有理数 B 样条线）是一种可以用来在 Maya 中创建 3D 曲线和曲面的建模方式。Maya 提供的其他几何体类型为多边形和细分曲面，利用 NURBS 可对原始的几何体进行变形来得到想要的模型，这种方法灵活多变，对美术功底要求比较高。这种由点到线、由线到面的方式很适合创建工业领域的模型。当然，这两种方法也可以穿插使用。由于 NURBS 用于构建曲面的曲线具有平滑和最小特性，因此它对构建各种有机 3D 形状十分有用。利用 IGES 文件格式导出曲面，人们可以轻松地将 NURBS 3D 数据模型导出到 CAD 软件中。此外，Maya 还可以从多个 CAD 软件中导入各种 Bezier 和 NURBS 数据模型。如果要求在场景中使用多边形曲面类型，则可以先使用 NURBS 构建曲面，再将其转化为多边形，如图 3-1 所示。

图 3-1

构成方式

NURBS 建模的基本构成方式是通过线来生成曲面，每一个 NURBS 曲面都有方向不同的两组曲线，分别是 *U* 方向和 *V* 方向。NURBS 还有自己独立的坐标系统，即 *UV* 坐标系统。NURBS 曲面的基本组成元素有点、曲线和曲面。通过这些基本元素可以构建出较为复杂的高品质模型，如图 3-2 所示。

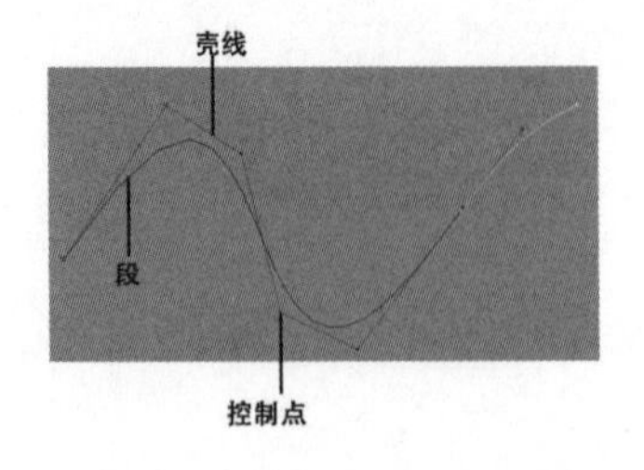

图 3-2

▶ 参数解析

控制点：将控制曲线如何从编辑点之间被拉动，同时也是控制曲线形状最基本和最重要的手段。

段：控制点之间的线段。

壳线：随着曲线的跨度和编辑点的增多，可能无法追踪 CV 控制点的顺序。为了显示 CV 控制点之间的关系，Maya 可以在 CV 控制点之间连线，这些线即壳线。

3.3 创建NURBS对象的工具

创建 NURBS 对象一般是指创建 NURBS 曲线与曲面，NURBS 曲线主要通过放置控制顶点、放置编辑点或徒手绘制的方式来绘制。如果使用 CV 或编辑点绘制，则曲线会自动平滑；如果徒手绘制，则曲线会完全遵循工具提示的路径。使用 NURBS 曲面可以创建被称为基本体的预定义 3D 几何形状。NURBS 基本体可以按原样使用，或者用作 3D 建模的起点。

3.3.1 NURBS基本体

NURBS 基本体称作 3D 几何形状。NURBS 基本体可以通过执行【创建】>【NURBS 基本体】菜单命令创建，或者使用工具栏中的按钮和交互方式创建。

NURBS 球体：可以创建圆形类对象，例如，眼球、行星和人头，如图 3-3 所示。

图 3-3

▶ 参数解析

【半径】：用于设置球体的大小。

【开始扫描】和【结束扫描】：通过指定旋转度数来创建部分球体，取值范围是 0 ~ 360° 。

【次数】：可以使线性曲面具有面状外观。

【分段数】：用于设置物体表面网格的细分程度。分段数越高，网格越多，细分效果越好。

NURBS 立方体：共 6 个面，每个面都是独立可选的。可以在视图中选择立方体的面，或通过大纲视图中的名称进行选择，如图 3-4 所示。

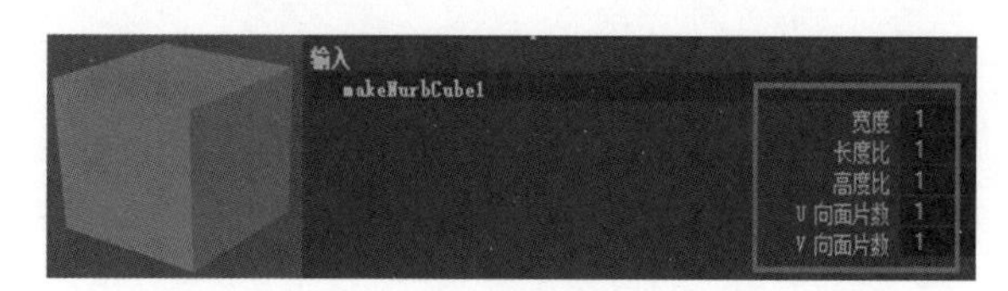

图 3-4

▶ 参数解析

【宽度】：用于设置立方体的大小。

【长度比】：用于设置立方体在横向上的大小。

【高度比】：用于设置立方体纵向的大小。

【U 向面片数】：用于设置 NURBS 物体在 *U* 方向上的网格细分。

【V 向面片数】：用于设置 NURBS 物体在 *V* 方向上的网格细分。

NURBS 圆柱体：可以创建带有或不带有结束端面的圆柱体。圆柱体的特殊选项是有关结束端面的，如图 3-5 所示。

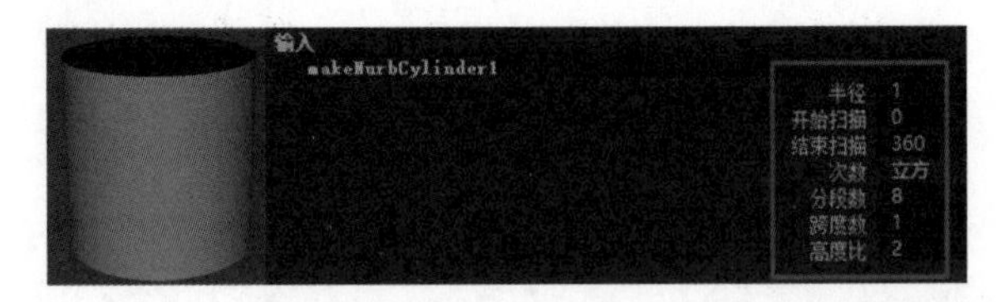

图 3-5

▶ 参数解析

【半径】：用于设置圆柱体的大小。

【开始扫描】和【结束扫描】：通过指定旋转度数来创建圆柱体，取值范围为 0 ~ 360°。

【次数】：可以使线性曲面具有面状外观。

【分段数】：用于设置物体表面网格的细分程度。该参数数值越大，网格越多，细分效果越好。

NURBS 圆锥体：可以创建底部带有或不带有端面的圆锥体，如图 3-6 所示。

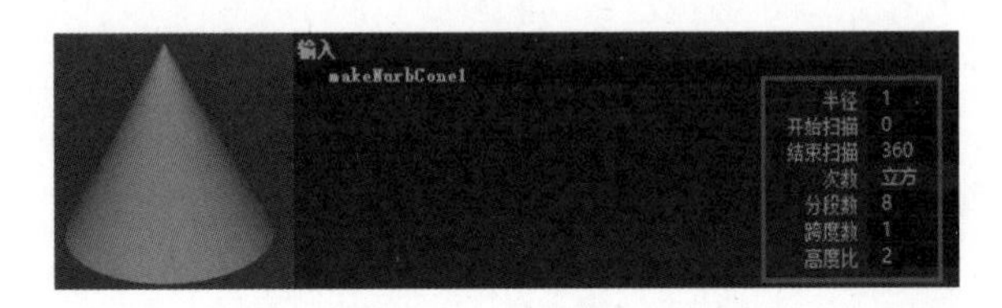

图 3-6

▶ 参数解析

【半径】：用于设置圆锥体的大小。

【开始扫描】和【结束扫描】：通过指定旋转度数来创建圆锥体，取值范围为 0 ~ 360°。

【次数】：可以使线性曲面具有面状外观。

【分段数】：用于设置物体表面网格的细分程度，数值越大，网格越多，细分效果越好。

NURBS 平面：用于创建由指定数量的面片组成的平坦曲面，如图 3-7 所示。

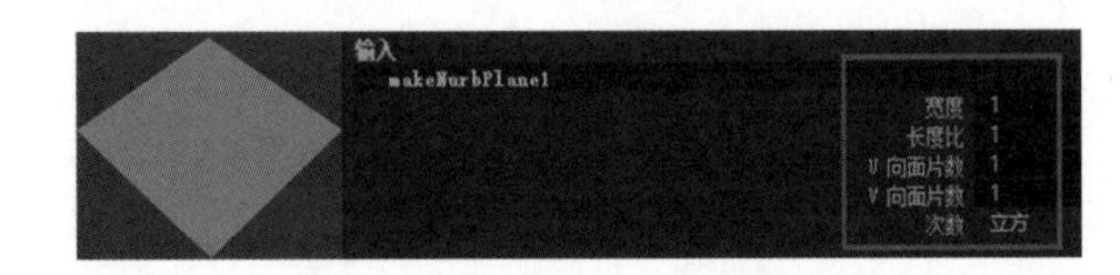

图 3-7

▶ 参数解析

【宽度】：用于设置平面的大小。

【长度比】：用于设置平面横向的大小。

【高度比】：用于设置平面纵向的大小。

【U 向面片数】：用于设置 NURBS 物体在 *U* 方向上的网格细分。

【V 向面片数】：用于设置 NURBS 物体在 *V* 方向上的网格细分。

【次数】：可以使线性曲面具有面状外观。

NURBS 圆环：用于创建三维细分曲面，如图 3-8 所示。

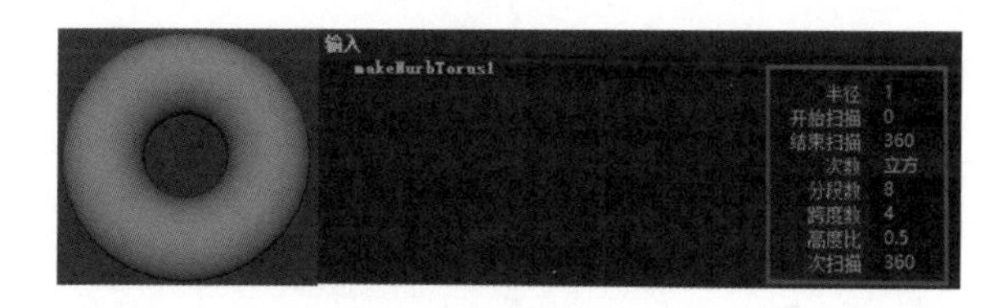

图 3-8

▶ 参数解析

【半径】：用于设置圆环的大小。

【开始扫描】和【结束扫描】：通过指定旋转度数来创建圆环，取值范围为 0 ~ 360°。

【次数】：可以使线性曲面具有面状外观。

【分段数】：用于设置物体表面网格的细分程度。该参数数值越高，网格越多，细分效果越好。

3.3.2 【CV曲线】工具

【CV 曲线】工具：通过创建控制点来绘制曲线。双击【CV 曲线】工具按钮，弹出【工具设置】窗口，如图 3-9 所示。

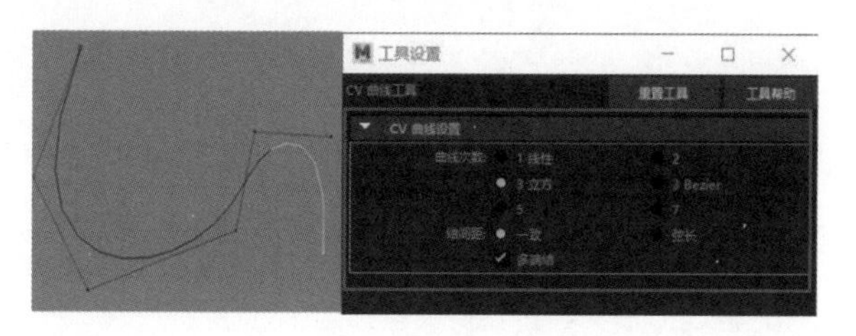

图 3-9

▶ 参数解析

【曲线次数】：用于设置曲线的平滑程度。数值越高，曲线越平滑。默认设置是【3 立方】，适用于大多数曲线。

【结间距】：用于设置 Maya 将 *U* 方向位置值指定给编辑点的方式。

【多端结】：是指曲线的末端编辑点将在末端 CV 上重合。

3.3.3 【EP曲线】工具

【EP 曲线】工具：可以精确地控制曲线转折及圆滑程度。与【CV 曲线】不同，【EP 曲线】工具是通过绘制编辑点的方式来绘制曲线的。双击工具栏中的【EP 曲线】工具按钮，弹出【工具设置】窗口，如图 3-10 所示。

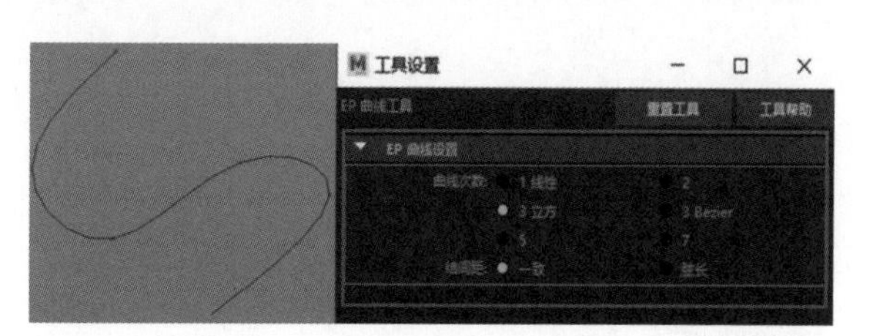

图 3-10

▶ 参数解析

【曲线次数】：用于设置曲线的平滑程度。数值越高，曲线越平滑。默认设置是【3 立方】，适用于大多数曲线。

【结间距】：用于设置 Maya 将 U 方向位置值指定给编辑点的方式。选择【一致】选项可以使生成的曲线 U 位置值更容易预测。选择【弦长】选项可以更好地分布曲率。如果使用生成的曲线构建曲面，则曲面显示纹理贴图的效果可能更好。

3.3.4 【Bezier曲线】工具

【Bezier 曲线】工具：Bezier 曲线是 NURBS 曲线的子集，由两种类型的控制顶点组成——定位点和切线。定位点是位于曲线上并确定切线的原点，而切线确定曲线通向相邻定位点的形状。双击【Bezier 曲线】工具按钮，弹出【工具设置】窗口，如图 3-11 所示。

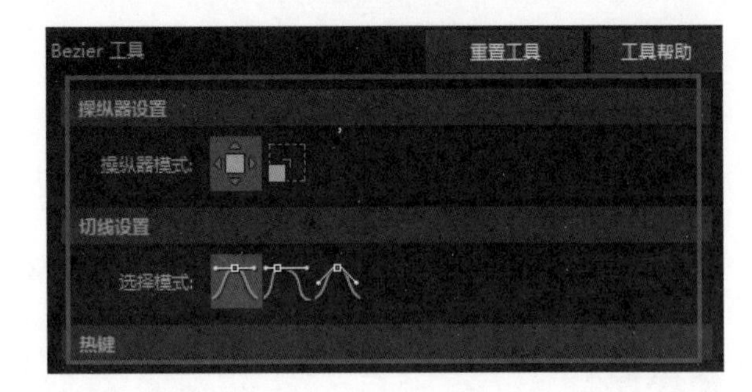

图 3-11

▶ 参数解析

【操纵器模式】：确定选择定位点并单击鼠标中键后出现的操纵器。

【选择模式】：确定如何操纵定位点和切线。【法线选择】：在操纵切线时，切线保持完整，并且切线两侧在其中任意一侧缩放时均保持同等权重。【加权选择】：在操纵切线时，切线保持完整，但只会缩放选定的一侧。【切线选择】：在操纵切线时，切线中断，并且只会缩放选定的一侧。

3.3.5 【铅笔曲线】工具

【铅笔曲线】工具：徒手绘制 NURBS 曲线。双击【铅笔曲线】工具按钮，弹出【工具设置】窗口，如图 3-12 所示。

图 3-12

▶ 参数解析

【曲线次数】：用于设置曲线的平滑程度。数值越高，曲线越平滑。默认设置是【3 立方】，适用于大多数曲线。

3.3.6 【三点圆弧】/【两点圆弧】工具

【三点圆弧】/【两点圆弧】：用于通过指定点并使用操纵器创建圆弧。双击【三点圆弧】/【两点圆弧】按钮，弹出【工具设置】窗口，如图 3-13 所示。

▶ 参数解析

【圆弧次数】：用于设置创建锯齿状曲线的次数。

【截面数】：用于设置曲线截面数。

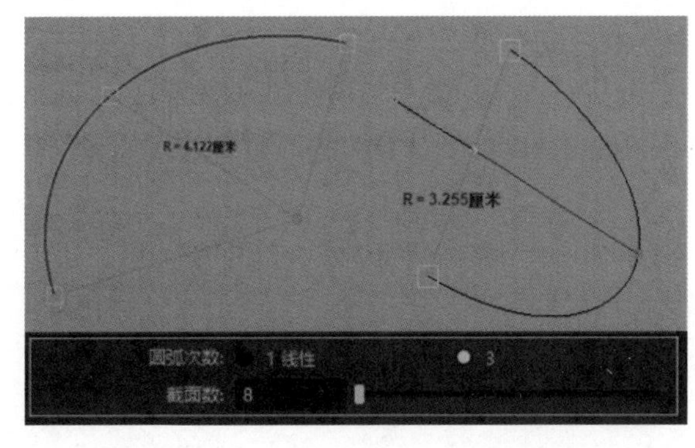

图 3-13

3.4 曲线编辑菜单

曲线编辑菜单主要针对曲线建模。曲线编辑菜单是 Maya 软件从推出到现在一直存在的菜单命令，主要包括复制曲线、附加和分离、移动接缝、曲线闭合等。

课堂案例 复制镜子曲线

素材文件	素材文件 \ 第 3 章 \ 无	扫码观看视频 
案例文件	案例文件 \ 第 3 章 \ 课堂练习——复制镜子曲线.mb	
视频教学	视频教学 \ 第 3 章 \ 课堂练习——复制镜子曲线.mp4	
练习要点	掌握复制曲线的方法	

Step 01 打开案例文件【课堂练习——复制镜子曲线.mb】，如图 3-14 所示。

Step 02 在透视图中，单击工具栏中的【显示线框】按钮，使镜子模型表面显示线框，图 3-15 所示。

图 3-14

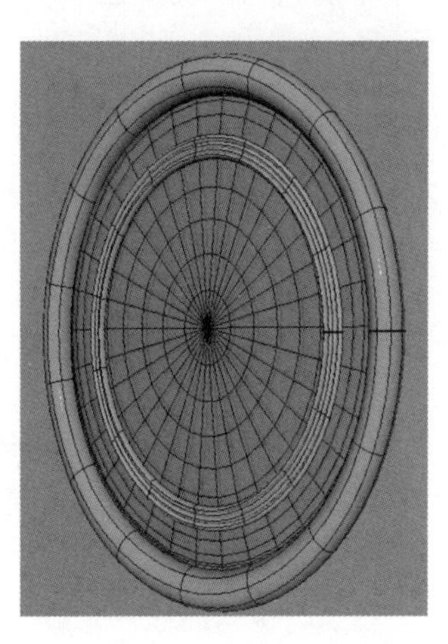

图 3-15

Step 03 在透视图中，选择镜子模型，单击【等参线】按钮，选择镜子表面线框，图 3-16 所示。

Step 04 执行菜单【曲线】>【复制曲面曲线】命令，单击工具栏中的【移动工具】按钮，将新复制的线框移动到另一侧，案例制作完成，效果如图 3-17 所示。

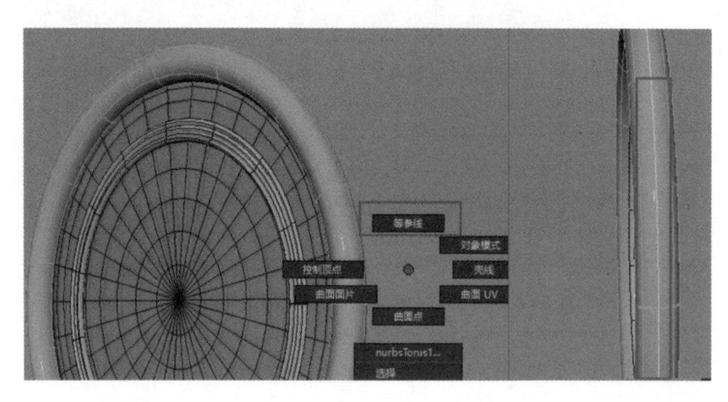

图 3-16

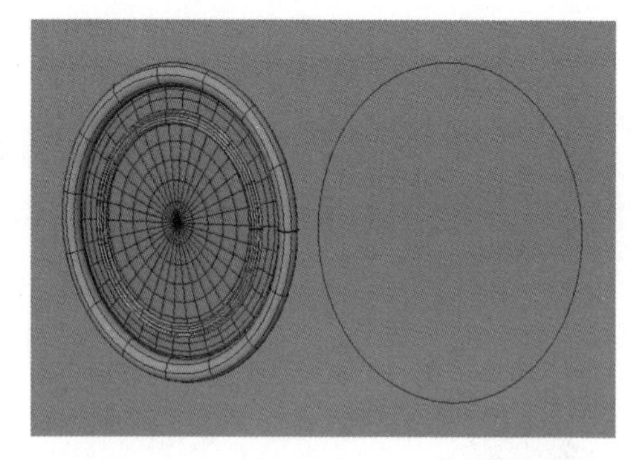

图 3-17

3.4.1 【对齐】工具与【添加点】工具

【对齐】工具：针对曲线，可以将两条断开的曲线控制点进行对齐，如图 3-18 所示。

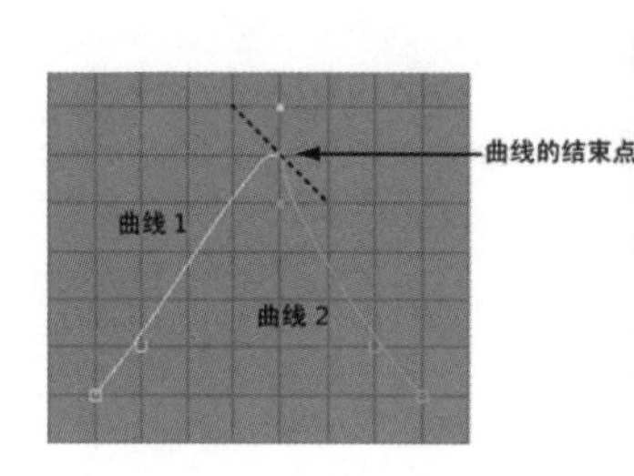

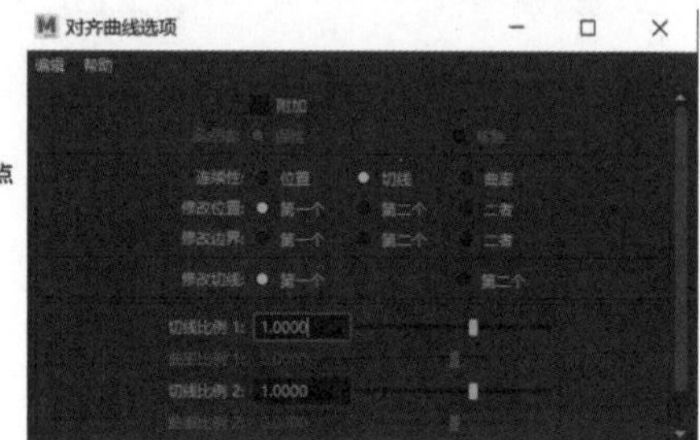

图 3-18

▶ 参数解析

【附加】：接合曲线。

【多点结】：有以下两种类型。

- 【保持】：在附加区域创建多点结，可以在该处打破曲率连续性。
- 【移除】：删除尽可能多的结，而不会更改附加区域的形状。

【连续性】：选择曲率在两个点末端的接合方式。

- 【位置】：使两个点正好接合。
- 【切线】：使两点处的切线匹配。
- 【曲率】：使两个点在曲率相同处对齐。

【修改位置】：选择定位曲线。

- 【第一个】：将第一条曲线移动到第二条曲线上。
- 【第二个】：将第二条曲线移动到第一条曲线上。
- 【二者】：同时将两条曲线移动到中间位置。

【修改边界】：选择要定位曲线的边界。

- 【第一个】：将第一条曲线移动到第二条曲线上。
- 【第二个】：将第二条曲线移动到第一条曲线上。

- 【二者】：同时将两条曲线移动到中间位置。

【修改切线】：选择要修改其切线的曲线。

- 【第一个】：调整选定的第一条曲线的切线。
- 【第二个】：调整选定的第二条曲线的切线。

【修改比例】：选择要修改其切线的曲线。

【添加点】工具：在选择 NURBS 曲线时，单击工具栏中的【添加点】工具按钮，可以对曲线进行延长，如图 3-19 所示。

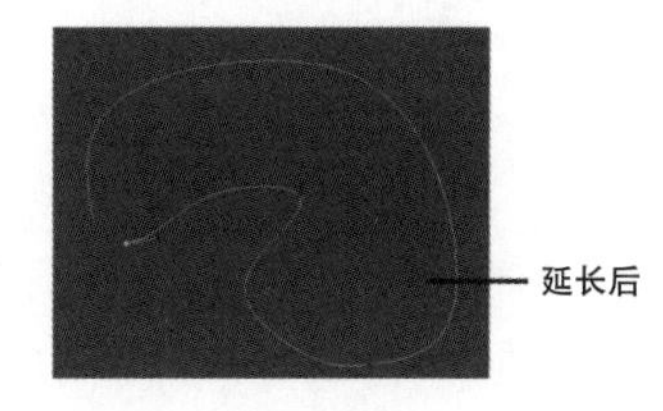

图 3-19

3.4.2 【附加】工具与【分离】工具

【附加】工具：用于将两条曲线进行接合。执行【曲线】>【附加】菜单命令，单击右侧的小方框，弹出【附加曲线选项】窗口，如图 3-20 所示。

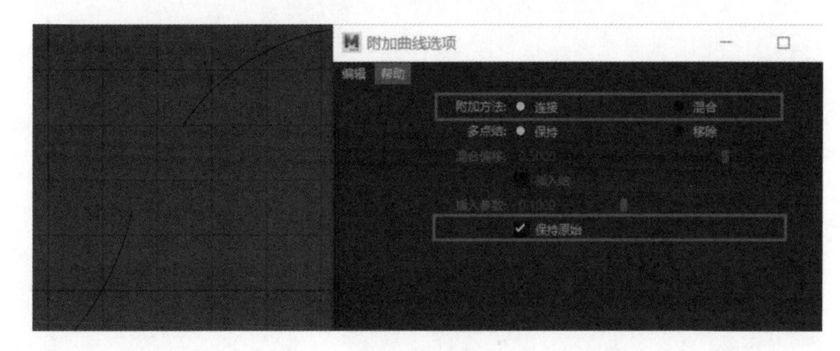

图 3-20

参数解析

【附加方法】：有两种类型。选择【连接】单选按钮，接合曲线，并在接合点进行最小曲率平滑处理；选择【混合】单选按钮，则基于混合偏移值对接合点的曲率进行平滑处理。

【多点结】：有两种类型。选择【保持】单选按钮，可在接合点创建多点结，用于打破接合点位置的曲率连续性；选择【移除】单选按钮，则移除接合点处的多点结，在接合点处创建平滑曲率。

【保持原始】：选择此复选框，在创建出新曲线以后仍然保留旧曲线。取消选择此复选框，则创建出新曲线以后不保留旧曲线。

【分离】工具：分离原始曲线的一部分，同时保留部分原始曲线。选择曲线，单击鼠标右键，选择【曲线点】命令，在曲线的任一位置单击确定分离点，执行【曲线】>【分离】菜单命令，将曲线分成两段，如图 3-21 所示。

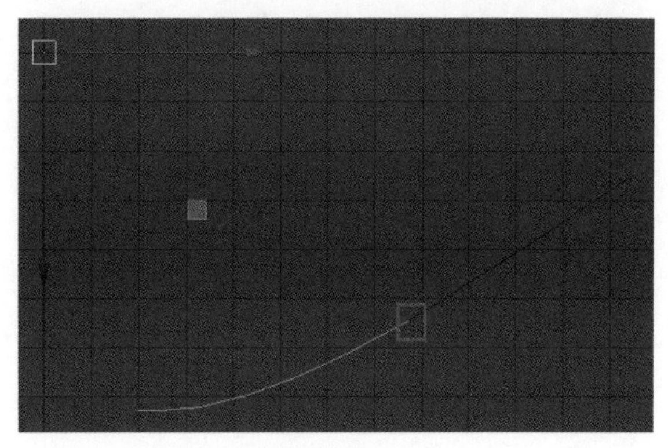

图 3-21

3.4.3 【移动接缝】工具

【移动接缝】工具：将一条闭合曲线上的起始点移动到指定位置，曲线的起始点直接关系到曲面的形成。

课堂案例 曲线开合

素材文件	素材文件\第3章\无	扫码观看视频
案例文件	案例文件\第3章\课堂练习——曲线开合.mb	
视频教学	视频教学\第3章\课堂练习——曲线开合.mp4	
练习要点	掌握曲线闭合与开放的技巧	

Step 01 在顶视图中，单击 NURBS 圆形按钮，创建 NURBS 圆形，如图 3-22 所示。

Step 02 在顶视图中，选择 NURBS 圆形物体，按快捷键 Ctrl+D 复制并向左移动 NURBS 圆形，如图 3-23 所示。

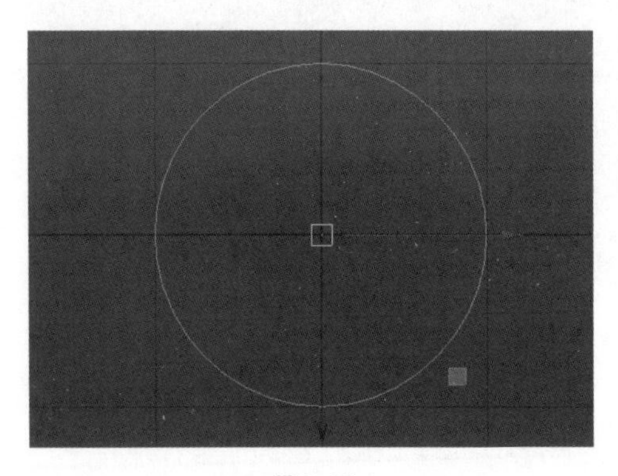

图 3-22

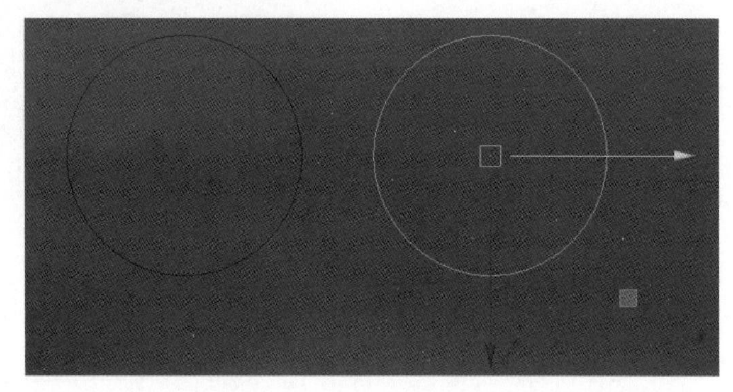

图 3-23

Step 03 选择新复制的 NURBS 圆形，执行【曲线】>【开放/闭合】菜单命令，NURBS 圆形就会出现开放缺口，如图 3-24 所示。

Step 04 选择新复制的 NURBS 圆形，再次执行【曲线】>【开放/闭合】菜单命令，NURBS 圆形的缺口就会闭合，如图 3-25 所示。

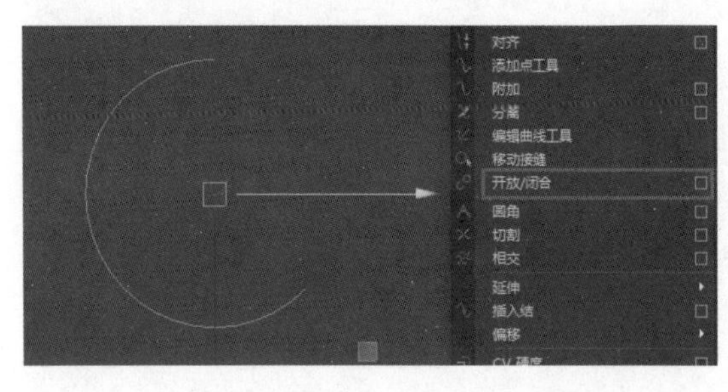

图 3-24

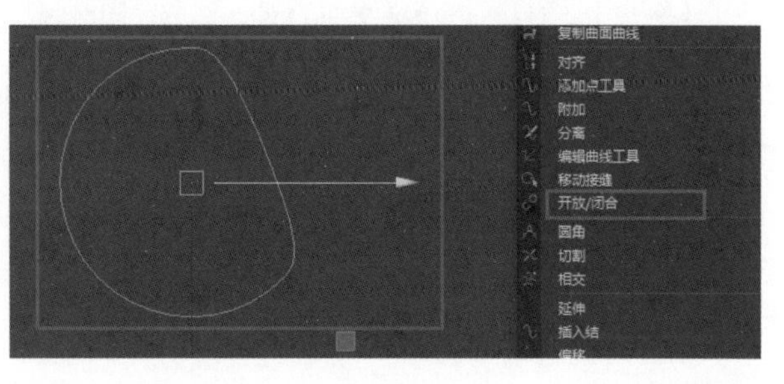

图 3-25

Step 05 选择新复制的 NURBS 圆形，执行【曲线】>【开放/闭合】菜单命令，单击右侧的小方框，打开【开放/闭合曲线选项】窗口，选择【忽略】单选按钮，NURBS 圆形就会重新出现缺口，如图 3-26 所示。选择【混合】单选按钮，NURBS 圆形就会重新补齐缺口，外形变小，如图 3-27 所示。

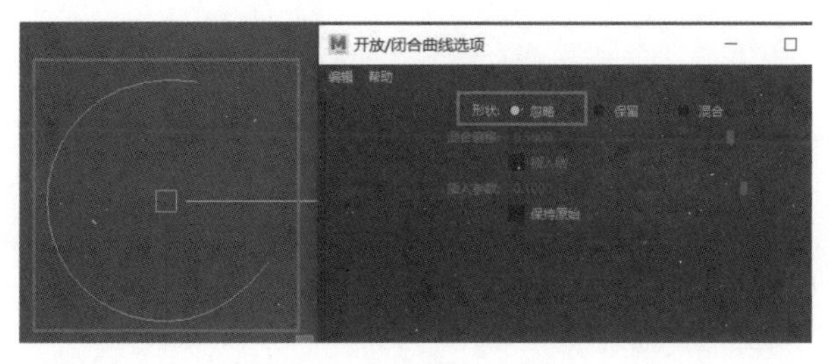

图 3-26

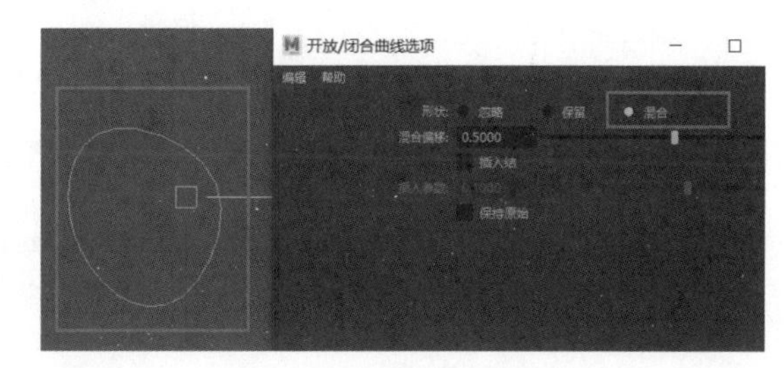

图 3-27

3.4.4 【圆角】工具、【切割】工具与【相交】工具

【圆角】工具：在两条不相交的独立曲线之间创建一条曲线。执行【曲线】>【圆角】菜单命令，打开【圆角曲线选项】窗口，如图 3-28 所示。

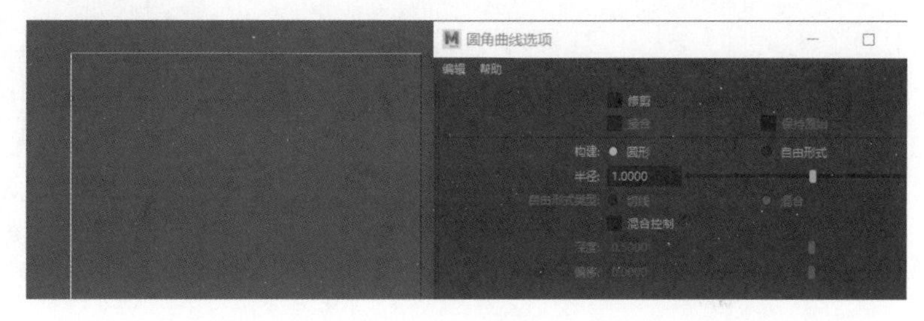

图 3-28

▶ 参数解析

【修剪】：将所选曲线的接合区域变成圆角。

【接合】：当选中【修剪】复选框时，选择此复选框会将已修剪的曲线接合到圆角曲线，从而创建单条曲线。

【保持原始】：保留用于创建圆角的原始曲线。

【构建】：选择曲线圆角的构建方式。选择【圆形】单选按钮，将创建一个半圆形的圆弧；选择【自由形式】单选按钮，在操作之前选定创建曲线的曲线点。

【半径】：用于设置圆形圆角圆弧的锐度。

【切割】工具：在视图中穿过切割位置分割曲线。执行【曲线】>【切割】菜单命令，打开【切割曲线选项】窗口，如图 3-29 所示。

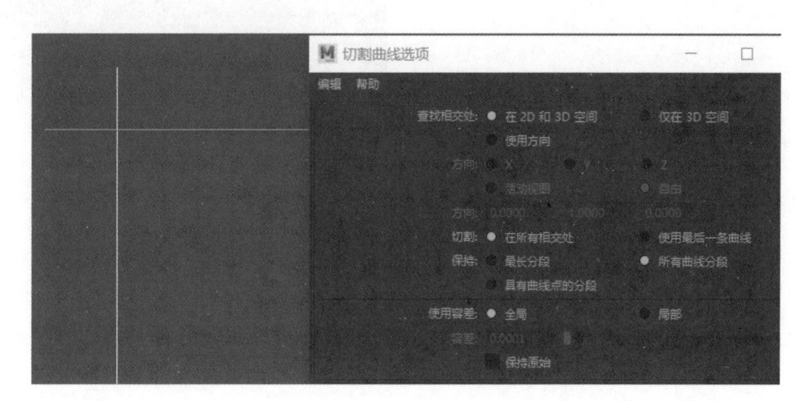

图 3-29

▶ 参数解析

【查找相交处】：选择 Maya 考虑相交的方式。选择【在 2D 和 3D 空间】单选按钮，则指 3D 视口或任何 2D 视图中相交的曲线；选择【仅在 3D 空间】单选按钮，则指 3D 视口中相交的曲线；选择【使用方向】单选按钮，仅指所选方向上相交的曲线。

【方向】：该选项可以指定 *XYZ* 三个方向。

【切割】：用于设置曲线的切割方式。选择【在所有相交处】单选按钮，将在选定曲线的所有交点处切割曲线；选择【使用最后一条曲线】单选按钮，仅切割选定的最后一条曲线。

【保持】：选择要保留的曲线部分。选择【最长分段】单选按钮，将删除每个切割曲线最长部分之外的所有曲线部分；选择【所有曲线分段】单选按钮，将在切割后保留所有曲线；选择【具有曲线点的分段】单选按钮，将保留具有选定曲线点的所有曲线分段。

【使用容差】：可以使用此选项来提高图形的精度。选择【全局】单选按钮，使用通过首选项设置的位置容差；选择【局部】单选按钮，允许在容差中输入值。

【相交】工具：创建曲线点定位器，其中两条或更多条独立曲线按某个视图或方向彼此接触或交叉。执行【曲线】>【相交】菜单命令，打开【曲线相交选项】窗口，如图 3-30 所示。

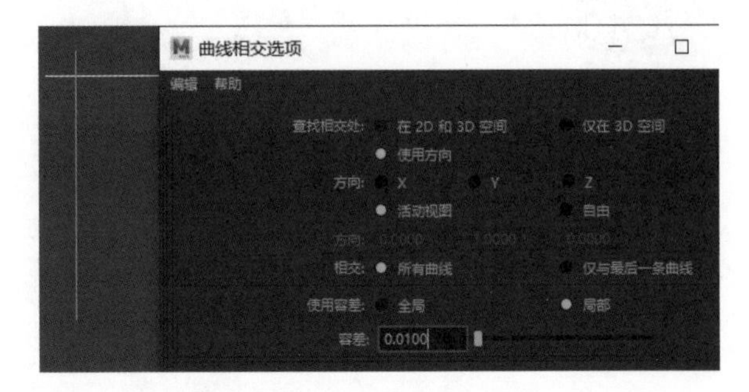

图 3-30

3.4.5 【延伸】工具与【偏移】工具

【延伸】工具：延伸一条曲线，或者创建一条新曲线。执行【曲线】>【延伸】>【延伸曲线】菜单命令，单击右侧的小方框，打开【延伸曲线选项】窗口，如图 3-31 所示。

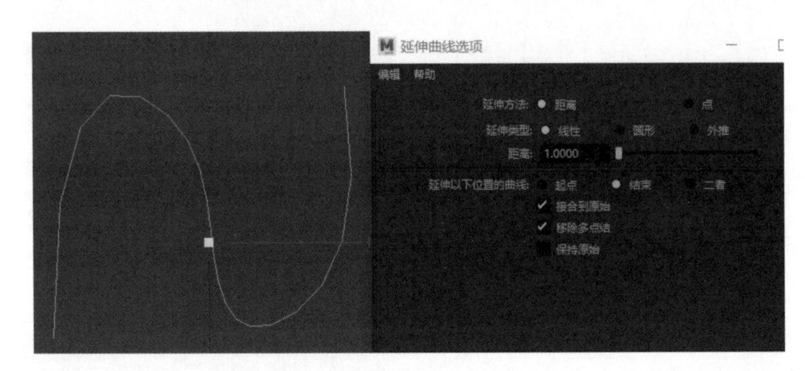

图 3-31

▶ 参数解析

【延伸方法】：分为两种类型。【距离】：允许用户输入一个扩展类型的长度值；【点】：延伸至指定的世界空间位置。

【延伸类型】：分为 3 种类型。【线性】：沿直线延伸曲线；【圆形】：沿圆弧延伸曲线；【外推】：保持选定曲线的切线不变。

【延伸以下位置的曲线】：分为 3 种类型。【开始】：从起点延伸曲线；【结束】：从端点延伸曲线；【两者】：从两端延伸曲线。

【偏移】工具：创建所选内容的副本，从原始位置偏移一定的距离。执行【曲线】>【偏移】>【偏移】菜单命令，单击右侧的小方框，打开【偏移曲线选项】窗口，如图3-32所示。

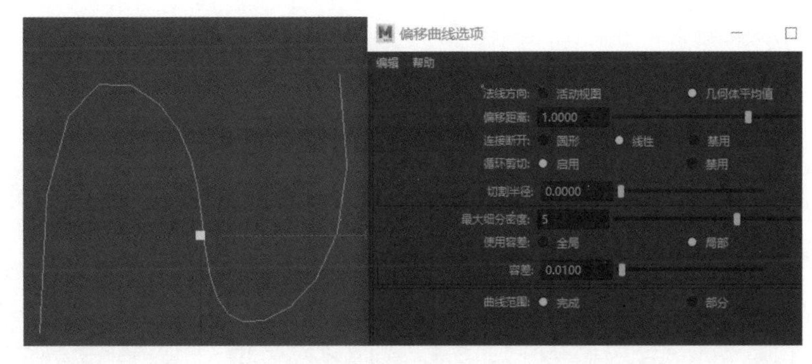

图3-32

▶ 参数解析

【法线方向】：分为两种类型。【活动视图】：定位偏移的方法；【几何体平均值】：更直观地定位偏移。

【偏移距离】：指定原始曲线与偏移曲线之间的距离。

【连接断开】：分为3种类型。【圆形】：通过在断点处插入圆弧创建连续的曲线。【线性】：通过用直线连接断点创建连续的曲线；【禁用】：保留断开为多个不连续曲线的偏移曲线。

【循环剪切】：设置是否对平面曲线中的任何循环进行修剪。如果与原始曲线的距离超出所偏移曲线的最小弯曲半径，则循环起作用。

【切割半径】：如果启用【循环剪切】，会激活切割半径。

【最大细分密度】：指定在当前容差范围内偏移几何体可以细分的最大次数。

【曲线范围】：分为两种类型。【完成】：可创建整个原始曲线的偏移曲线；【部分】：仅允许创建部分原始曲线的偏移曲线。

课堂案例 插入曲线结点

素材文件	素材文件\第3章\无	扫码观看视频
案例文件	案例文件\第3章\课堂练习——插入曲线结点.mb	
视频教学	视频教学\第3章\课堂练习——插入曲线结点.mp4	
练习要点	掌握插入曲线结点的制作方法	

Step 01 打开案例文件【课堂练习——插入曲线结点.mb】，如图3-33所示。

Step 02 在透视图中，选择图形，用鼠标右键单击编辑点，选择图形的编辑点，如图3-34所示。

图3-33

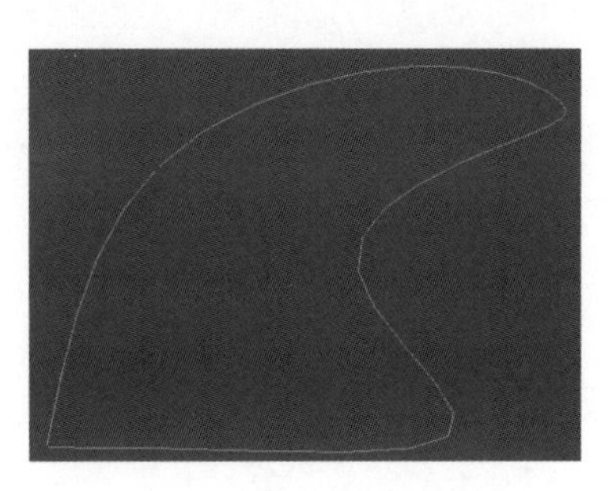

图3-34

Step 03 执行【曲线】>【插入结】菜单命令，单击右侧的小方框，打开【插入结选项】窗口，设置【插入位置】为【在当前选择之间】、【要插入的结数】为 5，如图 3-35 所示。

Step 04 最终效果如图 3-36 所示。

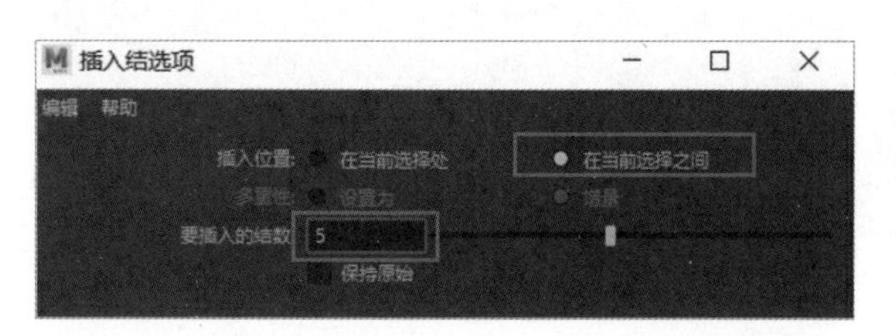

图 3-35

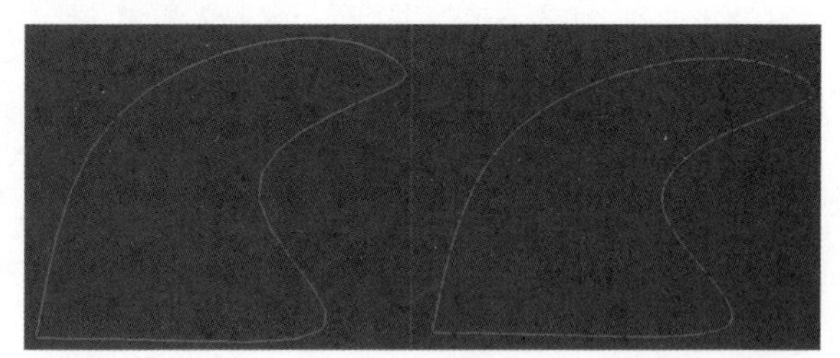

图 3-36

3.4.6 【CV硬度】工具

【CV 硬度】工具：设置选定 CV 的多重性。执行【曲线】>【CV 硬度】菜单命令，单击右侧的小方框，打开【CV 硬度选项】窗口，如图 3-37 所示。

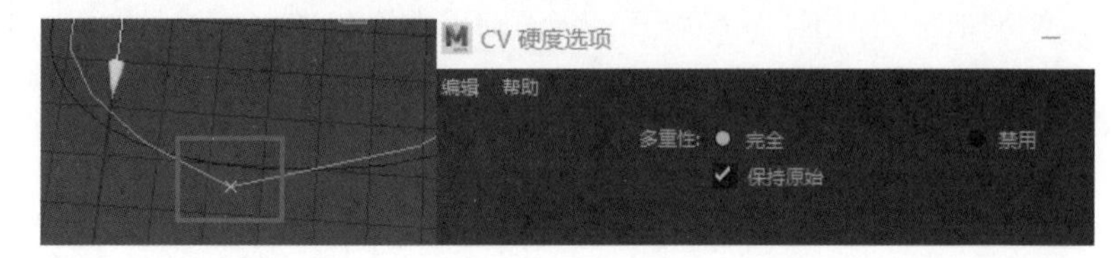

图 3-37

▶ 参数解析

【多重性】：默认情况下，在创建立方体曲线时，末端结具有多重性因子 3，并且之间的弧具有多重性因子 1。【完全】：将内部 CV 的多重性从 1 更改为 3。若要将多重性因子从 1 更改为 3，被修改的具有多重性因子 1 的 CV 每一侧必须至少包含两个 CV。【禁用】：将内部 CV 的多重性从 3 更改为 1。

【保持原始】：更改多重性设置之后保持原始曲线。

3.4.7 【拟合B样条线】工具

【拟合 B 样条线】工具：将一个三次立方线拟合到一次线性曲线中。执行【曲线】>【拟合 B 样条线】菜单命令，单击右侧的小方框，打开【拟合 B 样条线选项】窗口，如图 3-38 所示。

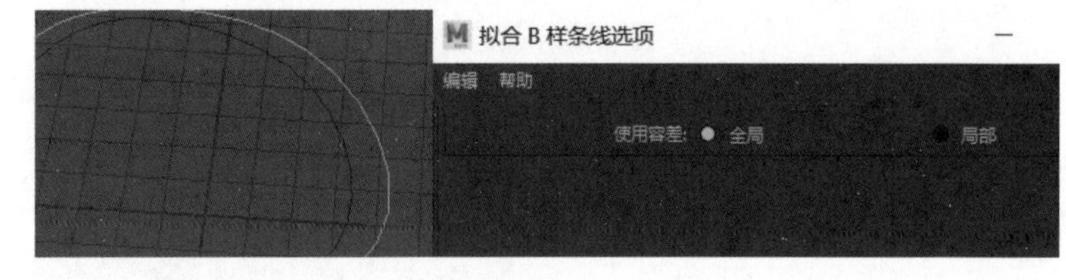

图 3-38

▶ 参数解析

【使用容差】：设置在插值曲线的原始曲线和拟合之间保持的精确度。【全局】：默认情况下，将拟合精确到 0.010 。【局部】：可以更改【位置容差】值。

3.4.8 【平滑】工具

【平滑】工具：在选定曲线中平滑折点，再次选择该命令可以提高平滑度。执行【曲线】>【平滑】菜单命令，单击右侧的小方框，打开【平滑曲线选项】窗口，如图 3-39 所示。

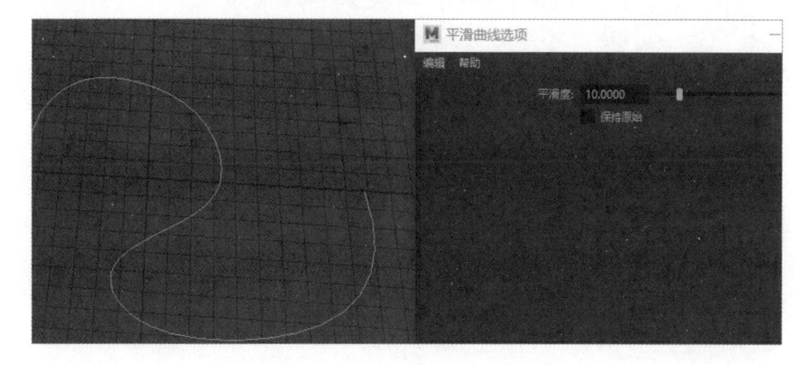

图 3-39

▶ 参数解析

【平滑度】：控制平滑量，默认值为 10。

3.4.9 【重建】工具

【重建】工具：执行各种操作以修改选定曲线。执行【曲线】>【重建】菜单命令，单击右侧的小方框，打开【重建曲线选项】窗口，如图 3-40 所示。

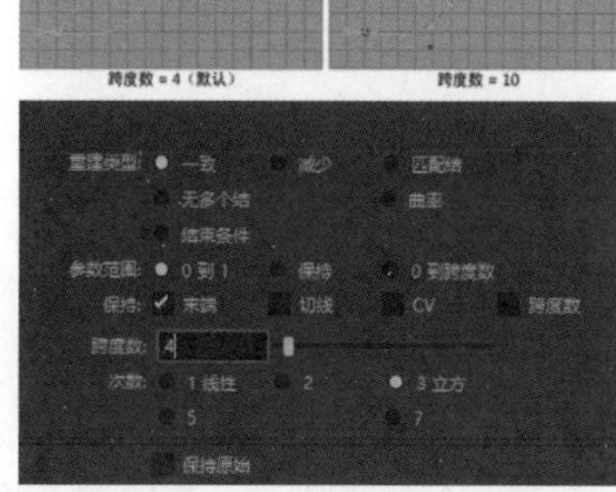

图 3-40

▶ 参数解析

【重建类型】：分为 3 种类型。【一致】：可通过一致参数化重建曲线，使用该选项，可以更改曲线的跨度数和次数；【减少】：可移除结，条件是移除结不会导致任何剩余的结移动的距离大于容差值；【匹配结】：可通过匹配曲线次数、结值及另一曲线的跨度数来重建曲线。

3.4.10 【反转方向】工具

【反转方向】工具：反转选定曲线的方向。执行【曲线】>【反转方向】菜单命令，单击右侧的小方框，打开【反转曲线选项】窗口，如图 3-41 所示。

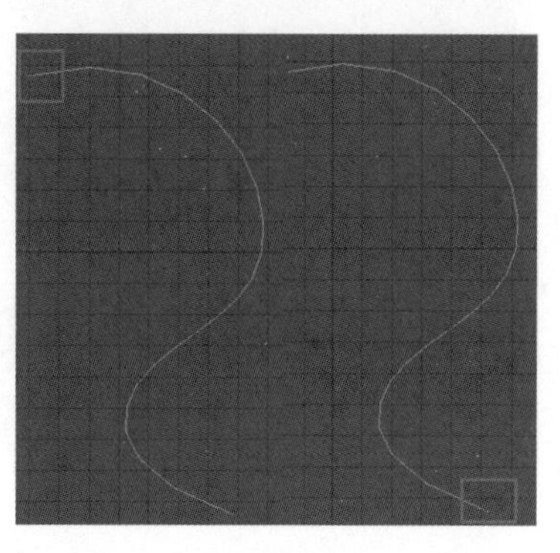
图 3-41

编辑曲面菜单

编辑曲面菜单中主要是用于曲面物体的生成、编辑，以及将二维剖面图形转换成三维模型的命令。编辑曲面菜单中主要包括放样、平面、旋转、双规成形、挤出和边界等命令，掌握这些命令的使用对制作单体模型至关重要。

课堂案例 放样窗帘

素材文件	素材文件 \ 第 3 章 \ 无	扫码观看视频
案例文件	案例文件 \ 第 3 章 \ 课堂练习——放样窗帘.mb	
视频教学	视频教学 \ 第 3 章 \ 课堂练习——放样窗帘.mp4	
练习要点	掌握使用放样命令制作窗帘的方法	

Step 01 在顶视图中，单击工具栏中的【EP 曲线】按钮，绘制窗帘的曲线外形，如图 3-42 所示。

Step 02 在前视图中，选择曲线，按快捷键 Ctrl+D，向下进行复制对位，如图 3-43 所示。

图 3-42

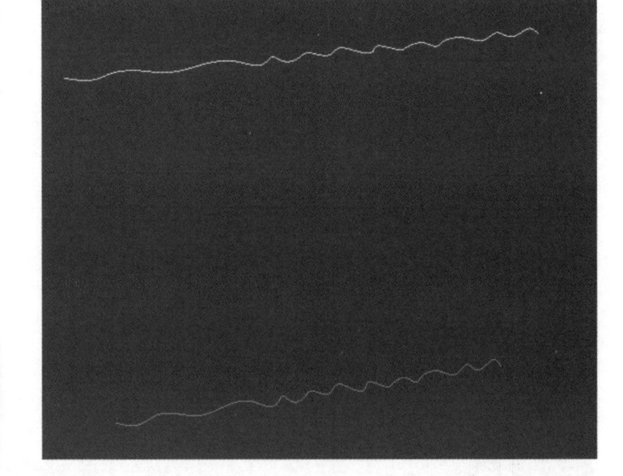

图 3-43

Step 03 选择新复制的曲线，用鼠标右键单击编辑点，删除曲线的点，使上下曲线的外形有所区别，如图 3-44 所示。

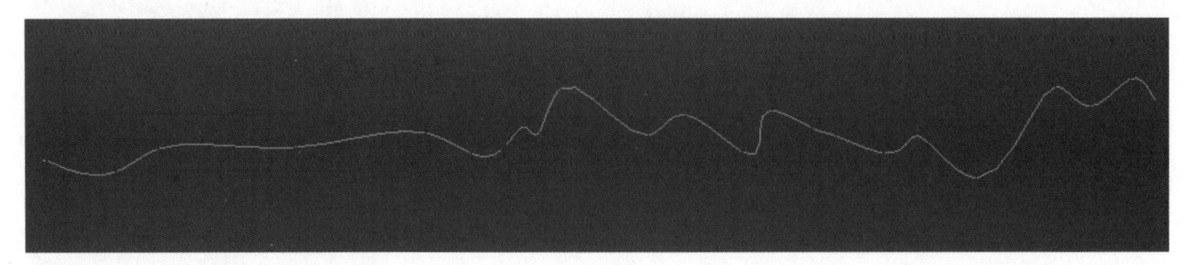

图 3-44

Step 04 选择两条曲线，执行【曲面】>【放样】菜单命令，单击右侧的小方框，打开【放样选项】窗口，设置【参数化】为【弦长】、【截面跨度】为 5，如图 3-45 所示。

Step 05 最终效果如图 3-46 所示。

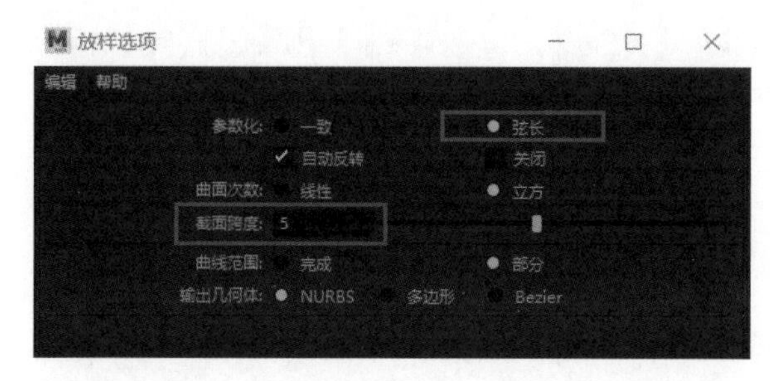

图 3-45

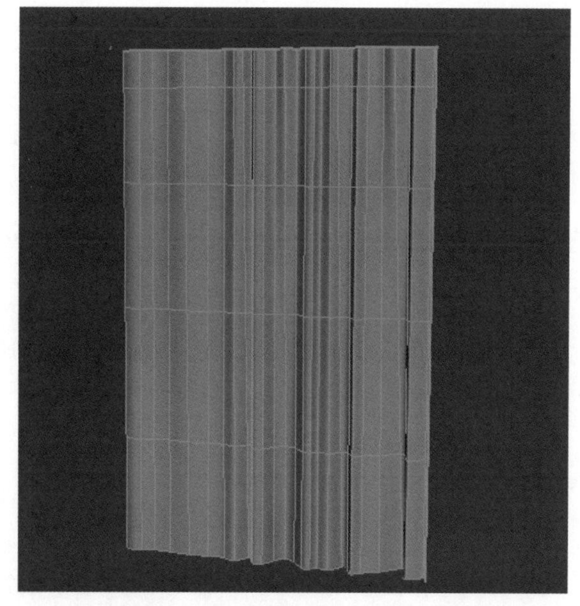

图 3-46

3.5.1 平面

【平面】：在边界曲线内创建平面曲面。执行【曲线】>【平面】菜单命令，单击右侧的小方框，打开【平面修剪曲面选项】窗口，如图 3-47 所示。

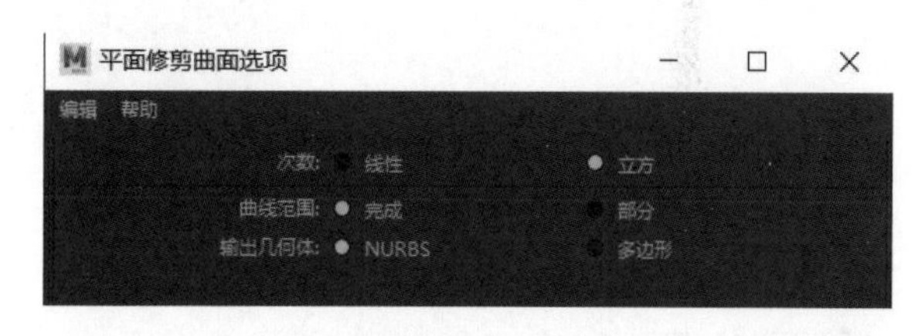

图 3-47

▶ 参数解析

【次数】：如果输出 NURBS 曲面，选择【线性】或【立方】单选按钮。【立方】是默认设置。

【曲线范围】：分为两种类型。【完成】：可沿整个曲线创建平面曲面；【部分】：可以在平面曲面中使用【显示操纵器】工具，并沿输入曲线部分编辑结果平面曲面。

【输出几何体】：指定创建的几何体类型。

课堂练习 老古董

素材文件	素材文件 \ 第 3 章 \ 无	扫码观看视频
案例文件	案例文件 \ 第 3 章 \ 课堂练习——老古董.mb	
视频教学	视频教学 \ 第 3 章 \ 课堂练习——老古董.mp4	
练习要点	掌握通过旋转制作老古董的方法	

Step 01 在前视图中，执行【创建】>【曲线工具】>【CV 曲线工具】菜单命令，绘制老古董的剖面外形，如图 3-48 所示。

Step 02 选择曲线，单击工具栏中的【旋转】按钮，生成三维模型，如图 3-49 所示。

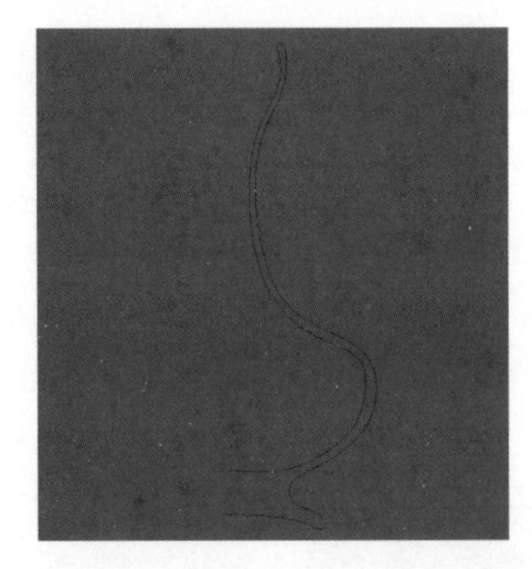

图 3-48

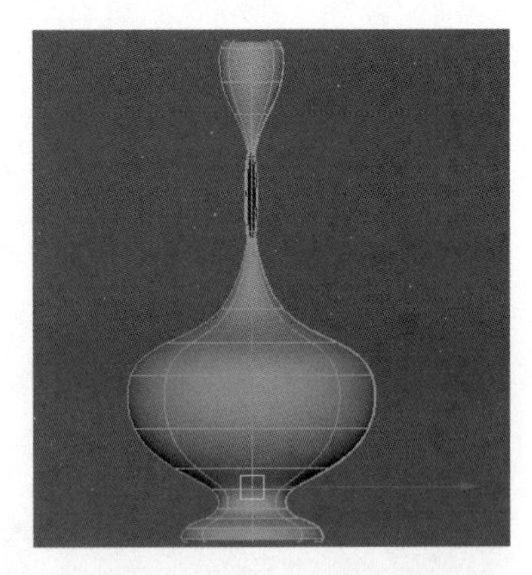

图 3-49

Step 03 执行【窗口】>【大纲视图】菜单命令，打开【大纲视图】对话框，如图 3-46 所示。选择 curve1 曲线，单击工具箱中的【移动】工具，调整外形，如图 3-50 所示。

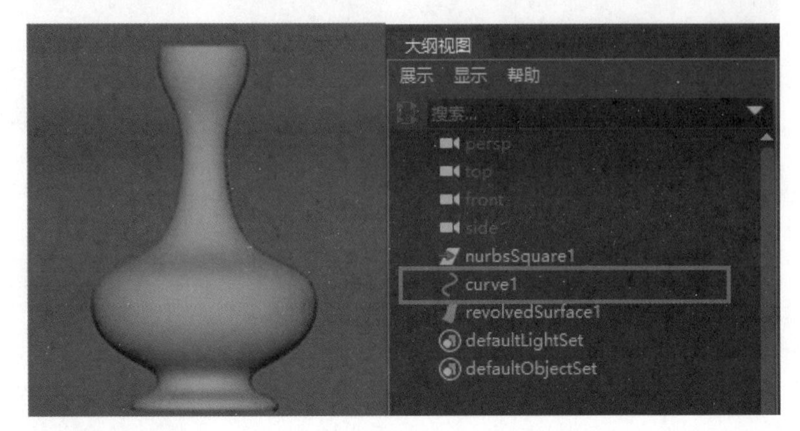

图 3-50

3.5.2 双规成形

双规成形：通过沿两条路径曲线扫描一系列剖面曲线创建一个曲面。生成的曲面可以与其他曲面保持连续性。

▶ 参数解析

【变换控制】：成比例或不成比例沿轨道缩放剖面曲线扫描。

【连续性】：使生成的曲面切线与剖面曲线下的曲面保持连续性。

【重建】：先重建剖面曲线或轨道曲线，再将这些曲线用于创建曲面。

【输出几何体】：指定创建的几何体类型。

3.5.3 挤出

【挤出】：通过沿路径曲线扫描剖面曲线来创建曲面。执行【曲面】>【挤出】菜单命令，单击右侧的小方框，打开【挤出选项】窗口，如图 3-51 所示。

▶ 参数解析

【样式】：分为 3 种类型。【平坦】：使横截面沿挤出路径移动时保持其方向;【距离】将以直线形式挤出剖面;【管】：使引用向量保持与路径相切时沿路径扫描横截面。

【方向】：分为两种类型。【剖面法线】：将路径的方向设置为剖面曲线的法线;【路径方向】：即沿轴的方向。

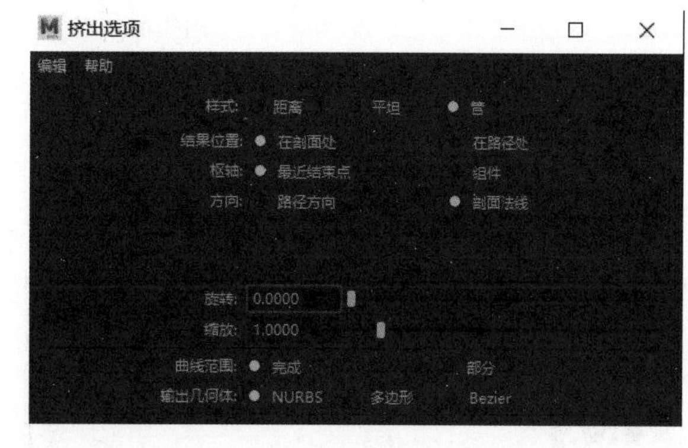

图 3-51

3.5.4 边界

【边界】：通过在边界曲线之间进行填充来创建曲面。执行【曲面】>【边界】菜单命令，单击右侧的小方框，打开【边界选项】窗口，如图 3-52 所示。

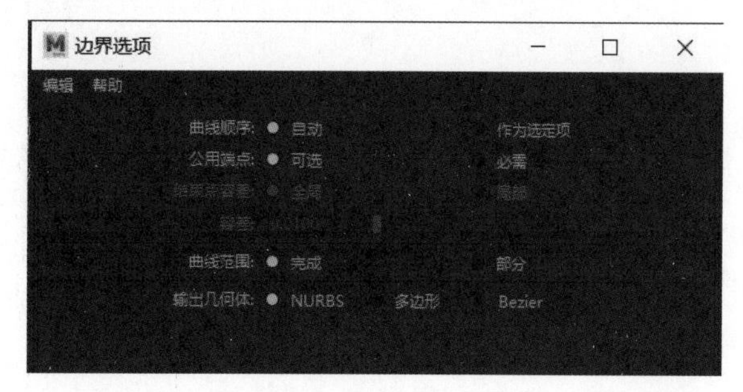

图 3-52

▶ 参数解析

【曲线顺序】：分为两种类型。【自动】：创建带内部决定过程的边界;【作为选定项】：根据曲线选择顺序确定生成的曲面。

【公用端点】：用于决定是否在创建边界曲面前匹配结束点。【可选】：即使曲线结束点不匹配也可创建曲面，这是默认设置;

【必需】：仅在曲线结束点完全匹配的情况下构建边界曲面。

3.5.5 方形

【方形】：通过填充由 4 条相交边界曲线定义的区域，创建由 4 条边构成的曲面。执行【曲面】>【方形】菜单命令，单击右侧的小方框，打开【方形曲面选项】窗口，如图 3-53 所示。

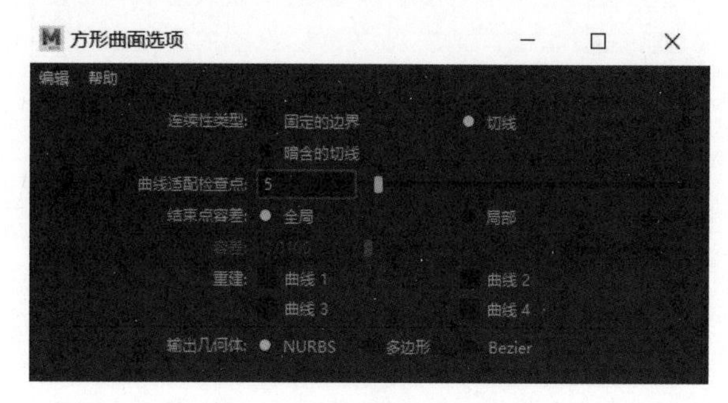

图 3-53

▶ 参数解析

【连续性类型】：分为 3 种类型。【固定的边界】：不保证曲面曲线处的连续性；【切线】：从选定曲面曲线构建平滑的连续曲面；【暗含的切线】：基于选定曲线所在平面的法线创建相切曲面。

【曲线适配检查点】：设置为了实现整个曲面曲线的连续性需要使用的等参线的数量。

【结束点容差】：分为两种类型。【全局】：使用在首选项窗口中设置的位置容差值；【局部】：输入新值以覆盖在首选项窗口中设置的位置容差值。

3.5.6 倒角

【倒角】：从剖面曲线创建倒角切换曲面。执行【曲面】>【倒角】菜单命令，单击右侧的小方框，打开【倒角选项】窗口，如图 3-54 所示。

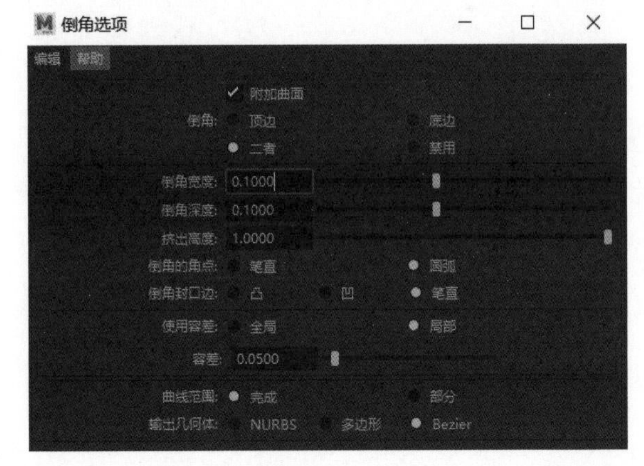

图 3-54

▶ 参数解析

【附加曲面】：附加倒角曲面的每个部分。

【倒角】：指定倒角曲面区域应用到顶边、底边还是原始曲线或等参线的两边。

【倒角宽度】：指定从曲线或等参线前方查看的倒角的初始宽度。

【倒角深度】：设置曲面倒角部分的初始深度。

【挤出高度】：设置曲面挤出部分的高度，但不包括倒角的曲面区域。

【倒角的角点】：指定在倒角曲面中如何处理原始构建曲线中的角点。

【倒角封口边】：设置曲面倒角部分的形状。

【使用容差】：允许用户创建原始输入曲线指定容差内的倒角。选择【全局】单选按钮，使用在首选项窗口中设置的位置容差值。

3.5.7 复制NURBS面片

复制 NURBS 面片：在选定的 NURBS 面片中创建新的曲面。执行【曲面】>【倒角】菜单命令，单击右侧的小方框，打开【复制 NURBS 面片选项】窗口，如图 3-55 所示。

图 3-55

▶ 参数解析

【与原始对象分组】：如果启用此选项，则将复制曲面作为含面片的原始对象下方的子对象。如果禁用此选项，则生成的曲面独立于原始对象。

课堂案例 对齐、附加和分离曲面

素材文件	素材文件 \ 第 3 章 \ 无	扫码观看视频
案例文件	案例文件 \ 第 3 章 \ 课堂练习——对齐、附加和分离曲面.mb	
视频教学	视频教学 \ 第 3 章 \ 课堂练习——对齐、附加和分离曲面.mp4	
练习要点	掌握对齐、附加和分离曲面的技巧	

Step 01 在透视图中，单击工具栏中的 NURBS 平面按钮，在透视图中创建平面，如图 3-56 所示。

Step 02 选择 NURBS 平面，按快捷键 Ctrl+D，向左侧进行复制，如图 3-57 所示。单击工具栏中的【着色对象上的线框】按钮，为平面线框着色。

图 3-56

图 3-57

Step 03 选择右侧的平面，用鼠标右键单击控制顶点，选择右侧的顶点，向上移动。选择左侧的平面，选择左侧的顶点，向下移动，调整外形，如图 3-58 所示。选择两个平面，按快捷键 Ctrl+D，向上复制一次。

图 3-58

Step 04 选择两个平面物体，执行【曲面】>【对齐】菜单命令，单击右侧的小方框，打开【对齐曲面选项】窗口，设置【修改位置】为【二者】，单击【应用】按钮，如图 3-59 所示，效果如图 3-60 所示。

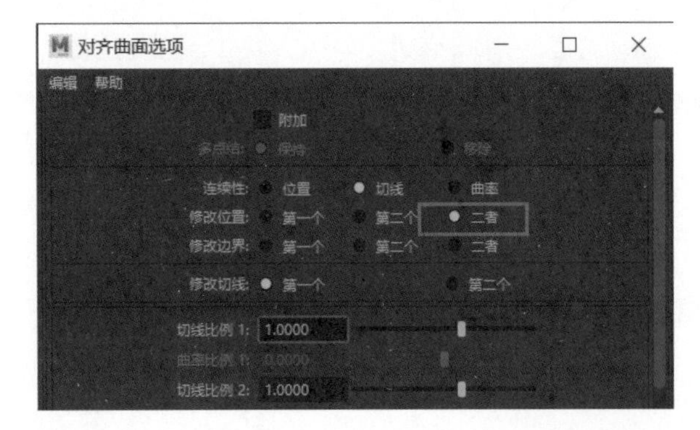

图 3-59

图 3-60

Step 05 选择上方的两个平面，执行【曲面】>【附加】菜单命令，单击右侧的小方框，打开【附加曲面选项】窗口，默认选中【保持原始】复选框，单击【应用】按钮，如图 3-61 所示。在原始的平面中间生成一个附加的曲面，如图 3-62 所示。按快捷键 Ctrl+Z，后退一次，取消选中【保持原始】复选框，单击【应用】按钮，生成一个独立的曲面，如图 3-63 所示。

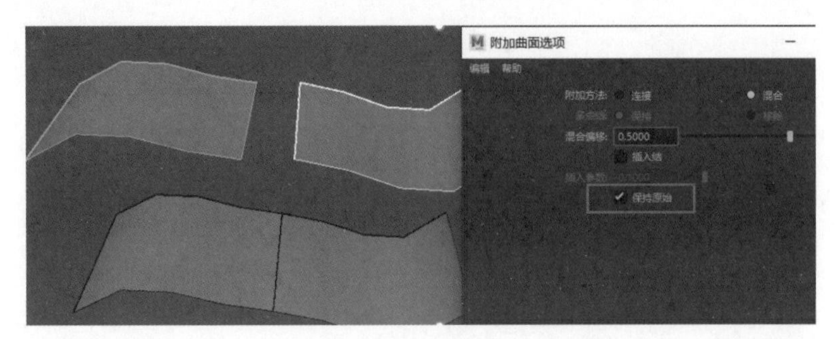

图 3-61

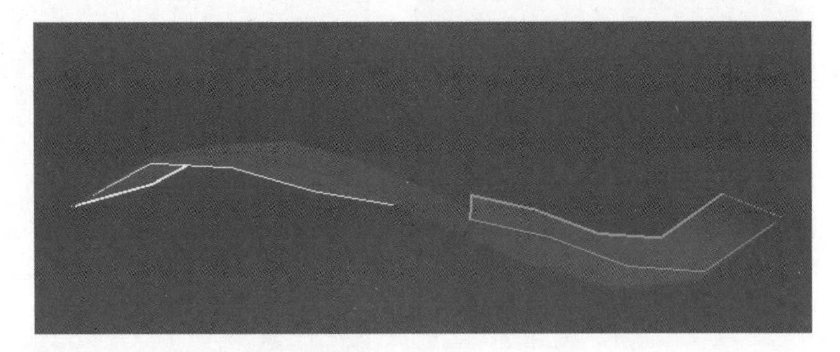

图 3-62

提示

单击【附加】按钮后，如果生成黑色的曲面，执行【曲面】>【反转方向】菜单命令，将黑面反转为可见面。

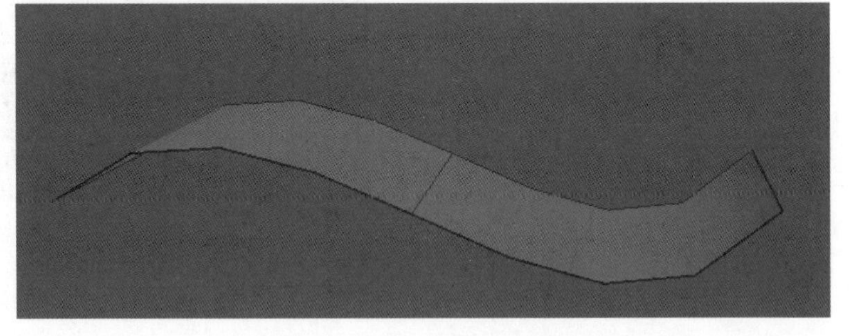

图 3-63

Step 06 选择附加的曲面，用鼠标右键单击等参线，如图 3-64 所示。执行【曲面】>【分离】菜单命令，将曲面进行分离，如图 3-65 所示。

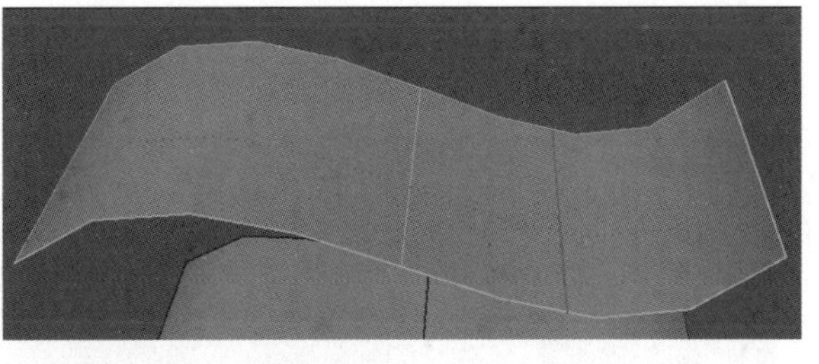

图 3-64

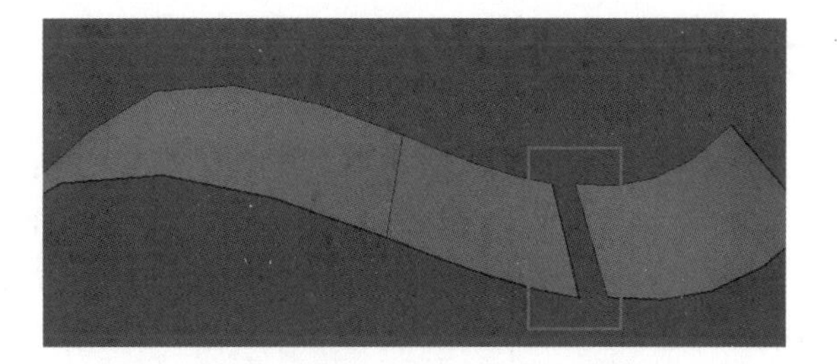

图 3-65

提示

执行【等参线】命令后，从任一线段开始确定分离的位置，不可在空白位置创建等参线。

3.5.8 移动接缝

移动接缝：将闭合/周期曲面的接缝移动至选定的等参线。

课堂案例 开放/闭合

素材文件	素材文件\第 3 章\无	扫码观看视频
案例文件	案例文件\第 3 章\课堂练习—开放/闭合.mb	
视频教学	视频教学\第 3 章\课堂练习—开放/闭合.mp4	
练习要点	掌握开放\闭合曲面的技能知识	

Step 01 在透视图中，单击工具栏中的 NURBS 圆锥体按钮，创建圆锥体，如图 3-66 所示。

Step 02 选择圆锥体，执行【曲面】>【开放/闭合】菜单命令，打开圆锥体，如图 3-67 所示。

Step 03 选择圆锥体，再次执行【曲面】>【开放/闭合】菜单命令，缝合圆锥体缺口，如图 3-68 所示。

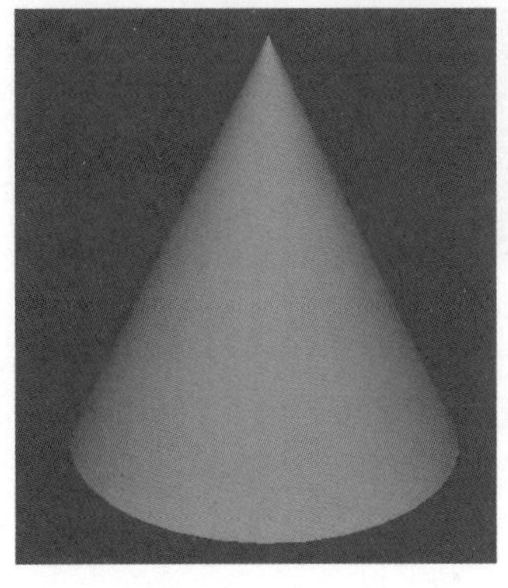

图 3-66

图 3-67

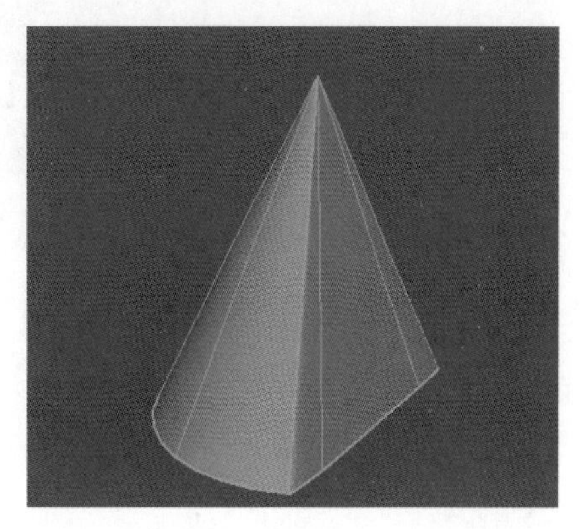

图 3-68

3.5.9 相交

【相交】：在两个曲面相交的位置创建曲面上的曲线。执行【曲面】>【相交】菜单命令，单击右侧的小方框，打开【曲面相交选项】窗口，如图 3-69 所示。

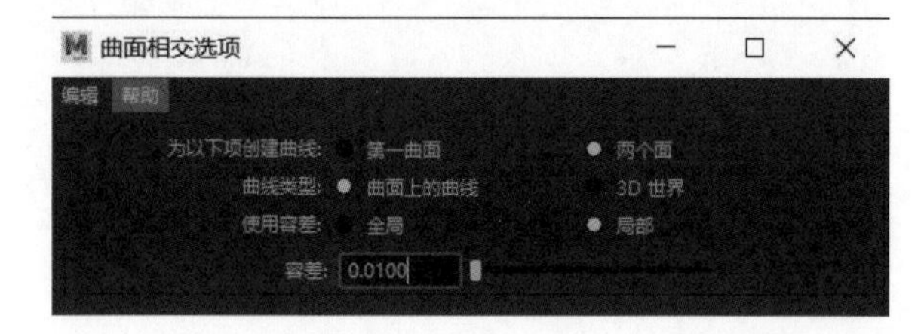

图 3-69

▶ 参数解析

【为以下项创建曲线】：有两个选项。【第一曲面】：选择的第一个曲面接收曲面上的曲线；【两个面】：目标曲面和相交曲面均接收曲面上的曲线，这是默认设置。

【曲线类型】：可将曲面上的曲线创建为相交曲线，这是默认设置。

【使用容差】：支持在默认交集的指定容差内相交。

课堂案例 在曲面上投影曲线

素材文件	素材文件 \ 第 3 章 \ 无	扫码观看视频
案例文件	案例文件 \ 第 3 章 \ 课堂练习——在曲面上投影曲线.mb	
视频教学	视频教学 \ 第 3 章 \ 课堂练习——在曲面上投影曲线.mp4	
练习要点	掌握在曲面上投影曲线的技能	

Step 01 在顶视图中，单击工具栏中的 NURBS 平面按钮，创建平面，如图 3-70 所示。

Step 02 在顶视图中，单击工具栏中的 NURBS 方形按钮，创建方形，如图 3-71 所示。

图 3-70

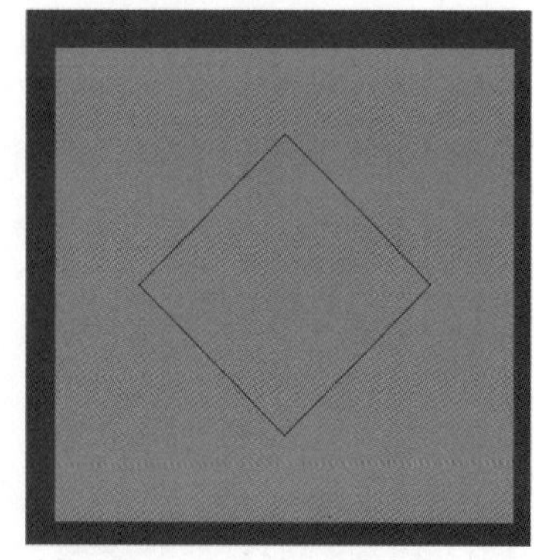

图 3-71

Step 03 选择 NURBS 方形，单击【移动】工具，将其向上移动一段距离，如图 3-72 所示。

Step 04 框选 NURBS 方形，执行【曲面】>【在曲面上投影曲线】菜单命令，将 NURBS 方形投影在平面上，如图 3-73 所示。

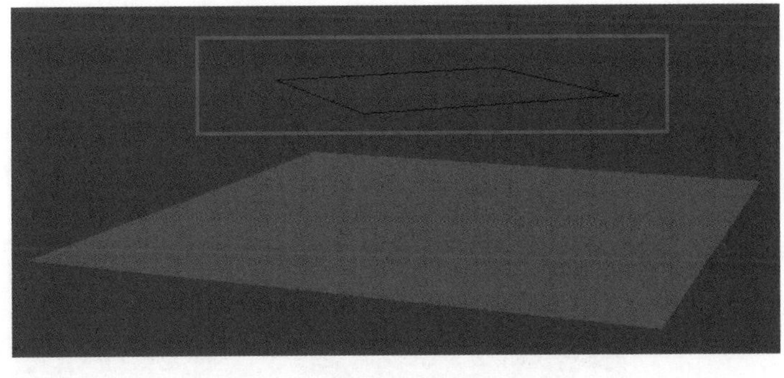

图 3-72

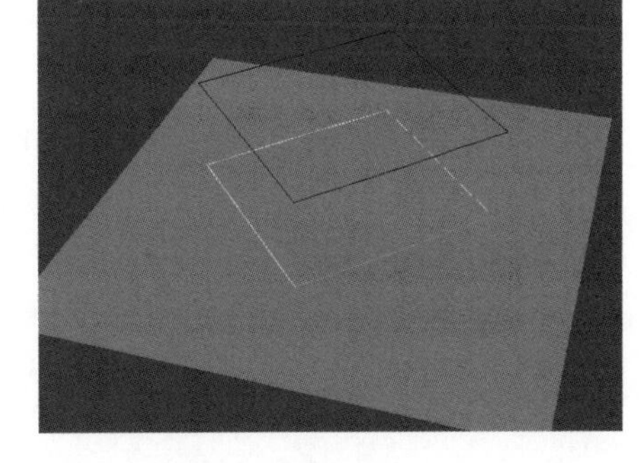

图 3-73

3.5.10 修剪和取消修剪

【修剪】工具：修剪曲面上曲线定义的曲面的若干部分。执行【曲面】>【修剪工具】菜单命令，单击右侧的小方框，打开【工具设置】窗口，如图 3-74 所示。

图 3-74

▶ 参数解析

【选定状态】：如果要保持已修剪区域，请选择【保持】单选按钮。若要丢弃已修剪的区域，请选择【丢弃】单选按钮。默认值为【保持】。

【收缩曲面】：使基础曲面收缩至刚好覆盖保留的面域。

【拟合容差】：指定修剪曲面时修剪工具使用的曲面上曲线形状的精度。

【保持原始】：执行修剪命令后将保留原始曲面。

【取消修剪】：撤销对曲面的上次修剪或所有修剪，如图 3-75 所示。

图 3-75

▶ 参数解析

【保持原始】：如果选中【保持原始】复选框，则会创建未经修剪的曲面并保留原始已修剪的曲面。如果取消选中【保持原始】复选框，则未经修剪的曲面将替换已修剪的曲面。

【取消修剪】：选择【全部】单选按钮，可删除曲面的所有修剪信息。选择【最后一个】单选按钮，可取消上次修剪。

3.5.11 延伸

【延伸】：延伸曲面的一条边。执行【曲面】>【延伸】菜单命令，单击右侧的小方框，打开【延伸曲面选项】窗口，如图 3-76 所示。

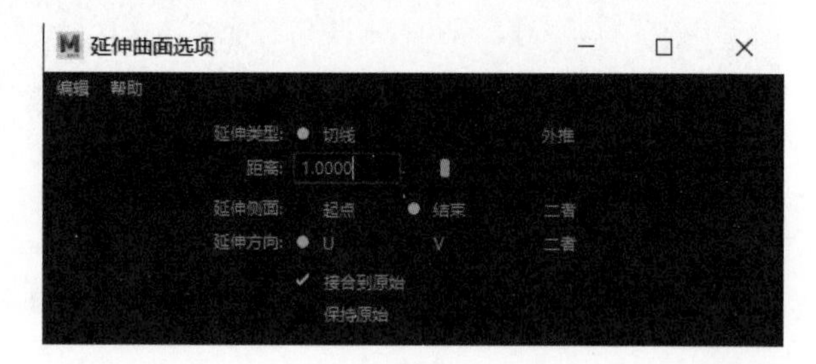

图 3-76

3.5.12 插入等参线

【插入等参线】：在选定等参线上添加编辑点等参线。执行【曲面】>【延伸】菜单命令，单击右侧的小方框，打开【插入等参线选项】窗口，如图 3-77 所示。

图 3-77

▶ 参数解析

【插入位置】：有两个选项。【在当前选择处】：允许在当前位置创建等参线，可有效创建曲面细分；【在当前选择之间】：可在选定等参线或所有 U/V 向等参线之间创建等参线。

【多重性】：允许在选定位置插入多条等参线，分为两种类型。【设置为】：允许依照多重性值插入等参线的绝对数；【增量】：允许依照多重性值将额外数量的等参线添加到相应位置。

3.5.13 偏移

【偏移】：为选定曲面创建副本，并将其偏移一定的距离。执行【曲面】>【偏移】菜单命令，单击右侧的小方框，打开【偏移曲面选项】窗口，如图 3-78 所示。

图 3-78

▶ 参数解析

【方法】：有两种类型。【曲面拟合】：可创建保留曲面曲率的偏移曲面；【CV 拟合】：将创建代表 CV 位置沿着其法线偏移的曲面。

【偏移距离】：用于设置新曲面将会偏移的距离。

3.5.14 圆化工具

【圆化】工具：沿现有曲面之间的边创建圆形过渡曲面。执行【曲面】>【偏移】菜单命令，单击右侧的小方框，打开【圆化曲面选项】窗口，【圆形设置】的相关参数如图 3-79 所示。

图 3-79

▶ 参数解析

【半径】：指定选择边时使用的圆角半径。

【容差值】：分为两种类型。【使用首选项】：使用在首选项窗口中设置的位置容差值；【覆盖】：可以输入一个新值来覆盖在首选项窗口中设置的位置容差值。

3.5.15 缝合

缝合：就是将点、边或曲面缝合在一起。执行【曲面】>【缝合曲面】菜单命令，可以打开【缝合曲面点选项】窗口。缝合有 3 种类型，第一种类型是缝合曲面点，如图 3-80 所示；第二种类型是缝合工具，如图 3-81 所示；第三种类型是全局缝合，如图 3-82 所示。

▶ 参数解析

【保持原始】：如果【保持原始】处于启用状态，则会在原始输入曲面的顶部创建缝合曲面，用于在对结果不满意时移动生成的曲面。

【指定相等权重】：如果【指定相等权重】处于启用状态，则使用平均节点在法线处执行选定点的加权平均。

【层叠缝合节点】：如果【层叠缝合节点】处于启用状态，则缝合操作将忽略曲面上之前的任何缝合操作。

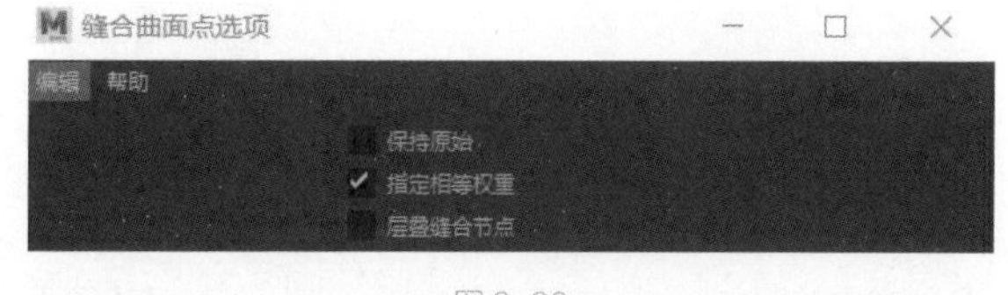

图 3-80

▶ 参数解析

【混合】：分为两种类型。【位置】：可以缝合位置连续的曲面；【切线】：可以缝合切线连续的曲面。

【设置边 1/2 的权重】：在缝合边之前，两条选定等参线将在加权模式中平均化。两个曲面均会被修改，以便沿该平均化的等参线与切线连续性会合。可以将权重指定给选定等参线。

【沿边采样数】：缝合曲面的 CV 是通过沿曲面对边进行采样来确定的。其中，曲面是指需要针对切线连续性进行修改的曲面。

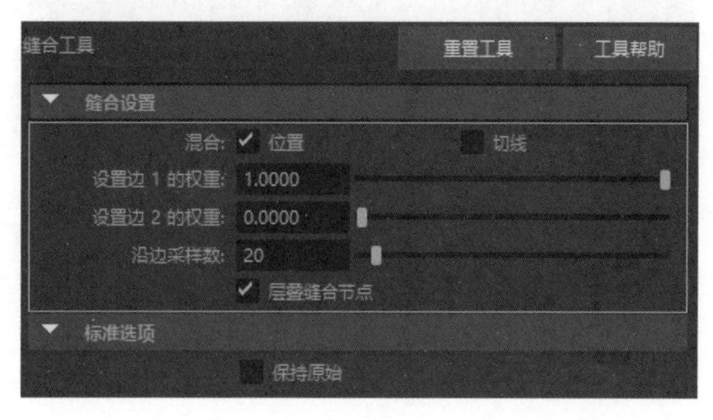

图 3-81

▶ 参数解析

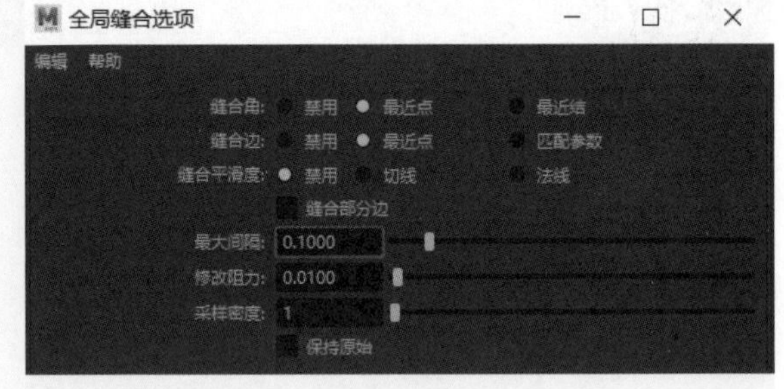

图 3-82

【缝合角】：指定曲面角点缝合到相邻角点或曲面边的位置。【最近点】：将角点缝合到边上的最近点；【最近结】：将角点缝合到边上的最近结。

【缝合边】：指定相邻边缝合到一起的位置。【最近点】：缝合边上的最近点，同时忽略边之间的参数化差异；【匹配参数】：缝合曲面边上的点，这些点沿着每条边具有相等的 UV 增量。

【缝合平滑度】：选择接合的等参线的显示方式。【切线】：弯曲等参线，使它们在遇到缝合的边时垂直；【法线】：不要求等参线垂直，尽管曲面仍平滑地接合。

【缝合部分边】：如果启用该选项，Maya 会接合处于大间隔的边。

【最大间隔】：指定要缝合的曲面边和角点的距离。

【修改阻力】：指定缝合曲面时曲面 CV 保持其位置的程度。

【采样密度】：设置 Maya 在缝合操作过程中沿着每条边采样的点数。

课堂案例 雕刻几何体——层峦叠嶂

素材文件	素材文件 \ 第 3 章 \ 无	扫码观看视频 
案例文件	案例文件 \ 第 3 章 \ 课堂练习：雕刻几何体——层峦叠嶂.mb	
视频教学	视频教学 \ 第 3 章 \ 课堂练习：雕刻几何体——层峦叠嶂.mp4	
练习要点	掌握制作层峦叠嶂效果的技巧	

Step 01 在透视图中，单击工具栏中的 NURBS 方形按钮，创建地面，在右侧的【输入】属性面板中，设置【宽度】为 21.9、【长度比】为 1.7、【U 向面片数】为 35、【V 向面片数】为 35，如图 3-83 所示，效果如图 3-84 所示。

图 3-83

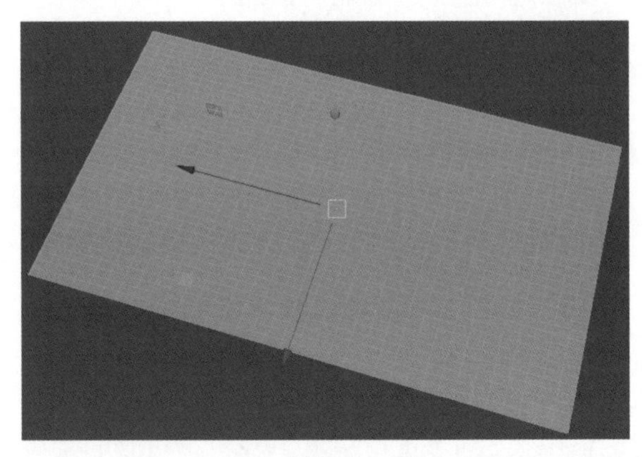
图 3-84

Step 02 在透视图中，执行【曲面】>【雕刻几何体工具】菜单命令，在平面上绘制山峰的凹凸效果，如图 3-85 所示。

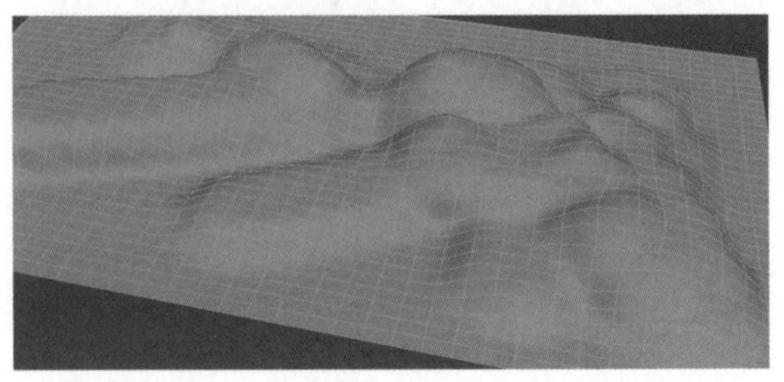
图 3-85

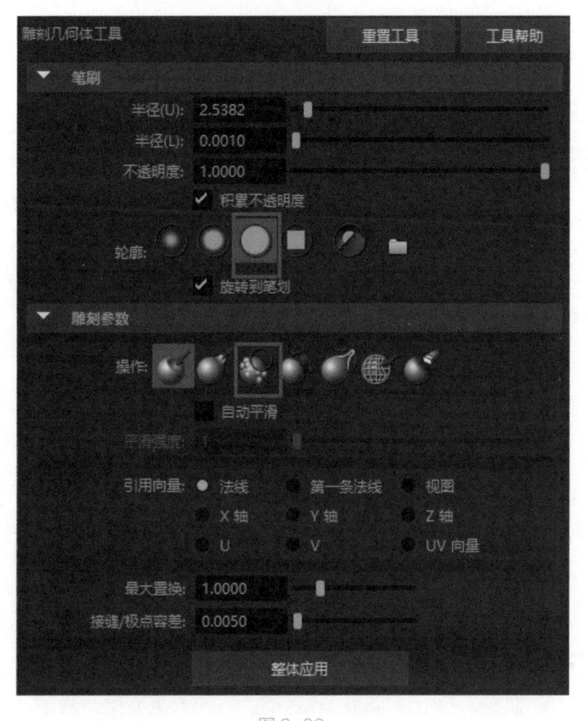

图 3-86

Step 03 执行【曲面】>【雕刻几何体工具】菜单命令，单击右侧的小方框，打开【雕刻几何体工具】面板，选择硬性笔刷，配合【雕刻参数】选项组中的平滑参数，使山峰的效果更自然，如图 3-86 所示。

Step 04 通过反复调整，使场景中的山峰呈现层峦叠嶂的效果，如图 3-87 所示。

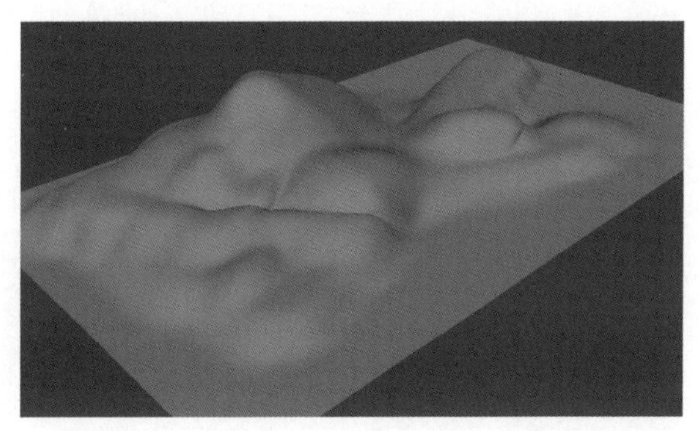

图 3-87

3.5.16 曲面编辑

曲面编辑：将操纵器附着到用户单击的曲面上，使用户可以在该曲面上的任意点设置编辑位置和形状。

▶ 参数解析

【切线操纵器大小】：控制操纵器上切线方向控制柄的长度。

课堂案例 布尔应用

素材文件	素材文件 \ 第 3 章 \ 无	扫码观看视频 
案例文件	案例文件 \ 第 3 章 \ 课堂练习——布尔应用.mb	
视频教学	视频教学 \ 第 3 章 \ 课堂练习——布尔应用.mp4	
练习要点	掌握应用布尔运算的方法	

Step 01 打开案例文件【课堂练习——布尔应用.mb】，如图 3-88 所示。

Step 02 执行【曲面】>【布尔】>【并集工具】菜单命令，单击左侧的 NURBS 球体，然后按 Enter 键，再单击左侧的 NURBS 圆柱体，然后按 Enter 键，形成并集效果，如图 3-89 所示。

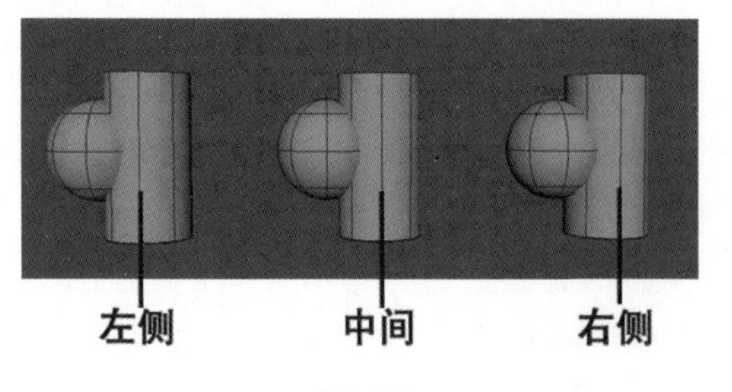

图 3-88

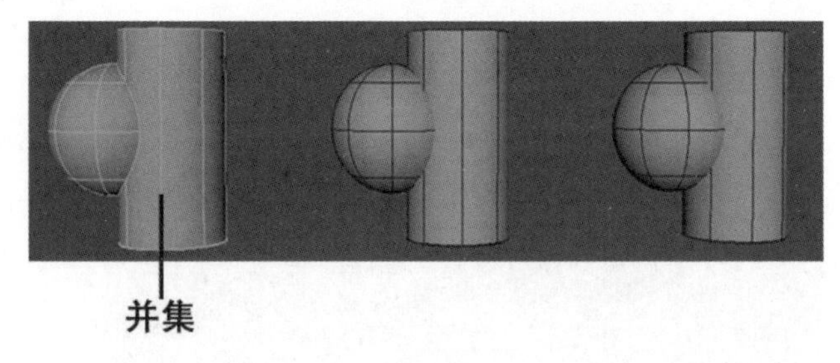

图 3-89

Step 03 执行【曲面】>【布尔】>【差集工具】菜单命令，单击左侧的 NURBS 球体，然后按 Enter 键，再单击左侧的 NURBS 圆柱体，然后按 Enter 键，形成差集效果，如图 3-90 所示。

Step 04 执行【曲面】>【布尔】>【交集工具】菜单命令，单击左侧的 NURBS 球体，然后按 Enter 键，再单击左侧的 NURBS 圆柱体，然后按 Enter 键，形成交集效果，如图 3-91 所示。

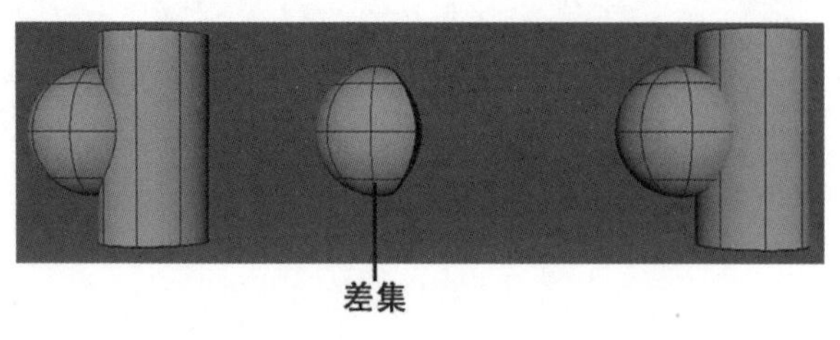

图 3-90

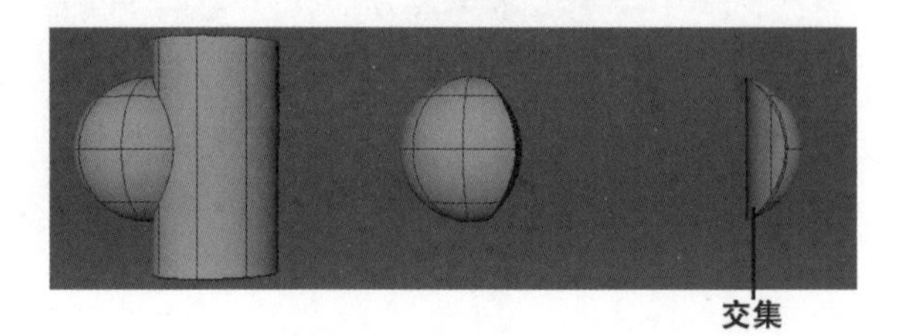

图 3-91

3.5.17 重建曲面

【重建曲面】：对选定曲面执行各种操作。执行【曲面】>【重建】菜单命令，打开【重建曲面选项】窗口，如图 3-92 所示。

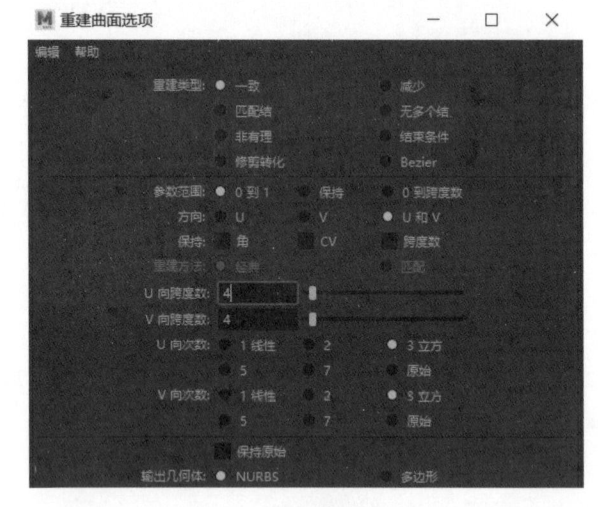

图 3-92

▶ 参数解析

【重建类型】：根据选择的重建类型显示不同的选项。

【一致】：重建具有一致参数化的曲面；【减少】：移除操作不会导致任何剩余结移动大于容差设置的距离时移除结；【匹配结】：通过匹配另一个曲面的曲线次数、结值，以及跨度数和分段数来重建曲面；【无多个结】：移除在重建操作期间创建的任何附加结；【非有理】：将有理曲面重建为非有理曲面；【结束条件】：重建曲面的末端 CV 和结的位置；【修剪转化】：将修剪曲面重建为非修剪曲面。

【参数范围】：3 个参数范围选项用于指定 U 和 V 参数在重建期间如何受到影响。

【方向】：用于确定将为其移除结的曲面的参数化方向。

【保持】：重建曲面可能更改 3D 中的曲面。

3.5.18 反转方向

【反转方向】：反转或交换选定曲面的 *U* 方向和 *V* 方向。执行【曲面】>【反转方向】菜单命令，打开【反转曲面方向选项】窗口，如图 3-93 所示。

图 3-93

▶ 参数解析

【曲面方向】：选择【U】单选按钮，沿 *U* 参数化方向反转 CV，【U】是默认的曲面方向；选择【V】单选按钮，沿 *V* 参数化方向反转 CV；选择【交换】单选按钮，交换 *U* 和 *V* 参数化；选择【二者】单选按钮，沿 *U* 和 *V* 参数化方向反转 CV 和法线。

【保持原始】：可在反转曲面之后保持原始曲线。

课堂练习 胖头鱼

素材文件	素材文件 \ 第 3 章 \ 无	扫码观看视频
案例文件	案例文件 \ 第 3 章 \2.8 课堂练习——胖头鱼 .mb	
视频教学	视频教学 \ 第 3 章 \2.8 课堂练习——胖头鱼 .mp4	
练习要点	掌握胖头鱼模型的制作方法	

Step 01 打开 Maya 2018，切换到前视图，执行【视图】>【图像平面】>【导入图像】菜单命令，在前视图中导入“3.6 生物模型”作为参考，如图 3-94 所示。

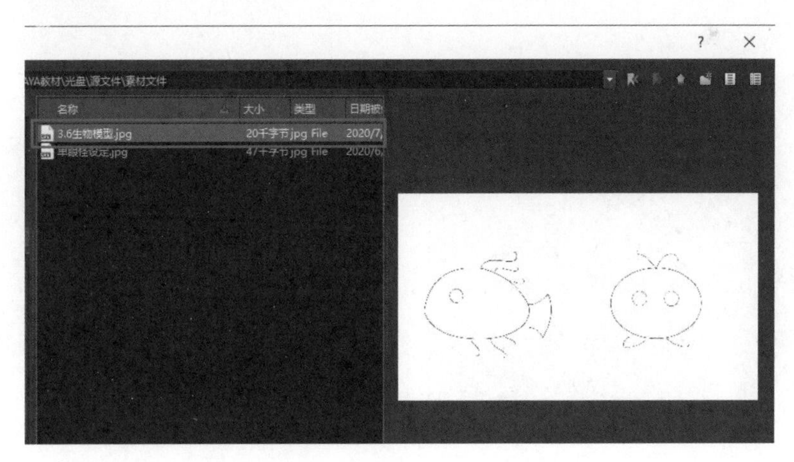

图 3-94

Step 02 在前视图中，单击工具栏中的 【EP 曲线】工具按钮，绘制胖头鱼的外轮廓，如图 3-95 所示。切换到视图中，依次调整胖头鱼的外形，如图 3-96 所示。

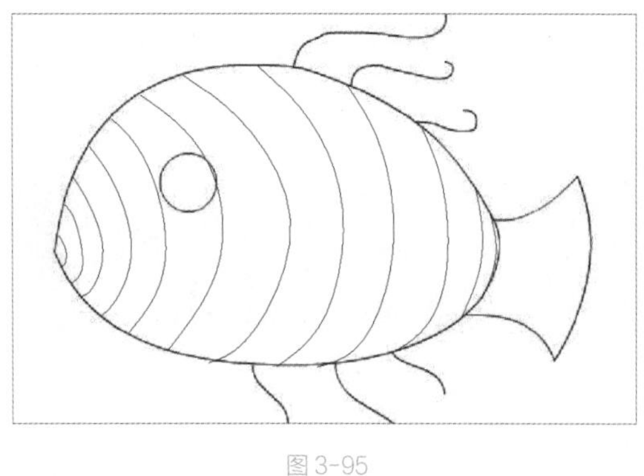

图 3-95

图 3-96

Step 03 在前视图中或大纲视图中，依次选择曲线，如图 3-97 所示。执行【曲面】>【放样】菜单命令，生成三维的曲面外形并对其控制点进行调整，如图 3-98 所示。

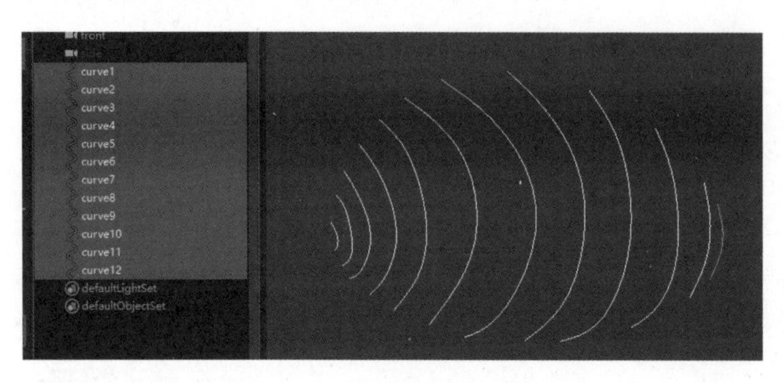

图 3-97

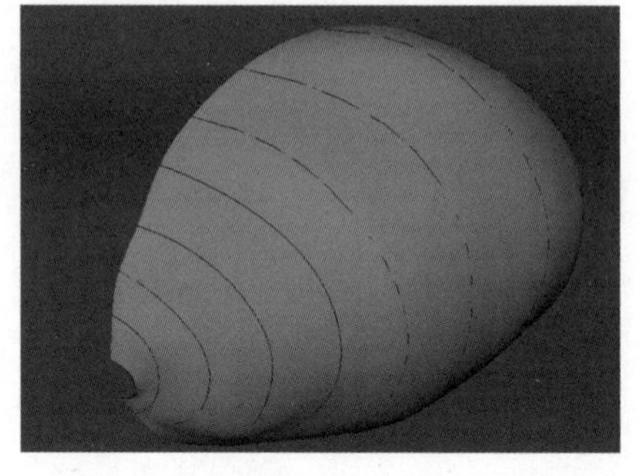

图 3-98

Step 04 执行【编辑】>【特殊复制】菜单命令，打开【特殊复制选项】窗口，设置【几何体类型】为【复制】、【缩放】为 -1，如图 3-99 所示。

Step 05 在前视图中，单击工具栏中的 NURBS 圆形按钮，配合参考图来设置圆形的大小，按快捷键 Ctrl+D 进行复制并缩放，重复按快捷键 Crtl+D，形成眼睛的外形，如图 3-100 所示。

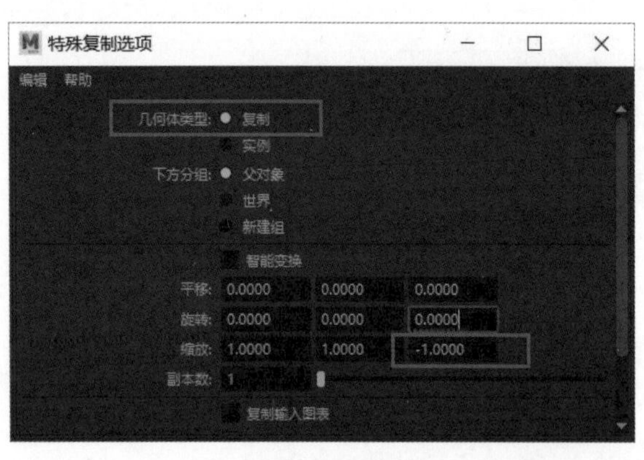

图 3-99

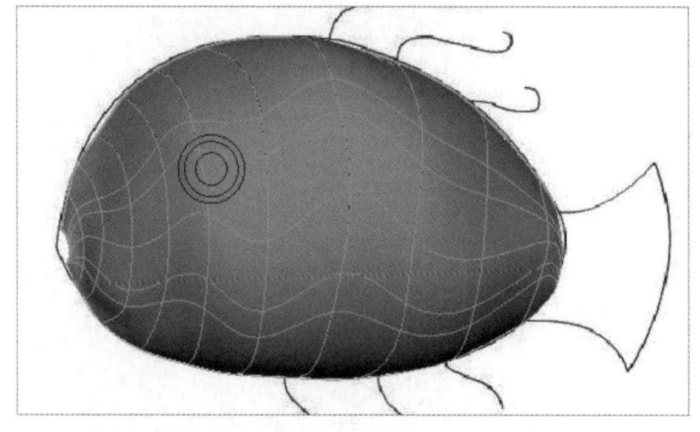

图 3-100

Step 06 在透视图中，选择 3 条 NURBS 圆形曲线，按 Shift 键加选身体模型，执行【曲面】>【在曲面上投影曲线】菜单命令，在模型上生成眼睛的线段，如图 3-101 所示。

Step 07 在透视图中，选择模型上的 3 条 NURBS 圆形曲线，执行【曲线】>【复制曲面曲线】菜单命令，将复制的圆形曲线向外移动，执行【修改】>【居中枢轴】菜单命令，将曲线的坐标复位到中心点。移动 3 个圆形曲线的位置，执行【曲面】>【放样】菜单命令，制作出眼眶，如图 3-102 所示。

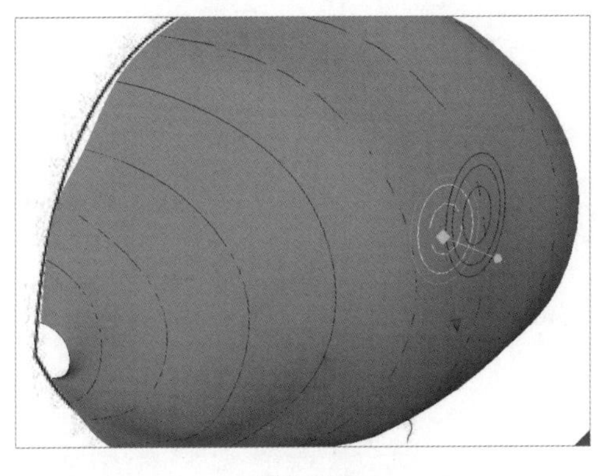

图 3-101

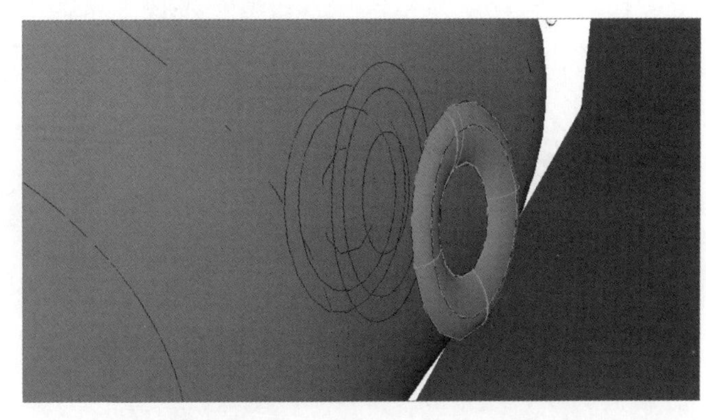

图 3-102

Step 08 制作鱼尾。在前视图中，单击工具栏中的【EP 曲线】工具按钮，配合参考图绘制出上下鱼尾的外轮廓，如图 3-103 所示。执行【曲面】>【放样】菜单命令，制作出鱼尾的模型。执行【修改】>【居中枢轴】菜单命令，将曲线的坐标复位到中心点。

Step 09 选择鱼尾模型，执行【曲面】>【新建】菜单命令，打开【重建曲面选项】窗口，设置【U 向跨度数】为 8、【V 向跨度数】为 7，如图 3-104 所示。选择控制点，通过左右移动控制点调整鱼尾凹凸不平的状态，如图 3-105 所示。

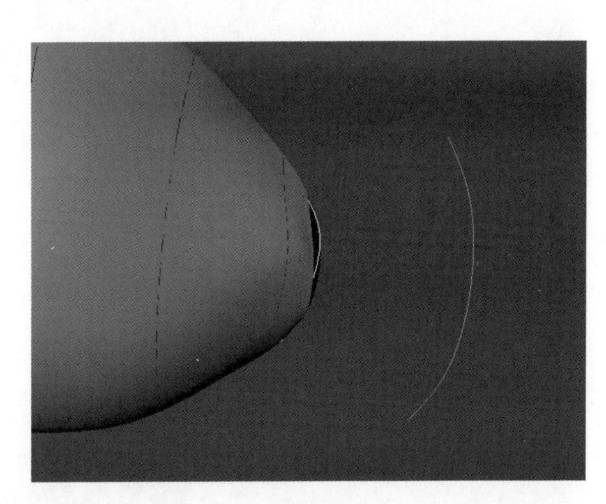

图 3-103

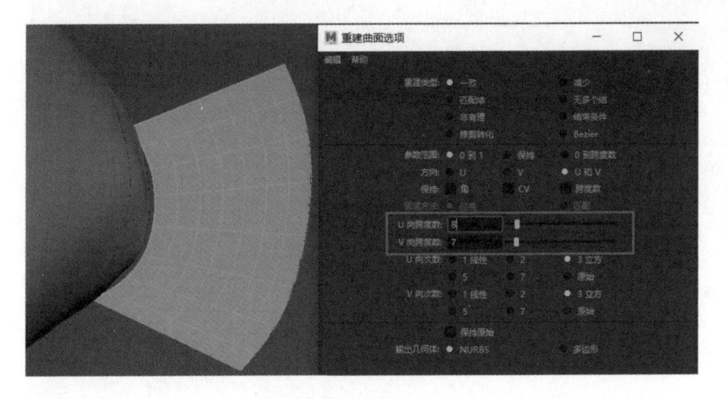

图 3-104

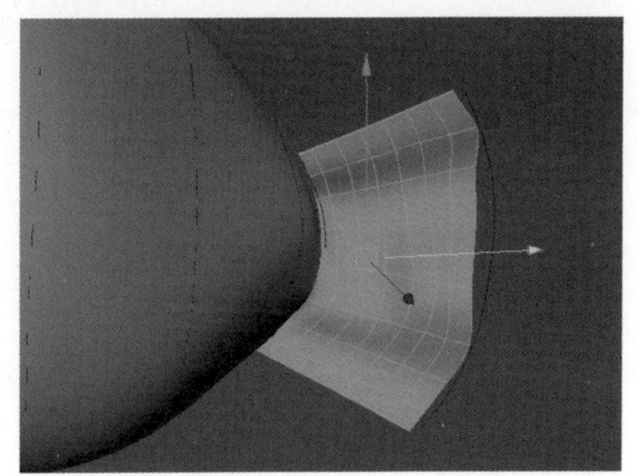

图 3-105

Step 10 在前视图中，单击工具栏中的 NURBS 球体按钮，创建鱼眼模型。选择鱼眼模型，用鼠标右键单击等参线，执行【曲面】>【分离】菜单命令，将眼球的一半分离，如图 3-106 所示。将另一半球体通过移动旋转进行对位，如图 3-107 所示。

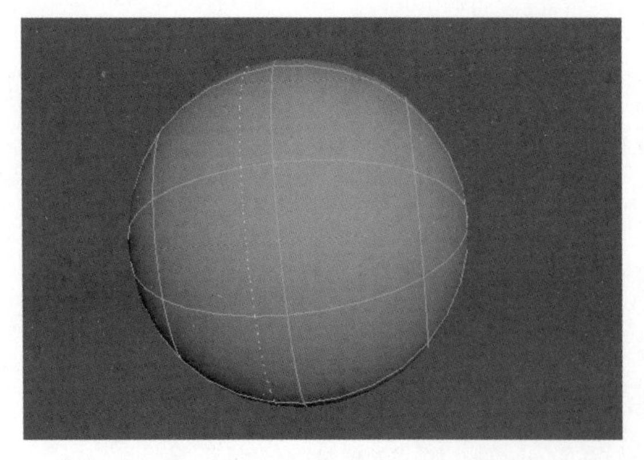

图 3-106

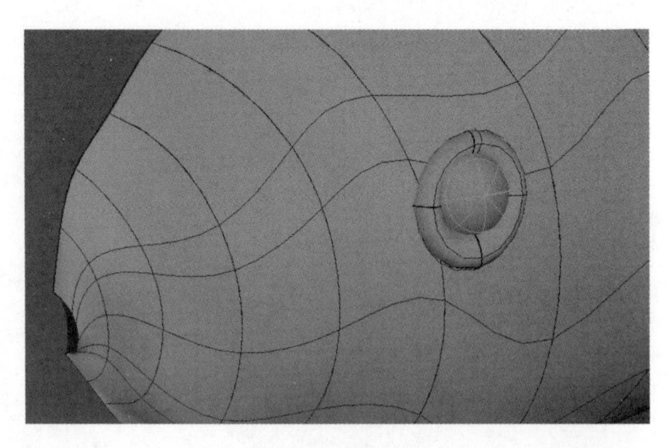

图 3-107

Step 11 在前视图中，单击工具栏中的【EP 曲线】工具按钮，配合参考图绘制鱼鳍的外形作为路径。单击工具栏中的 NURBS 圆形按钮，创建剖面，将其与曲线对位。依次选择圆形加选曲线路径，执行【曲面】>【挤出】菜单命令，打开【挤出选项】窗口，设置【结果位置】为【在路径处】，生成三维曲面路径模型，如图 3-108 所示。选择模型，将【输入】属性面板右侧的【比例】设置为 0，使尾部变尖，如图 3-109 所示。

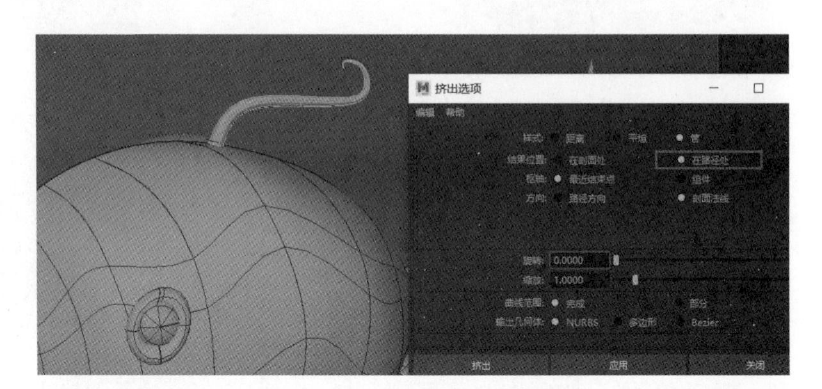

图 3-108

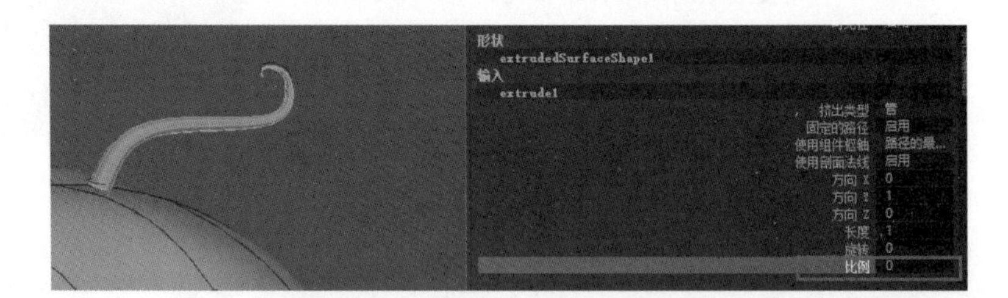

图 3-109

Step 12 选择生成的鱼鳍模型，连续复制对位鱼鳍部分，用鼠标右键单击控制顶点，调整鱼的外形，如图 3-110 所示。

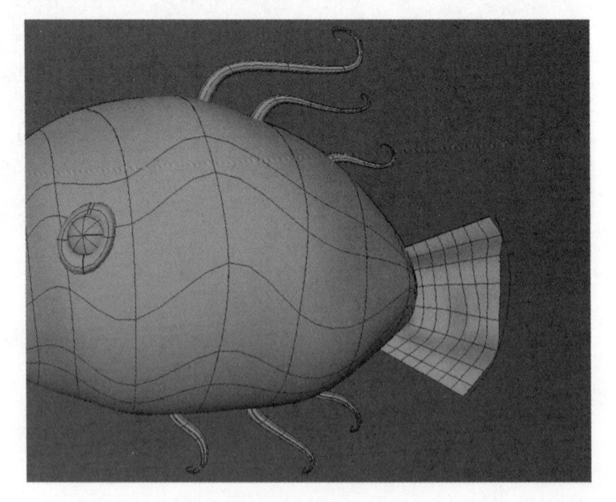

图 3-110

Step 13 制作嘴部。选择生成的身体模型，用鼠标右键单击等参线，将其移动到合适的位置，如图 3-111 所示。执行【曲面】>【插入等参线】菜单命令，产生线段。用鼠标右键单击壳线，将其向内移动。反复操作后，完成嘴部的制作，如图 3-112 所示。

图 3-111

图 3-112

Step 14 最后，将一侧的眼睛进行组合并复制到另一侧，将胖头鱼的模型进行附加曲面缝合，形成完整的模型，如图 3-113 所示。

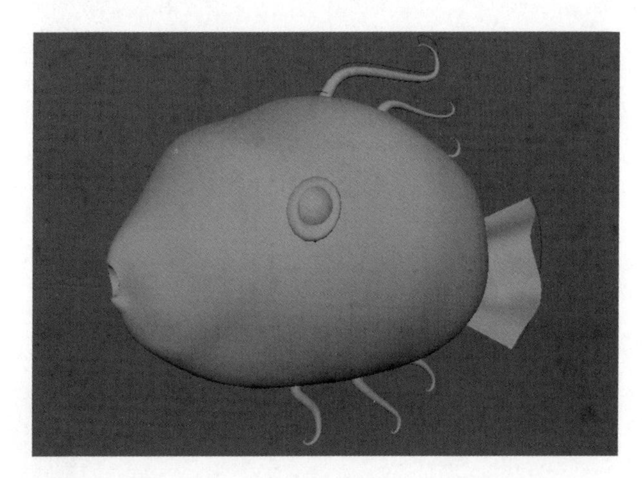

图 3-113

课后习题

一、选择题

1. NURBS 建模的基本构成方式就是通过（　　　）来生成曲面。

A.【点】

B.【线】

C.【面】

2.（　　　）用于设置将 U 方向位置值指定给编辑点的方式。

A.【线段】

B.【体积】

C.【结间距】

D.【具体参数】

3. 从剖面曲线创建（　　）切换曲面。

A.【倒角】

B.【夹角】

C.【段角】

D.【细分】

4.（　　）可以将所选曲线的区域变成圆角。

A.【修整】

B.【修剪】

C.【线条】

D.【曲面】

二、填空题

1. ______ 用于决定是否在创建边界曲面前匹配结束点。

2. ______ 可以使两个点在曲率的相同处对齐。

3. 曲线编辑菜单主要针对 ______ 来设置相关参数。

4. ______ 用于将两条曲线进行接合。

三、简答题

1. 简述【NURBS 曲线】的概念。

2. 简述【NURBS 曲面】的概念。

3. 简述切线与定位点的区别。

四、案例习题

案例文件：第 3 章 \ 音响建模

效果文件：第 3 章 \ 音响建模.mp4

练习要点：

1. 根据音响设备进行建模。

2. 运用建模命令对场景中物体进行操作。

3. 通过移动对位操作完成案例的制作，如图 3-114 所示。

图 3-114

第 4 章 材质贴图

Maya 材质贴图是三维动画制作领域不可或缺的一部分。三维模型如果没有材质贴图，将会变得平淡无奇。通过为三维模型赋予材质贴图，能够真实地还原和表现物体的质感。纹理的特性配合灯光、渲染，可以使三维物体具有写实性。作为设计师，只会构建三维模型是远远不够的，必须具备材质调节与绘制能力。当然，三维世界中的材质与真实世界中的物理材质也是有所不同的。最终渲染效果与真实事物本身也存在一些偏差。但是，随着科技的进步、软件版本的不断更迭，添加材质贴图后渲染的效果会更加真实。

MAYA

学习目标

- 了解基本的材质与贴图的属性
- 了解材质类型
- 了解 UV 编辑器

技能目标

- 掌握材质编辑器的基本命令
- 掌握不同属性的材质
- 掌握材质的应用

4.1 材质概述

在三维世界中，想要表现出自然界中真实物体般的质感，可以从物体色彩、光线的强度、反射率、折射率及凹凸形态这几个方面来综合考虑。Maya 2018 中提供了许多材质形式，如基本材质、阿诺德材质等。通过调整三维物体的材质、光感、颜色和不透明度等，可以使其具有不同的效果。通过为三维物体添加纹理，还可以使物体具有更加真实的画面效果。要掌握不同物体质感的表现技巧，还应从日常生活入手，多观察。材质是对视觉效果的模拟，而视觉效果受颜色的反射、折射、质感和表面粗糙程度等诸多因素的影响。这些视觉因素的变化和组合可以呈现出各种不同的视觉特征。Maya 中的材质正是通过模拟这些因素来表现的。材质贴图模拟的是事物的综合效果，其本身也是一个综合体，由若干参数组成，每一个参数负责模拟一种视觉因素。例如，用凹凸贴图控制物体表面的粗糙程度等。在掌握了常见物体的物理特性之后，使用三维软件进行创作，就可以最大限度地发挥我们的想象力，创造出各种质感的材质，甚至是现实生活中没有的材质，如图 4-1 所示。

图 4-1

Maya 中的材质纹理分为 4 大类，包括 2D 贴图纹理、3D 贴图纹理、环境贴图纹理和图层贴图。Maya 2018 中的 2D 贴图纹理和 3D 贴图纹理主要作用于模型本身，方便用户随意使用。如果这些默认的纹理效果不足以表现作品，用户还可以自行绘制贴图，与材质进行搭配来赋予模型，使作品呈现出所需的效果。由于各级各类用户创建模型的需求各不相同，绘制贴图仍然是设计师的必备技能，如图 4-2 所示。

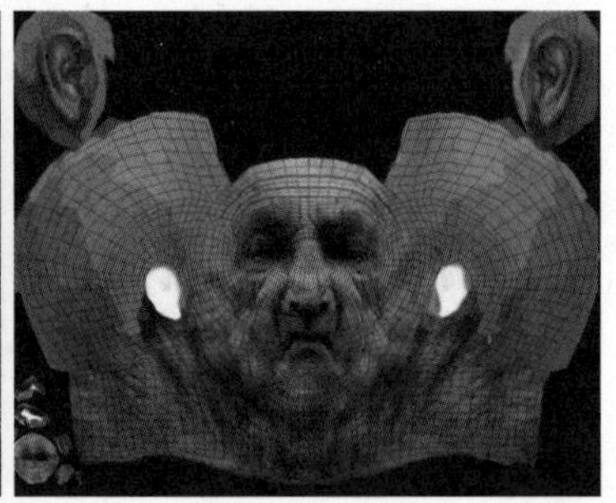

图 4-2

材质的物理属性及折射率

在大自然中，不同的物体存在不同的物理属性，每种属性都有各自的特点。例如，水属于半透明物体，具有反射和折射属性，玻璃存在相同的属性；金属与水相比，同样具有反射属性，但是不具备折射属性。金属又分为不锈钢、磨砂等类型，其物理属性也不同。因此，为了让读者在三维软件中更加真实地表现三维模型，需要深入地了解不同物体的物理属性。下面介绍一下不同物体的折射率，如图 4-3 所示。

不同物体的折射率	
物体名称	折射率
冰	1.309
琥珀	1.54
水晶	2.00
钻石	2.417
祖母绿	1.57
萤石	1.434
石英	1.46
石榴石	1.73~1.89
玻璃	1.5
最重无色玻璃	1.89
重无色玻璃	1.65
青金石	1.61
轻火石玻璃	1.575
有机玻璃	1.51
蛋白石	1.44~1.46
瓷	1.504
红宝石	1.77
盐	1.644
蓝宝石	1.77
黄玉	1.61

图 4-3

Hypershade（材质编辑器）

在 Maya 软件中，编辑材质主要使用图表节点编辑器，利用它可以更好地表现物体的质感，如物体的颜色、高光、反射、折射等属性。将这些属性相互之间存在关联的节点清晰地展现出来的窗口是 Hypershade（材质编辑器）。它以节点网络的形式显示编辑材质，功能齐全，非常方便。创建材质调整效果时，连接材质节点等大部分工作都需要在 Hypershade（材质编辑器）中完成。要查看和编辑材质节点，需要单击工具栏中的 Hypershade（材质编辑器）按钮，打开 Hypershade（材质编辑器），如图 4-4 所示。

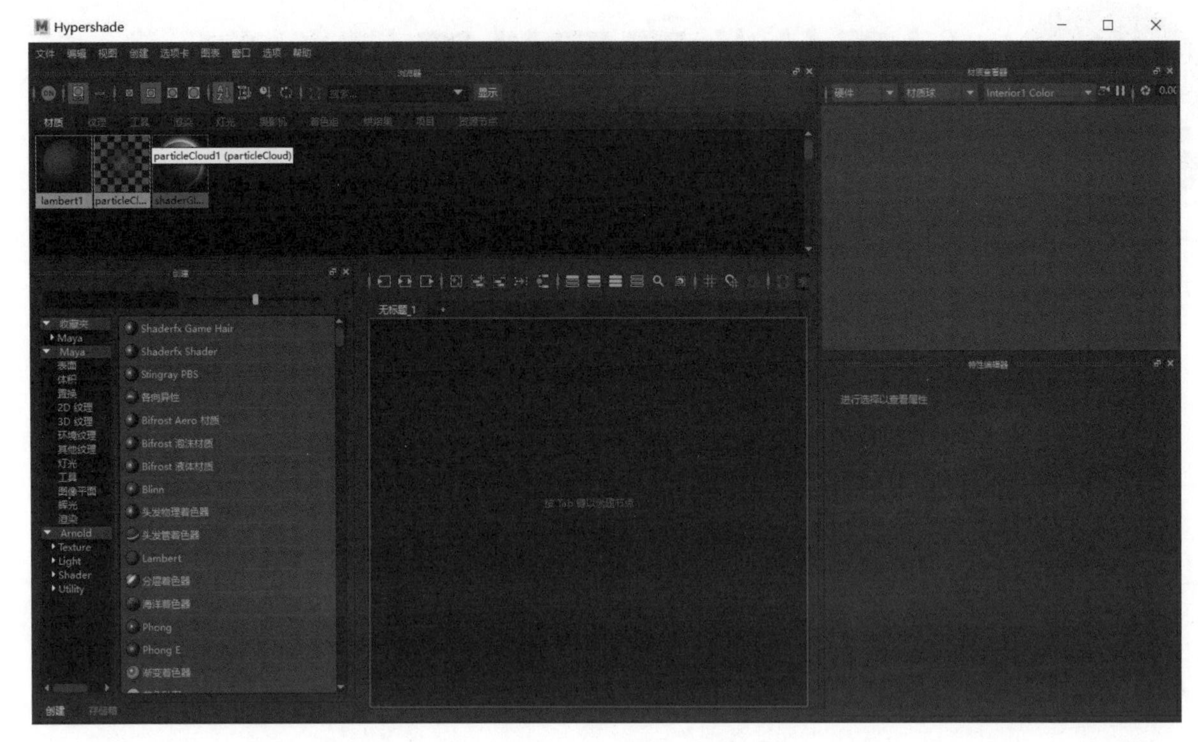

图 4-4

4.3.1 Hypershade的组成

默认情况下，Hypershade（材质编辑器）由 6 大面板组成，分别是浏览器、材质查看器、【创建】选项卡、工作区、特性编辑器和存储箱。下面分别介绍六大面板的具体功能。

Browser（浏览器）：在该面板中列出了材质、纹理和灯光，按选项卡排序，如图 4-5 所示。

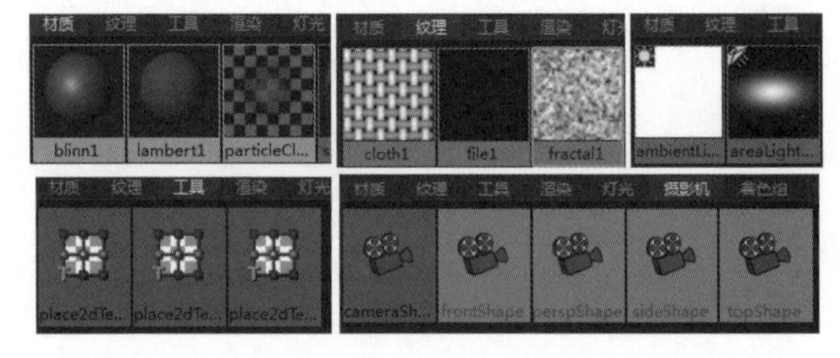

图 4-5

材质查看器：在该面板中显示渲染着色器或已赋予模型的材质。在 Maya 默认的硬件渲染器和 Arnold for Maya 之间选择，然后从几种常用的几何体类型中选择。调整着色网络，并实时查看渲染效果。使用 Arnold for Maya 进行渲染时，从各种预设环境中选择或者添加自定义的环境，并将基于图像的照明添加到渲染器中。还可以在材质查看器中渲染凹凸贴图和平面纹理，并且可以将颜色管理应用于渲染，像在渲染视图中操作一样，如图 4-6 所示。

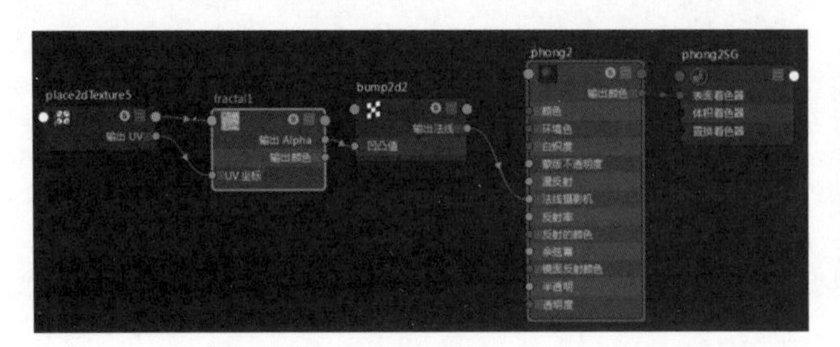

图 4-6

【创建】选项卡：单击【创建】选项卡中的节点可创建节点并将其添加到着色器图表，如图 4-7 所示。

工作区：使用此面板可以创建着色器网络，如同在节点编辑器中操作一样。还可以在同一视图模式下显示各种节点：简单、已连接、完全和自定义。默认情况下，Hypershade（材质编辑器）中的节点在自定义模式下显示。若要创建其他选项卡，请单击右侧选项卡旁边的 + 号。不仅可以创建新的选项卡，而且可以删除或者重命名选项卡，还可以在工作区中对其重新排序。在关闭 Hypershade（材质编辑器）和保存文件时，选项卡保持不变。如图 4-8 所示。

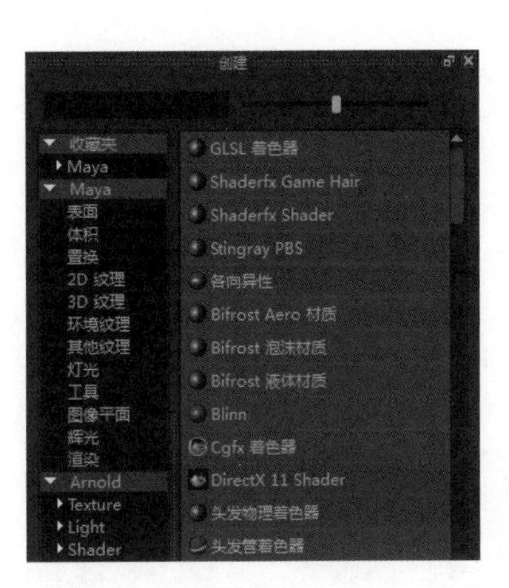

图 4-7

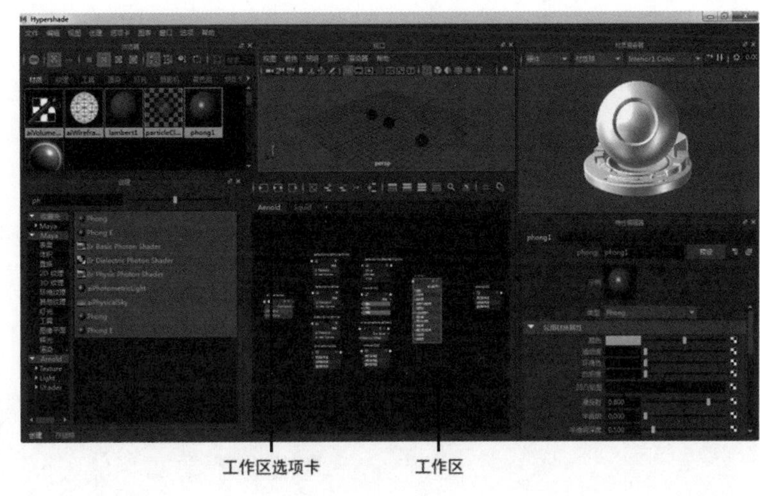

图 4-8

特性编辑器：优化 Lookdev 工作流，在视图中查看着色节点属性，此模板已针对外观开发工作流进行优化，具有更简单的布局，用户可以更轻松地查找和调整着色节点属性，如图 4-9 所示。

存储箱：通过将场景中的着色节点分离到排序存储箱中，对其进行组织和平移，如图 4-10 所示。

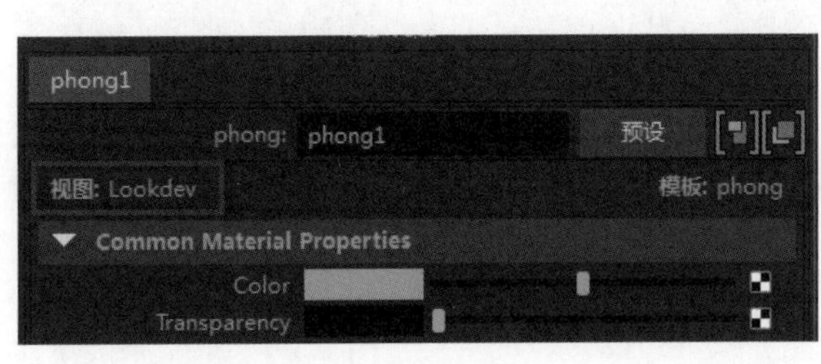

图 4-9

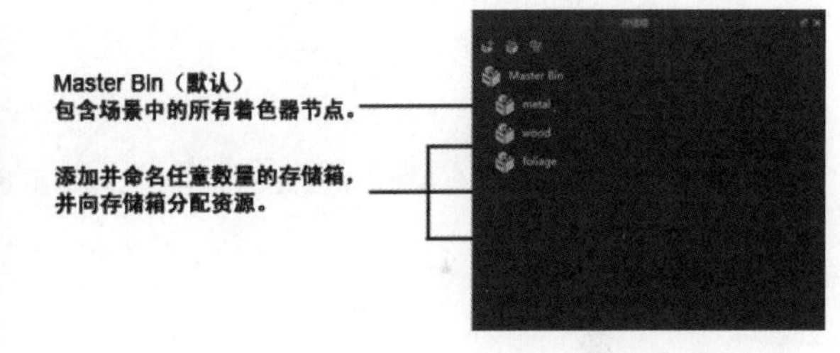

图 4-10

Hypershade 用于创建着色网络，对于工作流（如装备），节点编辑器是首选编辑器。

4.3.2 Hypershade的使用

Step 01 单击【创建】选项卡中的节点，创建节点。或者按 Tab 键，输入节点类型。

Step 02 单击【创建】选项卡中的节点，通过拖动连接线，或者使用快捷方式来连接节点。

 **提示**

如果在创建节点时已启用【添加到图表中】，则可以执行此操作。如果在创建节点时已禁用【添加到图表中】，则单击【创建】选项卡中的节点，仍会创建节点，但是不会将其添加到工作区。

Step 03 可以在与节点编辑器中相同的视图模式下显示节点：简单模式、已连接模式、完全模式和自定义模式。

Step 04 在 Hypershade 中创建节点时，默认情况下这些节点在自定义模式下显示。

Step 05 通过单击工作区工具栏中已显示节点的搜索字段，搜索节点中的特定属性。

Step 06 通过单击鼠标右键并从标记菜单的显示对象子菜单中选择要包括的节点类型，从图表中过滤出节点类型。默认情况下，将显示摄影机、着色组和着色节点。

Step 07 使用鼠标左键或中键拖动可对选项卡重新排序。在关闭 Hypershade 和保存文件时，选项卡保持不变。使用工具栏中的工具编辑着色器图表，例如，将选定节点添加到图表、重新排列图表等。

Step 08 Hypershade 和节点编辑器共享大多数工具栏中的工具，如图 4-11 所示。

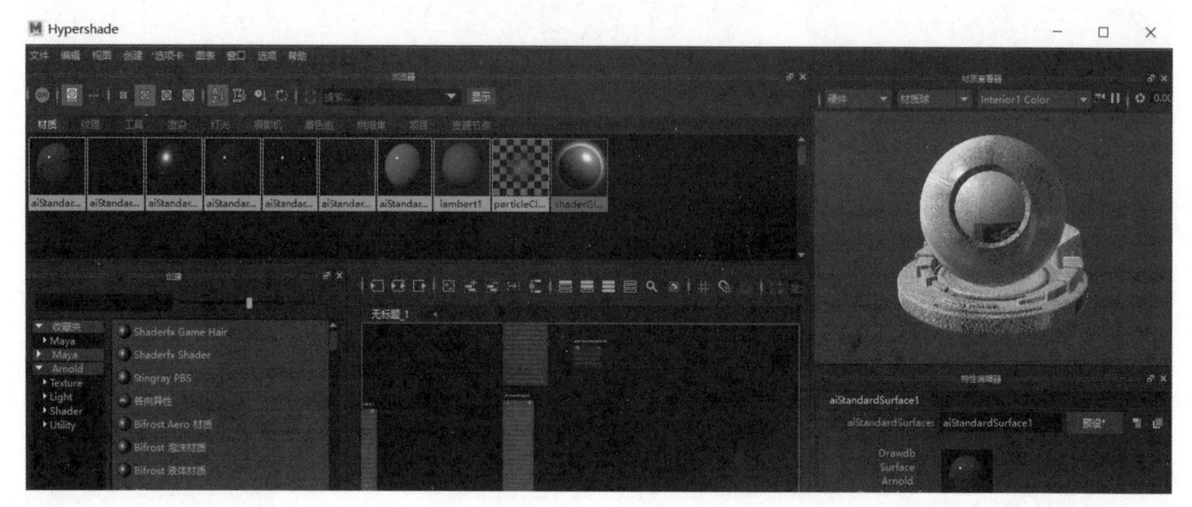

图 4-11

Step 09 通过创建连接线在 Hypershade 中连接节点。默认情况下，在 Hypershade 中首次创建节点时，将显示其最常用的属性。编辑节点时，主要用到节点编辑器。节点编辑器提供依赖关系图的可编辑图解，显示节点及其属性之间的连接。允许用户查看、修改和创建新的节点连接。节点编辑器对于角色装备等任务有效，但在处理材质和着色网络时，建议使用 Hypershade。节点编辑器包括简单模式、已连接模式、完全模式、查看所有属性或查看自定义属性等 5 种模式。

【简单模式】：显示一个输入和一个输出主端口，以圆形表示，如图 4-12 所示。

【已连接模式】：显示输入和输出主端口，以及任何已连接属性。这些属性具有自己的端口，均显示为小圆形，如图 4-13 所示。

【完全模式】：显示输入和输出主端口，以及主要节点属性，如图 4-14 所示。给定节点的主属性基于属性的特性，例如，它们是可设置关键帧还是动态的。

图 4-12

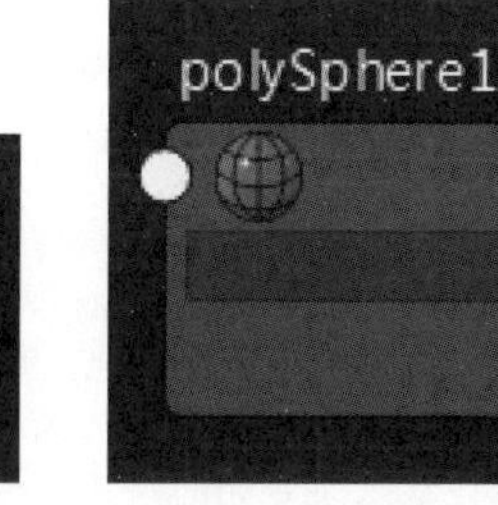

图 4-13

图 4-14

还可以从标记菜单中选择【显示所有属性】命令，将节点的完全模式暂时替换为所有属性的列表。如果对节点重新制图，或者更改节点的视图模式，则必须重新选择此命令才可再次显示其所有属性，如图 4-15 所示。

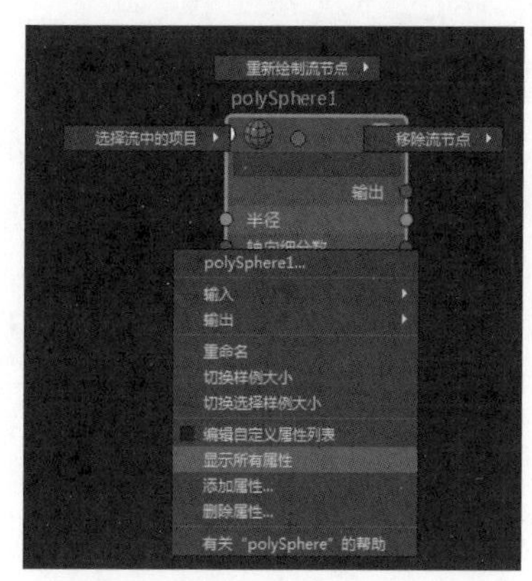

图 4-15

提示

当显示所有属性时，节点将显示为【完全模式】图标。

4.4 材质类型

虽然 Maya 中的三维曲面响应灯光的方式类似于现实世界中的灯光，但是在软件中曲面和灯光交互的方式有很大的不同。Maya 中包含多种类型的材质节点，帮助模拟曲面在现实世界中不同光照下的质量或行为，大体分为表面材质节点、置换材质节点和体积材质节点 3 大类。除此之外，还可以对其设置材质的属性，如场景元素的颜色、镜面反射度、反射率、不透明度和曲面细节，从而创建各种各样的具有真实效果图像，如图 4-16 所示。

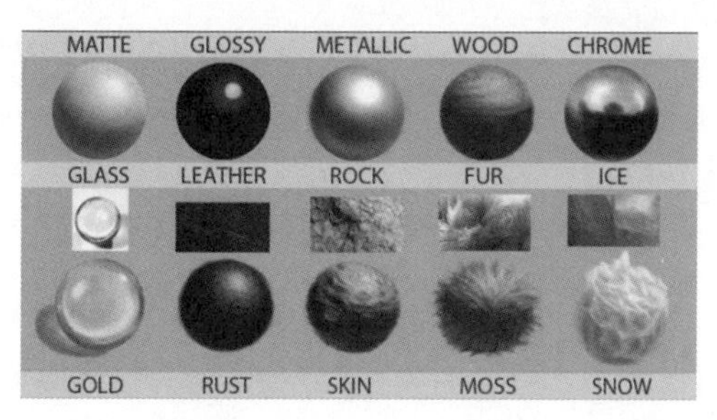

图 4-16

公用表面材质属性有以下几个方面。

【类型】：更改材质的类型后，只有这两种类型的公用属性才会保留其先前的值或设置。例如，如果将材质类型从 Blinn 属性和镜面反射颜色属性更改为 Lamber 属性，但没有镜面反射颜色属性，则会保留颜色设置。

【颜色】：默认材质颜色。

【不透明度】：用于设置材质的颜色和不透明度级别。如果不透明度值为 0，则曲面是完全不透明的；如果不透明度值为 1，则曲面是完全透明的。

【环境色】：默认设置为黑色，这意味着它不会影响材质的颜色。随着环境色变得越来越浅，它会使材质的颜色变亮并混合材质色和环境色。

【白炽度】：材质要反射的灯光的颜色和亮度。

【凹凸贴图】：通过依照凹凸贴图纹理中的像素强度来改变曲面法线，使曲面看起来粗糙或凹凸。

【漫反射】：使材质能够在所有方向反射灯光。

【半透明】：使材质能够透射和漫反射灯光。

【半透明深度】：模拟光以漫反射穿透半透明对象的方式。

【半透明聚焦】：可控制半透明灯光的散射程度。

4.4.1 基本材质及其属性

表面材质节点：可以用于三维物体的纹理贴图的材质类型。在 Maya 中，根据材质类型的不同，材质属性也不同，如图 4-17 所示。

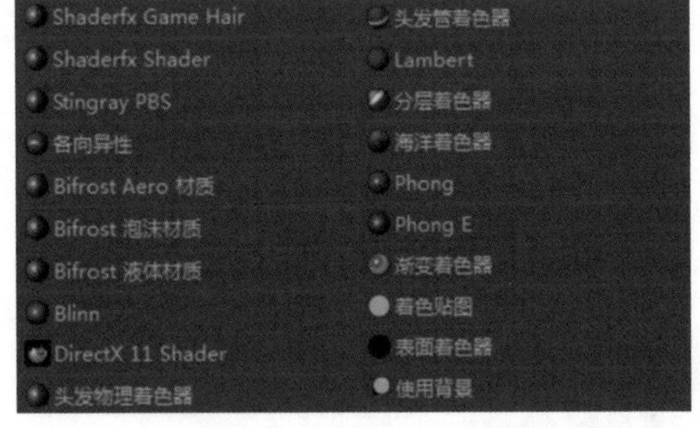

图 4-17

提示

与 Phong 材质相比 Blinn 有较强的高光，使用 Blinn 材质的曲面上的柔和高光出现瑕疵或薄高光闪烁的可能性较小。对带有凹凸或置换贴图的曲面使用 Blinn 表面材质可以减少高光瑕疵或闪烁。

基本材质节点及属性解析

【各项异性】：用于具有凹槽的曲面的材质。各向异性材质上镜面反射高光的外观取决于这些凹槽的特性及方向。

【Blinn】：该材质着色器尤其适用于模拟具有柔和镜面反射高光的金属曲面。

【Lambert】：是一种材质，用于没有镜面反射高光的蒙版曲面。

【分层着色器】：用于设置材质的相关属性。

【海洋着色器】：用于创建开阔的水面效果。

【Phong】：用于具有清晰的镜面反射高光的像玻璃一样的或有光泽的曲面。

【Phong E】：是 Phong 材质的简化版本。Phong E 曲面上的镜面反射高光较 Phong 更为柔和，并且 Phong E 曲面的渲染速度更快。

【渐变着色器】：是一种可用来附加控制颜色随灯光和观察角度变化方式的材质。

【着色贴图】：可用于创建各种非真实的照片级的着色效果，或者亮显渲染图像中的阈值。

【表面着色器】：是作为包裹器节点的材质，这意味着用户可以将任何可设置关键帧的属性连接到该着色组，然后将该着色组连接到对象。

【使用背景】：可以使用 UseBackground 材质创建自定义阴影和反射过程，以捕捉阴影或反射。

4.4.2 辅助材质及属性

置换材质节点：允许使用图像来指定场景中对象上的曲面凹凸，如图 4-18 所示。

图 4-18

置换材质节点及属性解析

【凹凸贴图】：灰度纹理，可将其映射到对象，以在其他平坦的对象上创建表面起伏的效果。

【置换贴图】：灰度纹理，可将其映射到对象，以在其他平面对象上创建真实的表面起伏效果。

【基于特征的置换】：在基于特征的置换中，软件渲染器会将顶点添加到要进行置换的几何体中。

【连接纹理作为置换贴图】：在使用凹凸或置换贴图时，如果图像文件包含遮罩通道，则遮罩通道用于置换和凹凸贴图。

【在视口中预览置换结果】：在 Viewport 2.0 中显示置换贴图的结果，从而更好地了解其在最终渲染中的外观。

【调整置换采样率】：对于每个细分三角形，请查看三角形中的纹理高度偏差值，然后在对象属性编辑器的置换贴图区域，调整初始采样率。

【将置换转换为多边形】：将已经赋予置换贴图的三维模型转换为多边形。

体积材质节点：描述占用空间体积现象的物理外观，可以利用光线跟踪体积材质生成效果，如透过镜面反射、折射显示灯光雾，如图 4-19 所示。

图 4-19

【环境雾】：模拟空气中精细粒子的效果。这些粒子影响大气的外观，以及大气中对象的外观。

【灯光雾】：模拟特定灯光照亮空气中粒子的效果。

【体积雾】：将该材质用于基本体，可以创建诸如球形、圆锥形或小隔间烟、雾或灰尘等效果。

【流体形状着色器】：流体形状着色器是除粒子云着色器以外唯一处理粒子的体积着色器。

【粒子云】：用于实现诸如气体或云之类的效果。可以将粒子渲染为薄气体、云、厚云、滴状曲面或管状体。

【体积着色器】：控制体积材质的颜色、不透明度和蒙版不透明度。通过该着色器，可以直接将其他属性和效果与材质的颜色、不透明度和蒙版不透明度相连。

4.5 创建UV与贴图

UV 纹理空间使用字母 U 和 V 来指示二维空间中的轴。UV 纹理空间有助于将图像纹理贴图放置在三维曲面上。UV 提供曲面网格与图像纹理贴图之间的连接方式。即 UV 作为标记点，用于控制纹理贴图上的点与网格上的点对应。尽管默认情况下 Maya 会为许多基本体类型创建 UV，但在大多数情况下需要重新排列 UV，因为默认排列方式通常不会与可创建模型的任何后续编辑匹配。了解 UV 的概念，以及如何将它们映射到曲面，并且随后正确地布置它们，对于在多边形和细分曲面上生成纹理是必不可少的。如果需要在 3D 模型上绘制纹理、毛发或头发，这一点也非常重要。UV 与贴图是前后承继的关系，展开 UV 后，就进入贴图的绘制阶段，如图 4-20 所示。

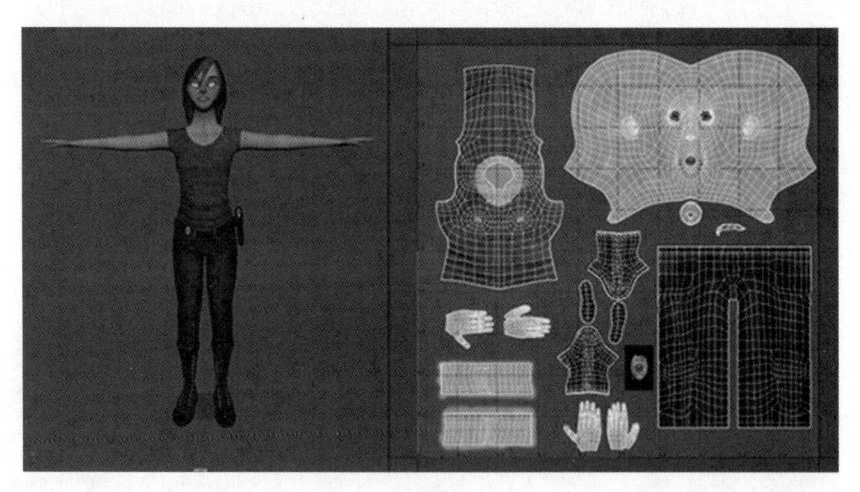

图 4-20

4.5.1 UV的概念

UV 是二维贴图纹理坐标，带有多边形和细分曲面网格的顶点信息。UV 用于定义二维纹理坐标系，称为 UV 纹理空间。在初始创建物体时，UV 坐标是按照 Maya 中的默认方式展开的。随着对模型的不断修改和完善，UV

的分布被破坏。许多 UV 点都交叉重叠在一起，很难分开。所以当建模结束以后，需要将这些重叠在一起的杂乱的 UV 重新展开，按照适合绘制贴图的方式将所有的 UV 点重新进行排布。注意，物体表面 UV 的调整并不影响物体的外观，如图 4-21 所示。

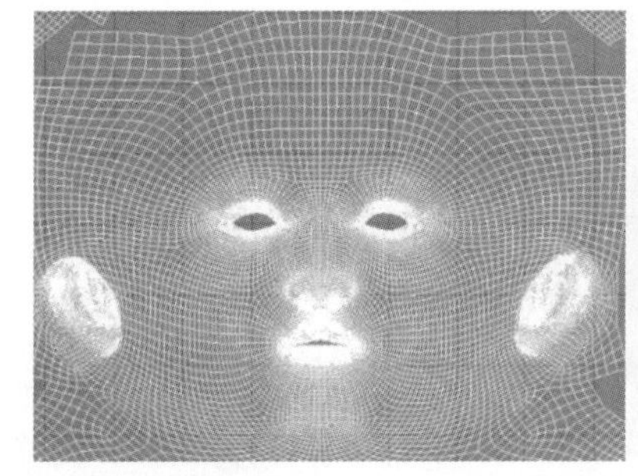
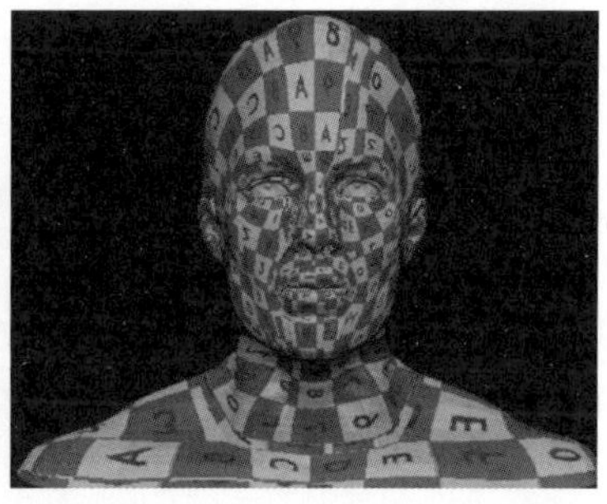

图 4-21

4.5.2 UV映射

UV 映射：为曲面网格创建显式 UV 的过程称为“UV 映射”。UV 映射分为很多类型，分别是自动映射、最佳平面映射、基于摄影机的映射、轮廓拉伸映射、基于法线的映射、圆柱体 UV 映射、平面映射、球形映射、自动接缝和合并 UV 选项，如图 4-22 所示。

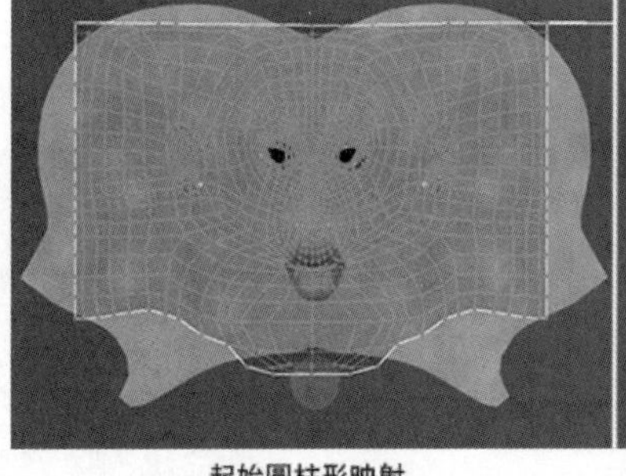

起始圆柱形映射　　最终调整过的布局

图 4-22

自动映射：自动映射三维模型 UV。执行【UV】>【自动】菜单命令，单击右侧的小方框，打开【多边形自动映射选项】窗口，如图 4-23 所示。

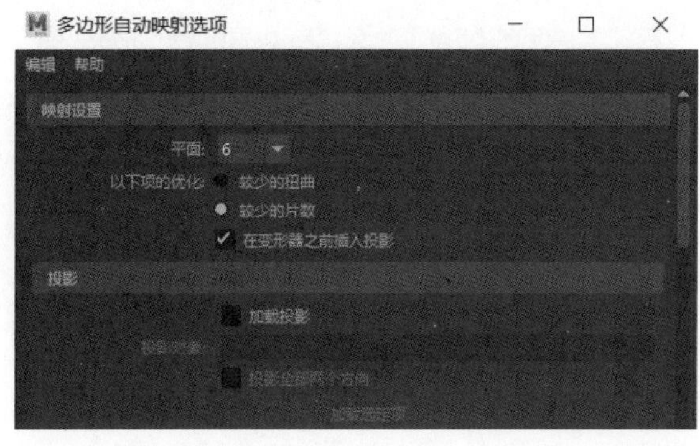

图 4-23

▶ 参数解析

【平面】：用于为自动投影设置平面数。根据 3、4、5、6、8 或 12 个平面的形状，可以选择一个投影映射。使用的平面越多，发生的扭曲就越少，并且在 UV 编辑器中创建的 UV 壳越多。

【以下项的优化】：用于为自动投影设置优化类型，有 3 种类型。【较少的扭曲】：均衡投影所有平面；【缺少的片数】：投影每个平面，直到投影遇到不理想的投影角度；【在变形器之前插入投影】：当为多边形对象应用了变形时，在变形器之前插入，投影选项才相关。

【加载投影】：允许用户指定一个自定义多边形对象作为自动映射的投影对象。

【投影对象】：标记当前在场景中加载的投影对象。

【投影全部两个方向】：默认为禁用，加载投影会将 UV 投影到多边形对象上，该对象的法线指向与加载投影对象的投影平面方向大致相同。

【加载选定项】：加载当前在场景中选定的多边形面作为指定的投影对象。

基于摄影机的映射：沿着摄影机的角度对模型进行 UV 拆分。执行【UV】>【基于摄影机】菜单命令，单击右侧的小方框，打开【基于摄影机创建 UV 选项】窗口，如图 4-24 所示。

图 4-24

▶ 参数解析

【创建新 UV 集】：可创建新的 UV 集，并在该集中放置新创建的 UV。

轮廓拉伸映射：控制如何为多边形选择计算轮廓拉伸 UV 映射及生成 *UV* 坐标。执行【UV】>【轮廓拉伸】菜单命令，单击右侧的小方框，打开【轮廓拉伸贴图选项】窗口，如图 4-25 所示。

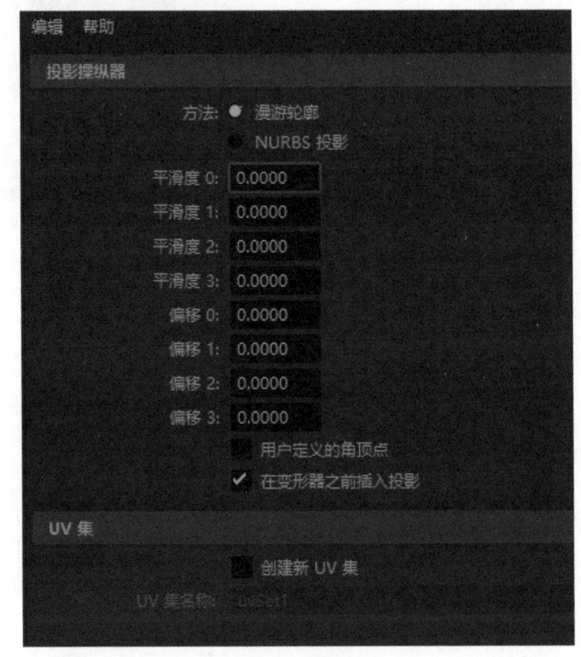

图 4-25

▶ 参数解析

【方法】：有两种类型。【漫游轮廓】：通过在 *U* 和 *V* 两个方向上从轮廓到轮廓尽可能紧密地跟踪网格，并累积边与选择的边界的距离，计算 *UV* 坐标；【NURBS 投影】：使用多边形选择的轮廓和边界创建 NURBS 曲面，然后选择将多边形投影到曲面上以计算其纹理坐标。

【平滑度 0 ~ 3】：设置 NURBS 曲面每个边的平滑度。

【偏移 0 ~ 3】：设置 NURBS 曲面每个边的偏移量。

【用户定义的角顶点】：启用此选项可逐个拾取 4 个角顶点，然后按 Enter 键完成操作。

【在变形器之前插入投影】：启用此选项时，在与网格关联的所有变形器之前插入投影。

基于法线的映射：基于活动中选择的面法线的平均向量创建平面 UV 投影。执行【UV】>【基于法线】菜单命令，单击右侧的小方框，打开【基于法线的投影选项】窗口，如图 4-26 所示。

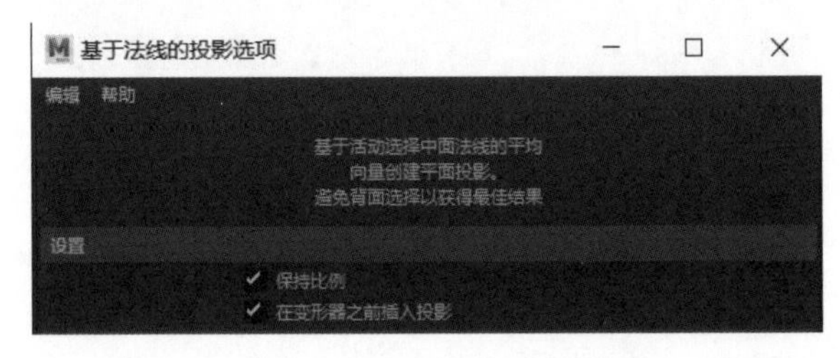

图 4-26

▶ 参数解析

【保持比例】：保持图像的宽高比，使其不会扭曲。

【在变形器之前插入投影】：当网格应用了变形器时，使用此选项可确保纹理放置不受移动的顶点位置的影响。

圆柱体 UV 映射：设置圆柱体轮廓的三维模型 UV。执行【UV】>【圆柱体】菜单命令，单击右侧的小方框，打开【圆柱形映射选项】窗口，如图 4-27 所示。

图 4-27

▶ 参数解析

【在变形器之前插入投影】：默认情况下启用该选项。当应用变形到多边形对象时，【在变形器之前插入投影】选项将相关。如果该选项已禁用并且为变形设置了动画，则纹理放置会受到顶点位置更改的影响。

平面映射：设置平面轮廓的三维模型 UV。执行【UV】>【圆柱形】菜单命令，单击右侧的小方框，打开【平面映射选项】窗口，如图 4-28 所示。

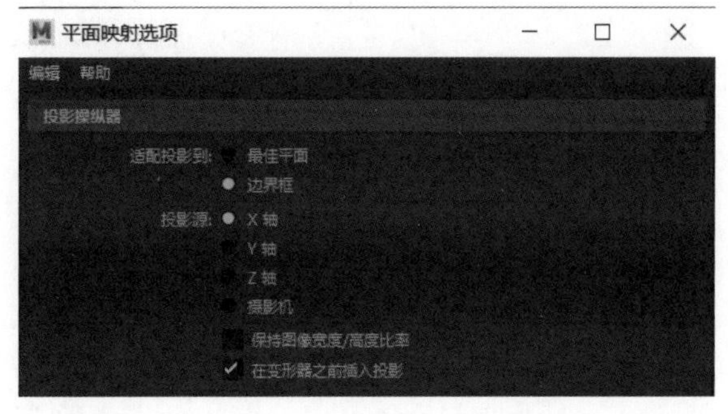

图 4-28

▶ 参数解析

【适配投影到】：默认情况下，投影操纵器将根据两个设置之一自动定位。【最佳平面】：如果要为对象的一部分面映射 UV，则可以选择将最佳平面和投影操纵器捕捉到一个角度和直接指向选定面的旋转；【边界框】：当将 UV 映射到对象的所有面或大多数面时，该选项最有用。

【投影源】：分别选择 *XYZ* 轴，以便投影操纵器指向对象的大多数面。

【保持图象宽度 / 高度比率】：启用该选项，可以保留图像的宽度与高度之比，使图像不会扭曲。禁用该选项，则使映射 UV 在 UV 编辑器中填充 0 ~ 1 的坐标。

【在变形器之前插入投影】：当网格应用了变形器时，使用此选项可确保纹理放置不受移动的顶点位置的影响。

球形映射：设置球体轮廓的三维模型 UV。执行菜单【UV】>【球形】命令，单击右侧的小方框，打开【球形映射选项】窗口，如图 4-29 所示。

图 4-29

▶ 参数解析

【在变形器之前插入投影】：当网格应用了变形器时，使用此选项可确保纹理放置不受移动的顶点位置的影响。

自动接缝：使用【自动接缝】命令允许 Maya 自动识别和选择选定网格或 UV 壳上的最佳边用作接缝。执行【UV】>【自动接缝】菜单命令，单击右侧的小方框，打开【自动接缝选项】窗口，如图 4-30 所示。

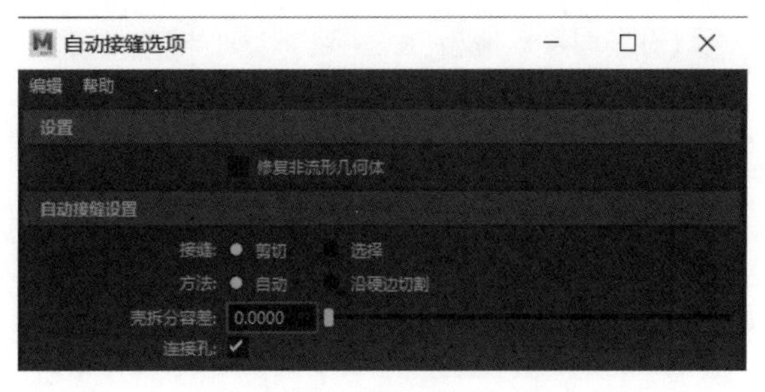

图 4-30

▶ 参数解析

【修复非流行几何体】：如果在检查网格期间发现非流形几何体且此选项处于启用状态，则 Maya 会自动在网格上运行清理操作。如果此选项处于禁用状态，则

Maya 将改为输出一条警告并提供选项来手动运行清理操作。

【接缝】：确定是仅选择相应的边还是对其执行剪切 UV 操作，默认为【剪切】。

【方法】：确定是要使用默认算法，还是沿所有硬边放置接缝。

【壳拆分容差】：确定现有 UV 壳在剪切时将拆分为新壳的可能性。

【连接孔】：尝试填充 UV 壳中的孔，这有助于减少扭曲。默认为启用。

4.5.3 UV编辑器

UV 编辑器：可用于查看二维视图内的多边形、NURBS 和细分曲面的 UV 纹理坐标，并以交互的方式对其进行编辑，如图 4-31 所示。

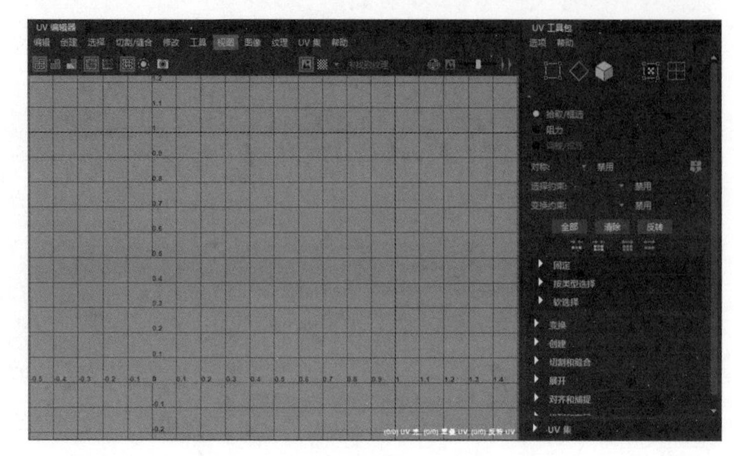

图 4-31

【线框显示 / 着色显示】：将 UV 壳显示为未着色的线框或使用半透明着色显示 UV 壳。

【扭曲着色器】：使用挤压和拉伸的 UV 来着色面，确定拉伸或压缩区域。

【纹理边界】：切换 UV 壳上纹理边界的显示。

【彩色 UV 壳边界】：将彩色 UV 边界的显示切换为任何选定组件。

【栅格】：将每个选定 UV 移动到纹理空间中最近的栅格交点处。

【隔离选定】：仅显示选定 UV 或当前 UV 集中的 UV。

【保存图像】：将当前 UV 布局的图像保存到外部文件。

【图像】：切换是否在【UV 编辑器】（UV Editor）中显示纹理。

【棋盘格着色器】：在【UV 编辑器】中，将棋盘格图案纹理应用于 UV 网格的曲面和后面的 UV。

【通读显示】：显示 RGB 或 Alpha 通道。

【暗淡图像】：降低当前显示的背景图像的亮度。

【过滤的图像】：在硬件纹理过滤和明晰定义的像素之间切换背景图像。

【使用图像比】：在显示方形纹理空间和显示与该图像具有相同宽高比的纹理空间之间进行切换。

【像素捕捉】：选择是否自动将 UV 捕捉到像素边界。

【UV 编辑器烘培】：烘焙纹理，并将其存储在内存中。

【更新 Psd 网格】：为场景刷新当前使用的 PSD 纹理。

【UV 工具包】面板中的参数解析

【选择方式】：将选择限制为顶点、边、面、UV 或 UV 壳。

【收缩选择】：沿相邻循环边移除或添加一个级别的组件。

【扩大选择】：沿相邻面移除或添加一个级别的组件。

【固定】选项组如图 4-32 所示。

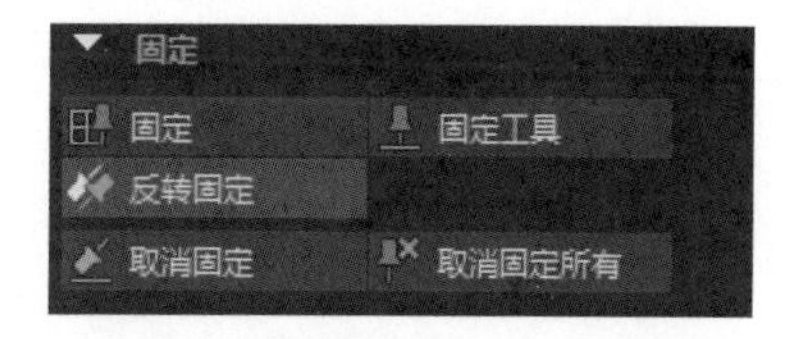

图 4-32

【固定】：锁定选定 UV，使其无法移动。默认情况下，网格的固定区域显示为蓝色。

【固定工具】：用于在 UV 上绘制以将其锁定。

【反转固定】：取消固定当前已固定的 UV。

【取消固定】：解除锁定选定 UV。

【取消固定所有】：解除锁定所有 UV。

【按类型选择】选项组如图 4-33 所示。

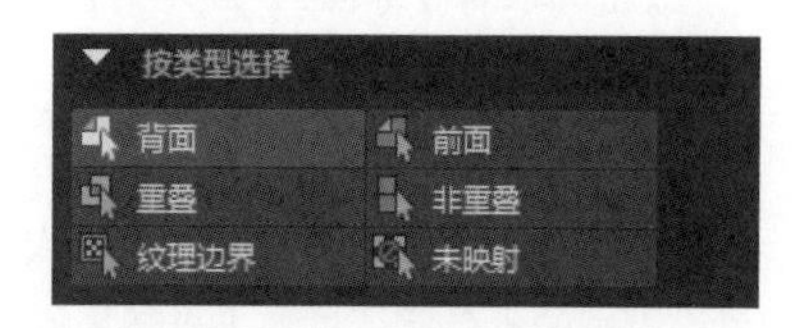

图 4-33

【背面】：缠绕顺序为逆时针的 UV。

【前面】：缠绕顺序为顺时针的 UV。

【重叠】：面与网格上的其他面占据相同 UV 空间的 UV。

【非重叠】：面不与网格上的其他面占据相同 UV 空间的 UV。

【纹理边界】：UV 壳开口端上的 UV。

【未映射】：对应未映射面的 UV。

【软选择】选项组如图 4-34 所示。

图 4-34

【软选择】：用于选择和影响当前选择周围渐变上的 UV 范围。

【变换】选项组如图 4-35 所示。

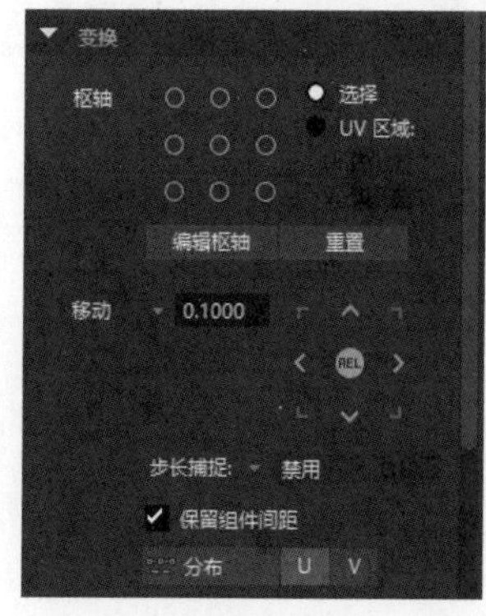

图 4-35

【枢轴】：允许设置用于变换工具的自定义枢轴。

【选择】：当该选项处于活动状态时，【枢轴】按钮将相对于当前选择移动枢轴。

【移动】：允许以设置的增量旋转选定 UV。

移动方向：单击 7 个按钮中的任何一个可在相应的方向移动选定 UV。

【步长捕捉】：允许将 UV 捕捉到特定的 UV 空间增量。

【保留组件间距】：在移动选定组件时保持它们之间的相对距离。

【分布】：在 U 或 V 方向上均匀分布相邻的选定 UV。

【工具】选项组如图 4-36 所示。

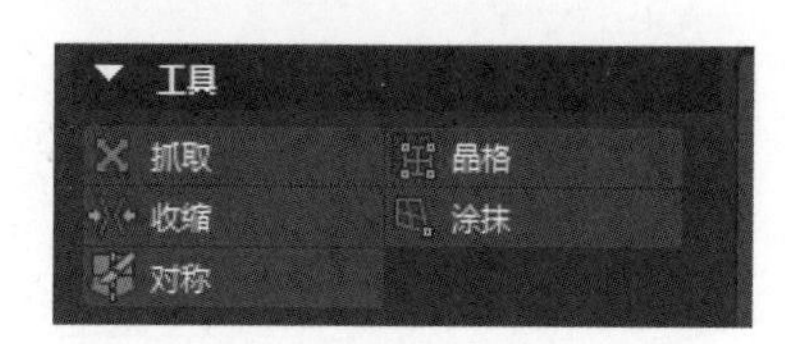

图 4-36

【抓取】：选择 UV 并在基于笔刷的区域沿拖动方向移动 UV。

【晶格】：借助 UV 晶格工具，可以通过围绕 UV 创建晶格，将 UV 的布局作为组进行操纵。

【收缩】：向工具光标的中心拉近顶点。

【涂抹】：按与曲面上笔画方向的原始位置相切的方向移动 UV。

【对称】：根据拓扑对称的对应项在所选轴上镜像绘制的 UV。

【创建】选项组如图 4-37 所示。

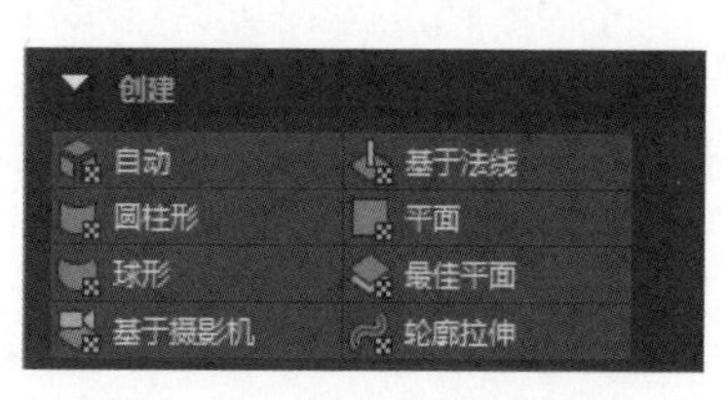

图 4-37

【自动】：尝试通过自动投影多个平面查找最佳 UV 放置。

【基于法线】：根据关联顶点的法线放置 UV。

【圆柱体】：通过从周围的圆柱体投影 UV 将其放置在合适的位置。

【平面】：通过从平面投影 UV 将其放置在合适的位置。

【球形】：通过从周围的球体投影 UV 将其放置在合适的位置。

【最佳平面】：根据从指定顶点计算的平面，将 UV 指定给选择的面。

【基于摄影机】：等同于平面投影，但使用当前摄影机作为平面。

【轮廓拉伸】：通过 4 个角点的选择，确定如何以最佳的方式在图像上拉伸多边形的 *UV* 坐标。

【切割和缝合】选项组如图 4-38 所示。

【自动接缝】：尝试在选定网格或 UV 壳上查找要用作接缝的最佳边。执行【切割 / 接缝】>【自动接缝】菜单命令，单击右侧的小方框，打开【自动接缝选项】窗口，如图 4-39 所示。

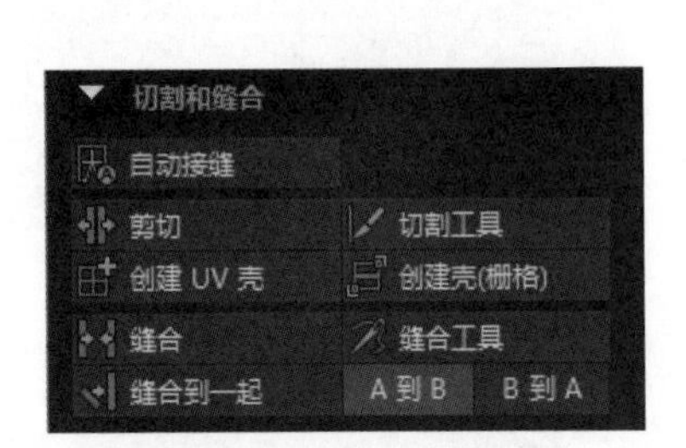

图 4-38

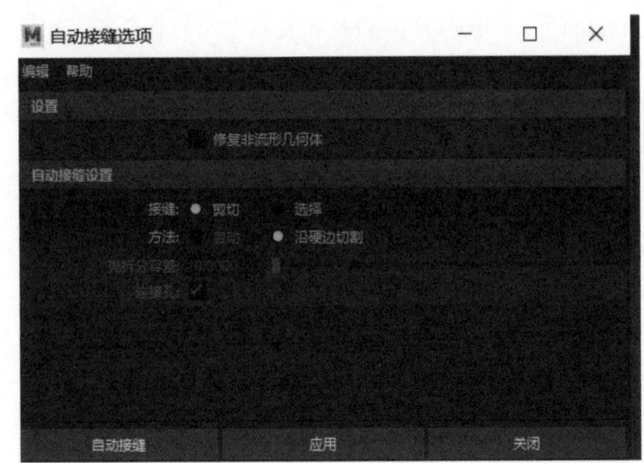

图 4-39

提示

自动接缝不会在非流形网格上运行。

【剪切】：沿选定边分离 UV，从而创建边界。

【切割工具】：允许通过在相邻边单击 UV 将其分离。

【创建 UV 壳】：将连接到选定组件的所有面分离成一个新的 UV 壳。

【创建壳（栅格）】：沿当前选择的边切割，然后将 UV 均匀地分布到 0 ~ 1 的 UV 栅格空间，创建规格化的方形 UV 壳。

【缝合】：沿选定边界附加 UV，但不在编辑器视图中一起移动它们。

【缝合工具】：沿拖动的接缝焊接 UV。

【缝合到一起】：通过在指定方向上朝一个壳移动另一个壳，将两条选定的边缝合在一起。

【展开】选项组如图 4-40 所示。

【优化】：自动移动 UV 以改善纹理空间分辨率。

【优化工具】：通过在 UV 上拖动，解开和松弛 UV 之间的间距。

【展开】：在尝试确保 UV 不重叠的同时，展开选定的 UV 网格。

【展开工具】：通过在重叠 UV 上拖动将 UV 展开和消除。

【展开方向】：有两个方向。【U】：对齐其边在特定角度容差内的相邻 UV；【V】：尝试沿 UV 壳的边界 / 在 UV 壳的边界内解开所有 UV。

【拉直 UV】：尝试沿 UV 壳的边界解开所有 UV。

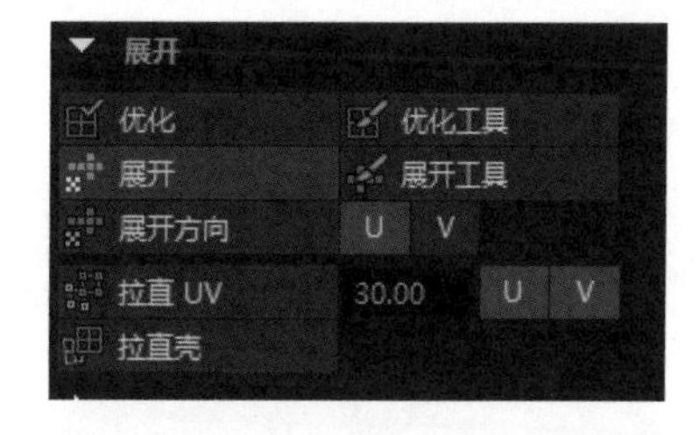

图 4-40

【对齐和捕捉】选项组如图 4-41 所示。

【对齐】：对齐所有选定 UV，使其在指定方向上共面。

【线性对齐】：沿穿过所有选定 UV 的线性趋势线对齐这些 UV。

【捕捉】：将选定 UV 壳移动到指定 UV 空间中的 9 个位置之一。

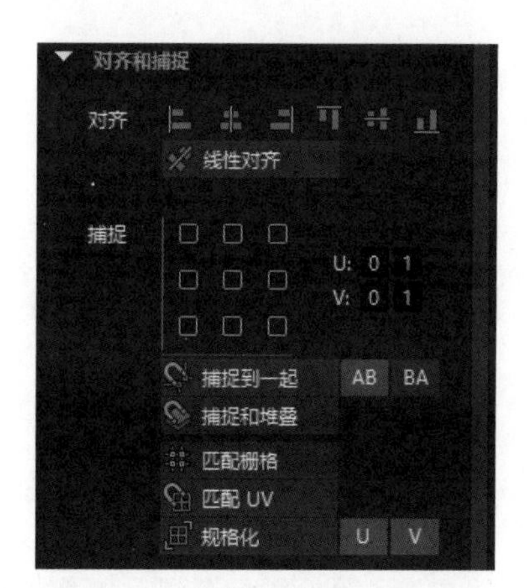

图 4-41

【排列和布局】选项组如图 4-42 所示。

【分布】：在所选方向上分布选定 UV 壳，同时确保 UV 壳之间相隔一定数量的单位。

【定向壳】：旋转选定 UV 壳，使其与最近的相邻 *U* 或 *V* 轴平行。

【定向到边】：旋转选定 UV 壳，使其与选定边平行。

【堆叠壳】：将所有选定 UV 壳移动到 UV 空间的中心，使其重叠。

【取消堆叠壳】：移动所有选定 UV 壳，使其不再重叠且相互靠近。

【堆叠和定向】：将选定 UV 壳堆叠到 UV 空间的中心，然后旋转，使其与最近的相邻 *U* 或 *V* 轴平行。

【堆叠类似】：仅将拓扑类似的壳彼此堆叠。

【聚集壳】：将选定 UV 壳移回到 0 ~ 1 的 UV 范围内。

【随机化壳】：随机化 UV 壳平移、旋转和缩放。

【测量】：显示两个选定 UV 的所选度量。

【排布】：自动排列 UV 壳，以最大限度地使用 0 ~ 1 的 UV 空间。

【排布方向】：自动排列 UV 壳，以最大限度地使用指定方向上的 UV 空间。

图 4-42

课堂练习 上帝之书

素材文件	素材文件 \ 第 4 章 \ 无
案例文件	案例文件 \ 第 4 章 \4.5 课堂练习——上帝之书.mb
视频教学	视频教学 \ 第 4 章 \4.5 课堂练习——上帝之书.mp4
练习要点	掌握上帝之书的制作方法

扫码观看视频

Step 01 打开 Maya 2018，找到案例文件【课堂练习——上帝之书.mb】，如图 4-43 所示。

图 4-43

Step 02 执行【Arnold】>【Lights】>【Create SkyDome Light】菜单命令，在场景中创设天空光。选择【ai SkyDome Light】（AI 天空光），在右侧的属性面板中，在【aiSkyDomeLightShape1】选项卡中，单击【SkyDomeLight Attributes】选项组中【Color】右侧的棋盘格，如图 4-44 所示，打开创建渲染节点对话框。单击【文件】按钮，打开“文件”对话框，单击【图像名称】右侧的文件夹按钮，找到【案例文件 \ 第 4 章 \huanjingguang.hdri】文件，如图 4-45 所示。

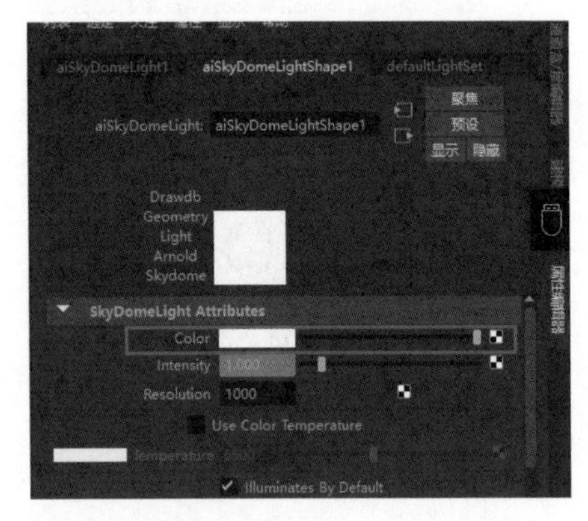

图 4-44

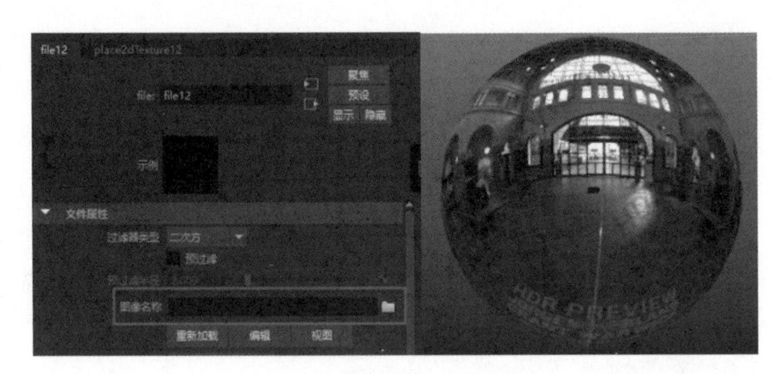

图 4-45

Step 03 制作地板材质。选择地板模型，单击工具栏中的【隔离选择】按钮，将地板单独显示。单击鼠标右键，选择【指定新材质】命令，打开【指定新材质 :pCube1】窗口，设置【收藏夹】下的【Shader】为【aiStandardSurface】（AI 标准次表面材质），如图 4-46 所示。在【Base】（基本）选项组中，设置【Weight】为 0.800，如图 4-47 所示。单击下方【Color】右侧的棋盘格按钮，打开创建渲染节点对话框。单击【文件】按钮，打开文件对话框，单击【图像名称】右侧的文件夹按钮，找到【案例文件 \ 第 4 章 \zhuomian.jpg】，单击上方的【place2dTexture16】选项卡，找到【2D 纹理放置属性】选项组，设置【UV 向重复】为 20、【UV 向旋转】为 90，如图 4-48 所示。单击【返回】按钮，回到属性面板，找到【Geometry】（几何体）面板，单击下方【Bump Mapping】右侧的棋盘格按钮，打开创建渲染节点对话框。单击【文件】按钮，进入凹凸面板，设置【2D 凹凸属性】下的【凹凸深度】为 0.904，如图 4-49 所示。单击【Bump Value】右侧的颜色标签，打开文件对话框，单击【图像名称】右侧的文件夹按钮，找到【案例文件 \ 第 4 章 \zhuomian aotu.jpg】，为地板添加凹凸材质，如图 4-50 所示。

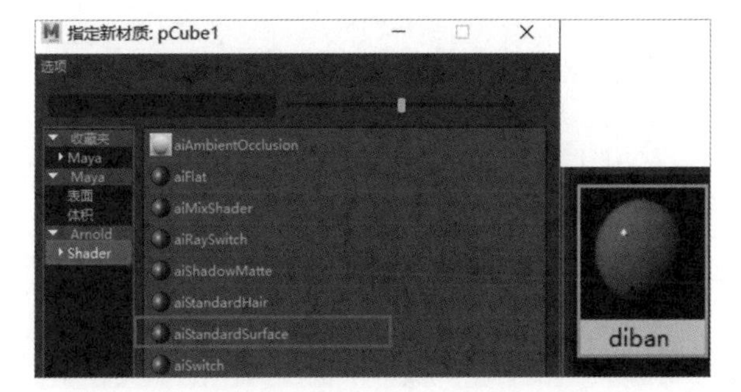

图 4-46

提示

1. ai StandardSurface（AI 标准次表面材质）是阿诺德渲染器的基础材质，利用它可以调整出任何材质效果。

2. 创建完新材质后，单击工具栏中的【Hypershader】(材质编辑器）按钮，打开 Hypershader（材质编辑器），选择新建的材质球，单击鼠标右键，选择【重命名】命令，设置名称为 diban（地板）。

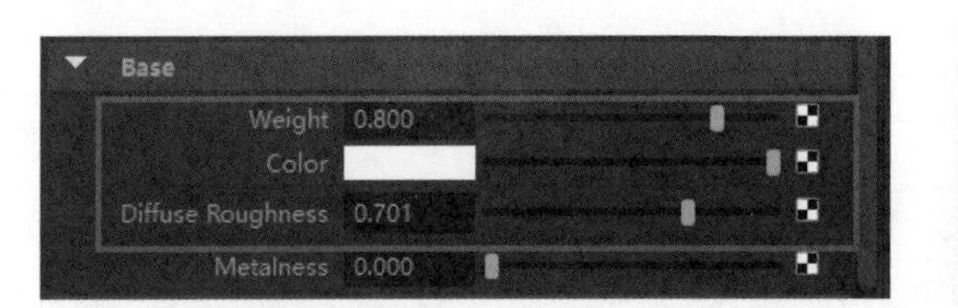

图 4-47

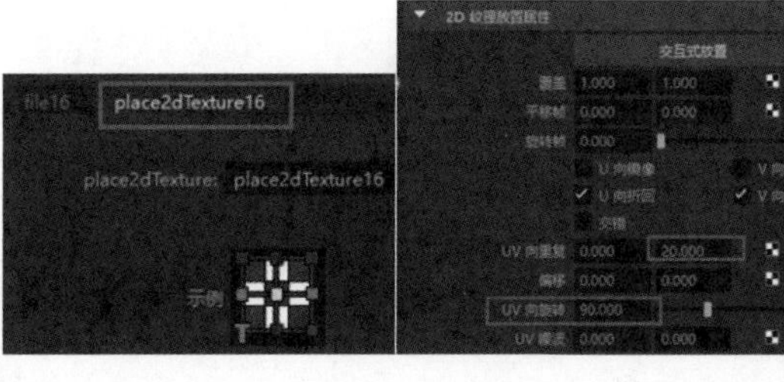

图 4-48

图 4-49

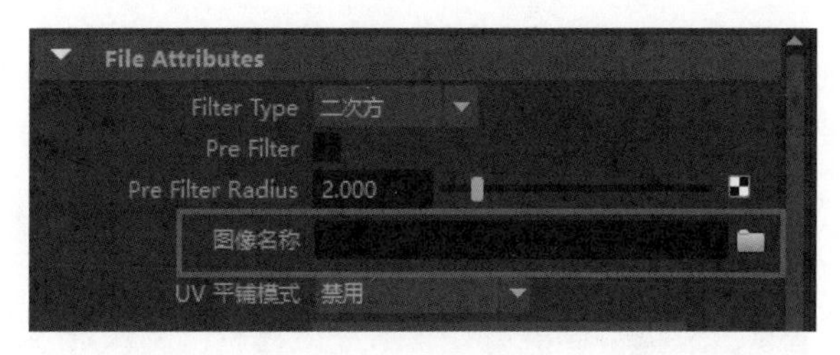

图 4-50

Step 04 制作壁橱材质。单击工具栏中的【Hypershader】（材质编辑器）按钮，打开 Hypershader（材质编辑器），选择 diban（地板）材质球。执行【编辑】>【复制】>【着色网格】菜单命令，复制地板材质，重命名为 bichu（壁橱）。单击【Color】右侧的颜色标签，打开文件对话框，单击【图像名称】右侧的文件夹按钮，找到源文件 \ 案例文件 \ 第 4 章 \bichu（壁橱）.jpg，更换壁橱材质，找到下方的【颜色平衡】卷展栏，设置【曝光】为 1.688、【Alpha 增益】为 1.286，如图 4-51 所示。

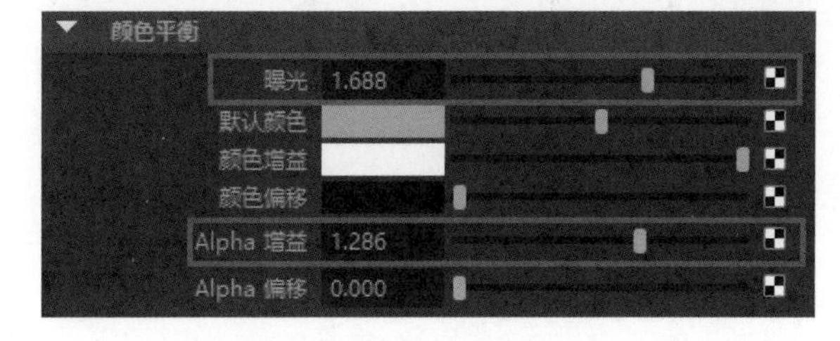

图 4-51

Step 05 拆分上帝之书 UV 及制作材质。选择桌面上的上帝之书，执行【UV】>【UV 编辑器】菜单命令，打开【UV 编辑器】，执行【UV】>【自动】菜单命令，将上帝之书进行自动拆分，调整完书籍的 UV，如图 4-52 所示。选择上帝之书模型，单击鼠标右键，选择【指定新材质】命令，打开【指定新材质】对话框。设置【收藏夹】>【Shader】为【aiStandardSurface】（AI 标准次表面材质），单击下方【Color】右侧的棋盘格按钮，打开创建渲染节点对话框。单击【文件】按钮，打开文件对话框，单击【图像名称】右侧的文件夹按钮，找到【案例文件 \ 第 4 章 \shangdizhishu（上帝之书）.tga】，赋予上帝之书模型材质，将上帝之书的模型进行复制、移动和对位，并将材质赋予其他 4 本，更换贴图，如图 4-53 所示。

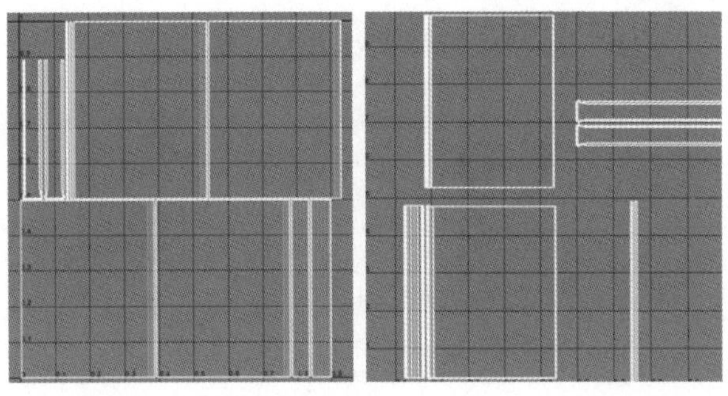

图 4-52

图 4-53

提示

上帝之书的贴图是在 Photoshop 中制作完成的，这里不再赘述。

Step 06 制作铜铃材质。选择铜铃头部模型，单击鼠标右键，选择【指定新材质】命令，打开指定新材质对话框。设置【收藏夹】>【Shader】为【aiStandardSurface】（AI 标准次表面材质）。在右侧的【Base】选项组中，设置【Weight】为 0.604、【颜色】为黄色（35.940,1.000,1.000）、【Metalness】为 0.766。在【Specular】选项组中，设置【Color】为浅黄色（53.741,0.788,1.000）、【Roughness】为 0.400。选择环球仪，将铜铃材质同样赋予环球仪，如图 4-54 所示。选择铜铃手柄金属部分的模型，同样赋予【aiStandardSurface】（Ai 标准次表面材质）。在右侧的【Base】选项组中，设置【Weight】为 0.524、【Metalness】为 1.000。在【Specular】选项组中，设置【Roughness】为 0.350，如图 4-55 所示。选择铜铃木质手柄，在右侧的【Base】选项组中，单击【Color】右侧的颜色标签，打开文件对话框。单击【图像名称】右侧的文件夹按钮，找到【案例文件\第 4 章\muwen.jpg】，如图 4-56 所示。单击上方的【place2dTexture】项卡，找到【2D 纹理放置属性】选项组，设置【UV 向重复】为 20、【旋转】为 90，这样地板的纹理就处理完成了。选择环球仪抽屉，一起赋予材质。

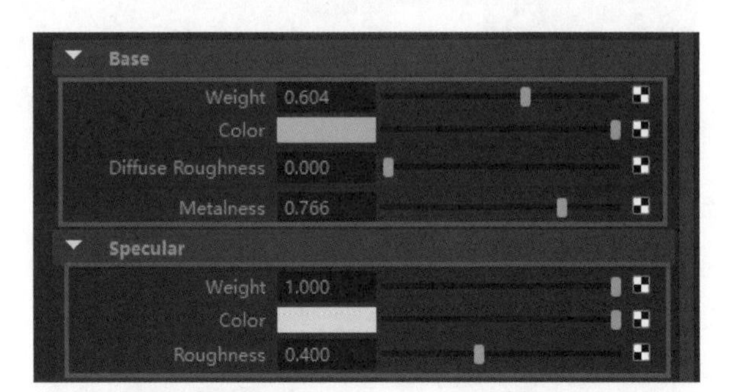

图 4-54

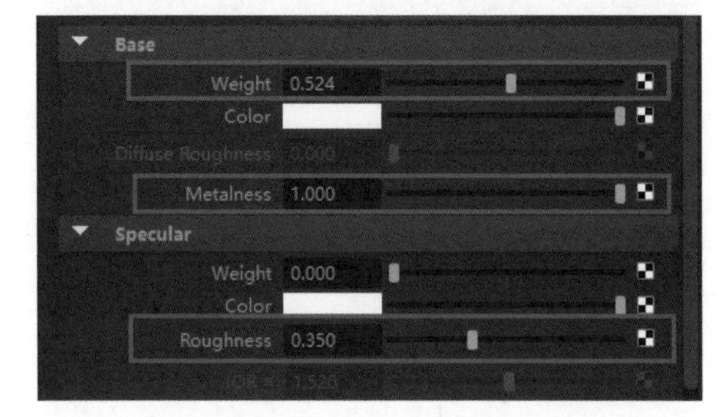

图 4-55

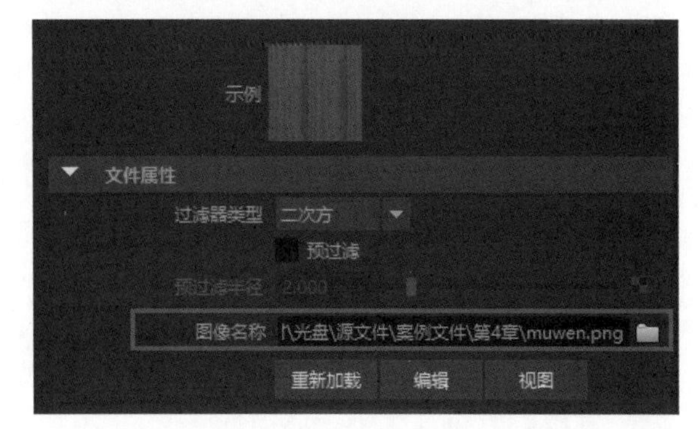

图 4-56

Step 07 最终经过参数的多次调整，完成案例的制作，效果如图 4-57 所示。

图 4-57

课后习题

一、选择题

1. 凹凸贴图控制物体表面的（　　）。

A.【平滑程度】

B.【圆润程度】

C.【粗糙程度】

2. UV 用于定义（　　）坐标系，称为 UV 纹理空间。

A.【二维纹理】

B.【空间纹理】

C.【三维纹理】

D.【纹理贴图】

3. 在 Maya 2018 中，用于选择和影响当前选择周围渐变的 UV 范围，称为（　　）。

A.【扩大选择】

B.【笔刷选择】

C.【缩小选择】

D.【软选择】

4. 排布是自动排列 UV 壳，以最大限度地使用（　　）的 UV 空间。

A.【10 到 0】

B.【0 到 1】

C.【1 到 100】

D.【100 到 100】

二、填空题

1. 在调整三维物体的材质时，除了要注意物体的材质，还应该注意光感、颜色和 ______ 等方面。

2. 默认情况下，Hypershade（材质编辑器）由 6 大面板组成，分别是浏览器、材质查看器、【创建】选项卡、______、______ 和存储箱。

3. ______ 一般用于查看二维视图内的多边形、NURBS 和细分曲面的 UV 纹理坐标。

4. 在初始创建物体时，______ 是按照 Maya 中的默认方式展开的。

三、简答题

1. 简述【UV 映射】的概念。

2. 简述【UV 编辑器】的概念。

3. 简述平面映射与圆柱体映射的区别。

四、案例习题

案例文件：第 4 章 \ 摇铃 UV 拆分

练习要点：

1. 根据摇铃模型进行 UV 拆分。

2. 利用 UV 命令对摇铃各部分进行合并与连接。

3. 排布与调整 UV 网格分布，如图 4-58 所示。

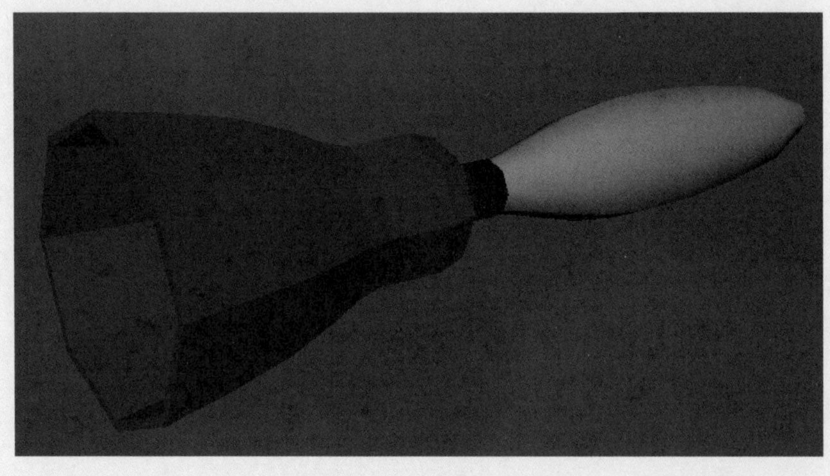

图 4-58

Chapter 5

第5章 灯光渲染

三维灯光渲染是三维动画效果展示的关键，也是决定图像成像效果的关键因素。想要渲染出精美的图像，需要熟练地运用灯光、材质和渲染器。经过多版本的创新和功能改进，Maya为人们提供了多种实用的渲染器，最常用的包括Maya软件渲染器、Maya硬件渲染器和阿诺德渲染器等。本章将通过逐一介绍灯光的类型和渲染的设置，以及高级渲染器阿诺德的应用，使读者快速掌握Maya渲染方面的重要知识。

MAYA

学习目标

- 了解Maya自带灯光与阿诺德灯光的使用技巧
- 掌握环境光的使用方法
- 掌握平行光的使用方法
- 掌握点光源的使用方法
- 掌握聚光灯的使用方法
- 掌握区域光的使用方法
- 掌握体积光的使用方法
- 掌握深度贴图阴影和光线跟踪阴影使用方法
- 掌握阿诺德渲染器的使用与灯光设置

技能目标

- 掌握灯光设置的方法

Maya灯光概述

Maya 2018中的灯光是根据不同的性能进行分类的，大体可以分为【点光源】、【聚光灯】、【区域光】和【环境光】等。使用Maya直接创建光源大多数情况下不能模拟现实世界中真实的光线效果，只有了解灯光的属性，合理地设置灯光参数，以及调整阴影，才能模拟出真实的光线效果。

灯光的特性：

【吸收与发散】：当灯光照射到物体表面被物体吸收之后，部分物体会将光线再进行发散。

【反射性】：当灯光照射到物体表面时，部分物体会使光线产生反射。

【折射性】：当灯光照射到物体表面时，部分物体会使光线产生折射。

灯光种类及阴影类型

常见的【灯光类型】有6种，分别是环境光（Ambient Light）、平行光（Directional Light）、点光源（Point Light）、聚光灯（Spot Light）、区域光（Area Light）、体积光（Volume Light），如图5-1所示。常用的【阴影类型】分别是深度贴图阴影和光线跟踪阴影。

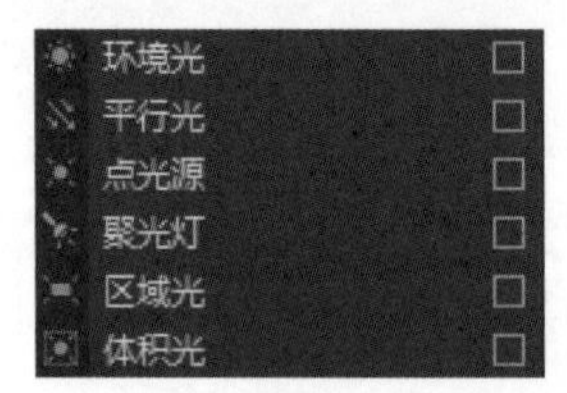

图5-1

1. 环境光（Ambient Light）

环境光（Ambient Light）：一种用于模拟自然界中漫反射的光线，光线从光源处发散，均匀地向各个方向照射，通常作为辅助光源使用，以提高整个场景的亮度，如图5-2所示。

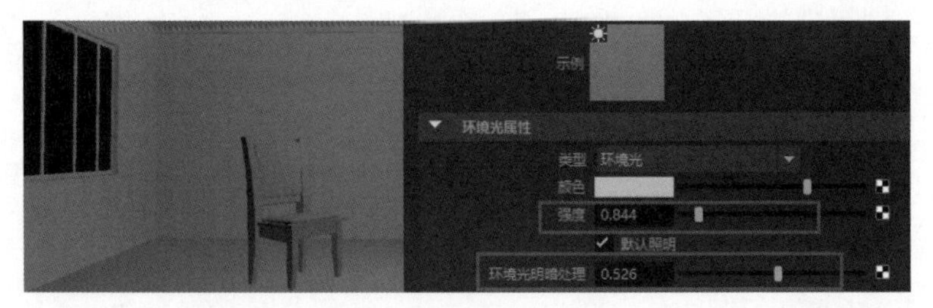

图5-2

2. 平行光（Directional Light）

平行光（Directional Light）：具有指向性的光线，其特点是光线是平行的。使用平行光可以模仿非常远的点光源。例如，从地球上看到的太阳光，就相当于平行光源。在实际工作中，人们经常使用平行光模拟太阳光效果，如图 5-3 所示。

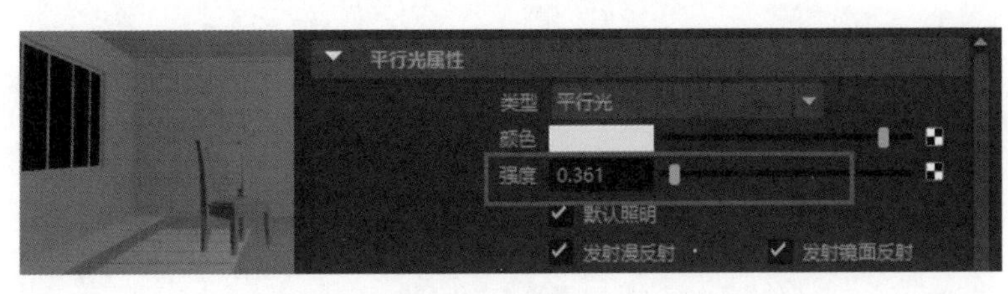

图 5-3

3. 点光源（oint Light）

点光源（Point Light）：从光源位置开始向各个方向平均照射，可用来模拟星光、灯泡发出的光及烛光。点光源投影有透视效果，是制作透视光照数码作品、室内外筒灯等静帧效果采用的光线类型，如图 5-4 所示。

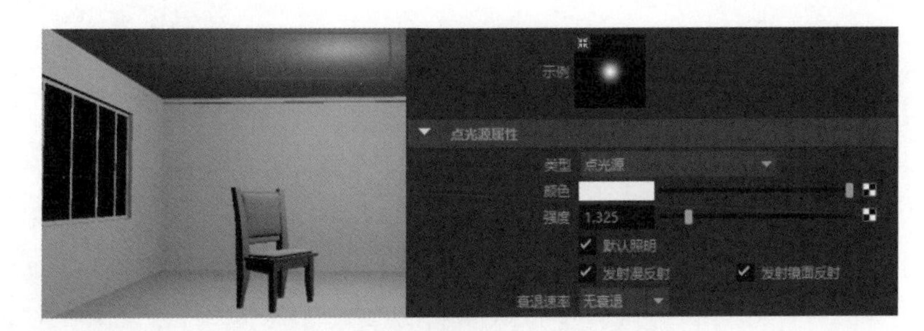

图 5-4

4. 聚光灯（Spot Light）

聚光灯（Spot Light）：使用聚光灯可模仿类似手电筒、汽车灯等机动车辆发出的灯光效果。聚光灯是很常用的一种灯光类型，控制起来比较方便，参数比较多。运用聚光灯可以很方便地对物体进行深入的刻画，还可以配合灯光雾来模拟一些特殊的天气效果，如图 5-5 所示。

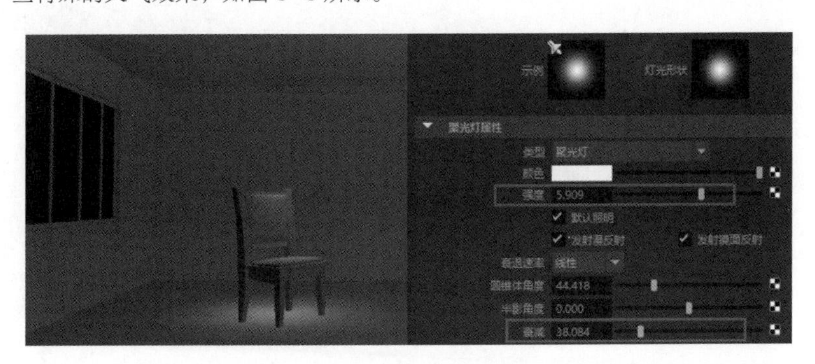

图 5-5

5. 区域光（Area Light）

区域光（Area Light）：二维的矩形光源，可以用它来模拟窗户在平面上形成的矩形投影。区域光是以物理状态为基础的，光线质量及其投射的阴影质量是所有默认灯光中最好的，也是最接近真实效果的，如图 5-6 所示。

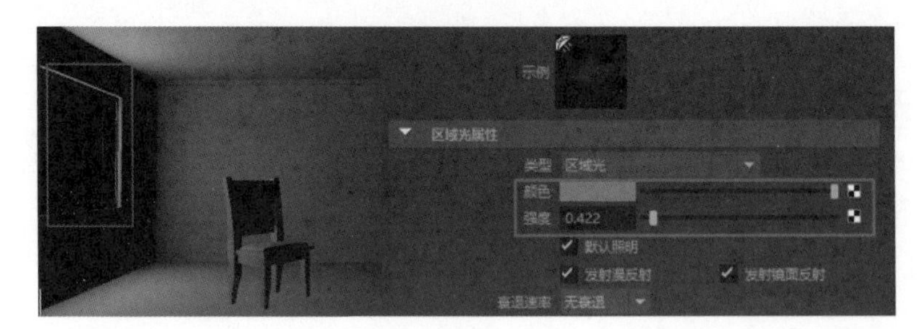

图 5-6

6. 体积光（Volume Light）

体积光（Volume Light）：用来照亮物体、环境、特定区域的灯光。例如，烛光、荧光等。体积光的最大优势在于可以用可视的方式显示灯光的照射范围，如图 5-7 所示。

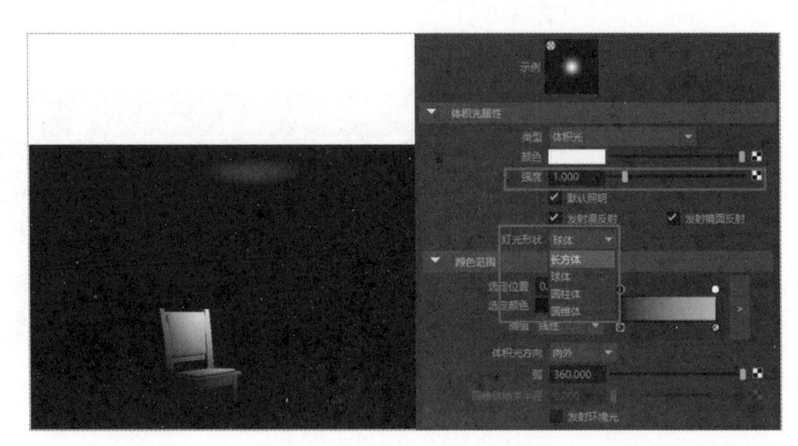

图 5-7

7. 深度贴图阴影

深度贴图阴影：与光线跟踪阴影相对应。深度贴图阴影和光影跟踪阴影是两种不同的计算阴影的方式，如果要给灯光加上阴影可以选中其中一项，两者不能同时选择，如图 5-8 所示。

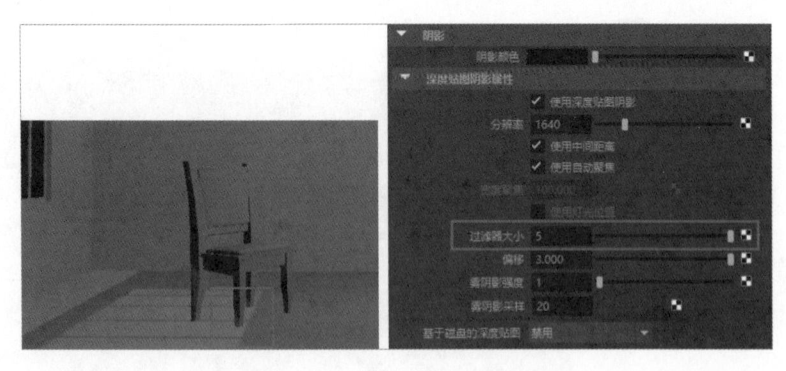

图 5-8

8. 使用光线跟踪阴影

使用光线跟踪阴影：用来模拟全局光照的日光效果。光线跟踪阴影是在光线照射过程产生的，比深度贴图阴影更加真实，通常需要占用更多的处理器资源，如图 5-9 所示。

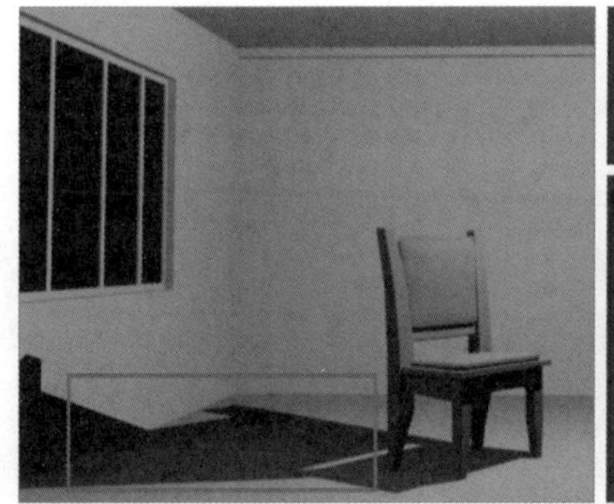

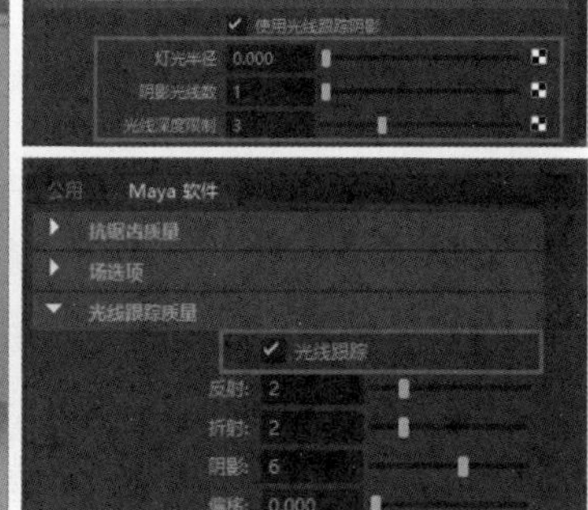

图 5-9

课堂案例 胖头鱼

素材文件	素材文件 \ 无	扫码观看视频
案例文件	案例文件 \ 第 5 章 \ 三点光源.mb	
视频教学	视频教学 \ 第 5 章 \ 三点光源.mp4	
练习要点	掌握 Maya 2018 中自带灯光的使用方法	

Step 01 打开案例文件【三点光源.mb】。

Step 02 执行【文件】>【创建】>【灯光】>【平行光】菜单命令，在场景中创建一束平行光作为主光源，按 Space 键切换到透视图，将灯光移至窗户外面，如图 5-10 所示。

Step 03 执行【文件】>【创建】>【灯光】>【点光源】菜单命令，在场景中创建一个点光源作为阴影辅助灯光，按 Space 键切换到顶视图，单击工具栏中的【移动】工具按钮，配合前视图和顶视图调整灯光的位置，如图 5-11 所示。

图 5-10

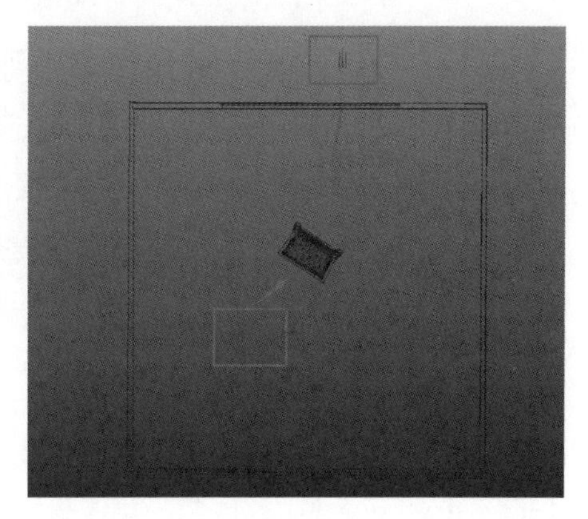

图 5-11

Step 04 执行【文件】>【创建】>【灯光】>【点光源】菜单命令，按 Space 键切换到顶视图，将灯光移动到相应的位置，同时配合前视图调整灯光的高度，如图 5-12 所示。

Step 05 执行【文件】>【创建】>【灯光】>【点光源】菜单命令，按 Space 键切换到后视图与窗口进行对位，如图 5-13 所示。

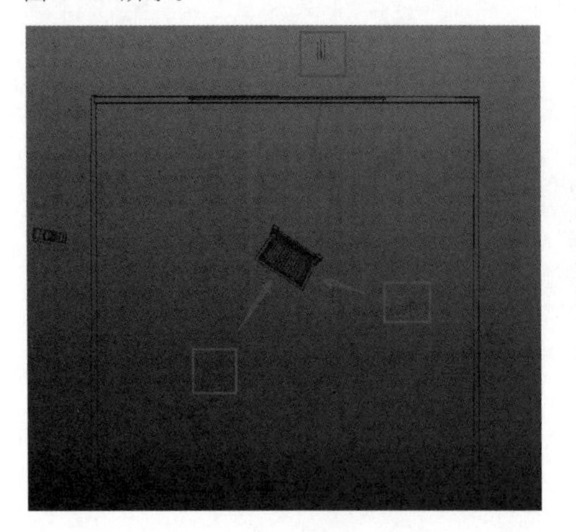

图 5-12

图 5-13

Step 06 单击工具栏中的【灯光编辑器】按钮，弹出【灯光编辑器】面板，选择【directionalLightShape1】（平行光 1），设置【Color】（颜色）为浅蓝色（H:214，S:0.69，V:1）、【Intensity】（强度）为 2.532，设置【Exposure】（曝光度）为 3.188、【Samples】（细分）为 10，如图 5-14 所示。

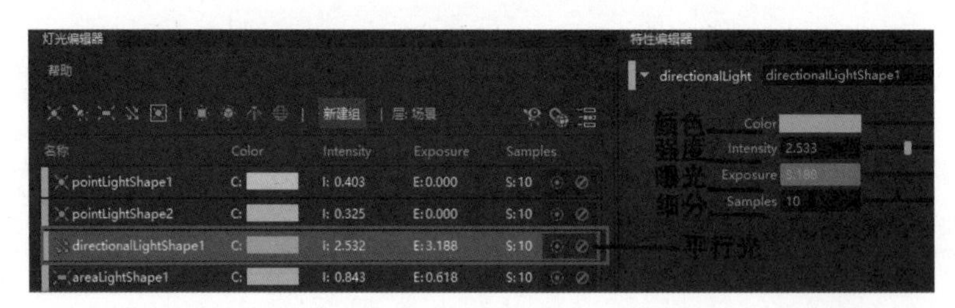

图 5-14

Step 07 选择【pointLightShape1】（点光源 1），设置【Color】（颜色）为浅黄色（H:39，S:0.786，V:1）、【Intensity】（强度）为 0.403，设置【Samples】（细分）为 10，如图 5-15 所示。

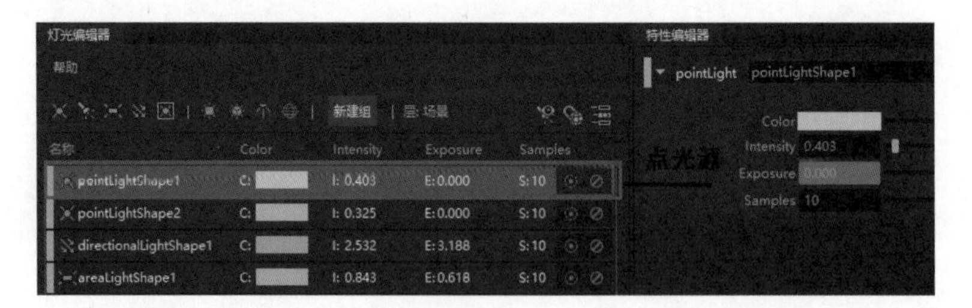

图 5-15

Step 08 选择【pointLightShape2】（点光源 2），设置【Color】（颜色）为浅黄色（H:28.5，S:0.807，V:1）、【Intensity】（强度）为 0.325，设置【Samples】（细分）为 10，如图 5-16 所示。

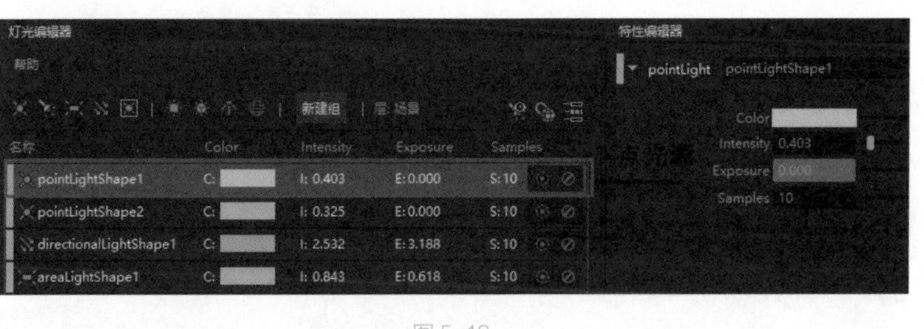

图 5-16

Step 09 选择【areaLightShape1】(区域光 1),设置【Color】(颜色)为浅蓝色(H:214,S:0.6.807,V:1)、【Intensity】(强度)为 0.843,设置【Exposure】(曝光度)为 0.618、【Samples】(细分)为 10,如图 5-17 所示。

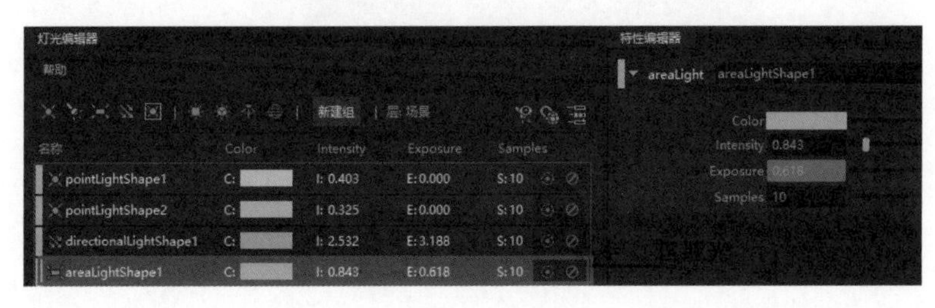

图 5-17

Step 10 选择场景中的【directionalLightShape1】(平行光 1),按快捷键 Ctrl+A,打开灯光属性面板,在【阴影】下的【光线跟踪阴影属性】选项组中,选中【使用光线跟踪阴影】复选框,设置【灯光角度】为 14.795、【阴影光线数】为 38、【光线深度限制】为 8,如图 5-18 所示。

Step 11 单击工具栏中的【渲染设置】按钮,打开【公用】选项卡,设置【图像大小】的【预设】为【HD 720】,设置【宽度】为 1280、【高度】为 720,设置【抗锯齿质量】为【产品级质量】,如图 5-19 所示。

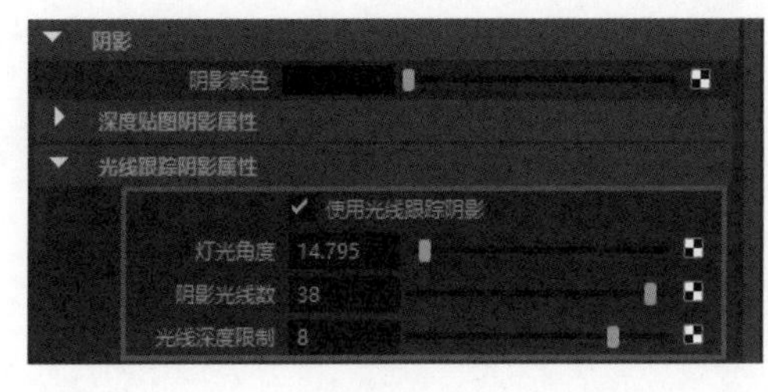

图 5-18

图 5-19

Step 12 单击工具栏中的【渲染设置】按钮,最终渲染效果如图 5-20 所示。

图 5-20

5.3 Arnold（阿诺德）渲染器灯光类型

阿诺德渲染器为用户提供了 6 种灯光，分别是 Area Light（区域光）、Skydome Light（天穹光）、Mesh Light（几何光）、Photometric Light（光度学光）、Light Portal(灯光代理)、Physical Sky(物理天空光)，如图 5-21 所示。

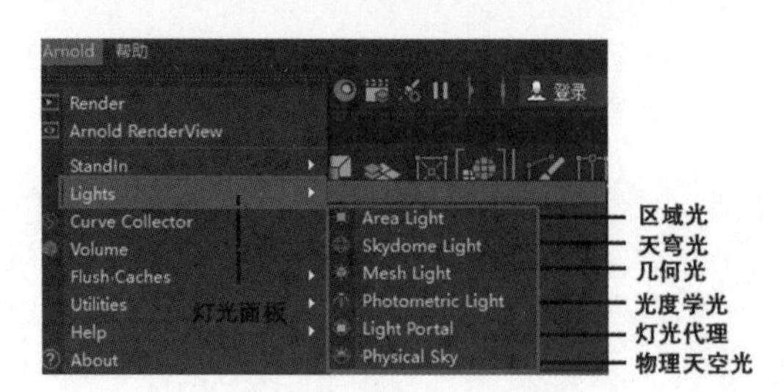

图 5-21

课堂案例 Area Light（区域光）

素材文件	素材文件 \ 无	扫码观看视频 
案例文件	案例文件 \ 第 5 章 \ 区域灯.mb	
视频教学	视频教学 \ 第 5 章 \ 区域灯.mp4	
练习要点	掌握 Maya 2018 中区域光的使用方法	

Step 01 打开案例文件【区域光.mb】。

Step 02 执行【Arnold】（阿诺德）>【Lights】（灯光）>【Area Light】（区域光）菜单命令，创建区域光作为主光源。按 Space 键切换到透视图，将灯光移动至窗户外面，如图 5-22 所示。

Step 03 设置好灯光位置后，单击【IPR 渲染】按钮，对视图场景进行渲染，如图 5-23 所示。

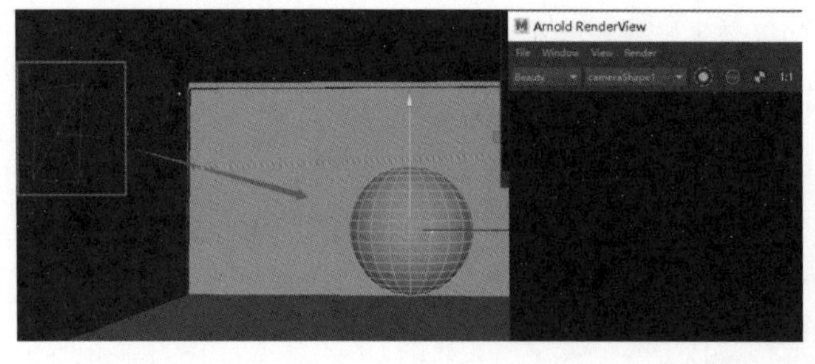

图 5-22

图 5-23

提示

Area Light（区域光）不仅是单一的灯光形态，默认的区域光是以四边形的形式进行渲染的，用户可以根据不同的预设形状来创建逼真的照明效果。如图 5-24 所示，Area Light 的灯光形状有 3 种。

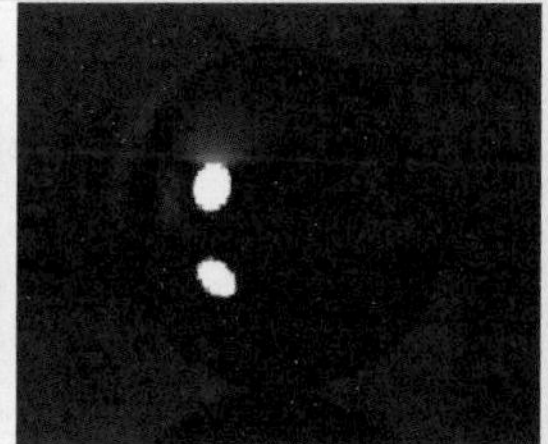

图 5-24

四边形（Quad）：灯光投射到物体表面是一种类似于四边形的效果。

圆柱形（Cylinder）：模拟来自圆柱形区域光源的灯光。

圆盘形（Disk）：模拟来自圆形区域光源的灯光。

1. Skydome Light（天穹光）

Skydome Light（天穹光）：模拟来自户外场景上方天空的半球或圆顶灯光，也可以使用高动态范围图像以执行基于图像的环境照明，通常用于外部场景的照明。在室内场景中，大多数跟踪光线会“撞”到物体上，导致灯光毫无作用，反而会产生噪波。在这种情况下，向窗户添加灯光引导口，将有助于在使用天穹光进行照明时减少内部场景中的噪波，如图 5-25 所示。

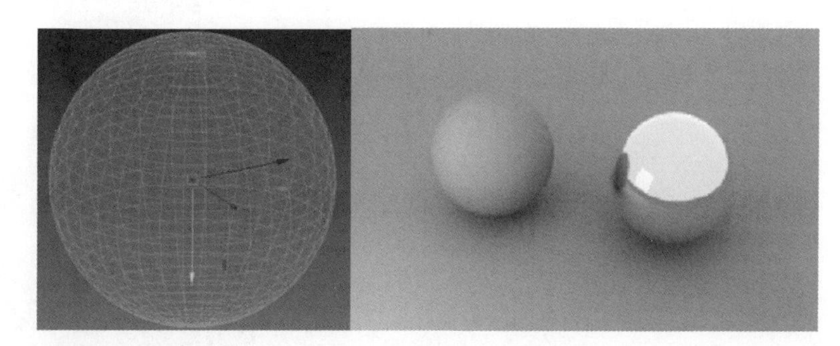

图 5-25

2. Mesh Light（几何光）

Mesh Light（几何光）：在直接创建传统灯光形状无法满足要求的情况下，几何光更合适。几何光可用于创建其他照明方式无法实现的照明效果。例如，霓虹灯照明或室内模仿灯带的效果，都可以通过几何光轻松实现，如图 5-26 所示。

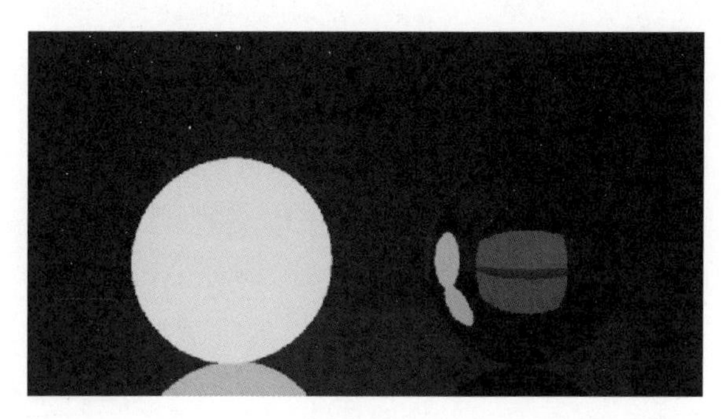

图 5-26

3. Photometric Light（光度学光）

Photometric Light（光度学光）：是指从真实世界灯光测量得到的数据，通常直接来自灯泡和灯罩制造商。使用光度学光，需要加载外部 IES 文件，并提供给灯光模型的精确强度和扩散数据，如图 5-27 所示。

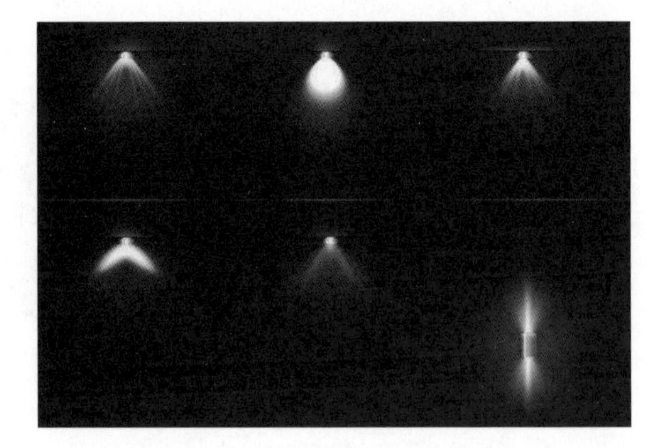

图 5-27

4. Light Portal（灯光代理）

Light Portal（灯光代理）：从窗口架设，能覆盖所有窗户、门和其他开口，以便其他灯光通过这些开口照入场景，如图 5-28 所示。

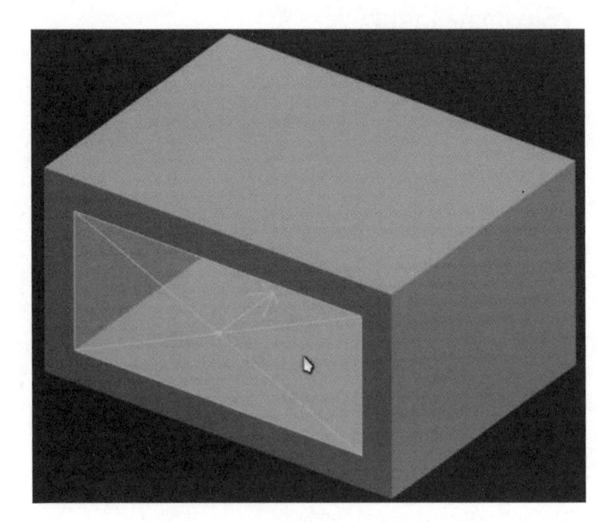

图 5-28

5. Physical Sky（物理天空光）

Physical Sky（物理天空光）：一种模拟真实的自然界中带有光线跟踪技术的光，它的阴影基于光线跟踪技术。这种光的优势是可以根据光线与地面夹角自动变换环境色彩，模拟大自然的全局光照明，如图 5-29 所示。

图 5-29

5.4 Arnold（阿诺德）材质类型

阿诺德渲染器预置了很多类型的材质，基于实际的工程，大致分为【金属材质】、【非金属材质】、【透明材质】、【次表面散射材质】等。

1. Ai标准材质

Ai 标准材质：一种多用途着色器，能够通过设置相关参数，生成各种类型的材质，从基本物体的材质到车漆或 SSS 皮肤材质，几乎涵盖所有效果，如图 5-30 所示。

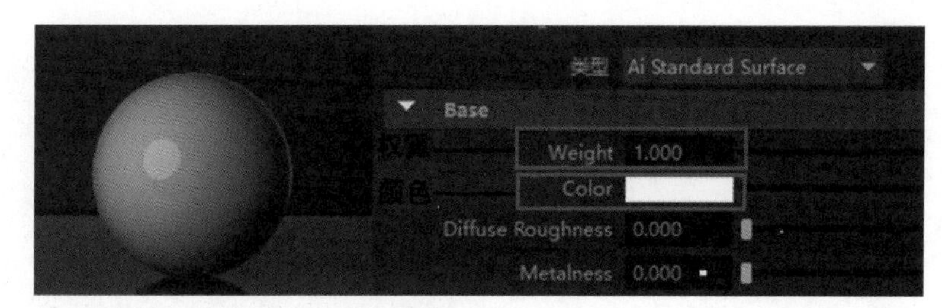

图 5-30

2. Ai金属材质

Ai 金属材质：设计师用得最多的材质类型之一，常见的楼梯、水壶、窗户等大多使用金属材质来表现。打开【Ai Standard Surface】(Ai 标准材质）面板，通过设置【Color】（颜色）数值，可以更改金属的颜色，设置【Specular】（高光）中的【Weight】（权重），可以更改金属属性，设置【Roughness】(颜色粗糙度），可以设置物体表面粗糙度，如图 5-31 所示。

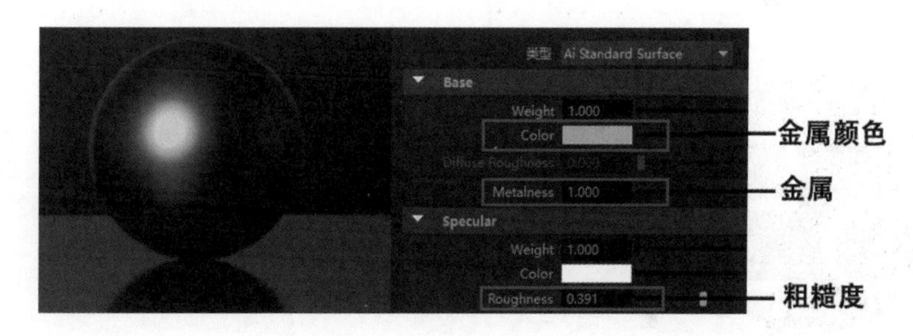

图 5-31

3. Ai玻璃材质

Ai 玻璃材质：可用于渲染具有透明、半透明属性的物体。通过设置【Specular】（高光）中的【Weight】（权重）值，可以更改材质属性，设置 IRO（折射率），可以调整玻璃材质的折射率，单击【Transmission】（变换）属性，设置 Weight（权重），可以实现玻璃的透明效果，如图 5-32 所示。

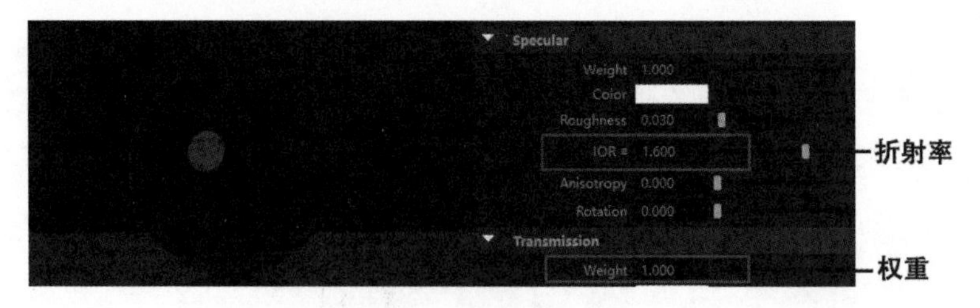

图 5-32

4. 皮肤材质

Ai SSS（Ai 皮肤材质）：用于人物皮肤，以及一些仿皮肤的塑料制品等。通过设置【Specular】（高光）中的【Weight】（权重）值，可以更改材质属性。【Weight】（权重）的值是皮肤的显示权重，通过设置【SubSurface Color】（次表面颜色），可以设置皮肤的颜色效果，如图 5-33 所示。

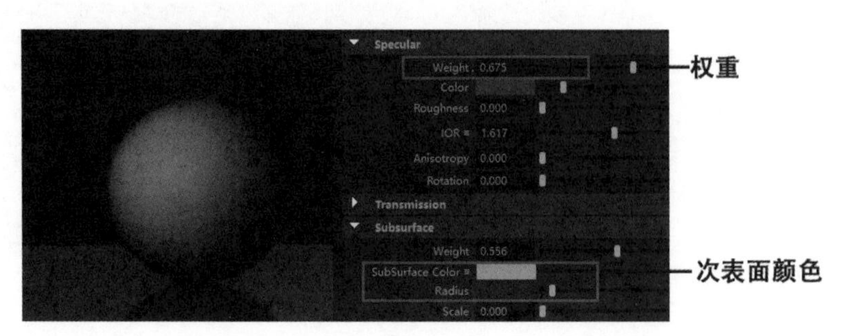

图 5-33

5.5 Arnold（阿诺德）渲染器

1. Arnold（阿诺德）渲染视窗

Arnold（阿诺德）渲染视窗是一个交互式渲染 IPR 的工具，旨在针对场景中发生的变化提供实时反馈，同时解决 Maya 渲染视图存在的一些限制。执行【Arnold】（阿诺德）>【Render】（渲染）菜单命令，弹出【Arnold RenderView】渲染窗口，如图 5-34 所示。

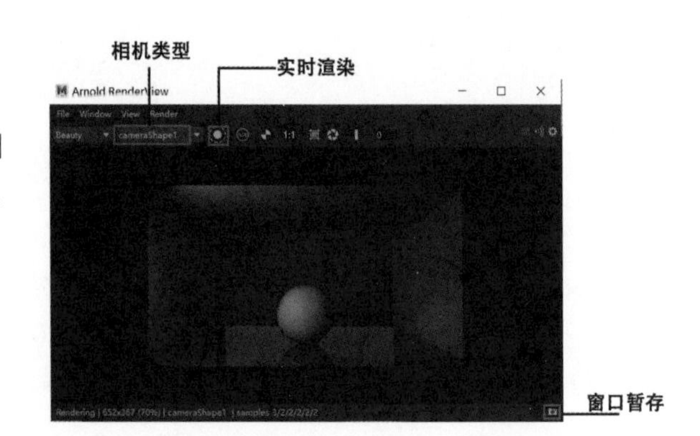

图 5-34

2. Arnold（阿诺德）采样

图像的采样质量是判断画面清晰度的一个标准，提高采样率会减少图像中的噪波，同时也会增加渲染时间。对于图像的采样率来说，实际的采样数是“输入值”的平方。

3. Arnold（阿诺德）自适应采样

Arnold（阿诺德）能够在启用【自适应采样】渲染的情况下对每个像素的采样率进行调整，可以对【采样值】变化较大的像素应用较多数量的摄影机采样。

课堂练习 匕首

素材文件	素材文件\第5章\木纹.jpeg	扫码观看视频
案例文件	案例文件\第5章\课堂练习——匕首.mb	
视频教学	视频教学\第5章\课堂练习——匕首.mp4	
练习要点	掌握匕首效果的制作技巧	

1. 练习思路

（1）打开案例文件。
（2）利用【天穹光】设置场景大环境效果。
（3）利用【Ai标准材质】为场景中的物体赋予材质。
（4）调整【Ai标准材质】、【渲染设置】来实现案例的最终效果。

2. 制作步骤

Step 01 打开案例文件【课堂练习——匕首.mb】，如图5-35所示。

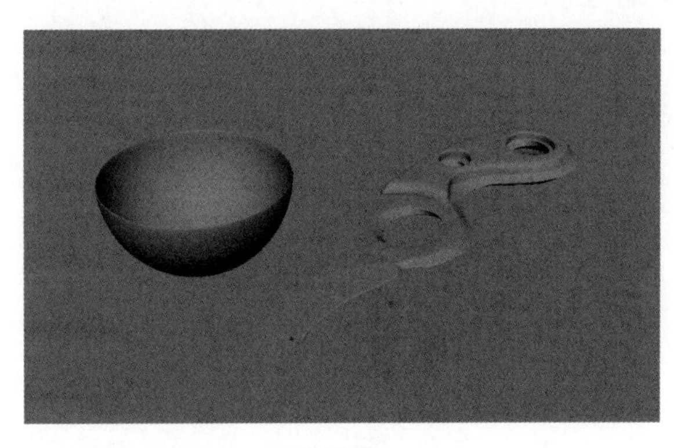

图5-35

Step 02 执行【Arnold】(阿诺德)>【Lights】(灯光)>【Skydome Light】(天穹光)菜单命令，在场景中创建一束天穹光，如图 5-36 所示。

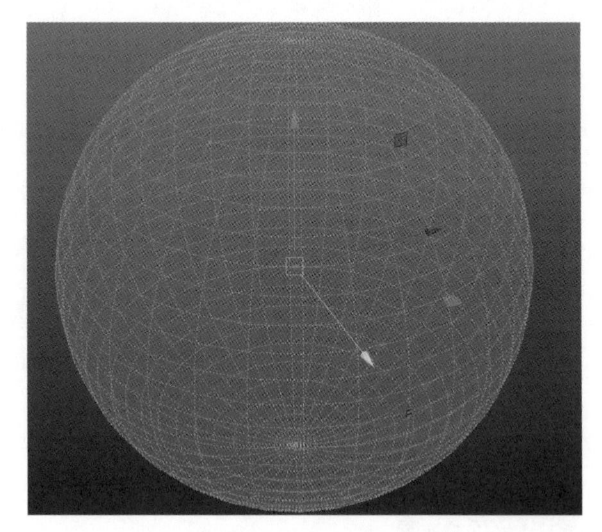

图 5-36

Step 03 选择匕首模型，单击鼠标右键，选择【指定新材质】命令，打开【指定新材质】面板。在【Shader】材质类型中，单击【aiStandardSurface】(Ai 标准材质)，打开【aiStandardSurface】(Ai 标准材质)面板，如图 5-37 所示。设置【Base】(基本)下的【Metalness】(金属)值为 1.000，设置【Roughness】(粗糙度)值为 0.519、【Anisotropy】(各项异性)值为 1.000、【Rotation】(旋转)值为 0.444，如图 5-38 所示。

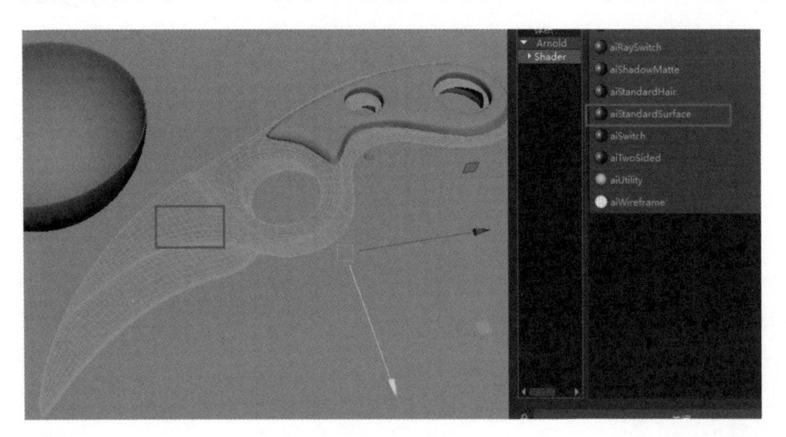

图 5-37

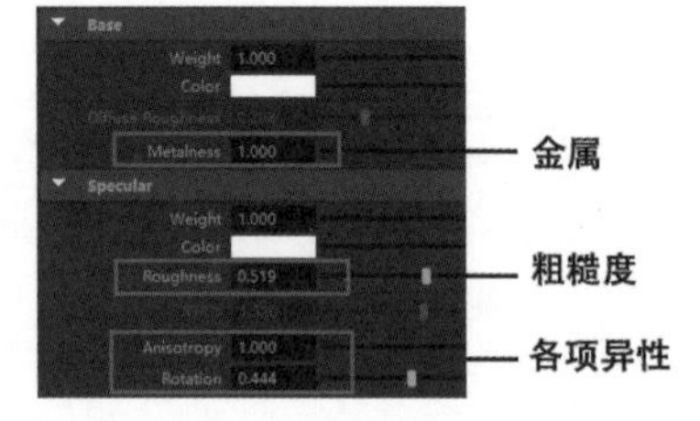

图 5-38

Step 04 选择场景中的桌面，单击鼠标右键，选择【指定新材质】命令，打开【指定新材质】面板，在【Shader】材质类型中，选择【aiStandardSurface】(Ai 标准材质)，打开【aiStandardSurface】(Ai 标准材质)面板，依次打开【Color】(颜色)>【贴图】>【文件】，给桌面赋予一张木纹贴图，如图 5-39 所示。

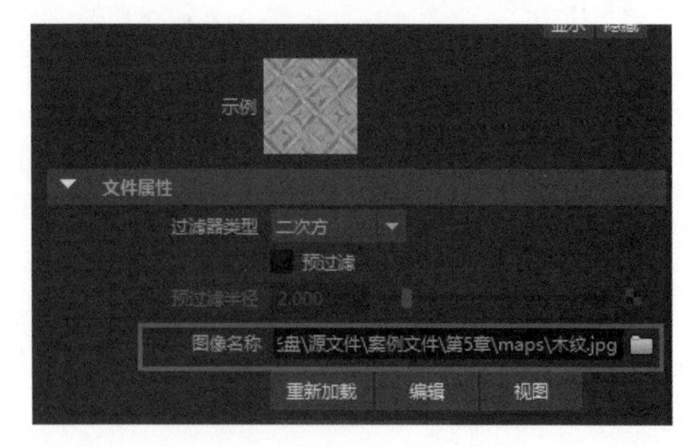

图 5-39

Step 05 回到【Base】（基本）面板，设置【Diffuse Roughness】（固有色粗糙度）值为 0.154，如图 5-40 所示。

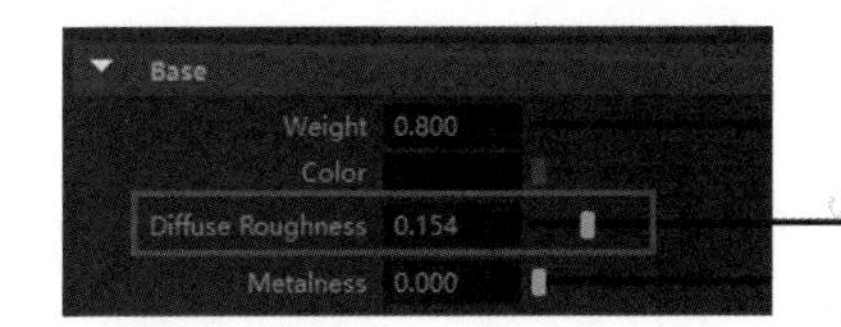

图 5-40

Step 06 执行【Arnold】（阿诺德）>【Render】（渲染）菜单命令，进行渲染测试，如图 5-41 所示，最终效果如图 5-42 所示。

图 5-41

图 5-42

课后习题

一、选择题

1. 日常工作中，经常被用于模拟太阳光的灯光类型是（　　）。

A.【聚光灯】

B.【平行光】

C.【点光源】

D.【灯光代理】

2. 在模拟环境光效果时，阿诺德的区域光箭头应指向（　　）。

A. 上方

B. 下方

C. 前方（朝向照射物体一方）

D. 后方

3. 在舞台镜头中，能够表现角色独立、个性的灯光是（　　）。

A.【聚光灯】

B.【点光源】

C.【网格光】

D.【光度学灯】

4. 下列图标中代表几何光的是（　　）。

A.

B.

C.

D.

5. 当场景中的灯光较暗时，首先应考虑调整（　　）值。

A.【强度】

B.【曝光度】

C.【细分】

D.【贴图】

二、填空题

1. ______ ______用来模拟星星的光源。

2. 当 Ai 区域光照射到物体表面时，会使物体表面呈现出 ______ ______种灯光形状。

3. ______ ______灯光的光线与地面夹角能够自动变换环境色彩。

4. ______ ______光若想起到好的效果需要添加光域网。

5. ______ ______阴影比深度贴图阴影效果更加真实。

三、简答题

1. 简述【几何光】的特点。

2. 简述【平行光】和【聚光灯】照射效果的区别。

3. 简述阿诺德渲染器的灯光分类。

四、案例习题

素材文件：练习文件 \ 第 5 章 \ 花布 .jpeg ~木纹.jpeg>

效果文件：效果文件 \ 第 5 章 \ 一块花布.mp4

练习要点：

1. 根据案例场景设置各物体的材质。

2. 根据环境自由设置灯光类型。

3. 通过阿诺德渲染窗口进行效果预览。

4. 完成参数的调整，输出作品。

第6章 动画入门

Maya 动画功能是 Maya 作为老牌动画软件最强大的功能之一，Maya 的动画涵盖关键帧动画、非线性动画、路径动画、运动捕捉动画、分层动画及表达式动画等，形式多样。本章主要介绍基本的关键帧动画、路径动画和表情动画等，学会这些基本功能可以使用户很方便地掌握动画制作的基础知识，并应用到实际的工作中。

MAYA

学习目标

- 了解曲线图编辑器
- 了解各类运动曲线的效果
- 了解各类约束命令
- 了解变形器的使用
- 了解路径动画

技能目标

- 掌握曲线编辑器的使用技巧
- 掌握运动曲线的应用
- 掌握变形器与约束命令的应用

曲线图编辑器

Maya 曲线图编辑器是动画师调节动画节奏最关键的工具，Maya 的动画编辑器为用户提供了更为直观的方式来操纵场景中的动画曲线和关键帧。曲线图编辑器方便用户通过多种方式创建、查看和修改动画曲线。曲线图编辑器主要包括工具栏、大纲视图和图表视图。执行【窗口】>【动画编辑器】>【曲线编辑器】菜单命令，可以打开曲线编辑器，如图 6-1 所示。

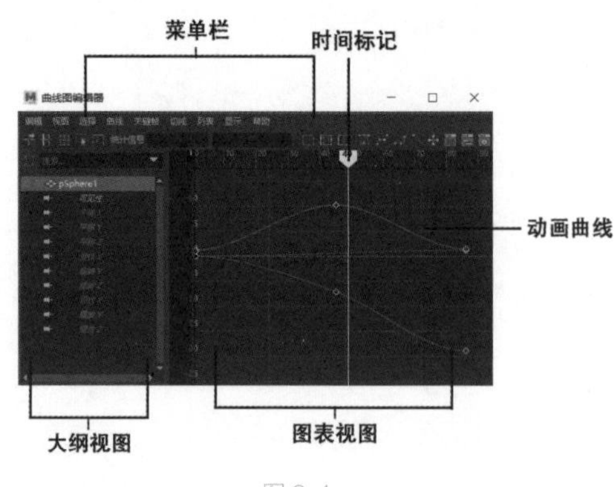

图 6-1

6.1.1 工具栏

曲线图编辑器的工具栏位于窗口顶部，其中包括许多快速访问控件，用于在图表视图中处理关键帧和曲线，如图 6-2 所示。

图 6-2

▶ 命令解析

- 【移动最近拾取的关键帧】：使用该工具可以通过鼠标操作各个关键帧和切线。
- 【插入关键帧】：选定一条曲线，在适当的位置按下鼠标中键可以插入关键帧。
- 【晶格变形关键帧】：使用该工具可以通过围绕关键帧组绘制一个晶格变形器，在曲线图编辑器中操纵曲线，从而可以同时操纵许多关键帧。
- 【区域】工具：启用区域选择模式，使用户可以在图表视图中拖动以选择一个区域，然后在该区域内在时间和值上缩放关键帧。
- 【调整时间】工具：可以双击图表视图区域来创建重定时标记。
- 统计信息 ：统计信息字段，以数值表示选定关键帧的时间和值。
- 【框选全部】：在曲线图编辑器图表视图中框选所有当前动画曲线的关键帧。
- 【框选播放范围】：在曲线图编辑器图表视图中框选当前播放范围内的所有关键帧。
- 【自动切线】：指定切线在选定关键帧之前和之后的关键帧之间创建一条平滑的动画曲线。

- 【样条线切线】：指定样条线切线将选定关键帧之前和之后的关键帧之间创建一条平滑的动画曲线。
- 【钳制切线】：指定钳制切线时，系统将创建具有线性和样条曲线特征的动画曲线。
- 【线性切线】：指定线性切线之后，系统会将动画曲线创建为接合两个关键帧的直线。
- 【水平切线】：将关键帧的入切线和出切线设置为水平。
- 【阶跃切线】：当指定阶跃切线时，系统将创建其出切线为平坦曲线的动画曲线。
- 【高原切线】：高原切线不仅可以在其关键帧中轻松输入和输出动画曲线，而且可以展平值相等的在关键帧之间出现的曲线分段。高原切线的行为通常类似于样条线切线，但它可以确保曲线的最小值和最大值均位于关键帧中。
- 【缓冲区曲线快照】：缓存曲线快照有两种类型。【快照】：拍摄曲线的快照；【参照】：拍摄引用的动画曲线的快照。
- 【交换缓冲区曲线】：用于在原始曲线与当前已编辑曲线之间切换。
- 【断开曲线】：可以在断开的曲线一侧形成控制柄，以便可以进入或退出关键帧的曲线分段，并且不会影响其反向控制柄。
- 【统一曲线】：此设置仅适用于断开的切线。统一曲线后，断开的切线将重新连接起来，但会保留新角度。
- 【自由切线长度】：指定移动切线时，可更改其角度和权重。
- 【锁定切线长度】：将曲线锁定，仅可更改其角度。
- 【自动加载曲线编辑器】：启用此选项后，每次选择显示当前选定对象时，大纲视图（Outliner）中显示的对象将会有改变。
- 【时间捕捉】：强制在图表视图中移动的关键帧最接近整数时间单位值。
- 【值捕捉】：强制图表视图中的关键帧最接近整数值。
- 【启用规格化曲线显示】：开启曲线规格编辑模式。
- 【禁用规格化曲线显示】：禁用曲线规格编辑模式。
- 【重新规格化曲线显示】：可将图表视图中显示的曲线重新规格化。
- 【启用堆叠曲线显示】：启用时，图表视图将以堆叠的形式显示单个曲线，而不是重叠显示所有曲线。
- 【禁用堆叠曲线显示】：禁用时，图表视图不会以堆叠的形式显示。
- 【前方循环】：前方创建可编辑的重复性或循环动画。
- 【后方循环】：后方创建可编辑的重复性或循环动画。
- 【带偏移的前方循环】/【带偏移的后方循环】：除了将已循环曲线的最后一个关键帧值附加到第一个关键帧的原始曲线值，带偏移的循环设置还可无限重复动画曲线。
- 【未约束的拖动】：不受约束地拖动曲线。
- 【打开摄影表】：打开摄影表并加载当前对象的动画关键帧。
- 【打开 Trax 编辑器】：打开 Trax 编辑器并加载当前对象的动画片段。
- 【打开时间编辑器】：打开时间编辑器并加载当前对象的动画关键帧。

6.1.2 大纲列表

大纲列表是指以图表的形式直观地显示可调节物体的轴向曲线及修改器节点。曲线图编辑器大纲视图中的搜索字段可用于在曲线图编辑器中过滤对象，这在大型场景中跟踪节点时十分有用，如图 6-3 所示。

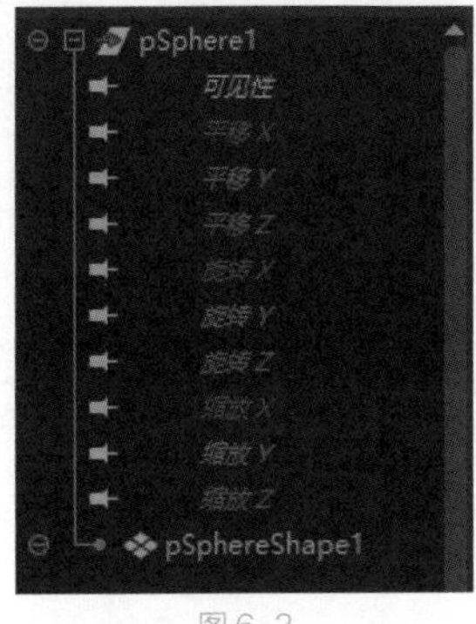

图 6-3

6.1.3 曲线图及动画曲线设置

曲线图是可以直观展示和调节曲线的窗口。在曲线图中可以对曲线进行各种操作，调节动画的节奏，如图6-4所示。

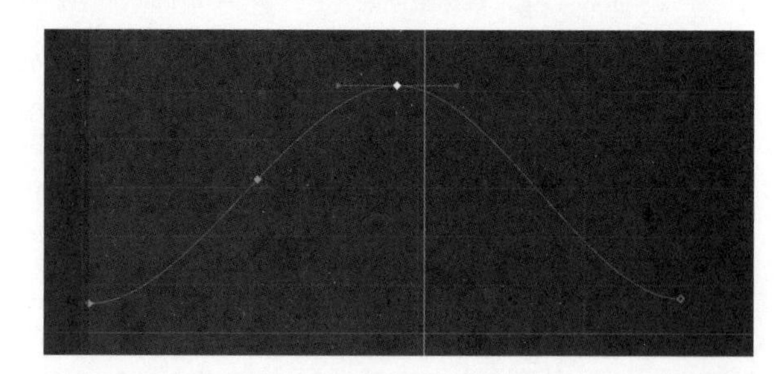

图6-4

▶ 命令解析

移动控制点：按W键，可以配合鼠标中键移动控制点。

调节控制点：用鼠标左键框选一侧的控制手柄，当控制柄变白后，可以进行移动调节，如图6-5所示。

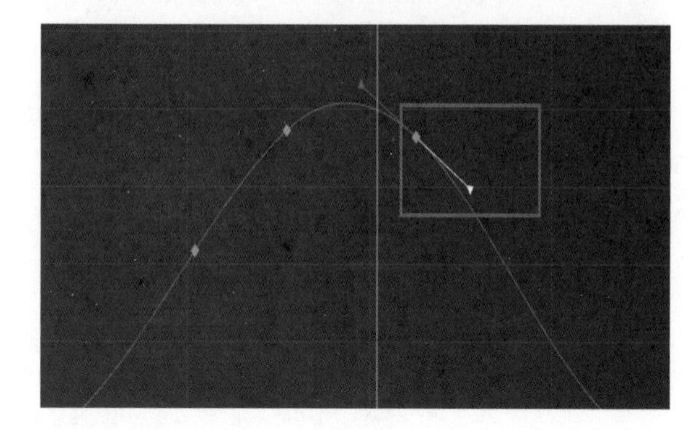

图6-5

删除控制点：按Delete键，可以删除多余的点。

断开切线：选择控制点，单击工具栏中的【断开切线】按钮，可以将曲线由实线变成虚线，即将曲线断开，移动一侧，另一侧不动，如图6-6所示。

统一切线：将断开的切线进行合并。

复制和粘贴：选择一段曲线（两个点），按快捷键Ctrl+C进行复制，将时间标记移动到需要粘贴的位置，按快捷键Ctrl+V进行粘贴，如图6-7所示。

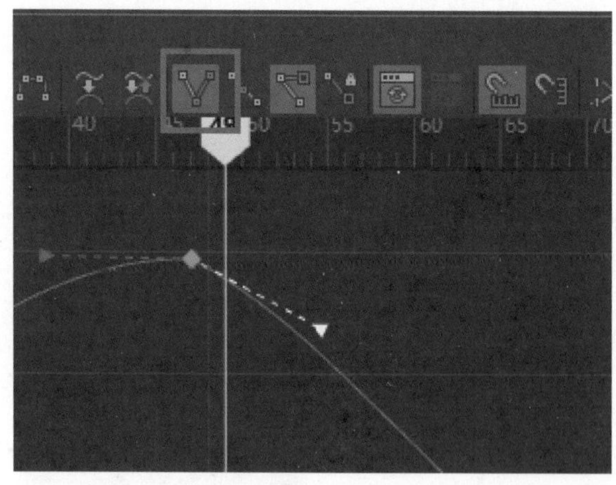

图6-6

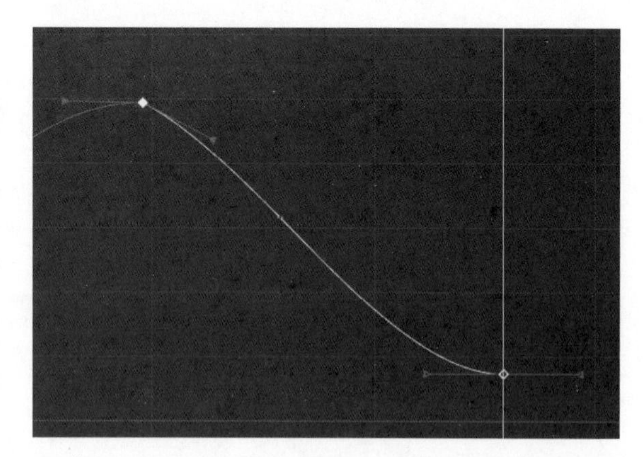

图6-7

创建动画曲线

动画曲线是动画制作的关键。一段精彩的动画离不开对动画曲线的调节。在日常生活中，看到的人、动物乃至被风吹起的树叶都在动。而对动画师来说，做好每一个关键帧和中间帧动画是至关重要的。除了调节关键帧，还可以通过对动画曲线进行调节来模拟生活中真实，优美的运动轨迹和速率，使动画中的动作或运动更加流畅，动作惯性、力度等更加符合自然规律，曲线运动更加准确、真实。动画曲线编辑器是运用数学上的函数来计算的，包括 XYZ 三个轴向。X 轴代表宽度（左右方向），Y 轴为高度（上下方向），Z 轴为深度（前后方向）。每条坐标轴都有自己的坐标。X 轴代表时间，Y 轴代表间距。同样一段动画，曲线越陡，就说明物体运动越快。曲线越缓，物体运动得越慢。动画曲线编辑器中还提供了几种自带的曲线方式，方便人们在制作动画时直接运用，如图 6-8 所示。

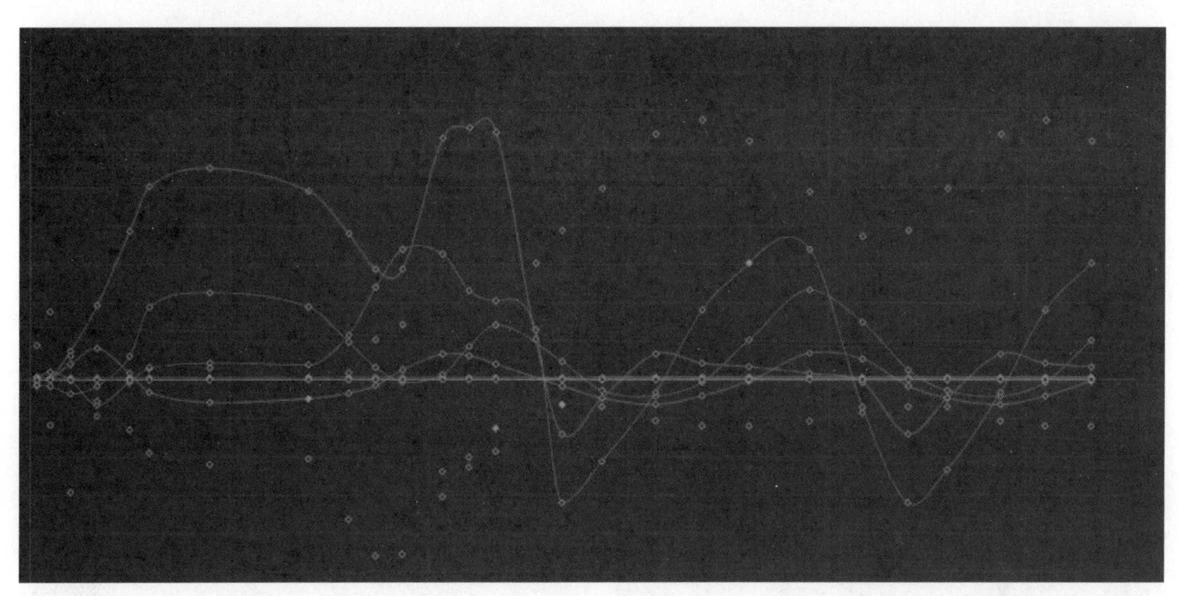

图6-8

1. 缓动曲线

缓动曲线可用于制作动画的缓入缓出效果，开头和结尾速度较慢，中间速度快，如图 6-9 所示。

2. 加速曲线

加速曲线用于制作速度由慢到快变化的动画效果，一般用于表现重物下落、车辆提速等，如图 6-10 所示。

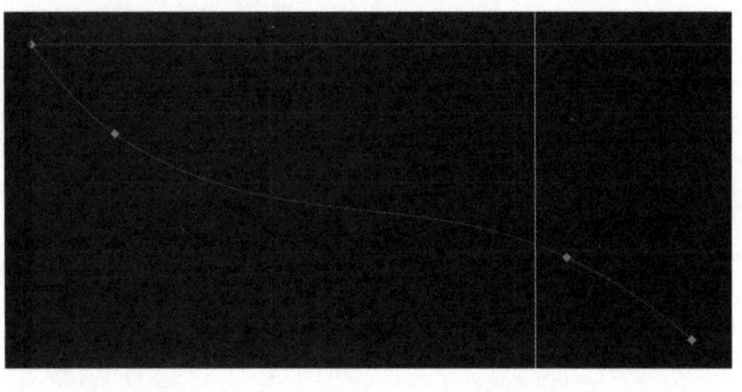

图 6-9

图 6-10

3. 减速曲线

减速曲线速度由快到慢变化的动画效果，一般用于表现车辆停车、运动停止等，如图 6-11 所示。

4. 匀速曲线

匀速曲线用于制作速度正常、平稳变化的动画效果，一般用于表现行进中的车辆、物体匀速运动等，如图 6-12 所示。

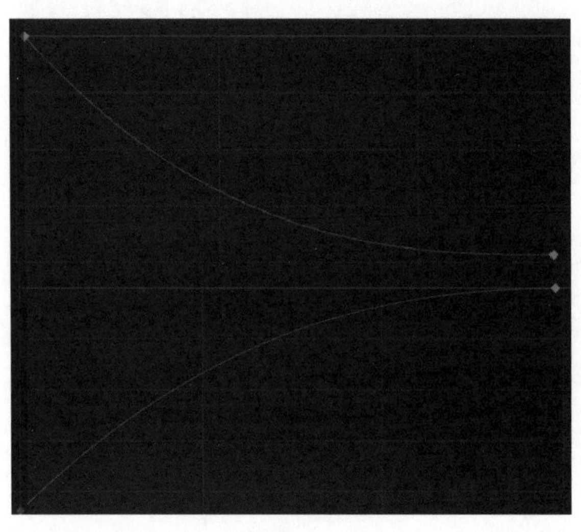

图 6-11

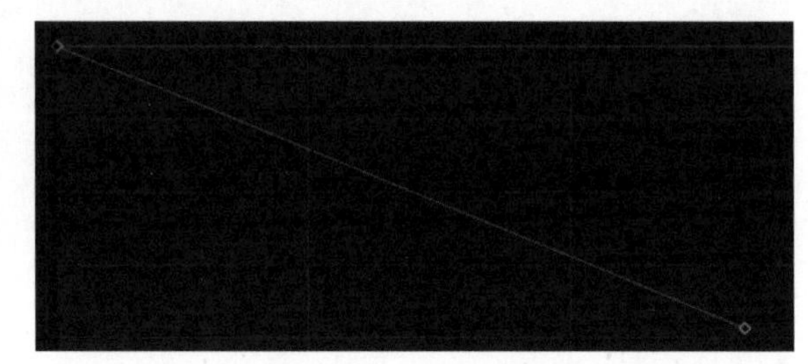

图 6-12

课堂练习 弹跳小豆

素材文件	素材文件 \ 第 6 章 \ 无	扫码观看视频 
案例文件	案例文件 \ 第 6 章 \ 课堂练习——弹跳小豆.mb	
视频教学	视频教学 \ 第 6 章 \ 课堂练习——弹跳小豆.mp4	
练习要点	掌握 Maya 小球弹跳动画的操作技巧	

Step 01 打开案例文件【课堂练习——弹跳小豆.mb】，如图 6-13 所示。

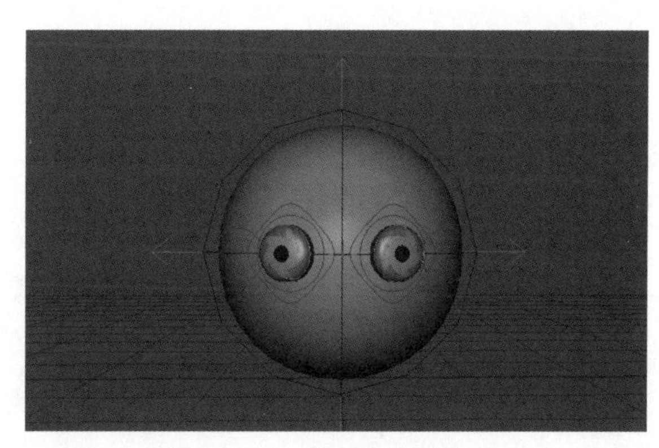

图 6-13

Step 02 单击 Maya 界面右下角的【首选项设置】按钮，打开【首选项设置】窗口，选择左侧的【时间滑块】选项，右侧显示【时间滑块】参数设置界面，设置【帧速率】为 24fps、【高度】为 2x、【播放速度】为 24 fps × 1，如图 6-14 所示。选择小豆整体模型，按 S 键，定义位置关键帧，确定起始帧的位置，如图 6-15 所示。

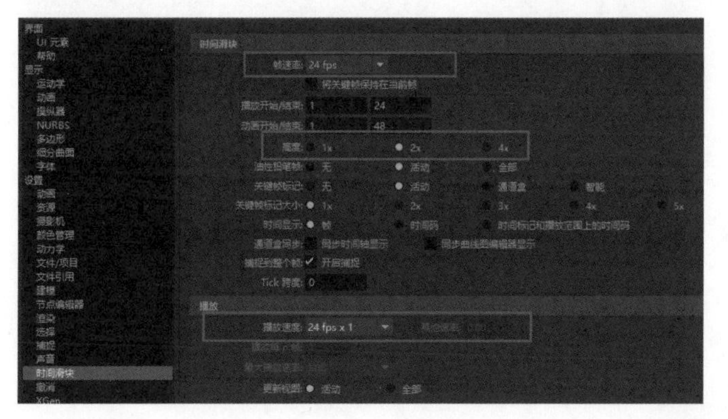

图 6-14

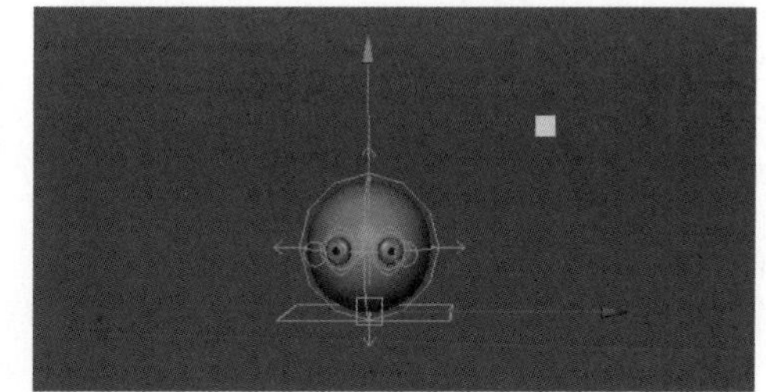

图 6-15

Step 03 单击 Maya 界面右下角的【自动关键帧切换】按钮，将时间滑块拖到第 10 帧的位置，将小球移动到地面，自动记录关键帧，如图 6-16 所示。将时间滑块拖到第 20 帧，将小球移到上空，如图 6-17 所示。分别在第 30 帧、第 39 帧、第 48 帧、第 54 帧、第 59 帧、第 63 帧、第 66 帧、第 68 帧、第 70 帧和第 83 帧设置关键帧，形成小球弹跳的动画，如图 6-18 所示。

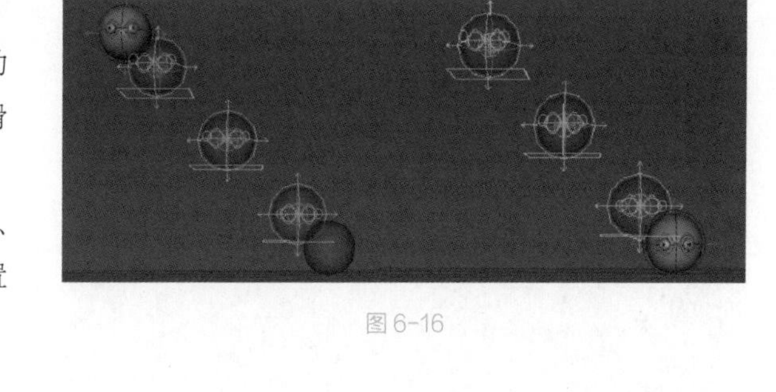

图 6-16

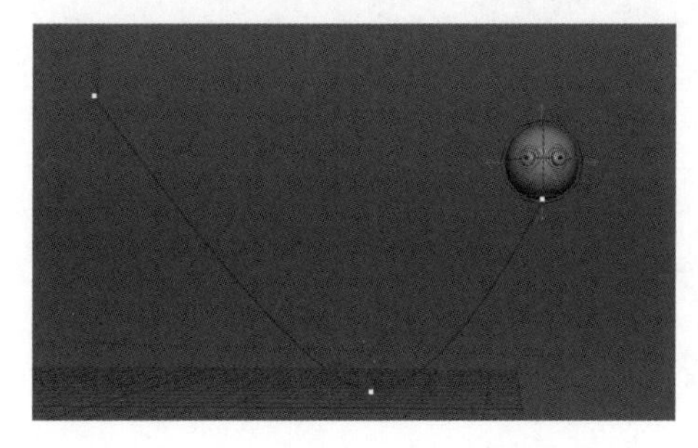

图 6-17

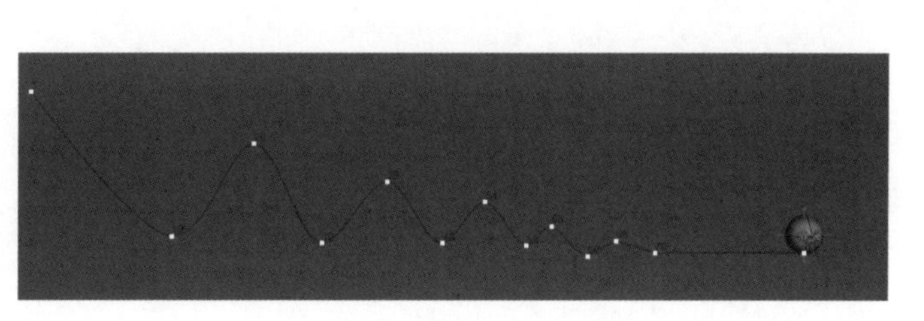

图 6-18

Step 04 执行【窗口】>【动画编辑器】>【曲线图编辑器】菜单命令，打开曲线图编辑器，如图 6-19 所示。单击【平移 Y】选项，设置【统计信息】为 0，将小球在 Y 轴地面的位置归零，如图 6-20 所示。将时间滑块拖到第 83 帧，按 S 键，将 Y 轴最后的关键帧补齐，如图 6-21 所示。

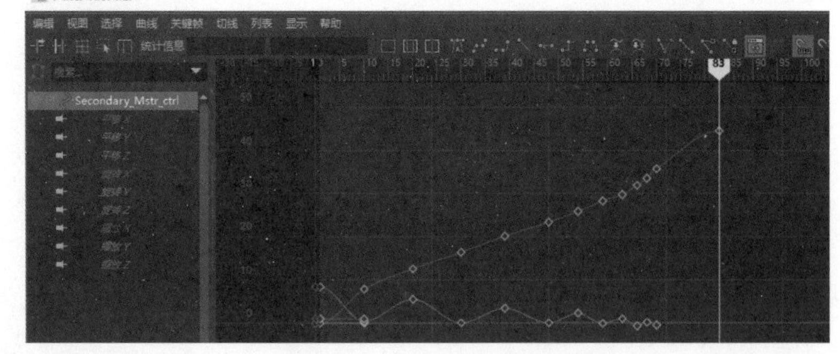

图 6-19

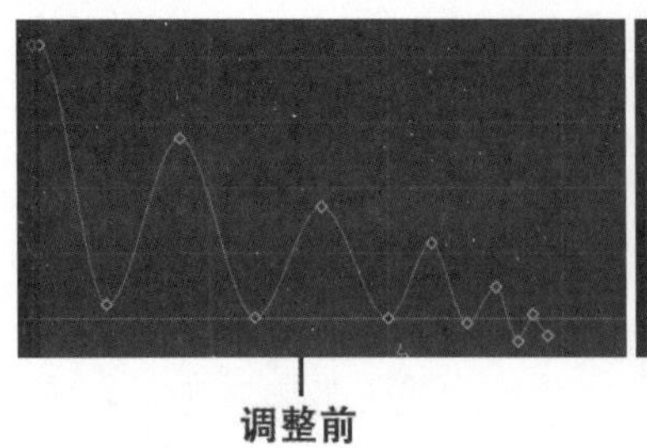

调整前　调整后

图 6-20

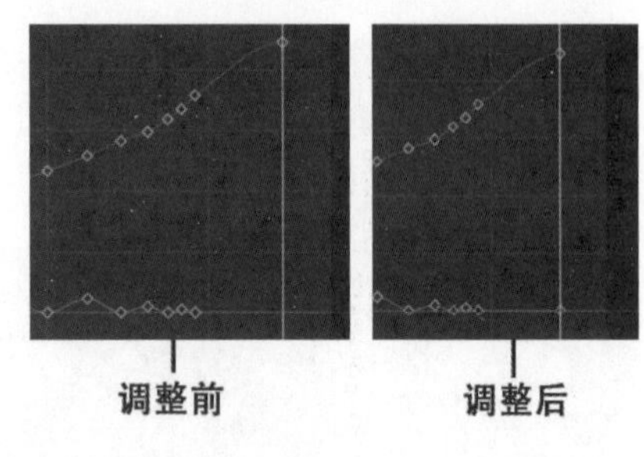

调整前　调整后

图 6-21

Step 05 单击【平移 X】选项，将多余的关键帧删除，形成缓动曲线，如图 6-22 所示。选择底部的关键帧，单击【断开切线】按钮，将关键帧打断，通过调整使其变得更加陡峭，如图 6-23 所示。依次选择底部所有的关键帧，将各个关键帧全部调整整齐，如图 6-24 所示。

图 6-22

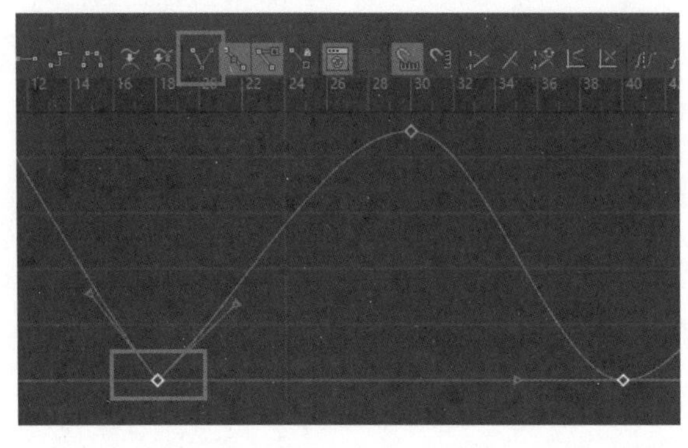

图 6-23

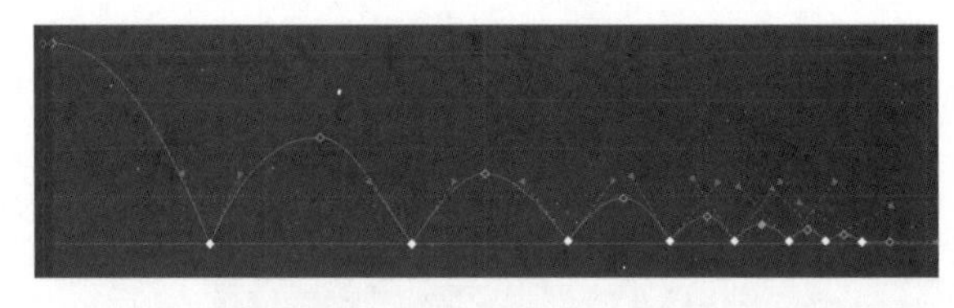

图 6-24

Step 06 小球弹跳动画制作完成，如图 6-25 所示。

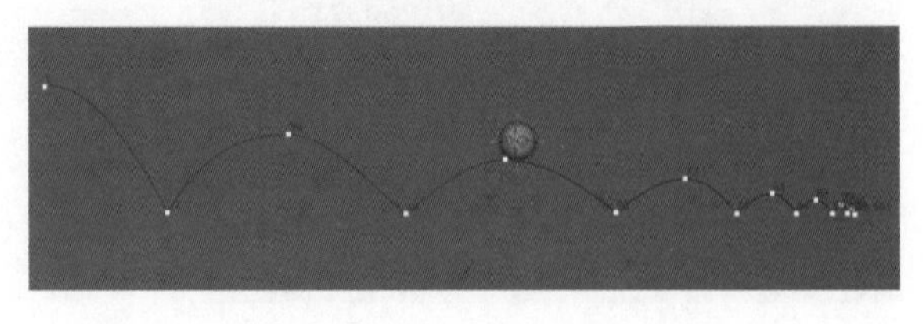

图 6-25

变形器动画与约束

变形器的功能十分强大，既可以用于建模，又可以用作动画工具。创建变形器，可以调整目标对象，然后随时间变化为变形器的属性设置关键帧以生成动画，还可以将变形效果添加到角色和对象上以增强其动画效果。变形器可以关键帧不能进行的方式来变换对象或对对象设置动画，如图 6-26 所示。

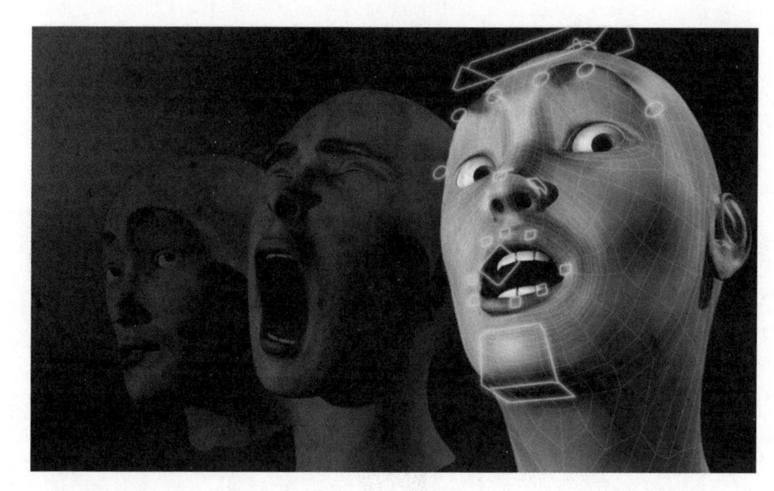

图 6-26

课堂案例 表情动画

素材文件	素材文件 \ 第 6 章 \ 无	扫码观看视频
案例文件	案例文件 \ 第 6 章 \ 课堂案例——表情动画.mb	
视频教学	视频教学 \ 第 6 章 \ 课堂案例——表情动画.mp4	
练习要点	掌握角色表情动画的制作	

Step 01 打开案例文件【课堂案例——表情动画.mb】，如图 6-27 所示。

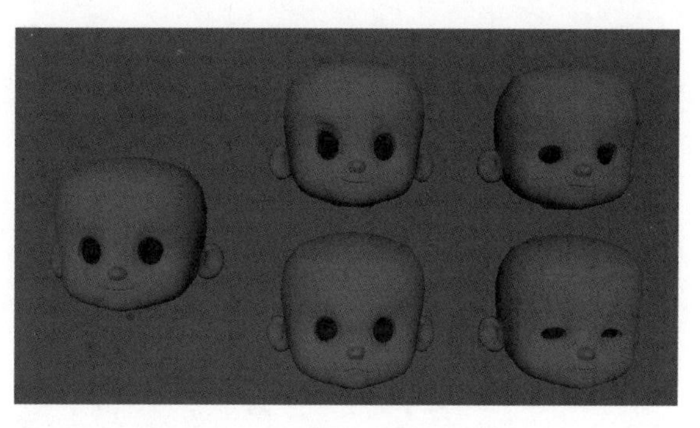

图 6-27

Step 02 选择上面两个头像模型，按住 Shift 键加选源头像模型。执行【窗口】>【动画编辑器】>【形变编辑器】菜单命令，打开形变编辑器，单击【创建混合变形】按钮，为两个表情添加源文件，移动下面的两个表情滑块，创建两组表情，如图 6-28 所示。

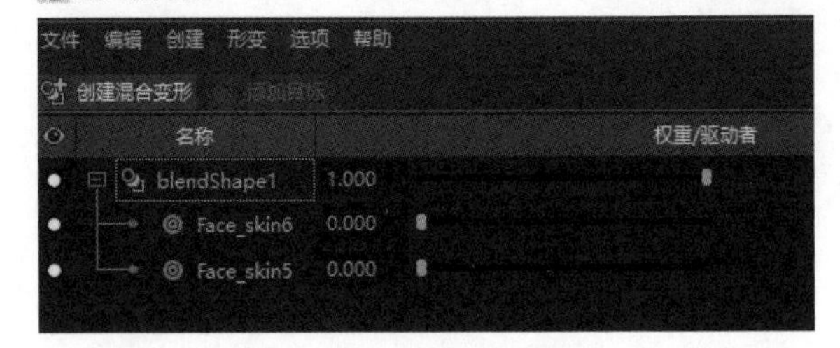

图 6-28

Step 03 选择下面两个头像模型，按 Shift 键加选源头像模型。执行【窗口】>【动画编辑器】>【形变编辑器】菜单命令，打开形变编辑器，单击【创建混合变形】按钮，为下面两个表情添加源文件。移动下面的两个表情滑块，创建两组表情，如图 6-29 所示。

Step 04 表情动画制作完成，如图 6-30 所示。

图 6-29

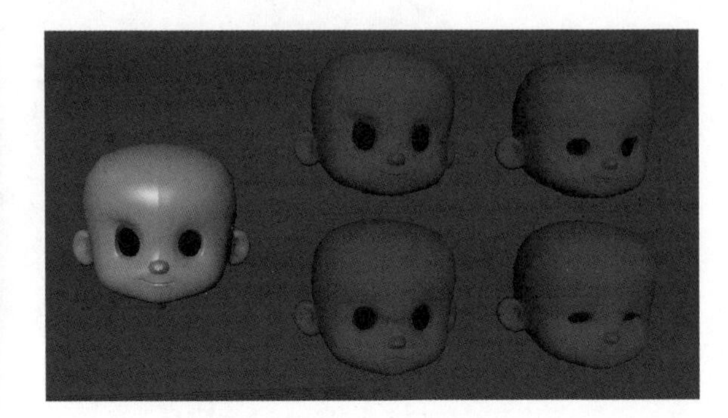

图 6-30

6.3.1 簇

创建簇变形器时，可以先设置创建选项，然后创建变形器，也可以在不更改当前设置的情况下立即创建变形器。执行【变形】>【簇】菜单命令，打开【簇选项】窗口，如图 6-31 所示。

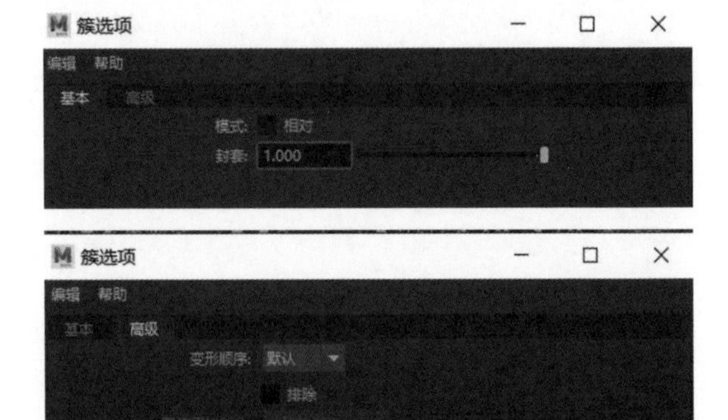

图 6-31

▶ 参数解析

【基本】选项卡：有两个选项。【模式】：指定簇变形是否仅在簇变形器控制柄本身已变换时发生。在启用【相对】选项的情况下，仅对簇变形器控制柄本身的变换产生变形效果。在禁用【相对】选项的情况下，对父对象是簇变形器控制柄对象的变换产生变形效果。【封套】：指定变形比例因子。值为 0 时不提供变形，值为 0.5 时提供一个缩放成完整效果一半的变形效果，值为 1 时提供完整的变形效果。使用滑块选择 0 ~ 1 之间的值。

【高级】选项卡：指定变形器节点在可变形对象历史中的位置。【默认】：在紧挨着变形形状之前的位置放置变形；【之前】：在紧挨着可变形对象的变形形状之前的位置放置变形器；【之后】：在可变形对象之后即刻放置变形器；【分割】：将变形分割为两个变形链，可以在分割的同时以两种方式使对象变形，从而创建源自同一原始形状的两个最终形状；【平行】：在对象历史中，将变形器与现有输入节点平行放置，然后混合现有输入节点和变形器所提供的效果；【排除】：指定变形器集是否位于某个划分中。

6.3.2 晶格

晶格变形器使用一个可操纵以更改对象形状的晶格来包围可变形对象。晶格是一种点结构，用于对任何可变形对象执行自由形式的变形。若要创建变形效果，可以通过移动、旋转或缩放晶格结构，或者通过直接操纵晶格点来编辑晶格。执行【变形】>【簇】菜单命令，打开【晶格选项】窗口，如图 6-32 所示。

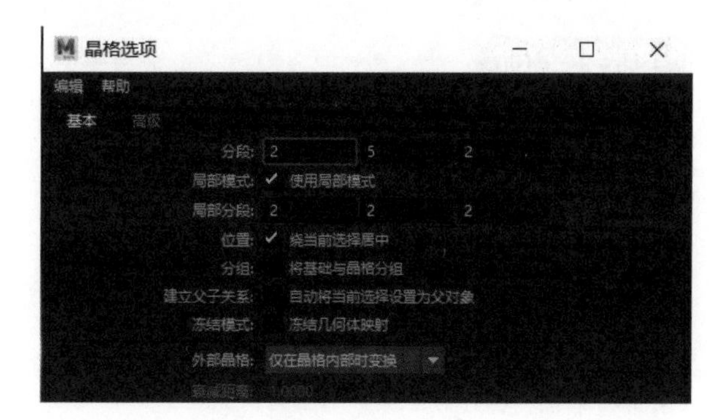

图 6-32

▶ 参数解析

【分段】：指定局部 STU 空间中的晶格结构。STU 空间提供了指定晶格结构的特殊坐标系。可以按 S 分段数、T 分段数和 U 分段数指定晶格的结构。当指定分段时，还可以间接指定晶格中的晶格点数量，因为这些晶格点位于分段与晶格外部会合的地方。

【局部模式】：指定每个晶格点是否可以只影响附近（局部）的可变形对象的点，或者可以影响所有可变形对象的点。

【局部分段】：仅在【局部模式】处于启用状态时可用。

【位置】：指定晶格是以选定可变形对象为中心，还是放置在工作区原点。

【分组】：指定是否将影响晶格和基础晶格编组在一起。

【建立父子关系】：指定是否在创建变形器时将晶格设置为选定可变形对象的子对象。

【冻结模式】：指定是否冻结晶格变形映射。如果冻结，则在影响晶格内变形的对象组件将固定在晶格内，并仅受影响晶格的影响，即使变换对象或基础晶格亦如此。

【外部晶格】：指定晶格变形器对其目标对象点的影响范围。

6.3.3 包裹

包裹变形器可以使采用 NURBS 曲面、NURBS 曲线或多边形曲面的对象变形。使用包裹变形器，可以使含 NURBS 的可变形对象或多边形对象变形，如图 6-33 所示。

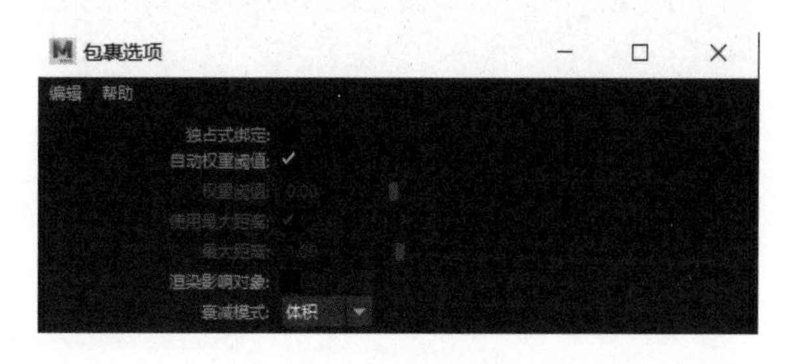

图 6-33

▶ 参数解析

【独占式绑定】：启用后，包裹变形器目标曲面的行为将类似于刚性绑定蒙皮，同时【权重阈值】将被禁用。

【自动权重阈值】：启用此选项后，包裹变形器将通过计算最小、最大距离值，自动设置包裹器影响对象形状的最佳权重，从而确保网格上的每个点受一个影响对象的影响。

【权重阈值】：允许用户根据包裹器影响对象组件与变形对象之间的近似性，手动指定对这些对象形状的影响。

【使用最大距离】：如果要设置最大距离并限制影响区域，启用【使用最大距离】选项。

【最大距离】：指定包裹器影响对象点的影响区域。

课堂案例 褶皱

素材文件	素材文件\第6章\无	扫码观看视频
案例文件	案例文件\第6章\课堂案例——褶皱.mb	
视频教学	视频教学\第6章\课堂案例——褶皱.mp4	
练习要点	掌握褶皱效果的制作	

Step 01 打开案例文件【课堂案例——褶皱.mb】，如图6-34所示。

Step 02 选择平面模型，执行【变形】>【褶皱】菜单命令，打开【工具设置】窗口。单击【重置工具】按钮恢复默认设置。设置【数量】为4、【厚度】为0.058、【随机度】为0.0821、【强度】为0.2367，如图6-35所示。用鼠标中键调整褶皱角的范围和整体大小，如图6-36所示。

图6-34

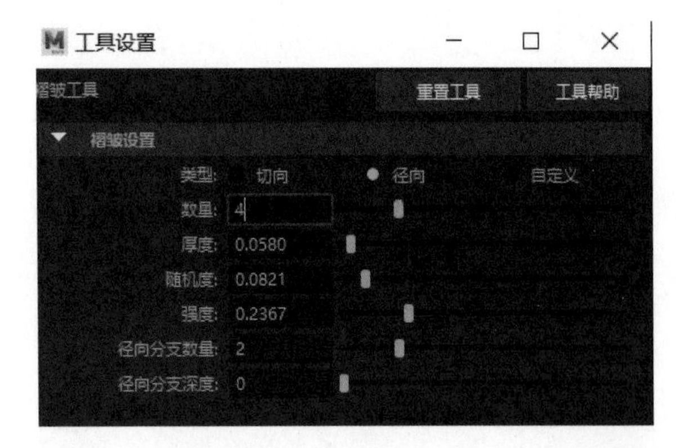

图6-35

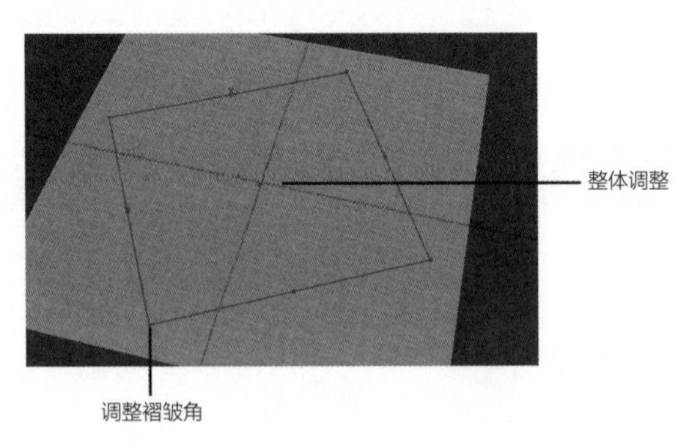

图6-36

提示

使用鼠标中键（滑轮）调整褶皱大小和范围。

Step 03 调整完角度后，按 Enter 键确认，模型中间形成一个簇，利用【移动】工具进行移动调整，如图 6-37 所示。

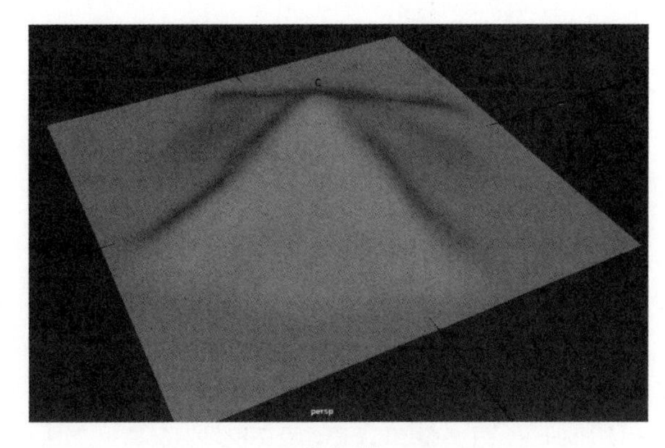

图 6-37

6.3.4 非线性

非线性是一个综合的命令菜单，它包含【弯曲】、【扩张】、【正弦】、【挤压】、【扭曲】、【波浪】等命令，如图 6-38 所示。下面分别解析这些命令。

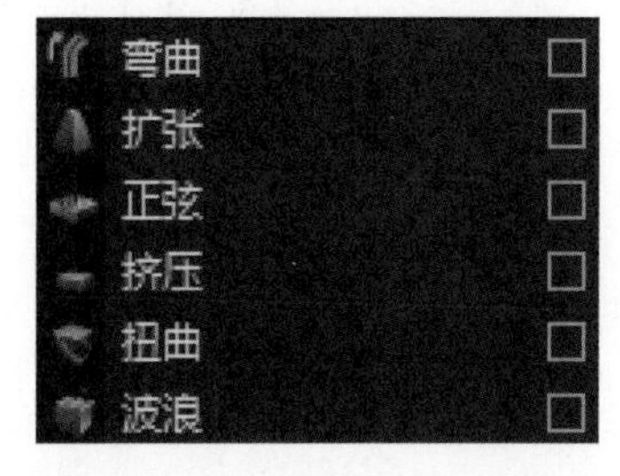

图 6-38

Step 01 当创建弯曲变形器时，可以先设置创建选项，然后再创建变形器。执行【变形】>【非线性】>【弯曲】菜单命令，打开【创建弯曲变形器选项】窗口，如图 6-39 所示。

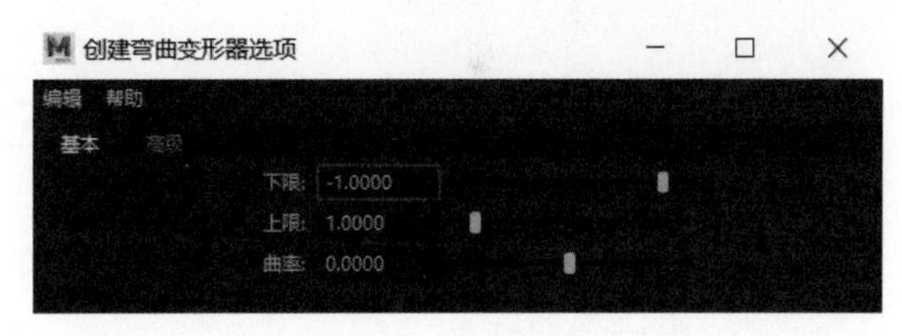

图 6-39

▶ 参数解析

【下限】：指定沿弯曲变形器负 Y 轴弯曲的下限，值可以是负数或零。拖动滑块在 -10.0000 ~ 0.0000 范围内选择，默认值为 -1.0000。

【上限】：指定沿弯曲变形器正 Y 轴弯曲的上限，值只能是正数。拖动滑块在 0.0000 ~ 10.0000 范围内选择值，默认值为 1.0000。

【曲率】：指定弯曲量。负值指定朝着弯曲变形器的负 X 轴弯曲，正值指定朝着变形器的正 X 轴弯曲。拖动滑块选择介于 -230 ~ 230 的值。默认值为 0，表示不指定任何弯曲。

Step 02 执行【变形】>【非线性】>【扩张】菜单命令，打开【创建扩张变形器选项】窗口，如图 6-40 所示。

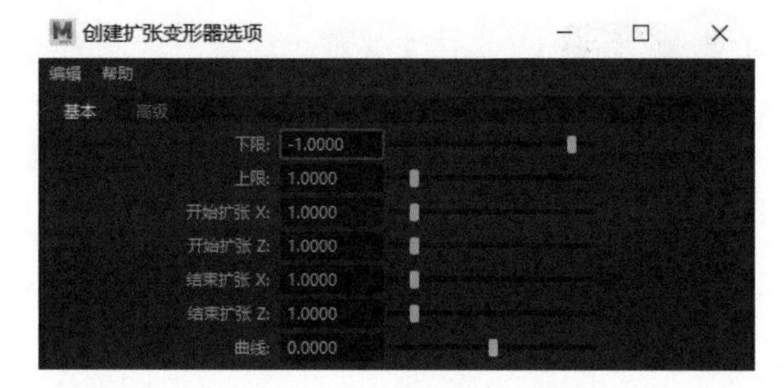

图 6-40

▶ 参数解析

【下限】：指定扩张在变形器的局部负 Y 轴上的较低界限，值可以是负数或 0。

【上限】：指定扩张在变形器的局部正 Y 轴上的较高界限，值只能为正数（最小值为 0）。

【开始扩张 X】：指定在下限处沿变形器的 X 轴扩张的量。

【开始扩张 Z】：指定在下限处沿变形器的 Z 轴扩张的量。

【结束扩张 X】：指定在上限处沿变形器的 X 轴扩张的量。

【结束扩张 Z】：指定在上限处沿变形器的 Z 轴扩张的量。

【曲线】：指定下限和上限之间的曲率。

Step 03 执行【变形】>【非线性】>【正弦】菜单命令，打开【创建正弦变形器选项】窗口，如图 6-41 所示。

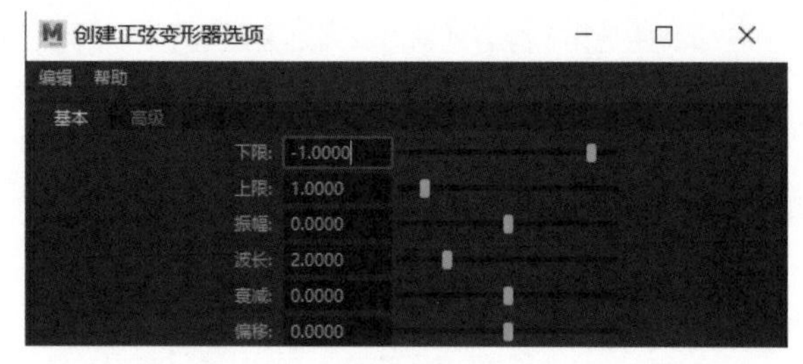

图 6-41

▶ 参数解析

【下限】：指定正弦沿变形器的局部 Y 轴负向波动的程度。

【上限】：指定正弦沿变形器的局部 Y 轴正向波动的程度。

【振幅】：指定正弦波的振幅。

【波长】：指定正弦沿变形器局部 Y 轴波动的频率。

【衰减】：指定振幅如何衰退。

【偏移】：指定正弦波相对变形器控制柄中心的位置。

Step 04 执行【变形】>【非线性】>【挤压】菜单命令，打开【创建挤压变形器选项】窗口，如图 6-42 所示。

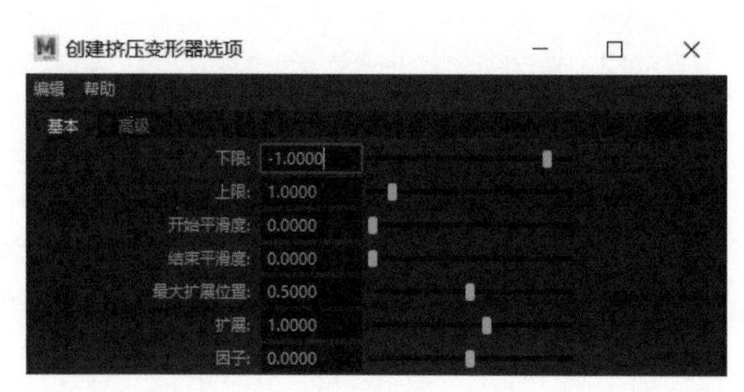

图 6-42

▶ 参数解析

【下限】：指定沿变形器的局部负 Y 轴挤压的下限。

【上限】：指定沿变形器的局部正 Y 轴挤压的上限。

【开始平滑度】：指定朝向下限位置的初始平滑量。

【结束平滑度】：指定朝向上限位置的最终平滑量。

【最大扩展位置】：指定上限位置和下限位置之间最大展开的中心。

【扩展】：指定挤压过程中的向外展开量和拉伸过程中的向内展开量。

【因子】：指定挤压量或拉伸量。

Step 05 执行【变形】>【非线性】>【扭曲】菜单命令，打开【创建扭曲变形器选项】窗口，如图 6-43 所示。

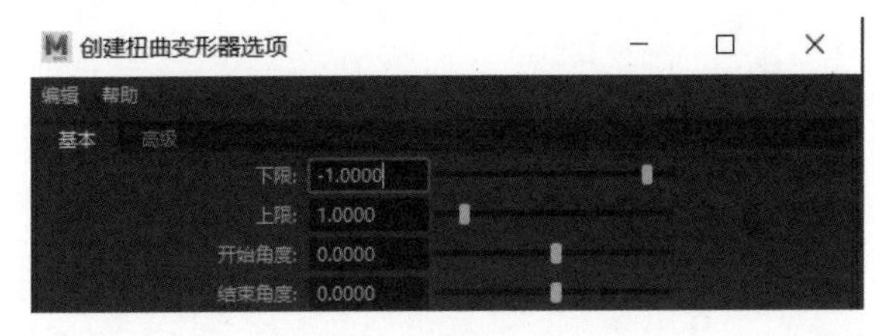

图 6-43

▶ 参数解析

【下限】：指定在变形器的局部 Y 轴上开始角度扭曲的位置。

【上限】：指定在变形器的局部 Y 轴上结束角度扭曲的位置。

【开始角度】：指定在变形器控制柄局部负 Y 轴上下限位置处扭曲的度数。

【结束角度】：指定在变形器控制柄局部正 Y 轴上上限位置处扭曲的度数。

Step 06 执行【变形】>【非线性】>【波浪】菜单命令，打开【创建波浪变形器选项】窗口，如图 6-44 所示。

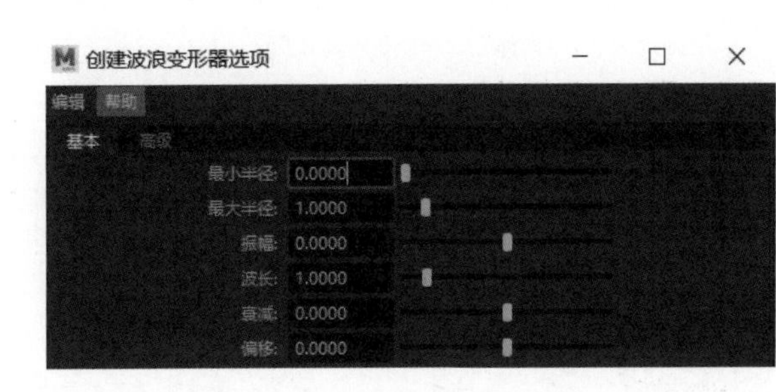

图 6-44

▶ 参数解析

【最小半径】：指定圆形正弦波的最小半径。

【最大半径】：指定圆形正弦波的最大半径。

【振幅】：指定正弦波的振幅。

【波长】：指定正弦波的频率。频率越高，波长越小；频率越低，波长越大。

【衰减】：指定振幅如何衰退。

【偏移】：指定正弦波相对变形器控制柄中心的位置。

6.3.5 雕刻变形器

雕刻变形器用于创建任意类型的圆化变形效果。使用雕刻变形器可以控制角色的下巴、眉毛或脸颊动作。利用雕刻变形器，可以使雕刻球体的球形影响对象或所创建的任何NURBS对象。执行【变形】>【非线性】>【雕刻】菜单命令，打开【雕刻选项】窗口，如图6-45所示。

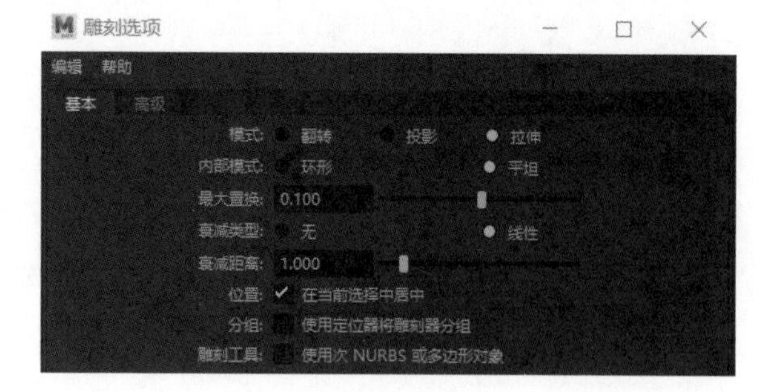

图6-45

参数解析

【模式】：指定雕刻变形器的模式。

- 【翻转】：在【翻转】模式中，变形将在【雕刻工具】接近目标对象几何体时发生；
- 【投影】：在【投影】模式中，雕刻变形器将目标对象几何体投影到【雕刻工具】的曲面上；
- 【拉伸】：在【拉伸】模式中，当将【雕刻工具】移离几何体时，受影响的几何体曲面会拉伸或凸起，以追随【雕刻工具】。

【内部模式】：指定变形器如何影响可变形对象中位于雕刻球体内部的点。

- 【环形】：该模式会将内部点推动到雕刻球体外部，从而在雕刻球体周围创建一种具有轮廓的类环效果；
- 【平坦】：该模式会将内部点在雕刻球体周围均匀地扩散，从而创建一种平滑的球形效果。

【最大置换】：指定雕刻球体可以将可变形对象的点从球体曲面推出的距离。

【衰减类型】：指定雕刻球体的影响范围如何下倾或衰减。

- 【无】：指定没有下倾，即提供突然的衰减效果；
- 【线性】：指定逐渐下倾，即提供线性降低的衰减效果。

【衰减距离】：指定雕刻球体的影响范围。

【位置】：指定雕刻球体的放置。

【分组】：如果要创建拉伸雕刻变形器，则可以选择是否将拉伸原点定位器与雕刻球体分组在一起。

【雕刻工具】：通过该工具，可以使用自定义NURBS曲面或多边形网格作为雕刻变形器对象。

6.3.6 父约束

使用父约束，可以将一个对象的位置约束到另一个对象上，以便这些对象的行为像具有多个目标父对象的父子关系。执行【约束】>【父对象】菜单命令，打开【父约束选项】窗口，如图6-46所示。

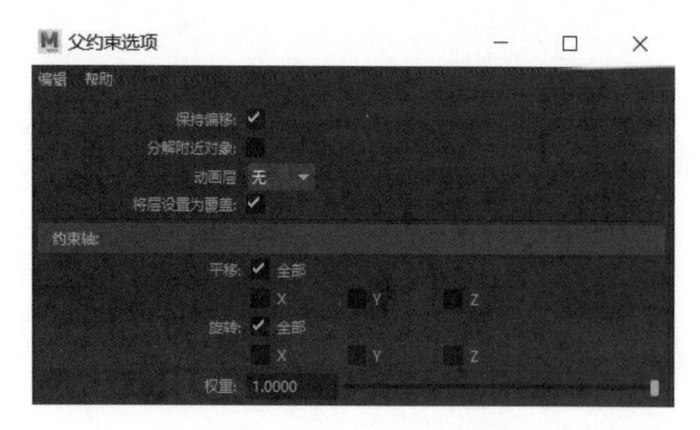

图6-46

参数解析

【保持偏移】：保持受约束对象的原始状态——相对平移和旋转。

【分解附近对象】：如果受约束对象与目标对象之间存在旋转偏移，则激活此选项可找到接近受约束对象而不是目标对象的旋转分解。

【动画层】使用该选项可以选择要添加父约束的动画层。

【将层设置为覆盖】：启用此选项时，在【动画层】下拉列表中选择的层会在用户将约束添加到动画层时自动设置为覆盖模式。

【约束轴】：用于确定父约束是受特定轴（X、Y、Z）限制还是受全部轴限制。

【权重】：仅当存在多个目标对象时，此选项才有用。

6.3.7 点约束

点约束可使一个对象移动或跟随另一个对象的位置。此功能用于使一个对象匹配其他对象的运动。创建点约束时，可以先设置创建选项，然后创建点约束。执行【约束】>【点】菜单命令，打开【点约束选项】窗口，如图 6-47 所示。

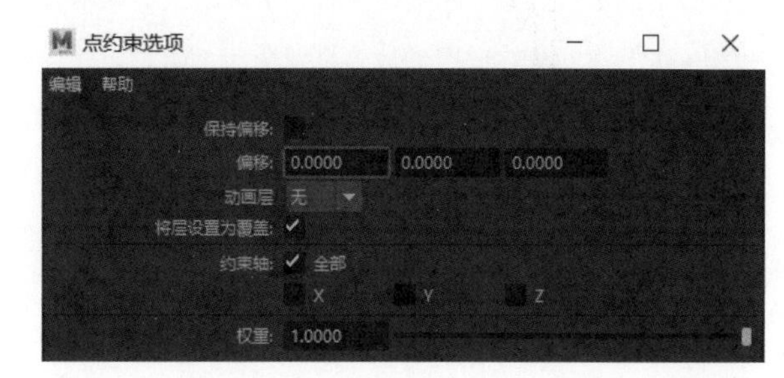

图 6-47

▶ 参数解析

【保持偏移】：保留受约束对象的原始平移和相对平移。使用该选项可以保持受约束对象之间的空间关系。

【偏移】：为受约束对象指定相对于目标点的偏移位置（X、Y、Z）。

【动画层】：允许用户选择要向其中添加点约束的动画层。

【将层设置为覆盖】：启用此选项时，在【动画层】下拉列表中选择的层会在用户将约束添加到动画层时自动设置为覆盖模式。

【约束轴】：用于确定将点约束限制到特定轴（X、Y、Z）还是全部轴。

【权重】：指定目标对象可以影响受约束对象位置的程度。拖动滑块选择介于 0.0000 ~ 10.0000 的值，默认值为 1.0000。

6.3.8 方向约束

方向约束可将一个对象所朝的方向与另外一个或多个对象相匹配。此约束可用于同时确定几个对象的方向。执行【约束】>【方向】菜单命令，打开【方向约束选项】窗口，如图 6-48 所示。

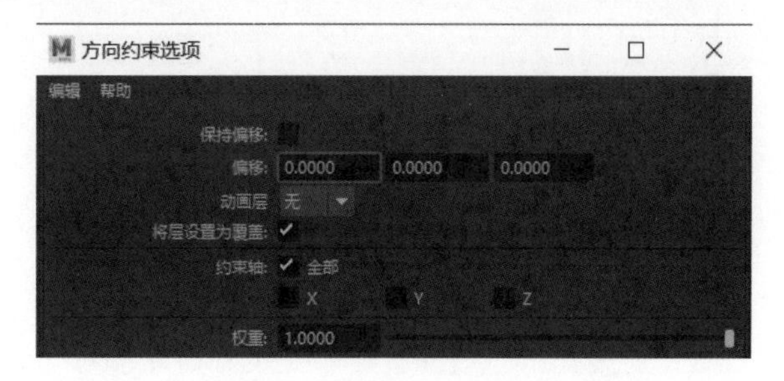

图 6-48

▶ 参数解析

【保持偏移】：保持受约束对象的原始、相对旋转。使用该选项可以保持受约束对象之间的旋转关系。

【偏移】：为受约束对象指定相对于目标点的偏移位置（X、Y、Z）。

【动画层】：用于选择要添加方向约束的动画层。

【将层设置为覆盖】：启用此选项时，在【动画层】下拉列表中选择的层会在用户将约束添加到动画层时自动设置为覆盖模式。

【约束轴】：确定方向约束受到特定轴（X、Y、Z）的限制还是受到全部轴的限制。

【权重】：指定目标对象可以影响受约束对象位置的程度。

6.3.9 缩放约束

缩放约束可以将一个缩放对象与另外一个或多个对象相匹配。该约束在同时缩放多个对象时非常有用。执行【约束】>【缩放】菜单命令，打开【缩放约束选项】窗口，如图 6-49 所示。

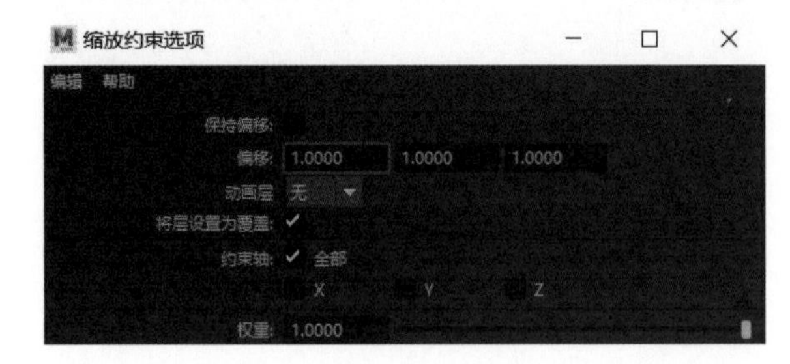

图 6-49

▶ 参数解析

【保持偏移】：相对缩放受约束对象保留原点。

【偏移】：为受约束对象指定相对于目标点的偏移位置（X、Y、Z）。

【动画层】：用于选择要在其上添加缩放约束的动画层。

【将层设置为覆盖】：启用此选项时，在【动画层】下拉列表中选择的层会在用户将约束添加到动画层时自动设置为覆盖模式。

【约束轴】：确定将缩放约束限制到特定枢轴（X、Y、Z）还是全部轴。

【权重】：指定受约束对象的缩放可以对目标对象产生的影响。

课堂案例 目标约束

素材文件	素材文件 \ 第 6 章 \ 无	扫码观看视频
案例文件	案例文件 \ 第 6 章 \ 课堂案例——目标约束.mb	
视频教学	视频教学 \ 第 6 章 \ 课堂案例——目标约束.mp4	
练习要点	掌握目标约束的效果	

Step 01 打开案例文件【课堂案例——目标约束.mb】，如图 6-50 所示。

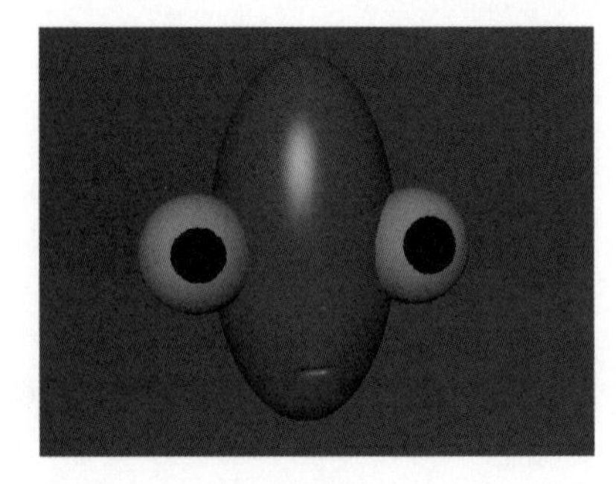

图 6-50

Step 02 执行【创建】>【定位器】菜单命令，创建一个虚拟定位器，移动到角色的前面，如图 6-51 所示。选择定位器，按快捷键 Ctrl+D，复制出另一个定位器，移动到另一侧，如图 6-52 所示。

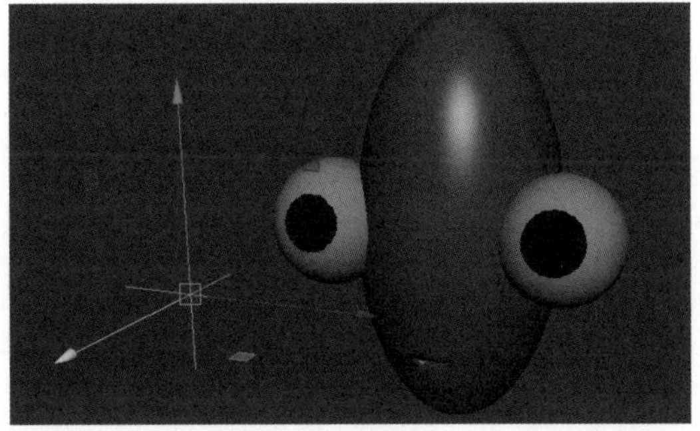

图 6-51

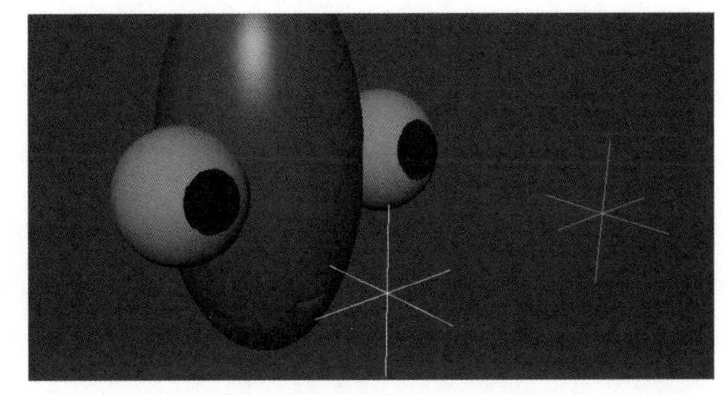

图 6-52

Step 03 在大纲视图中，单击 locator1，按住 Shift 键，加选 youyan。执行【约束】>【目标】菜单命令，打开【目标约束选项】窗口，设置【目标向量】为（0.0000,0.0000,1.0000）。单击 locator2，按住 Shift 键，加选 zuoyan。执行【约束】>【目标】菜单命令，打开【目标约束选项】窗口，设置【目标向量】为（0.0000,0.0000,1.0000），如图 6-53 所示。

Step 04 目标约束案例制作完成，如图 6-54 所示。

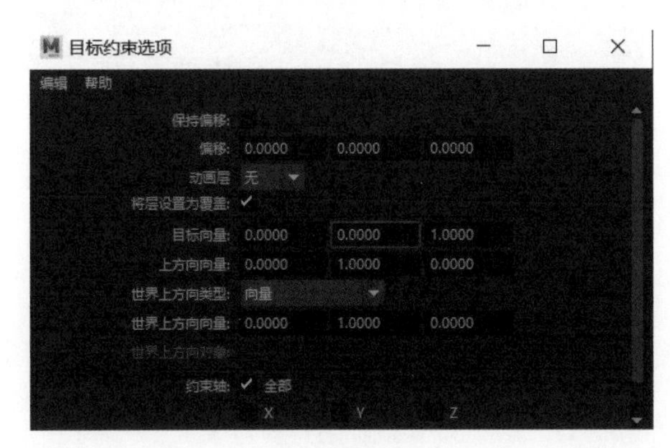

图 6-53

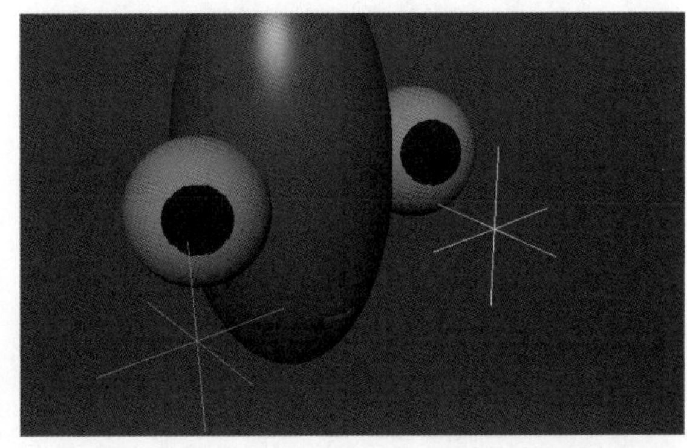

图 6-54

路径动画

路径动画就是使运动的物体按照预想的路径运动。路径动画控制对象沿着曲线运动。不能直接将 NURBS 曲线指定为运动路径。必须将对象附加到曲线上，这条曲线才能成为路径曲线，如图 6-55 所示。

图 6-55

课堂案例 小蛇滑动

素材文件	素材文件 \ 第 6 章 \ 无	扫码观看视频
案例文件	案例文件 \ 第 6 章 \ 课堂案例——小蛇滑动 .mb	
视频教学	视频教学 \ 第 6 章 \ 课堂案例——小蛇滑动 .mp4	
练习要点	掌握连接到运动路径效果的制作	

Step 01 打开案例文件【课堂案例——小蛇滑动.mb】，如图 6-56 所示。

Step 02 选择小蛇模型，按住 Shift 键，加选路径，执行【约束】>【运动路径】>【连接到运动路径】菜单命令，打开【连接到运动路径选项】窗口，设置【前方向轴】为【Z】，如图 6-57 所示。

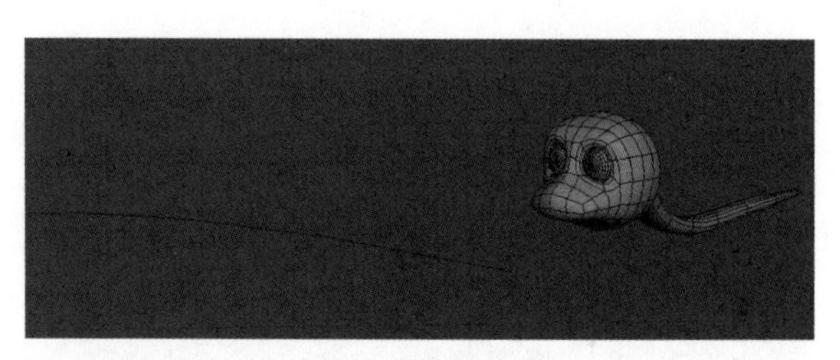

图 6-56

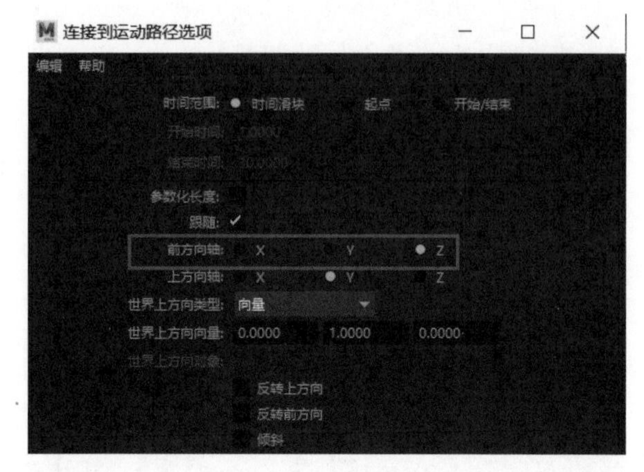

图 6-57

完成连接到运动路径操作之后，如果小蛇的运动方向、运动路径都不对，要先查看坐标轴的方向与前方轴的三个轴向是否相匹配。

Step 03 案例制作完成，如图 6-58 所示。

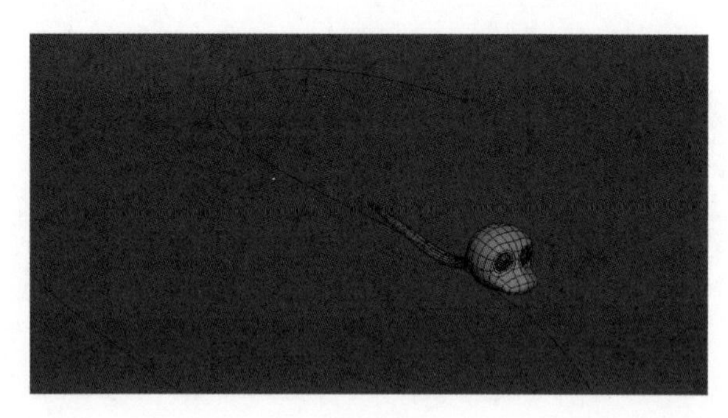

图 6-58

1. 流动路径对象

在 Maya 中，用户可以沿当前运动路径或围绕当前对象创建流动路径。执行【约束】>【运动路径】>【流动路径对象】菜单命令，打开【流动路径对象选项】窗口，如图 6-59 所示。

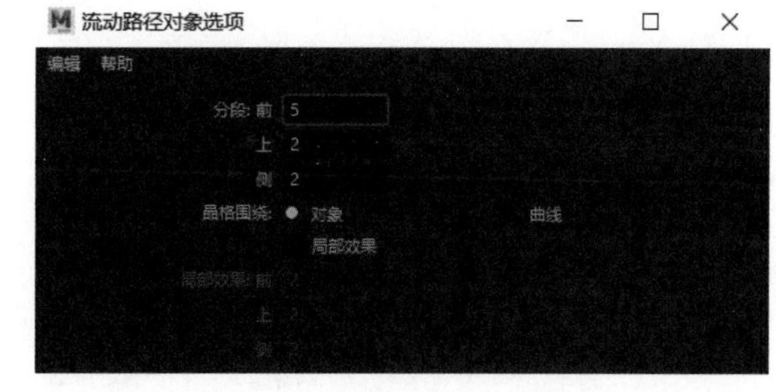

图 6-59

▶ 参数解析

【分段】: 用于设置将创建的晶格数。其中，前、上和侧与创建路径动画时指定的轴相对应。

【晶格围绕】: 有两个选项。

- 【对象】: 创建围绕晶格的对象;
- 【曲线】: 创建围绕路径曲线的晶格。

【局部效果】: 当创建围绕曲线的晶格时，该选项最有用。

2. 设置运动路径关键帧

在Maya中,用户可以设置运动路径关键帧,即将运动路径标记添加到当前时间的选定运动路径曲线中。执行【约束】>【运动路径】>【设置运动路径关键帧】菜单命令，可以添加设置运动路径关键帧。

课后习题

一、选择题

1. 曲线图编辑器显示为场景动画的（　　），以便通过多种方式创建、查看和修改动画曲线。

A.【图表视图】

B.【视图编辑】

C.【图形视图】

2. 曲线图编辑器的工具栏位于顶部，其中包括许多快速访问控件，用于在图表视图中处理关键帧和（　　）。

A.【曲面】

B.【曲线】

C.【节点】

D.【容积】

3. 利用（　　）制作的动画速度由慢到快，一般用于表现重物下落、车辆提速等。

A.【缓入缓出】

B.【加速曲线】

C.【减速曲线】

D.【匀速曲线】

4. 创建（　　）是指沿当前运动路径或围绕当前对象创建流动路径。

A.【路径约束】

B.【对象路径】

C.【流动路径对象】

D.【路径延展】

二、填空题

1. 曲线图编辑器主要包括工具栏、______和图表视图。

2. ______指定样条线切线在选定关键帧之前和之后的关键帧之间创建一条平滑的动画曲线，使两个点在曲率相同处对齐。

3. ______既可以用于建模，又可以将变形器用作动画工具。

4. ______可将一个对象所朝的方向与另外一个或多个对象相匹配。

三、简答题

1. 简述曲线图编辑器的概念。

2. 简述变形器的概念。

3. 简述减速曲线与缓入缓出曲线的区别。

四、案例习题

案例文件：案例文件 \ 第 6 章 \ 篮球动画.mb

效果文件：效果文件 \ 第 6 章 \ 篮球动画.mp4

练习要点：

1. 根据小球模型制作篮球动画。

2. 运用曲线图编辑器对篮球的运动进行操作。

3. 通过调整曲线和关键帧完成案例的制作。

第 7 章 骨架蒙皮绑定

在 Maya 中，绑定工作是通过骨架蒙皮系统来完成的。骨架蒙皮具有支撑身体及控制角色肢体动作幅度的作用，这与现实中人物、动物的骨架功能也是基本类似的。一般情况下，数字角色是没有肌肉的，控制数字角色运动的就是三维软件里提供的骨架系统。所以，通常所说的角色动画，就是制作数字角色骨架的动画，骨架控制着皮肤和肌肉随着人物的动作而动作，实现角色动画。角色骨架创建完成后，还有强大的骨架控制方式，比如 IK、FK 这些方便的控制手柄。学好本章的内容，相信大家对骨架的搭建和蒙皮细分等知识的掌握会有质的飞跃。

MAYA

学习目标

- 了解骨架的搭建及控制方式
- 了解蒙皮
- 了解蒙皮权重的分配

技能目标

- 掌握人形骨架的创建方法与对位
- 掌握各种关节操作
- 掌握常用权重的刷取工具

7.1 骨架的搭建及控制方式

构建骨架是放置关节和确定关节方向以创建一种系统的过程，借助该系统可以设置可变形对象的姿势。骨架是分层的有关节的结构，用于设置绑定模型的姿势和对绑定模型设置动画。

课堂案例 创建骨架

素材文件	素材文件 \ 第 7 章 \ 无	扫码观看视频
案例文件	案例文件 \ 第 7 章 \ 课堂练习——创建骨架.mb	
视频教学	视频教学 \ 第 7 章 \ 课堂练习——创建骨架.mp4	
练习要点	掌握骨架的创建方法	

Step 01 打开 Maya 2018，打开【装备】菜单，如图 7-1 所示。

Step 02 首先创建单个骨架。切换至前视图，执行【骨架】>【创建关节】菜单命令，创建单个骨架，如图 7-2 所示。

提示

在装备工具栏中单击【创建关节】按钮，也可以创建关节。

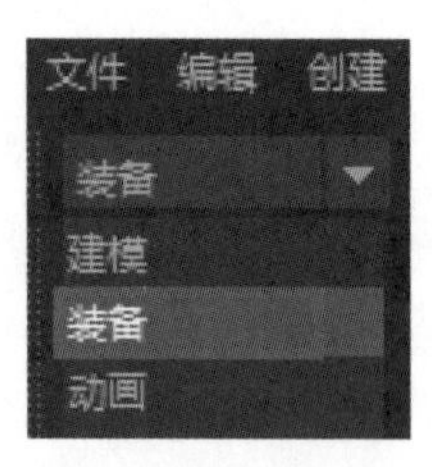

图 7-1

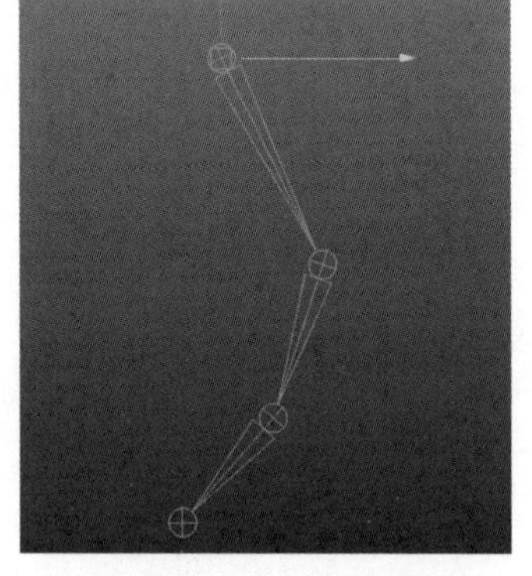

图 7-2

Step 03 双击工具栏中的【创建关节】按钮，打开【关节设置】选项组，设置【对称】为【*X* 轴】，继续创建关节（以对称的方式创建），如图 7-3 所示。

Step 04 再次双击工具栏中的【创建关节】按钮，打开【关节设置】选项组，设置【对称】为【禁用】，选中【创建 IK 控制柄】复选框，创建一个带 IK 绑定的关节链，如图 7-4 所示。

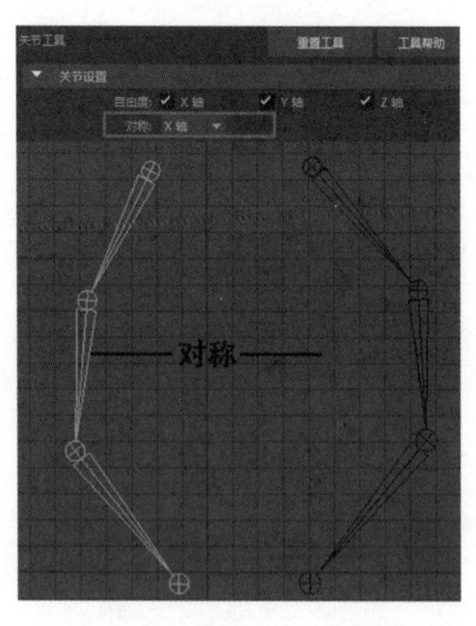

图 7-3

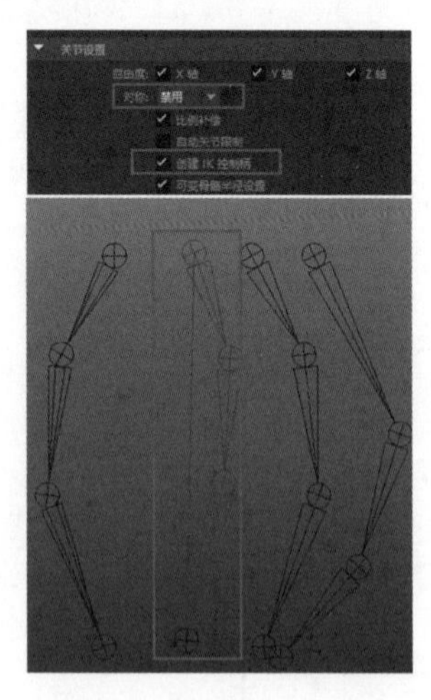

图 7-4

提示

1. 设置骨骼关节显示的大小，执行【显示】>【动画】>【关节大小】菜单命令，打开【关节显示比例】窗口，根据需要设置关节大小，如图 7-5 所示。

2. 另一种方便操作骨骼关节的方式是执行【窗口】>【大纲视图】菜单命令，打开大纲视图，如图 7-6 所示。

图 7-5

图 7-6

1. 插入关节

【插入关节】：可以在某个关节的末端插入新的关节，或者在需要插入关节的部位插入关节；也可以执行【骨架】>【插入关节】菜单命令进行创建，如图 7-7 所示。

2. 镜像关节

【镜像关节】：在相对应的位置镜像复制新的关节。执行【骨架】>【镜像关节】菜单命令，可以打开【镜像关节选项】窗口，对相关参数进行设置，如下图 7-8 所示。

▶ 参数解析

【镜像平面】：默认设置为【*XY*】。

- 【*XY*】：跨 *XY* 平面镜像关节；
- 【*YZ*】：跨 *YZ* 平面镜像关节；
- 【*XZ*】：跨 *XZ* 平面镜像关节；

【镜像功能】：有两个选项。

- 【行为】：启用该选项，则镜像后的关节将具有与原始对象相反的方向，每个关节的本地旋转轴指向其对等物的相反方向；
- 【方向】：当该选项处于启用状态时，镜像后的关节将具有与原始关节相同的方向。

【重置关节的替换名称】：有两个选项。

- 【搜索】：可以指定待替换镜像后关节链中关节的名称标志符；
- 【替换为】：可以指定用于替换搜索字段中指定的镜像后关节名称标志符的名称字段。

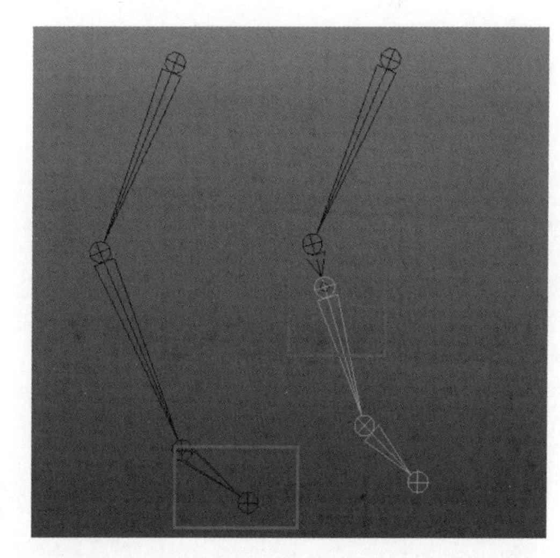

图 7-7

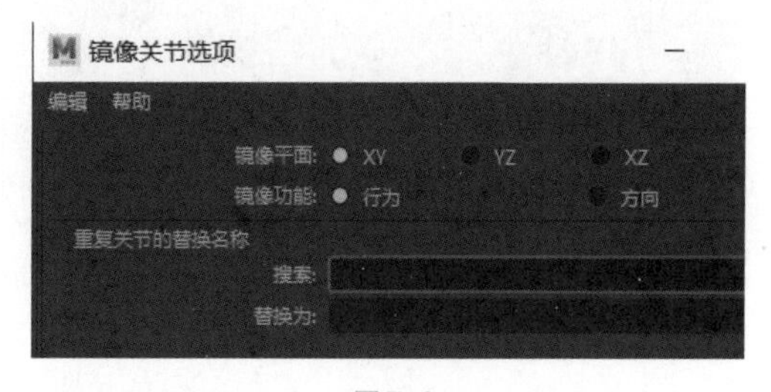

图 7-8

3. 确定关节方向

【确定关节方向】：在进行骨胳对位时，用于更改骨骼链的指向。执行【骨架】>【确定关节方向】菜单命令，打开【确定关节方向选项】窗口，对相关参数进行设置，如图 7-9 所示。

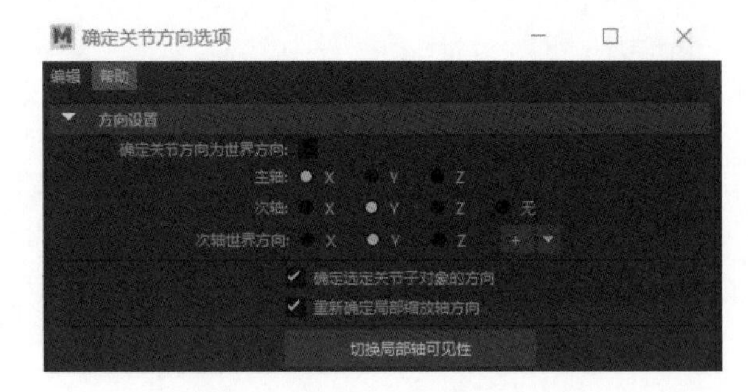

图 7-9

▶ 参数解析

【确定关节方向为世界方向】：启用此选项后，使用关节工具创建的所有关节都将与世界帧对齐。

【主轴】：用于为关节指定主轴。

【次轴】：用于指定局部关节轴用作关节的次要方向。

【次轴世界方向】：用于设置次轴的方向。

【确定选定关节子对象的方向】：此选项会影响骨架层次中当前关节下的所有关节。

【重新确定局部缩放轴方向】：启用此选项后，当前关节的局部缩放轴也重新确定方向。

【切换局部轴可见性】：切换选定关节上局部轴的显示。

4. 移除关节

【移除关节】：可将关节移除，与【插入关节】的正好相反，如图 7-10 所示。

5. 断开关节

【断开关节】：可将某段关节断开，成为独立的骨胳，如图 7-11 所示。

图 7-10

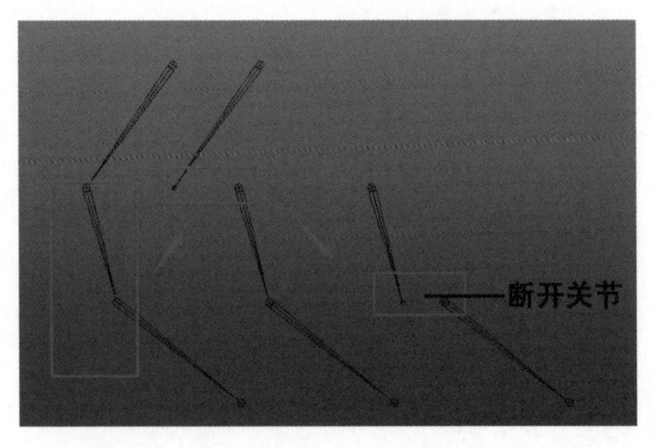

图 7-11

6. 连接关节

【连接关节】：用于连接关节。执行【骨架】>【连接关节】菜单命令，单击右侧的小方框，在打开的窗口中设置相关参数，如图 7-12 所示。

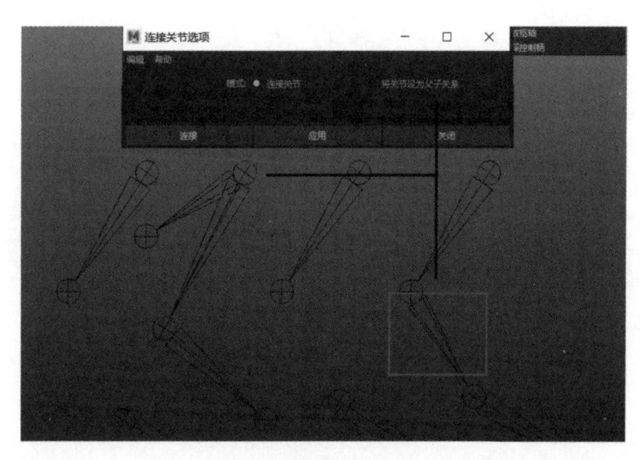

图 7-12

▶ 参数解析

【连接关节】：以根骨骼为连接轴连接关节，使用度不高。

【将关节设为父子关系】：正常连接两段骨骼，使用度高。

提示

两段骨骼的选择方法：先选择一段骨骼的根关节，按键盘上的 Shift 键加选要连接的另一段骨骼的关节点，如图 7-13 所示。

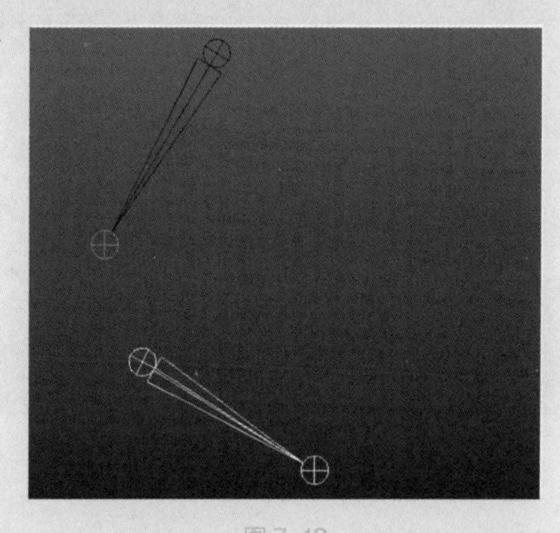

图 7-13

7. 重定骨架根

【重定骨架根】：用于将当前关节指定为其层次的父关节或根关节，如图 7-14 所示。

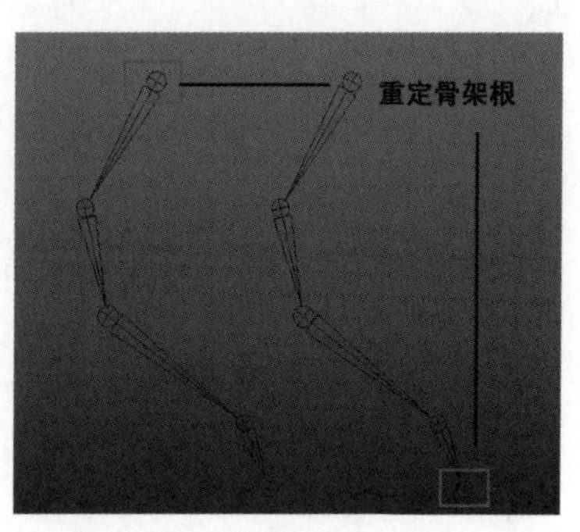

图 7-14

8. 骨骼的动力学控制

【骨骼动力学控制】：是指骨骼的 IK 和 FK。IK 简称正向动力学或前向动力学，它是由父级物体带动子级物体的运动；FK 简称反向动力学或逆向动力学，它是由子级物体带动父级物体的运动。

课堂案例 IK、FK样条线控制

素材文件	素材文件\第7章\无	扫码观看视频
案例文件	案例文件\第7章\课堂案例——IK与FK样条线控制.mb	
视频教学	视频教学\第7章\课堂案例——IK与FK样条线控制.mp4	
练习要点	掌握Maya中IK与FK样条线控制的技巧	

Step 01 打开案例文件【课堂案例——IK 与 FK 样条线控制.mb】，执行【窗口】>【大纲视图】菜单命令，打开大纲视图，方便选择骨架，如图 7-15 所示。

Step 02 在前视图中，执行【骨架】>【创建 IK 控制柄】菜单命令，单击骨骼根关节上端，链接骨骼关节下端，生成 IK 控制柄，如图 7-16 所示。

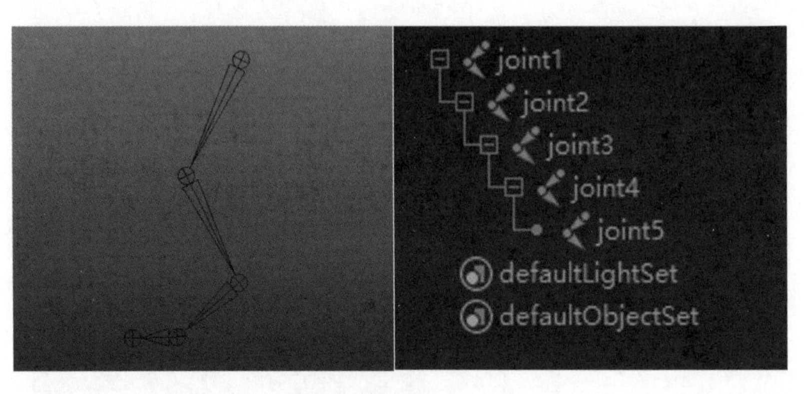

图 7-15

图 7-16

Step 03 在透视图中，单击工具栏中的【圆环工具】按钮，在视图中创建圆环，利用【缩放】工具和【移动】工具对圆环进行缩放，如图 7-17 所示。

Step 04 选择圆环，按住 V 键，使用鼠标中键捕捉关节中心点，如图 7-18 所示。

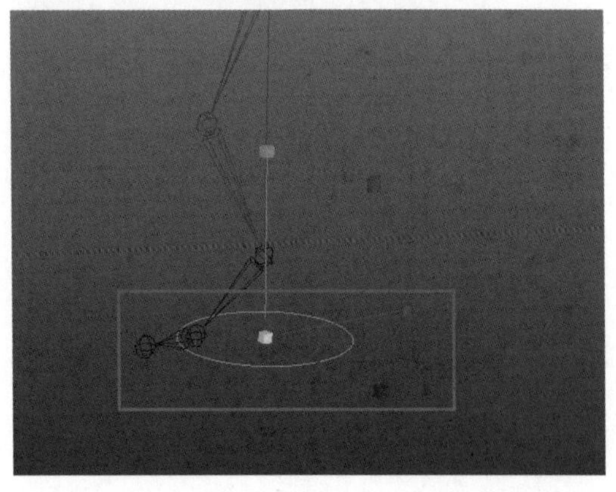

图 7-17

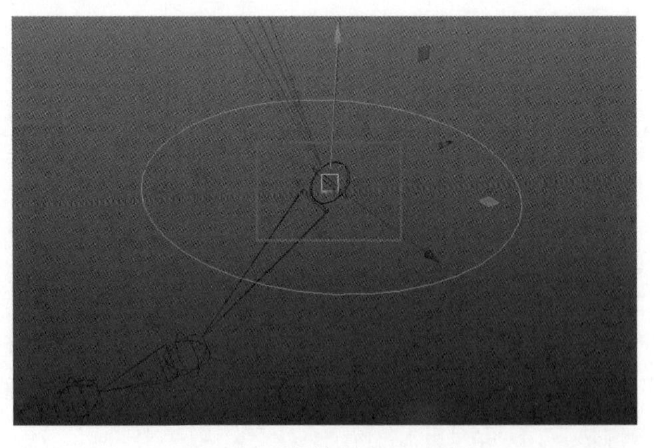

图 7-18

Step 05 打开大纲视图，选择NURBS Circle1（曲线），按住Shift键，单击【ikHandle1】（IK控制柄），如图7-19所示。执行【约束】>【点】菜单命令，创建点约束，如图7-20所示。

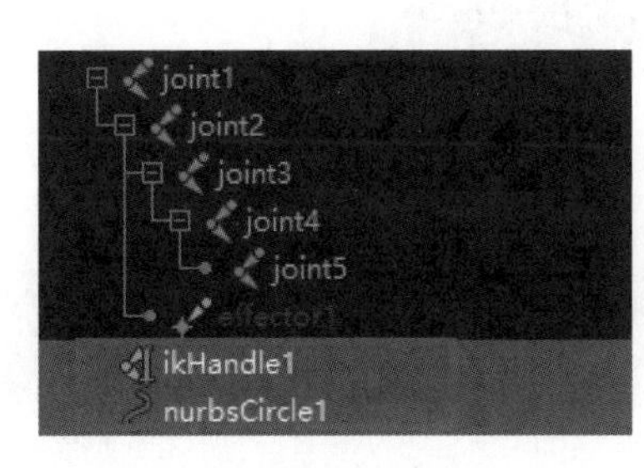

图7-19

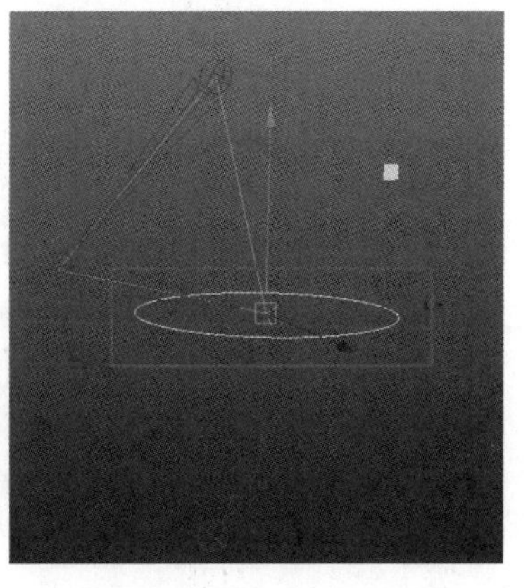

图7-20

课堂案例 角色骨架的创建

素材文件	素材文件\第7章\无	扫码观看视频
案例文件	案例文件\第7章\课堂练习——角色骨架创建.mb	
视频教学	视频教学\第7章\课堂练习——角色骨架创建.mp4	
练习要点	掌握角色架的制作技巧	

Step 01 打开案例文件【课堂案例——角色骨架的创建.mb】，如图7-21所示。

Step 02 选择场景中所有模型，单击右侧【层】面板中的【创建新层并指定选定对象】按钮，设置模式为【R】，如图7-22所示。

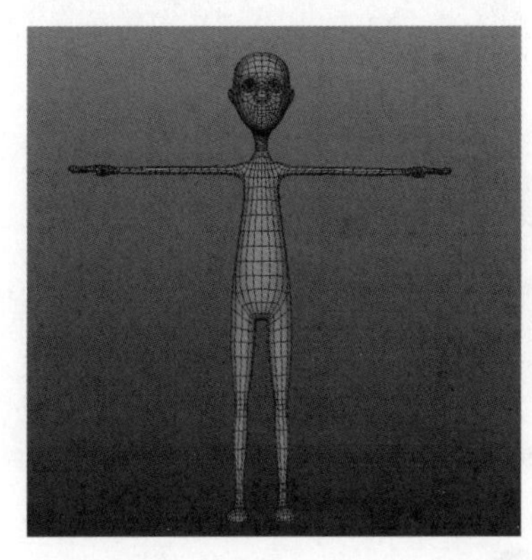

图7-21

图7-22

提示

在进行关节对位之前，除了上述操作，还应单击工具栏中的【显示物体表面网格】按钮、【X射线显示】按钮、【X射线显示关节】等，有利于操作骨架。

Step 03 切换至边视图，执行【装备】>【骨架】>【创建关节】菜单命令，从臀部开始依次单击，创建骨架，再切换到前视图对关节进行对位，如图7-23所示。

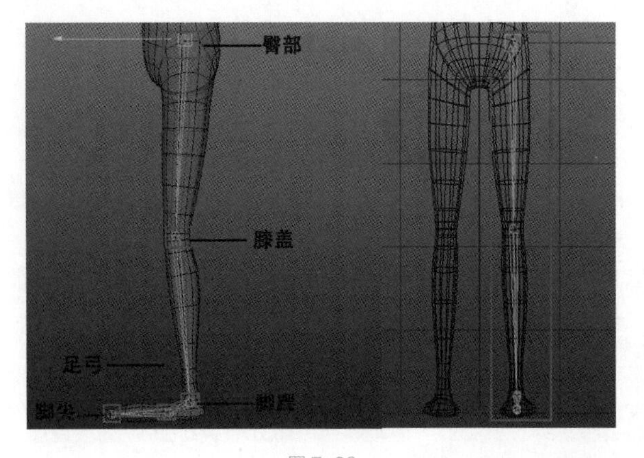

图 7-23

Step 04 选择一侧关节，执行【骨架】>【镜像关节】菜单命令，单击右侧的小方框，设置【镜像平面】为【*YZ*】，如图 7-24 所示。

图 7-24

Step 05 创建完的上半身骨架如图 7-25 所示。选择脖子上方的关节，在工具栏中单击【创建关节】按钮，制作嘴巴部分的骨架，如图 7-26 所示，

提示

1. 在调整单个关节时，按住 D 键，可以实现关节轴自由伸缩。
2. 如果角色没有嘴部，此处骨架的创建可以省略。

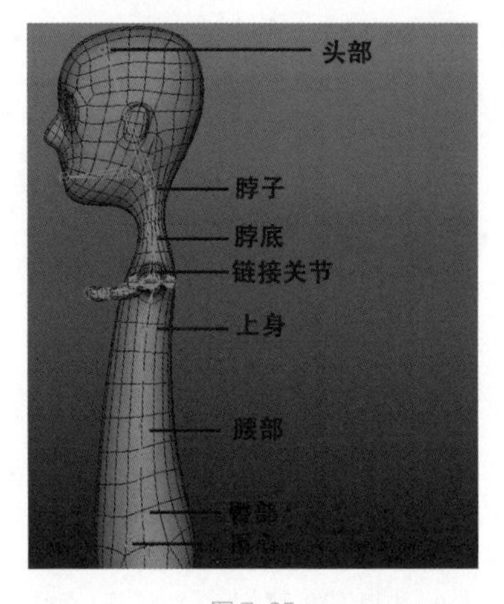

图 7-25

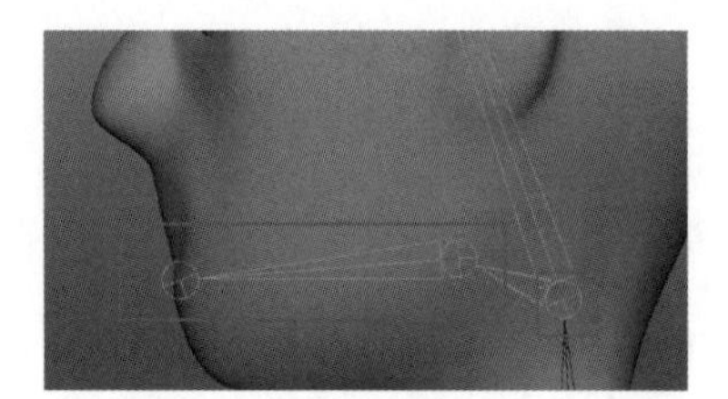

图 7-26

Step 06 切换至前视图，单击工具栏中的【创建关节】按钮，继续创建角色前臂部分的骨架，如图 7-27 所示。切换至顶视图，进行移动对位，如图 7-28 所示。

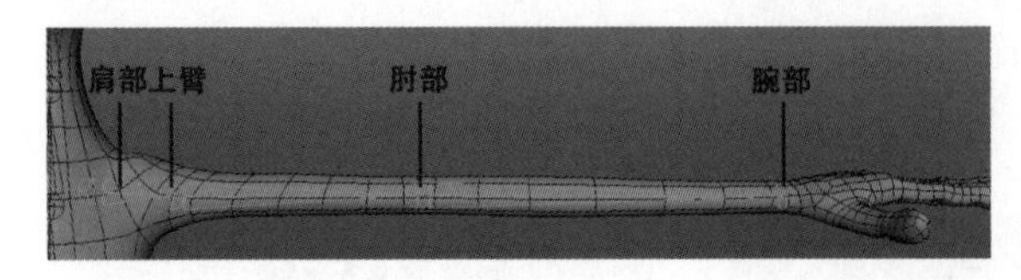

图 7-27

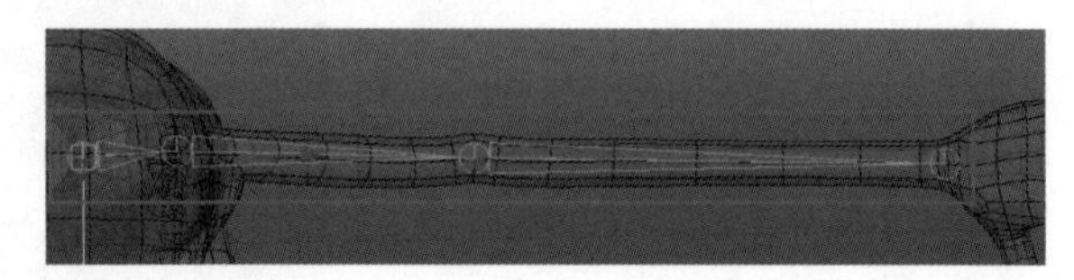

图 7-28

Step 07 在顶视图中，单击工具栏中的【创建关节】按钮，继续创建手部关节，如图 7-29 所示。重复切换顶视图和透视图，对关节进行移动对位，如图 7-30 所示。

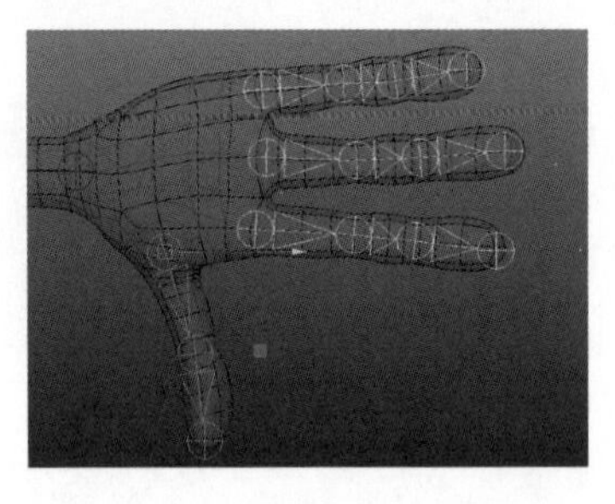

图 7-29

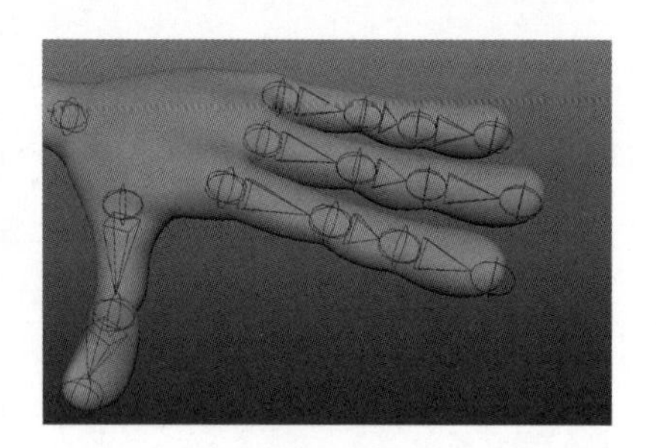

图 7-30

Step 08 在顶视图中，选择手部的全部骨骼链，按住 Shift 键加选腕部关节。之后按 P 键进行父子链接，生成手掌骨架链接，如图 7-31 所示。创建完成后，利用【移动】工具继续对关节进行对位调整，如图 7-32 所示。

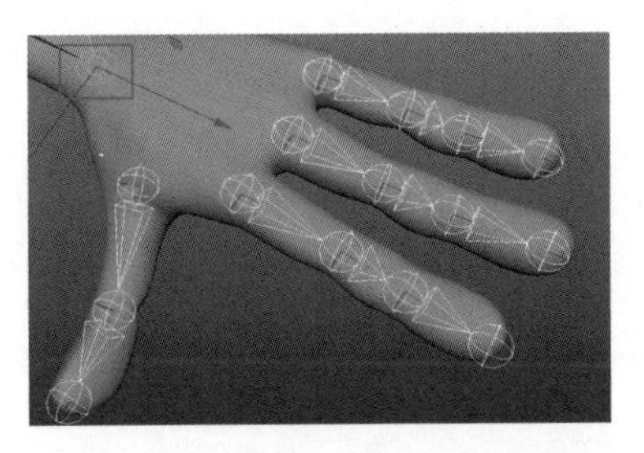

图 7-31

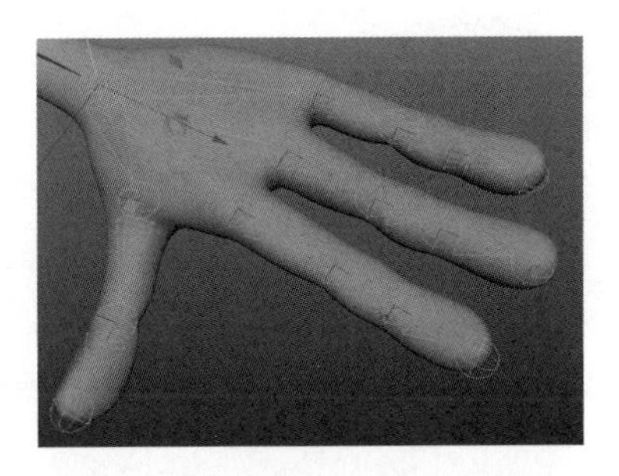

图 7-32

Step 09 切换至前视图，选择手臂根骨骼，执行【骨架】>【镜像关节】菜单命令，单击右侧的小方框，设置【镜像平面】为【*YZ*】，生成另一侧手臂骨架，如图 7-33 所示。

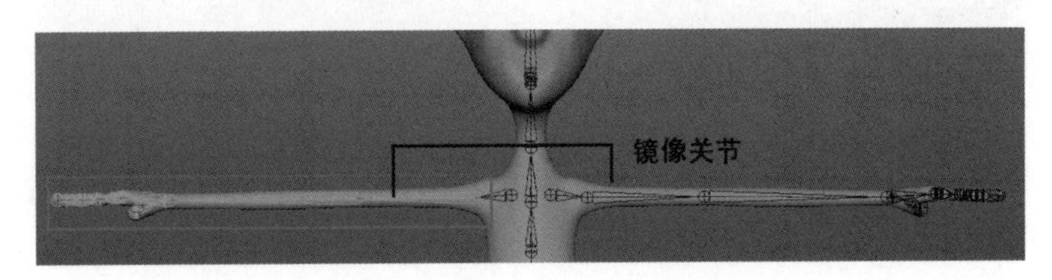

图 7-33

Step 10 选择左、右手臂根骨骼，按住 Shift 键加选身体中间链接关节。之后按 P 键做父子链接，生成中间链接骨骼，如图 7-34 所示。

Step 11 选择左、右腿部根骨骼，按住 Shift 键加选中间臀部关节。之后按 P 键做父子链接，生成中间链接骨骼，如图 7-35 所示。

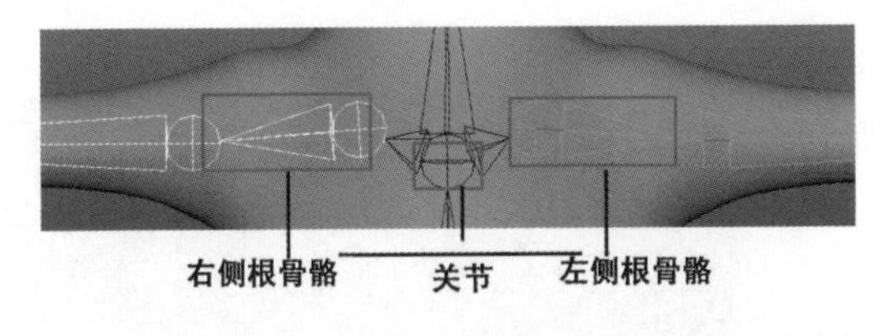

图 7-34

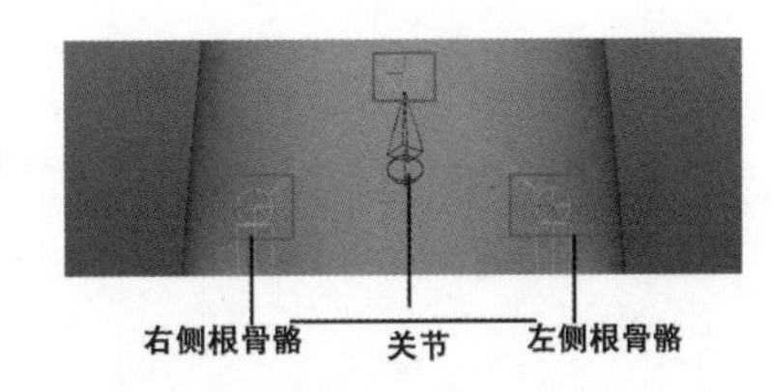

图 7-35

Step 12 身体完整骨架创建完成，效果如图 7-36 所示。

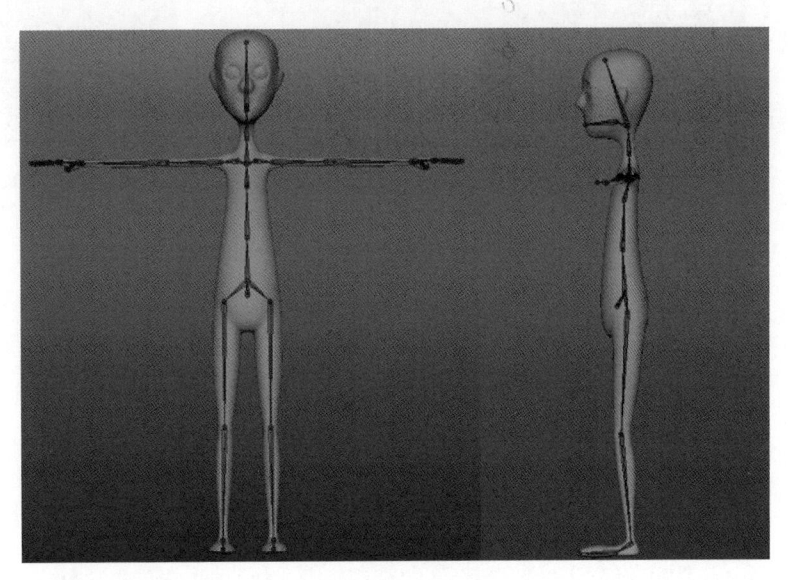

图 7-36

蒙皮

蒙皮是将可变形对象绑定到骨架的过程。通常可变形对象是指多边形物体或者 NURBS 曲面。这些几何体对象会变成角色的曲面或蒙皮，并且其形状会受骨架关节的动作影响。

7.2.1 蒙皮前的设置

在蒙皮之前，需要充分检查要蒙皮模型的关节对位及大纲视图中的位置关系，这样在以后的动画制作中不至于出现错误。在检查模型时，应该注意以下 3 点：

第一，应该检查角色模型与骨骼关节的对位是否合理，模型自身的布线是否适合制作动画，若发现对位、布线存在问题应该及时修正。

第二，梳理大纲视图，检查模型各部分的命名，把需要蒙皮的部分进行编组操作，不需要蒙皮的部分也要单独编组。

第三，对蒙皮前的模型进行“三清”，即居中枢轴、冻结变换按类型删除全部历史。

7.2.2 绑定蒙皮

【绑定蒙皮】：是指将骨骼中的多个关节与蒙皮模型进行结合，产生共同影响点，为动画制作提供一种平滑的关节连接变形效果，如图 7-37 所示。

提示

当使用对象层次选项时，可以仅选择无法蒙皮的关节或对象作为绑定的初始影响。

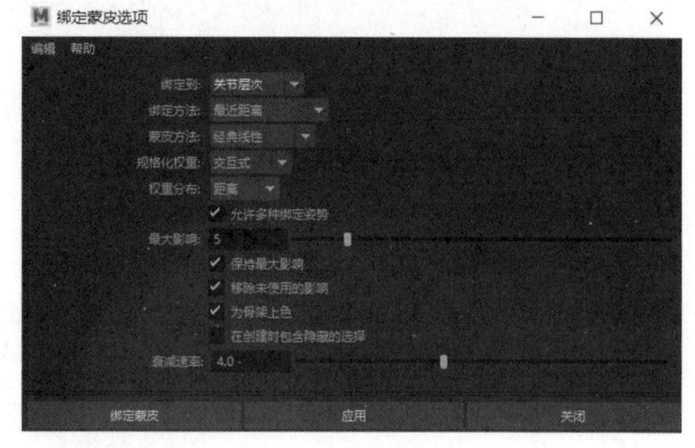

图 7-37

▶ 参数解析

【绑定到】：用于设置是绑定到整个骨架还是仅绑定到选定关节。

- 【关节层次】：用于将可变形对象绑定到从根关节到以下骨架层次的整个骨架。绑定整个关节层次是绑定角色蒙皮的常用方法。此选项是默认设置。
- 【选定关节】：使可变形对象仅被绑定到选定关节，而不是整个骨架。
- 【对象层次】：使可变形对象被绑定到选定关节或非关节变换节点的整个层次，从顶部节点到整个节点层次。如果节点层次中存在关节，它们也被包含在绑定中。

【绑定方法】：用于设置初始蒙皮期间关节如何影响邻近蒙皮点。

- 【最近距离】：关节影响仅基于与蒙皮点的近似。当为角色绑定蒙皮时，Maya 会忽略骨架层次。
- 【在层次中最近】：关节影响基于骨架层次，这是默认设置。在角色设置中，该方法可以防止不恰当的关节影响。
- 【热量贴图】：使用热量扩散技术分发影响权重。基于网格中的每个影响对象设置初始权重，该网格用作热量源，并在周边网格发射权重值。较高权重值最接近关节，向远离对象的方向移动时会降为较低的值。

- 【测地线体素】：使用网格体素帮助计算影响权重。

【蒙皮方法】：指定用于选定可变形对象的蒙皮方法。

- 【经典线性】：使对象使用经典线性蒙皮。如果希望使用基本平滑蒙皮变形效果，请使用该模式。
- 【双四元数】：使对象使用双四元数蒙皮。如果希望在绕扭曲关节变形时保持网格中的体积，请使用该方法。
- 【权重已混合】：使对象使用经典线性和双四元数的混合蒙皮，该混合蒙皮基于绘制的顶点权重贴图。

【规格化权重】：用于设置平滑蒙皮权重规格化的方式。其下拉列表中的选项可以帮助用户避免无意中在规格化过程中为多个顶点设置小权重值的情况。

- 【交互式】：在添加或移除影响及绘制蒙皮权重时规格化蒙皮权重值。
- 【无】：禁用平滑蒙皮权重规格化。
- 【后期】启用此选项，Maya 会在制作变形网格时计算规格化的蒙皮权重值，防止任何古怪或不正确的变形。

【权重分布】：仅当【规格化权重】模式为【交互式】时才可用。在使用【交互式】规格化模式绘制权重时，Maya 会在每个笔画之后重新规格化权重值，从而缩放可用的权重以使顶点权重的总和仍为 1.0。如果将权重根据其现有值进行缩放，在其他所有权重都未被锁定的情下，可用权都为零。此设置可用来确定 Maya 如何在规格化期间创建新权重。

- 【距离】：基于蒙皮到各影响顶点的距离计算新权重。距离越近的关节获得的权重越高。
- 【相邻】：基于影响周围顶点的影响计算新权重。

【允许多种绑定姿势】：允许用户设置是否允许每个骨架有多个绑定姿势。

【最大影响】：指定可影响平滑蒙皮对象上每个蒙皮点的关节数量，默认值为 5。

【保持最大影响】：设置任何时候平滑蒙皮对象的影响数量都不得大于【保持最大影响】指定的值。

【移除未使用的影响】：用于设置接收零权重的加权影响将不会被包含在绑定中。当希望减少场景的计算数以提高播放速度时，该选项非常有用。

【为骨架上色】：用于为绑定骨架及其蒙皮顶点上色，以便顶点显示与影响它们的关节和骨骼相同的颜色。

提示

执行【显示】>【线框颜色】>【窗口】菜单命令，可以更改单个关节和骨骼的颜色。

【在创建时包含隐藏的选择】：用于设置使绑定包含不可见的对象。因为在默认情况下，必须是具有可见性的对象才能成功完成绑定。有时对象不可见，如果仍希望绑定成功，需要选中此复选框。

【衰减速率】：当将绑定方法设置为在层次中最近或最近距离时，每个关节对特定点的影响根据蒙皮点和关节之间的距离不同而变化。该选项用于指定蒙皮点上每个关节的影响随其与该关节距离的变化而降低的程度。值越大，影响随距离变化而降低的速度就越快；值越小，影响随距离变化而降低的速度就越慢。

7.2.3 绘制蒙皮权重

【绘制蒙皮权重】：设置物体角色在蒙皮状态下的权重平衡，用于更改平滑蒙皮的变形效果。如果要将单个蒙皮点权重设置为特定值，可以使用组件编辑器，如图 7-38 所示。

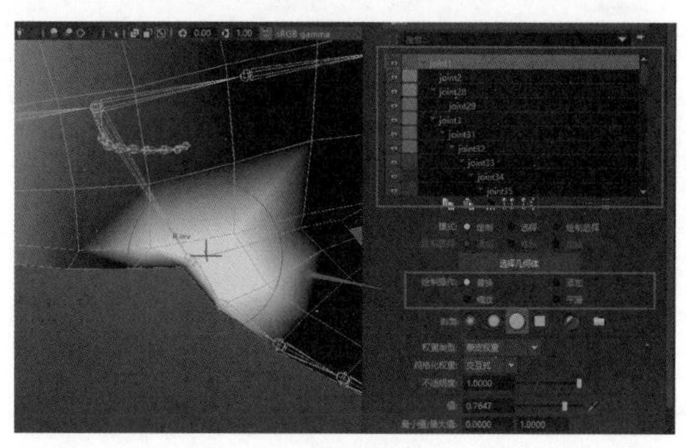

图 7-38

▶ 参数解析

【绘制蒙皮权重】：有黑白灰和彩色两种形式。这两种形式从功能上来说都是一样的，用户可以根据自己的操作习惯择优选择，如图 7-39 所示，

关节选择窗：方便用户找到关节的位置，如图 7-40 所示。

图 7-39

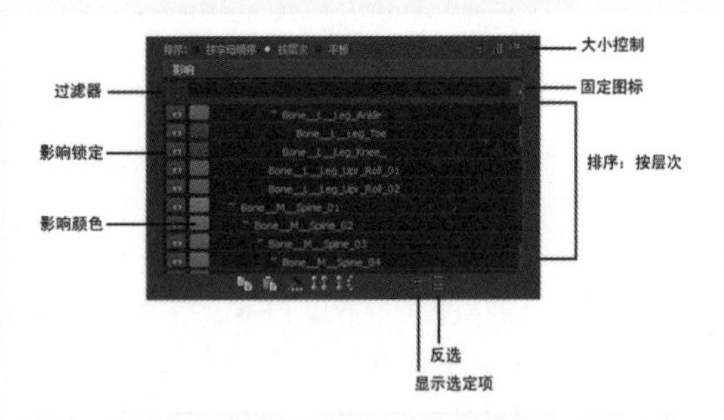

图 7-40

▶ 参数解析

过滤器：用户可以在此处输入文本以过滤在列表中显示的影响，尤其是在有复杂的场景角色时，这样可以更轻松地查找和选择要处理的影响。

影响颜色按钮：用户可以通过该窗口为选定的影响指定新的颜色。

模式：用户可以通过该选项在不同的绘制模式之间进行切换。

【固定图标】：用于固定影响列表，以仅显示选定的影响。

【影响锁定图标】：用于在绘制时锁定和解除锁定接收权重的每个影响。

【固定图标】：通过单击此按钮可将复制的顶点权重值粘贴到其他选定顶点。

【修复图标】：通过单击此按钮可以修复因权重导致网格上出现不希望变形的选定顶点。

【移动权重】：单击此按钮可将选定顶点的权重值从第一个选定对象的影响移动到其他选定的影响。

【显示影响】：单击此按钮可以选择影响到选定顶点的所有影响。

【反选】：单击此按钮可以快速反转要在列表中选定的影响。在与影响列表的保持和不保持按钮一起使用时，该选项非常有用。

【显示选定项】：单击此按钮可自动浏览影响列表，以显示选定影响。在处理具有多个影响的复杂角色时，该选项非常有用。

使用快捷键 Ctrl + < 和 Ctrl + >，可以在这些模式之间进行快速切换。

权重笔刷面板：用于在蒙皮时设置不同的权重笔刷，如图 7-41 所示。

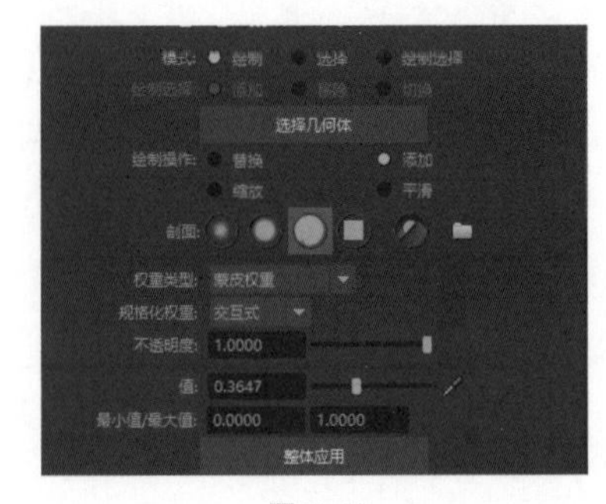

图 7-41

▶ 参数解析

•【绘制】：通过顶点绘制值来设置权重。

•【选择】：从绘制蒙皮权重切换到选择蒙皮点和影响。对于多个蒙皮权重任务，该模式非常重要。

【绘制选择】：通过此选项可以绘制选择顶点。

【绘制选择】：通过 3 个附加选项可以设置绘制时是否向选择中添加或从选择中移除顶点。

•【添加】：向绘制选择添加顶点。

•【移除】：从绘制选择中移除顶点。

•【切换】：切换绘制顶点的选择，即从选择中移除选定顶点并添加取消选择的顶点。

【选择几何体】：单击它可快速选择整个网格。

•【添加】：增大附近关节的影响。

•【缩放】：减小远处关节的影响。

•【平滑】：平滑关节的影响。

【权重类型】：选择不同类型的权重进行绘制。

•【蒙皮权重】：选择该选项可以为选定影响绘制基本的蒙皮权重，这是默认设置。

•【DQ 混合权重】：选择该选项绘制权重值，以便逐个顶点控制经典线性和双四元数蒙皮的混合。

【规格化权重】：有 3 个选项。

•【禁用】：禁用平滑蒙皮权重规格化。

•【交互式】：当添加或移除影响及绘制蒙皮权重时规格化蒙皮权重值。

•【后期】：在变形网格时计算规格化的蒙皮权重值，防止任何古怪或不正确的变形。

【不透明度】：通过该选项可以产生更平缓的变化，从而获得更精细的效果。

【值】：设置笔刷笔画应用的权重值。

【最小值】/【最大值】：设置可能的最小和最大绘制值。

权重笔刷面板：与上面的命令处于一个面板中，如图 7-42 所示。

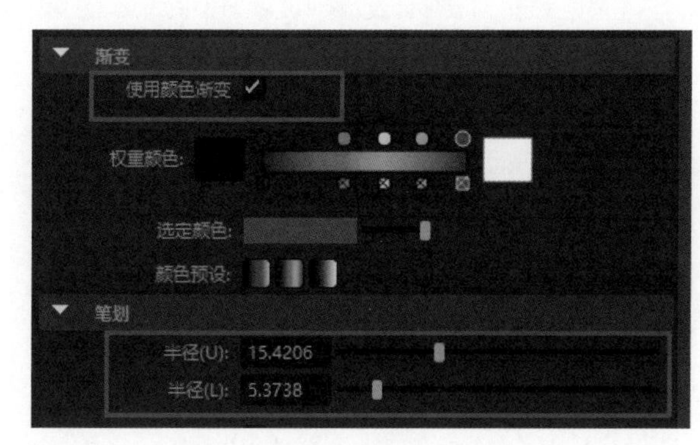

图 7-42

▶ 参数解析

【使用颜色渐变】：使权重值表示网格的颜色。

【权重颜色】：当【使用颜色渐变】处于启用状态时，可在此编辑颜色渐变。

【选定颜色】：单击色块可以打开颜色选择器，并为颜色渐变的选定部分设置新颜色。仅在【使用颜色渐变】处于启用状态时可用。

【颜色预设】：用户可以从预定义的 3 个颜色渐变选项中选择。

7.2.4 复制蒙皮权重

【复制蒙皮权重】：单击此按钮，会打开【复制蒙皮权重选项】窗口，用户可以将所有权重从一个绑定网格复制并粘贴到另一个绑定网格，或者复制单个顶点的权重值，并将其粘贴到其他顶点，如图 7-43 所示。

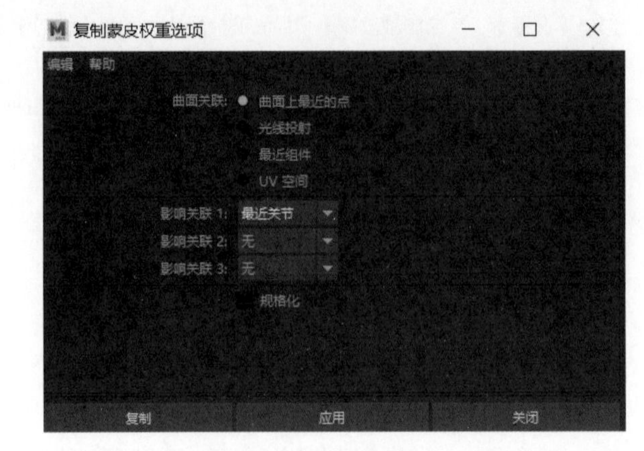

图 7-43

▶ 参数解析

【曲面关联】：用于设置蒙皮对象的源和目标曲面组件如何彼此关联。

- 【曲面上最近的点】：用于查找源曲面和目标曲面之间距离最近的点，并平滑地对这些点所在位置的蒙皮权重插值。
- 【光线投射】：使用此算法可确定两个曲面网格之间的采样点。
- 【最近组件】：查找每个采样点处最近的顶点组件或控制顶点，并且在不进行插值的情况下使用其蒙皮权重值。
- 【UV 空间】：使用 UV 纹理坐标对蒙皮权重进行采样。

【影响关联 1/2/3】：用于设置影响蒙皮对象的组件如何在源对象和目标对象之间相关联。

- 【最近关节】：使彼此最为相似的关节相关联，这是第一个影响关联的默认设置。
- 【最近骨骼】：将基于骨架的关节连接到一起的骨骼关联关节。如果源骨架包含的关节在目标骨架上不存在，该设置很有用。
- 【一对一】：在蒙皮对象具有相同骨架层次的情况下使关节相关联。
- 【标签】：根据关节的预定义关节标签使关节相关联，可以在属性编辑器中设置和编辑关节标签属性。
- 【名称】：基于名称关联关节。

7.2.5 镜像蒙皮权重

【镜像蒙皮权重】：单击此按钮，会打开【镜像蒙皮权重选项】窗口，用户可以从一个平滑蒙皮对象到另一个平滑蒙皮对象，或者在同一平滑蒙皮对象内，镜像平滑蒙皮权重，如图 7-44 所示。

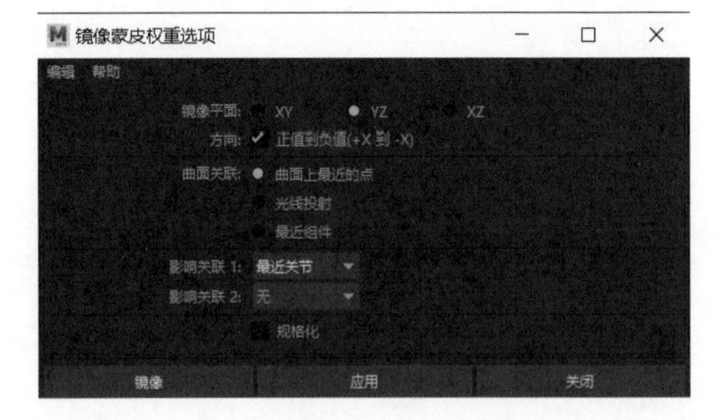

图 7-44

▶ 参数解析

【镜像平面】：共有 3 个平面。

- 【*XY*】：关于全局 *XY* 平面镜像权重。
- 【*YZ*】：关于全局 *YZ* 平面镜像权重。
- 【*XZ*】：关于全局 *XZ* 平面镜像权重。

【方向】：用于设置正值到负值沿指定的镜像平面进行镜像的方向。

【曲面关联】：用于设置曲面上最近的点如何使蒙皮对象相对两边的曲面组件彼此相关。

- 【曲面上最近的点】：查找源曲面和目标曲面之间距离最近的点。
- 【光线投射】：使用此算法可确定两个曲面网格之间的采样点。
- 【最近组件】：查找每个采样点处最近的顶点组件或控制顶点，并且在不进行插值的情况下使用其蒙皮权重值。

【影响关联 1/2】：确定影响蒙皮对象的组件如何在源对象和目标对象之间相关联。为了确定最佳相关性，影响关联在最多两次迭代中发生。

- 【最近关节】：使彼此最为相似的关节相关联。
- 【一对一】：在蒙皮对象具有相同骨架层次的情况下使关节相关联。
- 【标签】：根据关节的预定义关节标签使关节相关联。
- 【无】：该级别的影响关联将不会进行任何比较。

提示

执行【蒙皮】>【镜像蒙皮权重】菜单命令可将镜像蒙皮权重作为替代方法以执行蒙皮权重的反射。

课堂练习 鲨鱼角色骨架绑定与蒙皮调节

素材文件	素材文件 \ 第 7 章 \ 无	扫码观看视频 
案例文件	案例文件 \ 第 7 章 \ 课堂练习——鲨鱼角色骨架绑定与蒙皮调节.mb	
视频教学	视频教学 \ 第 7 章 \ 课堂练习——鲨鱼角色骨架绑定与蒙皮调节.mp4	
练习要点	掌握鲨鱼角色骨架绑定与蒙皮调节的技巧	

Step 01 打开案例文件【课堂练习——鲨鱼角色骨架绑定与蒙皮调节.mb】，如图 7-45 所示。

Step 02 执行【窗口】>【大纲视图】菜单命令，打开大纲视图，检查模型与关节的顺序，如图 7-46 所示。

图 7-45

图 7-46

Step 03 选择鲨鱼模型，按住 Shift 键加选骨架，如图 7-47 所示。执行【蒙皮】>【绑定蒙皮】菜单命令，将模型与骨架进行蒙皮操作，如图 7-48 所示。

图 7-47

图 7-48

提示

在大纲视图中，选择 shayu_mo 模型，按 Shift 键加选 joint1，如图 7-49 所示。

图 7-48

Step 04 测试绑定蒙皮效果，如图 7-50 所示。

Step 05 选择鲨鱼的身体，执行【蒙皮】>【绘制蒙皮权重】菜单命令，打开【绘制蒙皮权重选项】窗口，此时场景中的鼠标指针变成了笔刷样式，如图 7-51 所示。

图 7-50

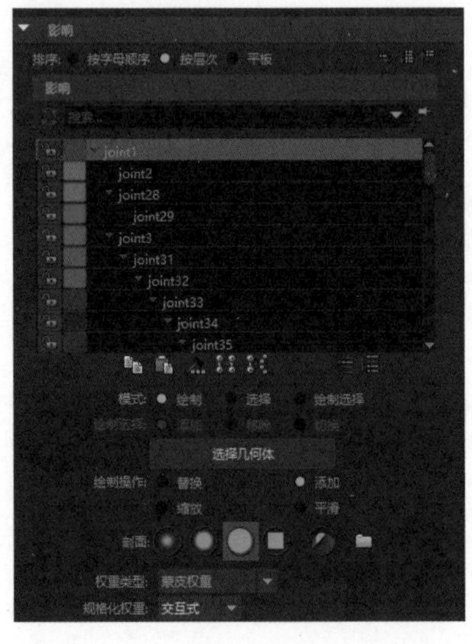

图 7-51

Step 06 将笔刷移动到想要查看权重的骨架上，使用鼠标右键选择影响，就可以显示想要查看的骨架的权重影响范围，如图 7-52 所示。

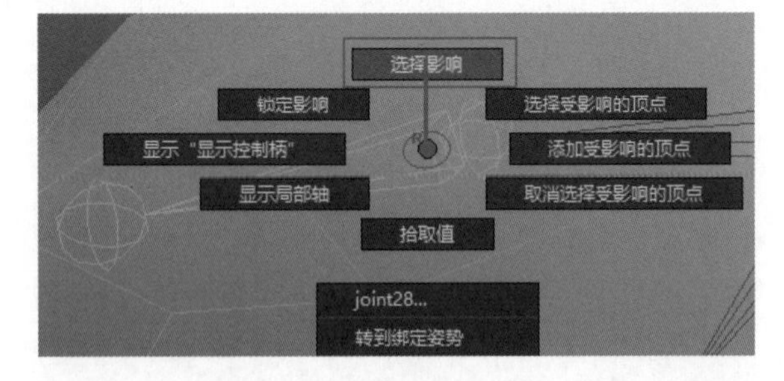

图 7-52

提示

这种选择方式是 Maya 调整蒙皮的一种快捷技巧。

Step 07 在【绘制蒙皮权重选项】窗口中，将【绘制类型】设置为【添加】，将【值】设置为 0.9294，将骨架所处的鲨鱼头的位置刷成白色，如图 7-53 所示。

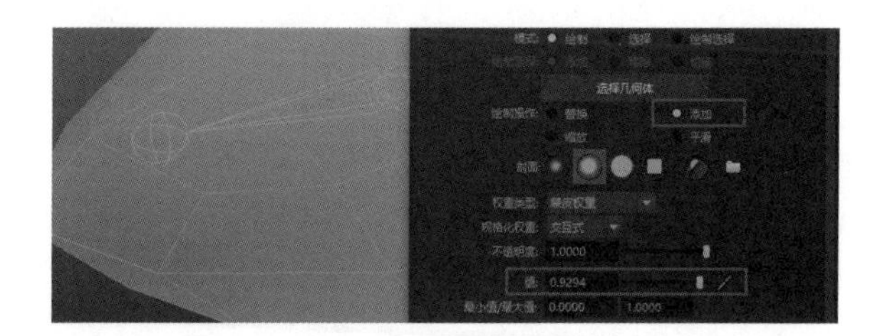

图 7-53

提示

在刷权重的过程中，最常用的是添加和平滑，配合值和笔刷大小一起联动操作。

【添加】：增加新的权重范围，以黑、白、灰表示。黑色代表完全不影响，白色代表完全影响，灰色代表过渡阶段。

【平滑】：用于设置平滑过渡的权重范围，以灰色为主。

【值】：用于设置笔刷的压力值大小。值越大，越倾向于白色；值越小，越倾向于黑色。

【笔刷大小】：可以按 B 键调出此工具。

Step 08 选择侧鳍的骨架，用同样的方法进行刷取权重的操作，如图 7-54 所示。

Step 09 依次重复刚才的操作，完成整体案例的制作，如图 7-55 所示，

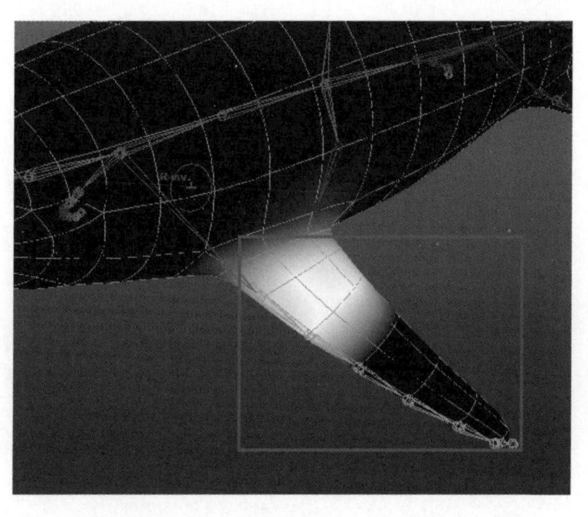

图 7-54

图 7-55

课后习题

一、选择题

1. Maya 2018 中关节控制指的是（　　）。

A.【IK 与 FK】

B.【KI 与 FI】

C.【ci 与 BU】

D.【AR 与 P】

2. 断开骨骼链接，一般用（　　）。

A.【移除关节】

B.【链接关节】

C.【断开关节】

D.【插入关节】

3. 判断骨骼根关节的依据（　　）。

A.【起始端】

B.【中间端】

C.【尾部端】

4. 在刷蒙皮的过程中，一般是通过颜色来区分蒙皮影响状态的，其中黑色代表（　　）。

A. 无效值

B. 完全影响

C. 完全不影响

D. 一般影响

二、填空题

1. 在刷权重的过程中，最常用的是添加和平滑，配合 ______ 一起联动操作。

2. ______ 是指选定可变形对象将仅被绑定到选定关节，而不是整个骨架。

3. ______ 命令可以使某段关节断开，使之成为独立的骨骼。

4. 设置蒙皮权重笔刷大小的快捷键 ______。

5. 通常情况下，选择角色根骨架和模型后，通过 ______ 命令可以使模型生成蒙皮。

三、简答题

1. 简述复制蒙皮权重。

2. 简述【移除关节】和【断开关节】的区别。

3. 简述常用角色绑定控制器及其特点。

四、案例习题

案例文件：案例文件 \ 第 7 章 \ 案例习题

效果文件：效果文件 \ 第 7 章 \ 案例习题.mp4

练习要点：

1. 角色物体与骨架的绑定蒙皮（如图 7-56 所示）。

2. 权重工具的使用。

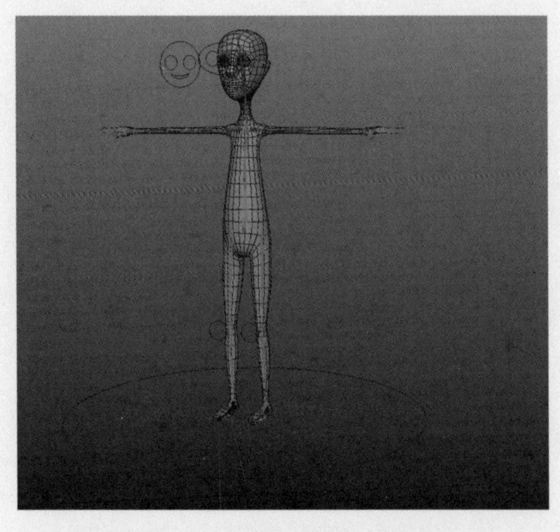

图 7-56

Chapter

8

第8章

角色动画

Maya 动画有很多类型，其中角色动画是 Maya 最出彩的模块，也是最值得深入研究的。做好角色动画，除了要了解角色的体貌特征、性格，还要深挖角色的心理、年龄段等特征。在制作动画的过程中，要保障对动画的运动规律、动画的节奏及配音等方面有所了解，制作动画要按部就班地进行，三维动画不同于以往的二维动画，对手绘能力要求较高，三维动画更看重动画的时间、动画的节奏、关键镜头的把握等。本章从动画法则、姿态、剪影等基础方面入手，详解角色半身走、转头等动画的制作方法，使用户快速掌握角色动画制作的核心技巧，从而实现掌握 Maya 角色动画制作技术。

MAYA

学习目标

- 了解角色动画的概念
- 了解三维角色动画制作的法则
- 了解角色的 pose 与动态线
- 了解剪影对动画调节的意义

技能目标

- 掌握角色动画关键帧的设置技巧
- 掌握半身角色走路的 pose 设置
- 掌握曲线编辑器的设置
- 掌握角色动画的节奏

角色动画概述

角色动画是最重要的三维动画类型，作为三维动画师，不仅要掌握基本的建模和材质设置技术，还要培养时间感、洞察力、表现力和对物体运动规律的理解。角色动画师要把自己当作演员，具有赋予一种事物生命活力的能力。通过融合不同领域的知识，动画师仿佛具有了魔力，让角色活灵活现，具有了生命力。角色动画的学习和制作是一个漫长的过程，从动画的基本理论入手，掌握运动规律，将理论应用于实践，边学习边领悟，培养动画感觉，如图 8-1 所示。

图 8-1

1. 动画法则

三维动画法则是制作三维动画的基础，也是人们成为高级动画师必须掌握的知识。与传统的二维动画相比，如图 8-2 所示，三维动画法则出现了一些变化，下面具体分析三维动画制作法则。

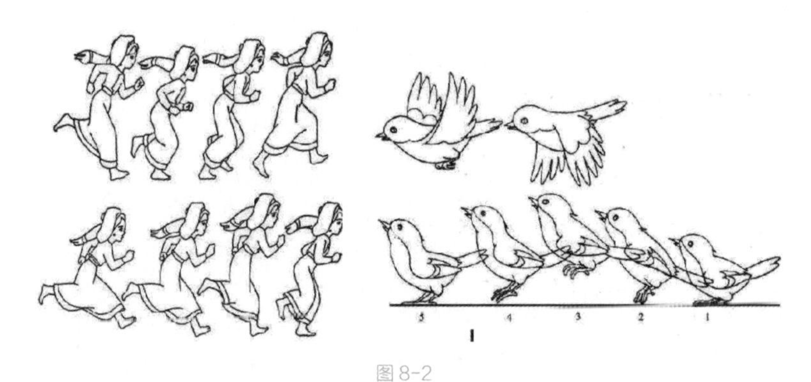

图 8-2

挤压与拉伸：物体受到外力的作用，会产生被挤压或者拉长的形态，使物体本身看起来有弹性、有质量、有生命力，容易产生戏剧性的变化。

预备动作：角色的动作可以让观众产生预判，通过肢体表现或分镜构图，可以让观众预知下一个动作。一般可以加入一个反向动作加强正向动作的张力，借此表示即将发生的下个动作。

表演及呈现方式：角色表演、场景设置和镜头设计等要素构成了动画的呈现方式，动画中所有的动作安排与构图，都需要动画师手动制作，所以动画中的构图、镜头运动、动作、走位都需要设计和安排，避免在同一时间有过于琐碎的动作变化。最重要的还是精心设计好分镜头。

连贯动作和关键动作：连贯动作法是指在制作动画时，从第一个动作开始按照动作的顺序从头画到最后，通常用来制作简单的动画。关键动作法是指先画出角色的关键动作，然后在关键动作之后再补上中间的过渡动作。

跟随动作与重叠动作：跟随动作法是指将物体的各部位拆解以后制作动画，通常没有骨架的部位比较容易产生跟随动作；重叠动作法是指将移动中的各个部位拆解，将其动作时间错开，产生分离与重叠的时间和夸张的变化，可以增加动画的戏剧性和表现力，达到更容易吸引观众的目的，同时也增强了动画渲染的趣味性。

渐快与渐慢：一个动作起始与结束时的速度较慢，中间的速度会快一点，因为一般动作并非等速运动，这是正常的物理现象。当静止的物体开始移动的时候，速度会由慢到快，而将要停止移动的物体的速度则会由快到慢。如果以等速的方式开始或结束，则会给人一种唐突的感觉。

弧形运动：在动画中，基本上除了机械的动作，几乎所有的动作线条都是以抛物线的形式进行的。无论是身体的运动还是附属物体的运动，都是在画抛物线。

附属动作：依附在主要动作之下的细微动作，虽然属于比较微小的动作，但实际上却有画龙点睛的效果。次要动作并非不重要，而是强化主要动作的关键，不仅可以使角色更生动、真实，更让角色有生命感。

时间控制：动画的灵魂就是物体与角色的运动，而控制运动的关键就是动作的节奏与重量感。动作的节奏决定了速度的快慢，过快或过慢都会让动作看起来不自然，而不同角色的动作也有不同的节奏。动作的节奏会影响角色的个性，也会决定了动作的自然与否。

夸张：利用挤压与伸展的效果夸大肢体动作，或者以加快或放慢动作的方式来加强角色的情绪与反应，这是动画有别于一般表演的重要元素。

扎实的姿态设计：在三维动画中，pose 是一部影片视觉效果是否优美的关键，锻炼 pose 设计是动画师的入门必修课，也决定了动画的审美。

吸引力：吸引力是任何一项艺术都需要具备的条件。动画和电影一样，包含许多不同的艺术类型，不管是音乐、画面还是剧情，都必须互相搭配，才能交织出整体感最好的作品。

2. pose与动态线

pose 与动态线是相辅相成的，一个好的 pose 设计，必然有好的动态线，好的动态线对于表现物体的力量、速度及画面节奏具有重要的意义。

pose 的作用：好的 pose 可以直接传达角色性格，每个 pose 应该能作为一个单帧的图解，出色的 pose 可以引导用户了解一个角色的灵魂。

pose 的职能：pose 有两种职能，即吸引力和情感。其中，吸引力可以让用户接近角色的内心，快速理解角色的感受；情感可以清晰地表达特定时刻用户内心的真实情感。

pose 的变化技巧：在设计 pose 的过程中，可以使用二维图形来检查 pose 是否能够表达特定的含义。一个重要的 pose 应该比其他 pose 更突出，所有其他 pose 都应一致地指向主要 pose。

动态线：一条通过角色身体的假想线，可以展示 pose 的力度、标记角色 pose 的趋势和能量。

3. 分析行走

走路是最常见的运动方式之一，Maya 中走路动画的制作是三维动画师的入门必修课。走路的方式有很多种，如快走、慢走、标准走等。走路是调节一切动画的基础，在走路过程中，身体有时处于高点，有时处于低点，掌握走路的运动规律，对动画动作的调整将事半功倍，如图 8-3 所示。

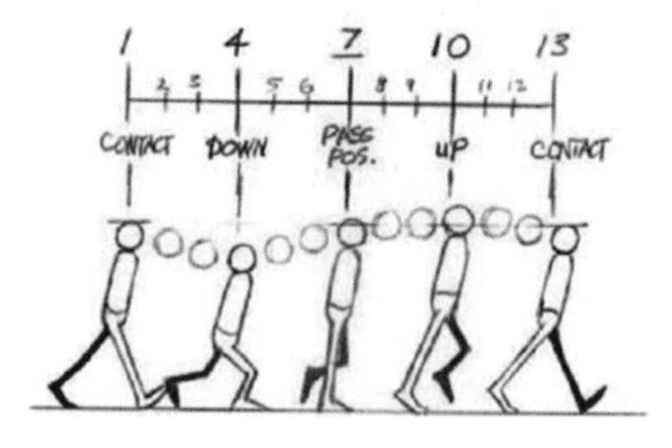

图 8-3

4. 动画剪影

制作动画剪影是艺术家寻找动画 pose 多种设计方式的快速过程，是概念艺术的前期制作阶段。剪影在前期阶段只需大的 pose 轮廓，不需要具体的动作细节。通过练习观察关键帧 pose 剪影，能够全局查看 pose 的缺陷及错误。动画师能在观察剪影的基础上设计出更加引人注目的标志性 pose，剪影也可以帮助动画师从众多动画调节中脱颖而出。

剪影是调节角色动作的常用方法，它可以让动画师能够很直观地看到 pose，便于摆放 pose，也能够让动画师快速理解导演的意图，掌控动画的节奏、动作的力量等。

优秀的动画剪影的基本要求：

- 有强烈的姿态美感。身体各部位的姿态能够体现角色的个性特点，有高有低、有大有小、有方有圆。
- 夸张与变化。在变化中既要夸张，又要统一，需要多参考优秀的姿态以提高眼界。
- 追求整体，放弃细节。不要太过于追求剪影里的细节，在后面调节动画中设计细节即可，如图 8-4 所示。

图 8-4

5. 关键pose的设置

关键 pose 是三维动画的重要元素，设计出优美的关键 pose 对于后续的动画调节具有至关重要的作用，如图 8-5 所示。

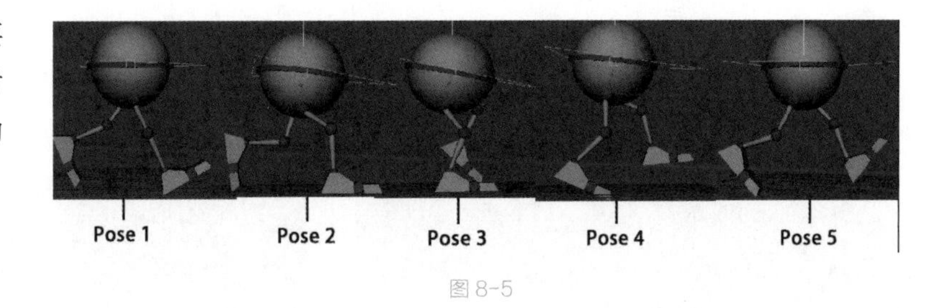

图 8-5

6. 细化和修饰

细化和修饰是指将动作姿态进行细节化分析，需要考虑重心、支撑腿、胯部等几个主要的支撑关节，利用移动、旋转等操作进行姿态的细化，表现出重量感、质感等，如图 8-6 所示。

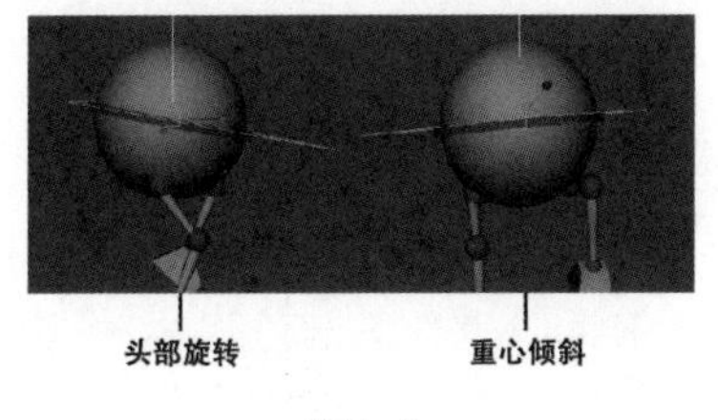

图 8-6

课堂案例 半身走路

素材文件	素材文件 \ 第 8 章 \ 无	扫码观看视频
案例文件	案例文件 \ 第 8 章 \ 课堂案例——半身走路.mb	
视频教学	视频教学 \ 第 8 章 \ 课堂练习——半身走路.mp4	
练习要点	掌握半身走路动作的制作	

Step 01 打开案例文件【课堂案例——半身走路.mb】，如图 8-7 所示。

Step 02 设置 pose（姿态）。将时间滑块拖到第 1 帧的位置，选择模型身体上的控制器和脚部动作调整成走路的 pose（姿态）。选择所有的控制器，按 S 键定义关键帧，如图 8-8 所示。

图 8-7

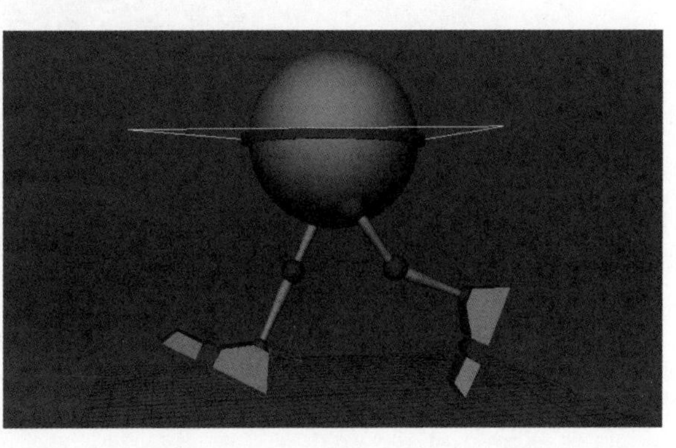

图 8-8

Step 03 将时间滑块拖到第 13 帧的位置，将模型身体上的控制器和脚部动作调整成与第 1 帧相反的方向。选择所有的控制器，按 S 键定义关键帧，如图 8-9 所示。

Step 04 选择第 1 帧的全部控制器，单击鼠标右键，选择【复制】命令。将时间滑块拖到第 25 帧，单击鼠标右键，选择【粘贴】命令，使第 1 帧和第 25 帧的 pose 保持一致。将时间滑块拖到第 7 帧，先将两只脚放平，然后将左脚抬起，形成抬脚的姿态，将身体的重心向右侧支撑脚偏移，效果如图 8-10 所示。

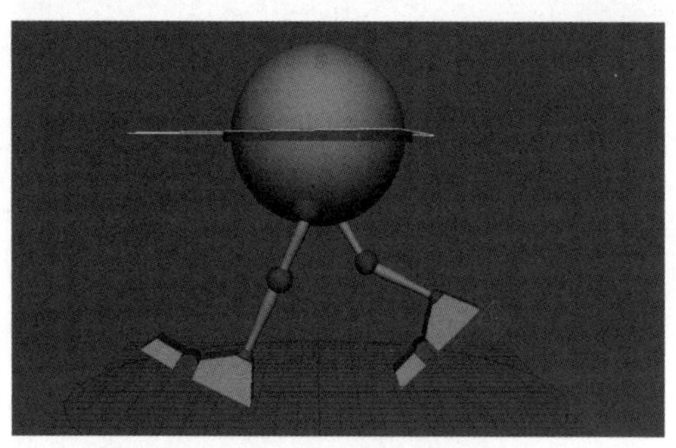

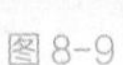

图 8-9

图 8-10

Step 05 将时间滑块拖到第 19 帧，先将双脚放平，然后将左脚抬起，形成抬脚的姿态，将身体的重心向左侧支撑脚偏移，效果如图 8-11 所示，将时间滑块拖到第 4 帧，设置成踏步姿态。将时间滑块拖到第 10 帧，设置起脚姿态，并将第 16 帧、第 22 帧设置成方向相反的姿态，如图 8-12 所示。

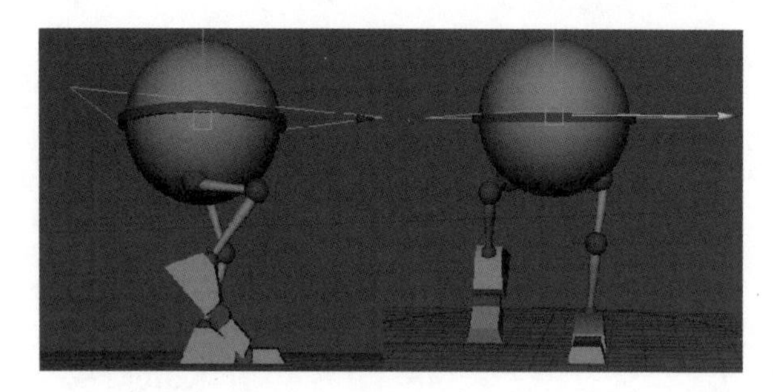

图 8-11

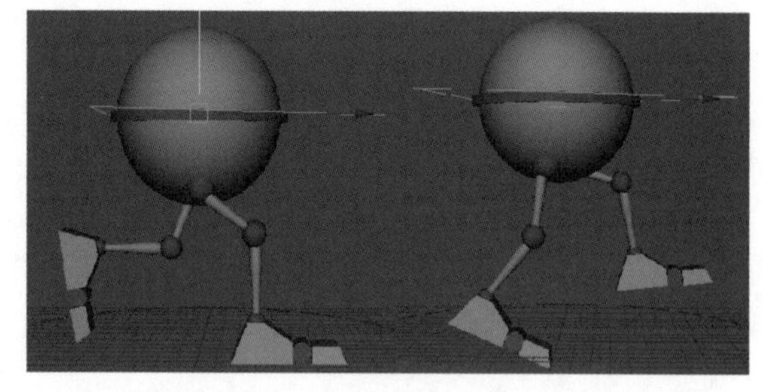

图 8-12

Step 06 将时间滑块拖到第 7 帧，利用【移动】和【旋转】命令向下和向左旋转头部。将时间滑块拖到第 19 帧，利用【移动】和【旋转】命令向下和向右旋转头部，形成标准的行走姿态，如图 8-13 所示。

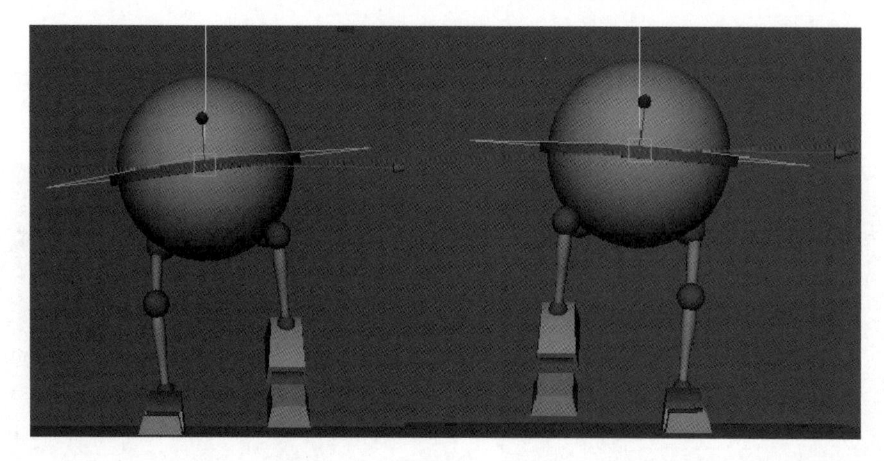

图 8-13

Step 07 大体 pose（姿态）设置完成后，将时间范围设置为第 1 帧到第 180 帧。按住 Shift 键，选择 1 帧～第 25 帧，单击鼠标右键，选择【复制】命令，将时间滑块拖到第 26 帧。单击鼠标右键，选择【粘贴】命令，将复制的关键帧进行粘贴，分别在第 49 帧、第 73 帧、第 97 帧、第 121 帧和第 145 帧进行粘贴，形成循环走步的动作，案例制作完成，如图 8-14 所示。

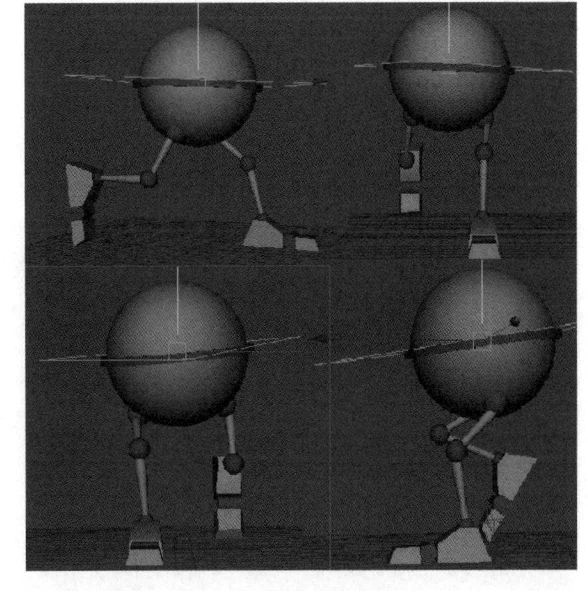

图 8-14

课堂案例 角色转头

素材文件	素材文件\第 8 章\无
案例文件	案例文件\第 8 章\课堂案例——角色转头.mb
视频教学	视频教学\第 8 章\课堂练习——角色转头.mp4
练习要点	掌握角色转头动画的制作

扫码观看视频

Step 01 打开案例文件【课堂案例——角色转头.mb】，如图 8-15 所示。

Step 02 执行【创建】>【摄影机】>【摄影机】菜单命令，在透视图中创建一架摄影机。执行【面板】>【透视】>【Camera1】菜单命令，进入摄影机视图，调整摄影机的位置。在透视图中，执行【面板】>【撕下】菜单命令，单独显示摄影机窗口，选择角色的控制曲线，将身体和头部向后旋转，如图 8-16 所示。

图 8-15

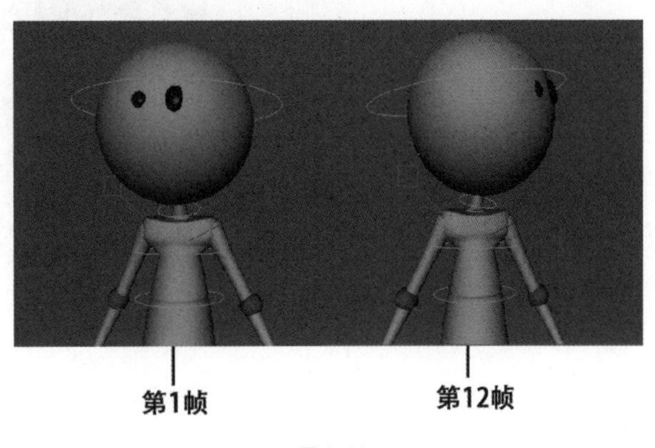

第1帧

第12帧

图 8-16

Step 03 在时间标尺上，选择第 1 帧，单击鼠标右键，选择【复制】命令；将时间滑块拖到第 30 帧，单击鼠标右键，选择【粘贴】命令。将时间滑块拖到第 12 帧，单击鼠标右键，选择【复制】命令；将时间滑块拖到第 20 帧，单击鼠标右键，选择【粘贴】命令，形成一段转头后静止的效果，如图 8-17 所示。将时间滑块拖到第 4 帧，选择角色腰部和头部控制器，使角色身体弯下、头部低下，形成低头的缓冲；将时间滑块拖到第 23 帧，将角色胸部和头部抬起，形成抬头的缓冲，如图 8-18 所示。

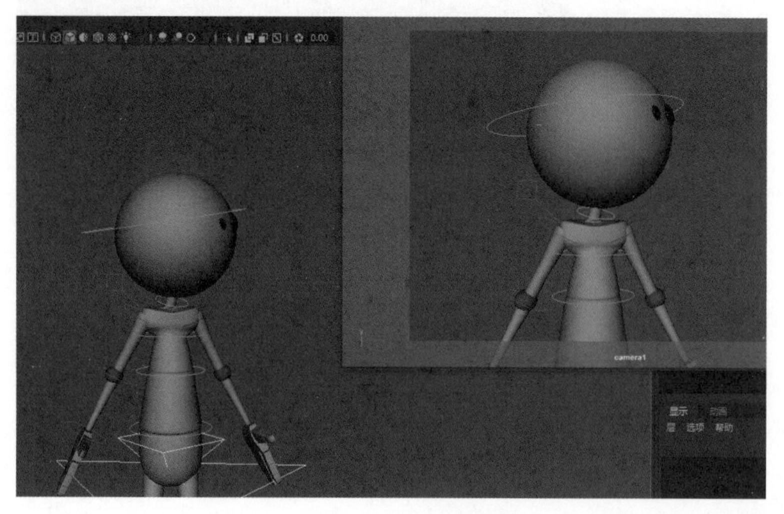

图 8-17

图 8-18

Step 04 经过对 pose 的反复调整，完成案例的制作，如图 8-19 所示。

图 8-17

课堂练习 全身走路

素材文件	素材文件 \ 第 8 章 \ 无	扫码观看视频
案例文件	案例文件 \ 第 8 章 \ 课堂案例——全身走路.mb	
视频教学	视频教学 \ 第 8 章 \ 课堂练习——全身走路.mp4	
练习要点	掌握卡通角色全身走路动画的制作方法	

Step 01 打开案例文件【课堂案例——全身走路.mb】，如图 8-20 所示。

Step 02 单击工具箱上【曲面选择】按钮，取消曲面的选择。执行【显示】>【无】菜单命令，隐藏场景中所有的物体及控制器。再次打开【显示】菜单，选择【NURBS】曲线、【NURBS 曲面】、【多边形】等命令，使场景中只显示角色模型及其控制器，如图 8-21 所示。

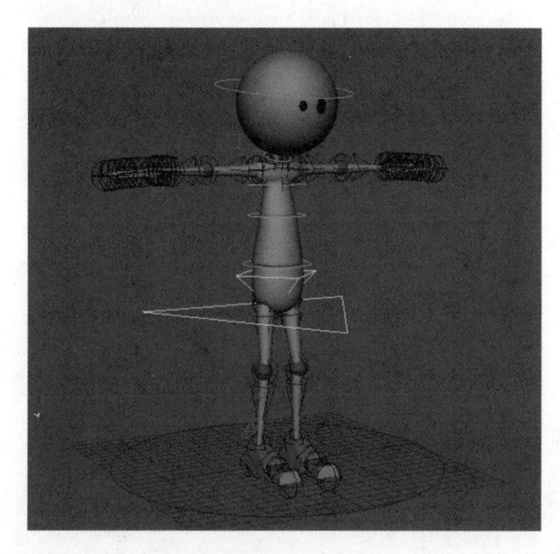

图 8-20

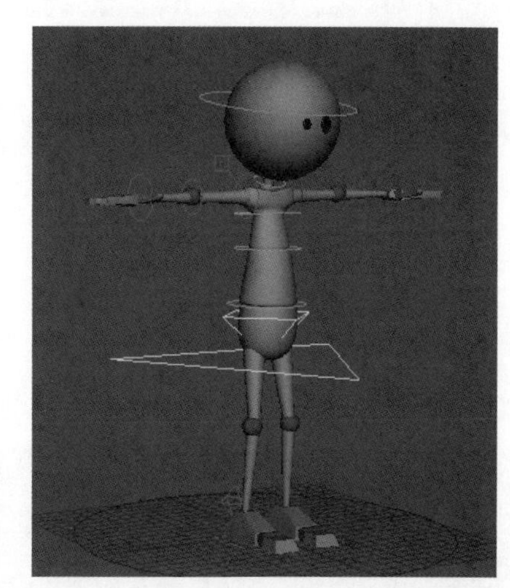

图 8-21

Step 03 设置角色走路的初始姿态。单击工具栏中的【动画首选项】按钮，打开【动画首选项】窗口，设置【帧速率】为 25fps、【高度】为 2x、【播放速度】为 25fps*1，单击【自动关键帧切换】按钮，如图 8-22 所示，选择场景中的角色，利用【移动】和【旋转】命令调整角色走路的初始姿态，将时间滑块拖到第 1 帧，用鼠标框选角色，按 S 键设置关键帧，如图 8-23 所示。

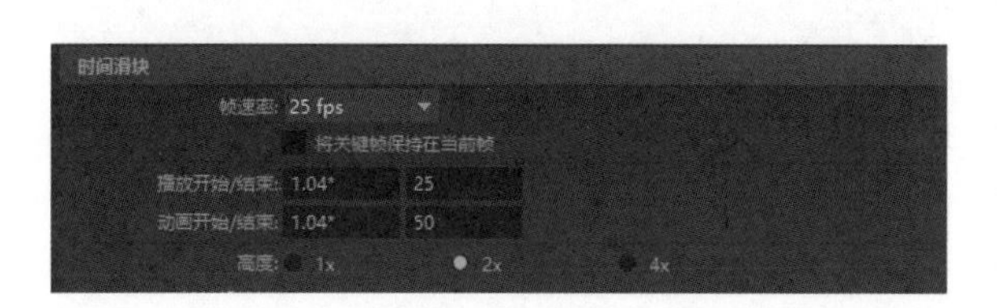

图 8-22

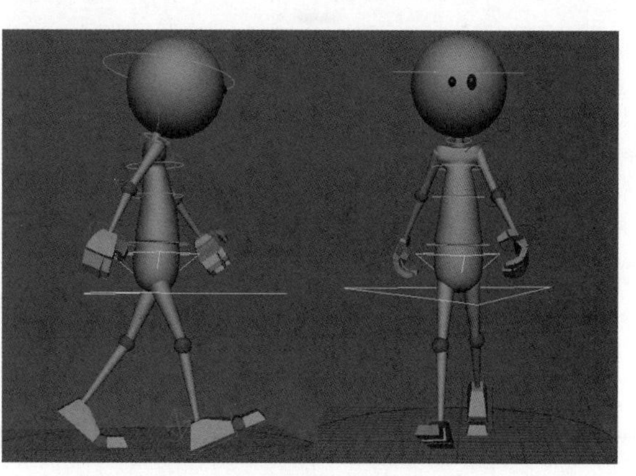

图 8-23

Step 04 设置走路的半步姿态。将时间滑块拖到第 13 帧，调整此关键帧的姿态，如图 8-24 所示。

Step 05 设置走路的最后姿态。框选角色全身控制器，按住 Shift 键，单击关键帧，当其变红后，单击鼠标右键，选择【复制】命令；将时间滑块拖至第 25 帧，单击鼠标右键，选择【粘贴】命令，使第 1 帧和第 25 帧的姿态保持一致，如图 8-25 所示。

图 8-24

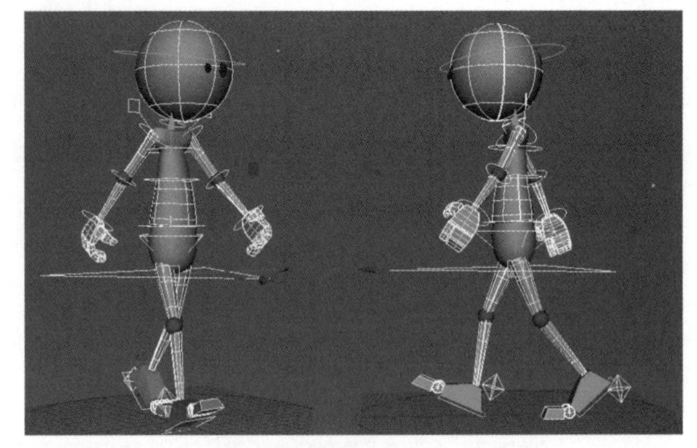

图 8-25

Step 06 设置走路的中间姿态。选择角色脚踝的红色控制器，在右侧的通道盒中调整轴向，使脚保持踏平地面的动作。选择角色脚踝的蓝色控制器，利用【旋转】命令抬起脚步。选择中间黄色的身体控制器，在前视图中将臀部移动至支撑腿方向，如图 8-26 所示，效果如图 8-27 所示。

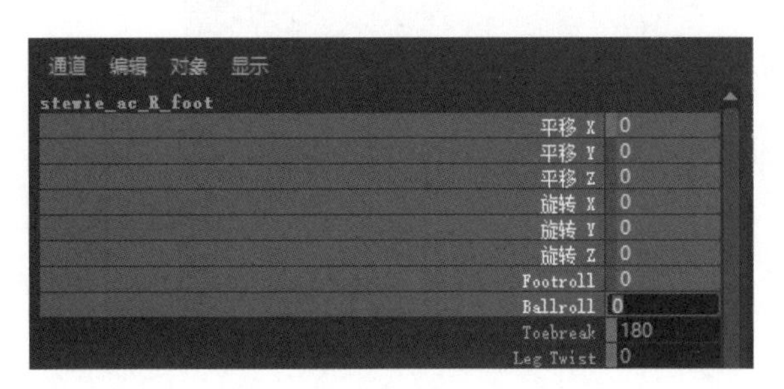

图 8-26

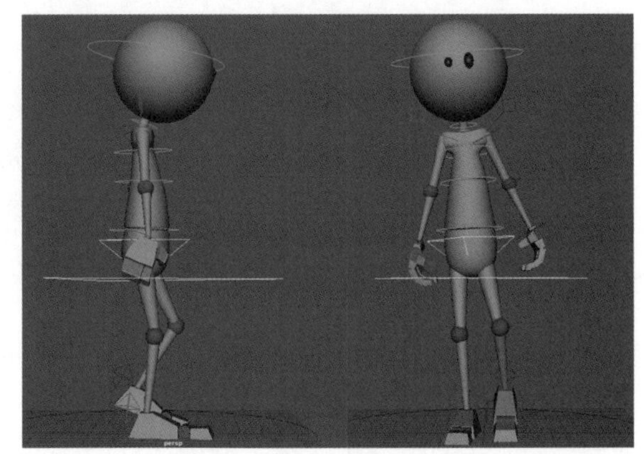

图 8-27

Step 07 设置另一侧走路的中间姿态。选择角色脚踝的蓝色控制器，在右侧的通道盒中调整轴向，使脚保持踏平地面的动作。选择角色脚踝的红色控制器，利用【旋转】命令抬起脚步。选择中间黄色的身体控制器，在前视图中将臀部移动至支撑腿方向，如图 8-28 所示。

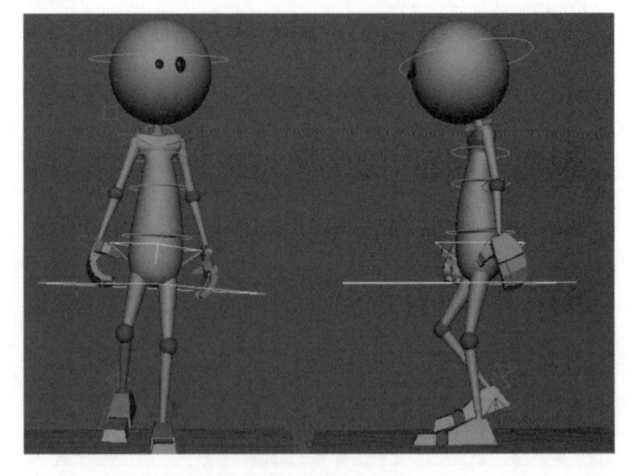

图 8-28

Step 08 设置角色最低位的姿态。将时间滑块拖到第 4 帧，选择角色身体的黄色控制器，将身体向下移动。选择角色脚踝的红色控制器，在右侧的通道盒中，将【旋转】数值设置为 0，使脚保持踏平地面的动作。选择另一只脚，在右侧的通道盒中，同样将【旋转】值设置为 0，并向后移动脚，重新设置旋转方向，如图 8-29 所示。

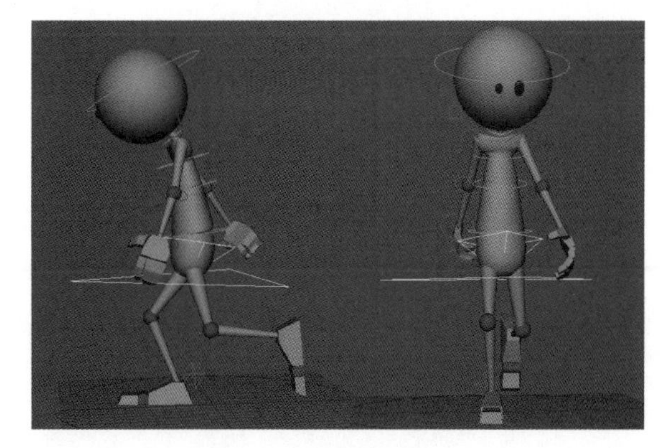

图 8-29

Step 09 将时间滑块拖到第 16 帧，选择角色身体的黄色控制器，将身体向下移动。选择角色脚踝的蓝色控制器，在右侧的通道盒中，将【旋转】值设置为 0，使脚平踏在地面上。选择另一只脚，在右侧的通道盒中，同样将【旋转】值设置为 0，将脚向后移动，并且重新设置旋转方向，如图 8-30 所示。

Step 10 设置角色左脚最高位的姿态。将时间滑块拖到第 10 帧，选择角色身体的黄色控制器，将身体向上向前移动。选择角色脚踝的红色控制器，在右侧的通道盒中，将【Footroll】值设置为 38.85，将脚后跟抬起。选择另一只脚的蓝色控制器，在右侧的通道盒中，将【Ballroll】值设置为 19，将脚抬起，如图 8-32 所示。

图 8-30

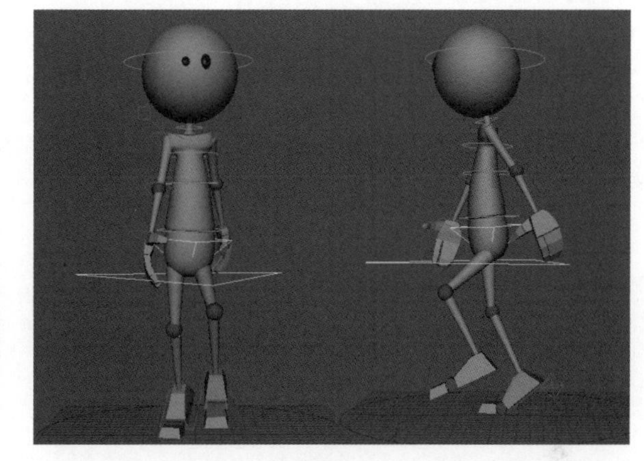

图 8-31

Step 11 设置角色右脚最高位的姿态。将时间滑块拖到第 22 帧，选择角色身体的黄色控制器，将身体向上向前移动。选择角色脚踝的蓝色控制器，在右侧的通道盒中，将【Footroll】值设置为 38.85，将脚后跟抬起。选择另一只脚的红色控制器，在右侧的通道盒中，将【Ballroll】值设置为 19，将脚抬起，如图 8-33 所示。

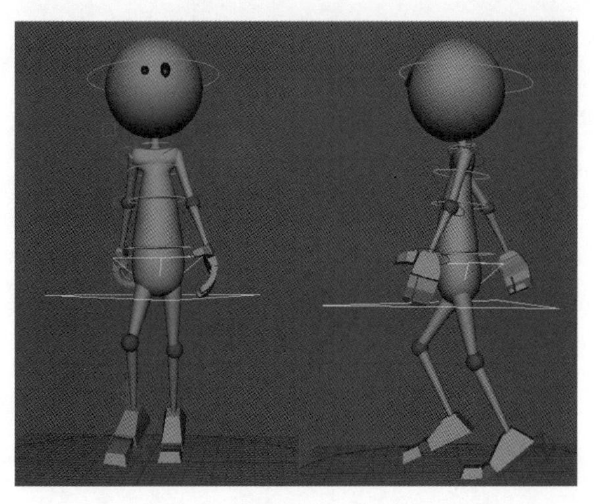

图 8-32

Step 12 走路动画制作完成，如图 8-34 所示。

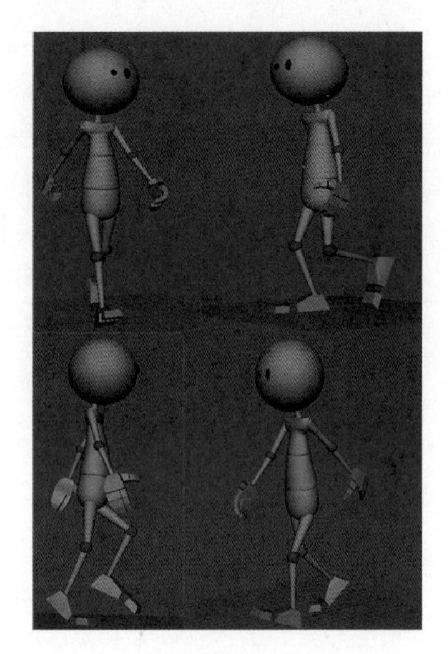
图 8-33

课堂练习 角色跑步

素材文件	素材文件 \ 第 8 章 \ 无	扫码观看视频
案例文件	案例文件 \ 第 8 章 \ 课堂案例——角色跑步 .mb	
视频教学	视频教学 \ 第 8 章 \ 课堂练习——角色跑步 .mp4	
练习要点	掌握卡通角色跑步动画的制作方法	

Step 01 打开案例文件【课堂案例——角色跑步.mb】，如图 8-26 所示。

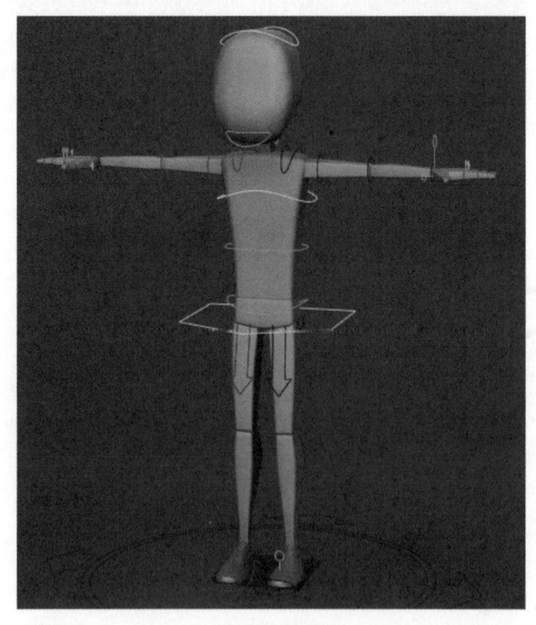
图 8-26

Step 02 单击工具栏中的【选择】按钮，框选所有的控制器，按 S 键定义全部关键帧。选择角色臀部的黄色大控制器，设置【平移 Y】为 -0.167、【旋转 Y】为 6.879，如图 8-27 所示；选择左大臂的蓝色控制器，设置【旋转 X】为 -30.554、【旋转 Y】为 -71.196、【旋转 Z】为 -32.377，如图 8-28 所示；选择右大臂的红色控制器，设置【旋转 X】为 72.849、【旋转 Y】为 93.049、【旋转 Z】为 -30.97，如图 8-29 所示；选择右脚的蓝色控制器，设置【平移 X】为 0、【平移 Y】为 8.292、【平移 Z】为 -10.413、【旋转 X】为 102.732，如图 8-30 所示；选择右脚的红色控制器，设置【平移 X】为 -0.691、【平移 Y】为 3.342、【平移 Z】为 8.739、【旋转 X】为 -32.94，如图 8-31 所示，效果如图 8-32 所示。

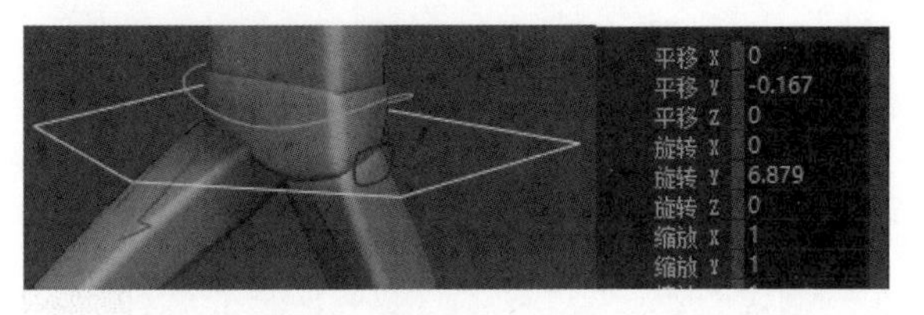

图 8-27

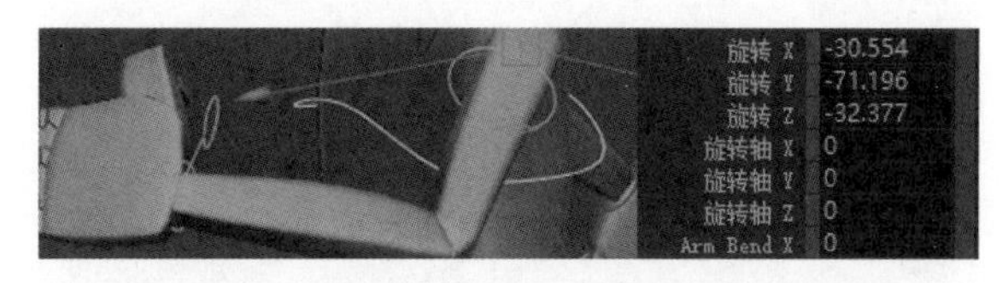

图 8-28

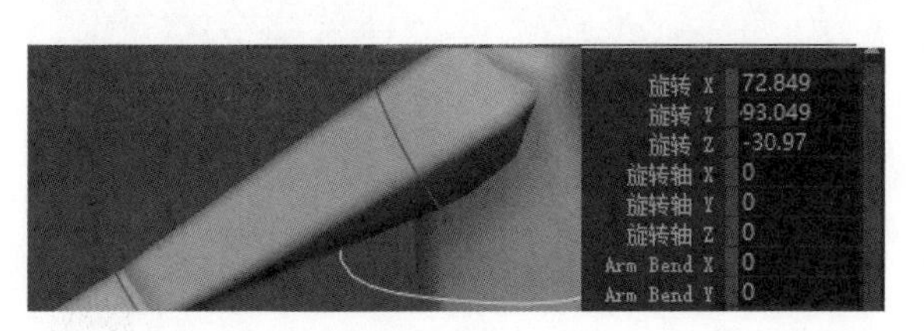

图 8-29

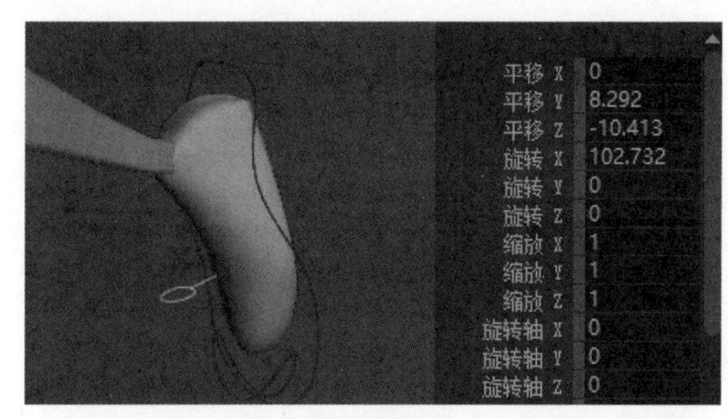

图 8-30

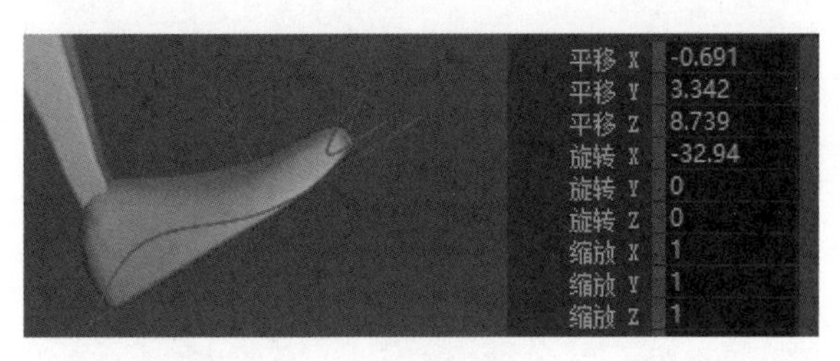

图 8-31

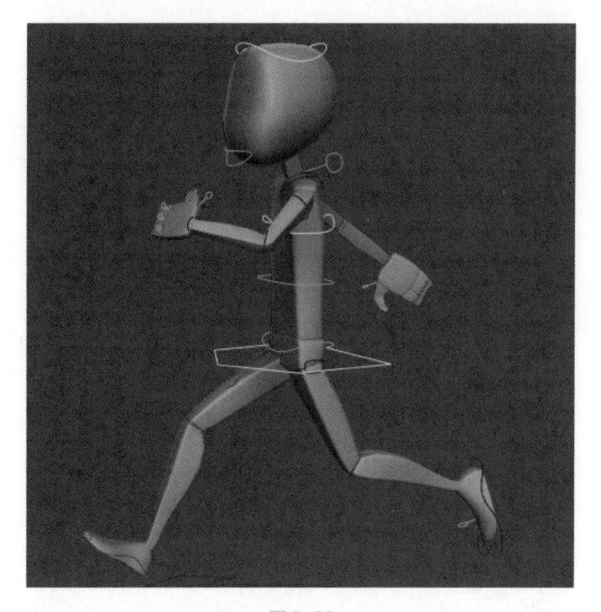

图 8-32

Step 03 将时间滑块拖到第 9 帧，将 pose 调节成与第 1 帧相反的方向。选择角色臀部的黄色大控制器，设置【平移 Y】为 -0.167、【旋转 Y】为 -11.556，如图 8-33 所示；选择左大臂的蓝色控制器，设置【旋转 X】为 -110.618、

【旋转 *Y*】为 -118.14、【旋转 *Z*】为 -138.374，如图 8-34 所示；选择右大臂的红色控制器，设置【旋转 *X*】为 -54.384、【旋转 *Y*】为 -92.763、【旋转 *Z*】为 -28.024，如图 8-35 所示；选择右脚的蓝色控制器，设置【平移 *X*】为 0、【平移 *Y*】为 2.632、【平移 *Z*】为 6.738、【旋转 *X*】为 -12.493，如图 8-36 所示；选择右脚的红色控制器，设置【平移 *X*】为 -0.691、【平移 *Y*】为 8.026、【平移 *Z*】为 -10.734、【旋转 *X*】为 -94.768。框选所有的控制器，按 S 键，全部定义为关键帧，如图 8-37 所示。完成后，框选所有的控制器，按住 Shift 键，配合鼠标单击第 1 帧的关键帧标记，使其变成红色。然后单击鼠标右键，选择【复制】命令，再将时间滑块拖到第 17 帧，单击鼠标右键，再次执行【粘贴】>【粘贴】菜单命令，形成循环跑步的姿态，如图 8-38 所示。

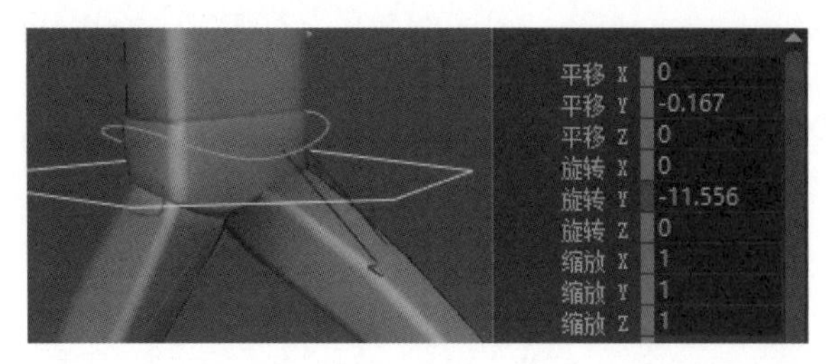

图 8-33

图 8-34

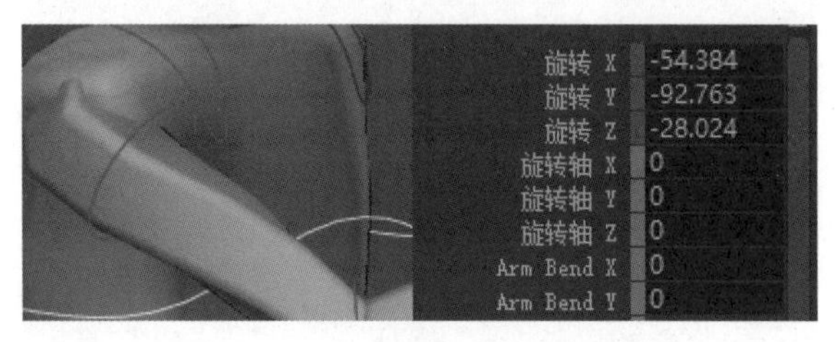

图 8-35

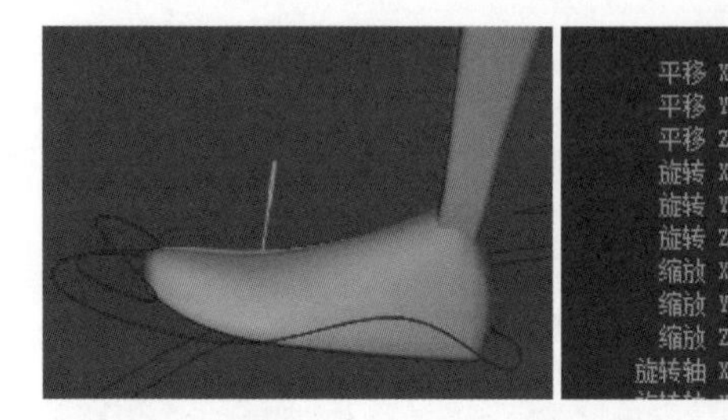

图 8-36

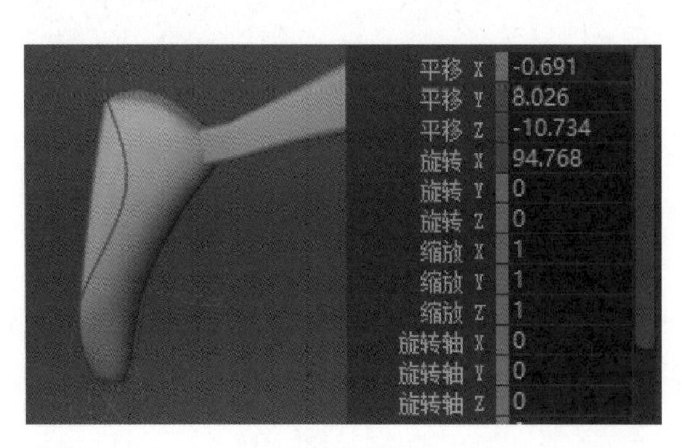

图 8-37

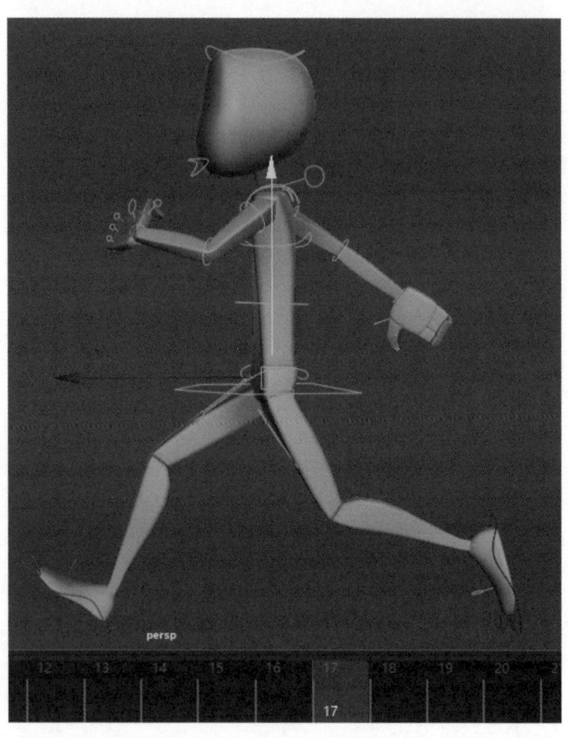

图 8-38

Step 04 将时间滑块拖到第 5 帧，将角色移动到地面上。选择角色臀部的黄色大控制器，设置【平移 X】为 -7.941、【平移 Y】为 -12.578、【平移 Z】为 3.581、【旋转 X】为 5.434、【旋转 Y】为 0.103、【旋转 Z】为 0.994，如图 8-39 所示；选择左大臂的蓝色控制器，设置【旋转 X】为 -179.284、【旋转 Y】为 -202.551、【旋转 Z】为 -107.116，如图 8-40 所示；选择右大臂的红色控制器，设置【旋转 X】为 9.232、【旋转 Y】为 0.143、【旋转 Z】为 -29.497，如图 8-41 所示；选择右脚的蓝色控制器，设置【平移 X】为 0、【平移 Y】为 6.253、【平移 Z】为 -1.811、【旋转 X】为 78.395、【旋转 Y】为 1.203、【旋转 Z】为 7.153，设置【Raise Heel】为 -25.4，如图 8-42 所示；选择右脚的红色控制器，设置【平移 X】为 -0.691、【平移 Y】为 0、【平移 Z】为 0.997，如图 8-43 所示。框选所有的控制器，按 S 键，全部定义为关键帧，效果如图 8-44 所示。

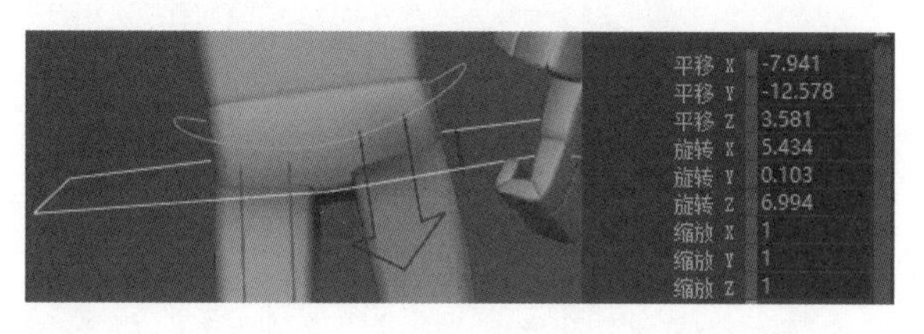

图 8-39

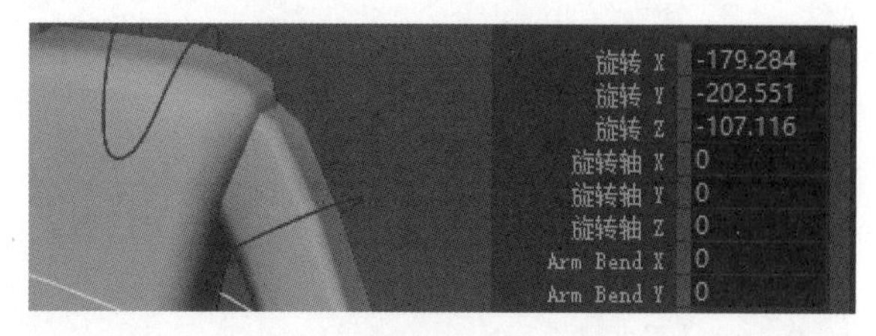

图 8-40

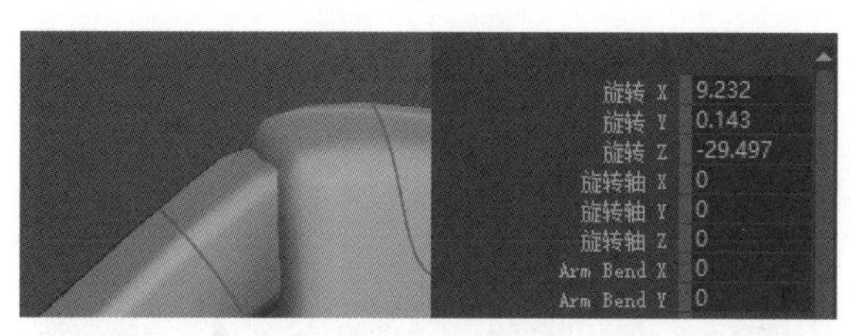

图 8-41

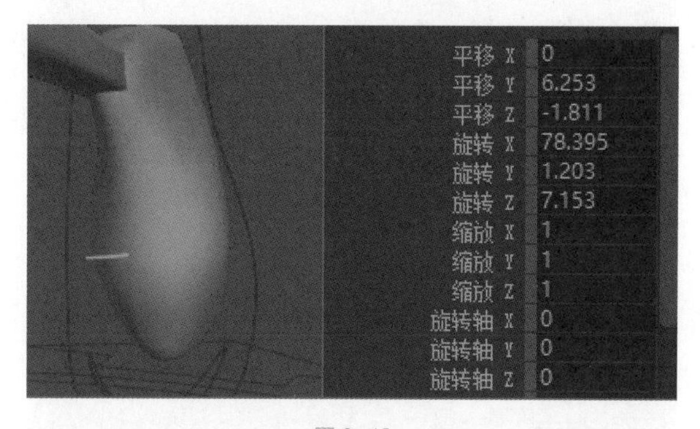

图 8-42

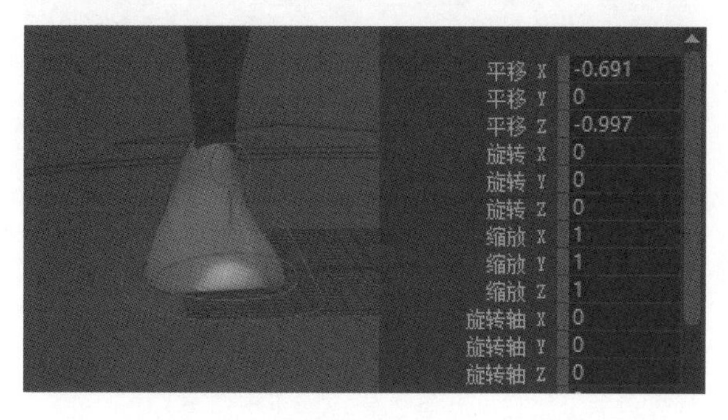

图 8-43

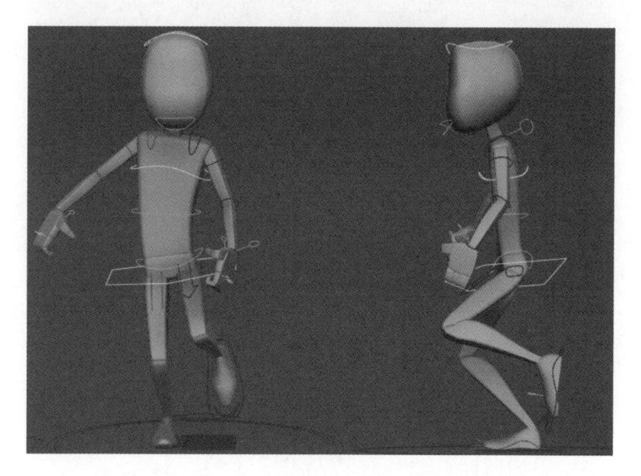
图 8-44

Step 05 将时间滑块拖到第 5 帧，将角色移动到地面上。选择角色臀部的黄色大控制器，设置【平移 X】为 5.493、【平移 Y】为 -12.251、【平移 Z】为 0、【旋转 X】为 0、【旋转 Y】为 -2.338、【旋转 Z】为 -2.391，如图 8-45 所示；选择左大臂的蓝色控制器，设置【旋转 X】为 0.305、【旋转 Y】为 -24.444、【旋转 Z】为 -51.802，如图 8-46 所示；选择右大臂的红色控制器，设置【旋转 X】为 9.232、【旋转 Y】为 0.143、【旋转 Z】为 -29.497、如图 8-47 所示；选择右脚的蓝色控制器，设置【平移 X】为 0、【平移 Y】为 0、【平移 Z】为 0、【旋转 X】为 0、【旋转 Y】为 0、【旋转 Z】为 0，如图 8-48 所示；选择右脚的红色控制器，设置【平移 X】为 -0.334、【平移 Y】为 7.349、【平移 Z】为 2.086、【旋转 X】为 -89.207。框选所有的控制器，按 S 键，全部定义为关键帧，如图 8-49 所示，效果如图 8-50 所示。

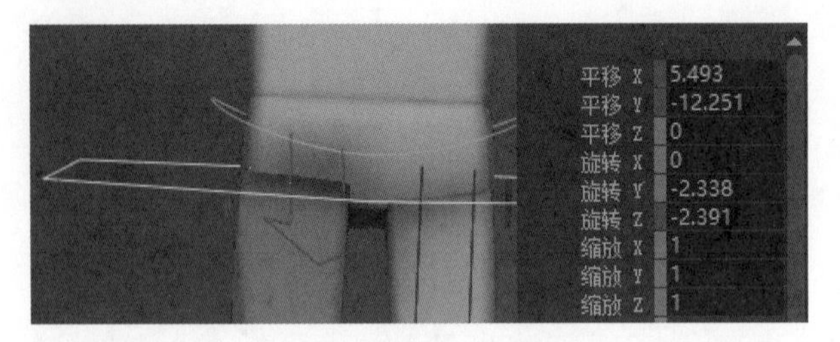

图 8-45

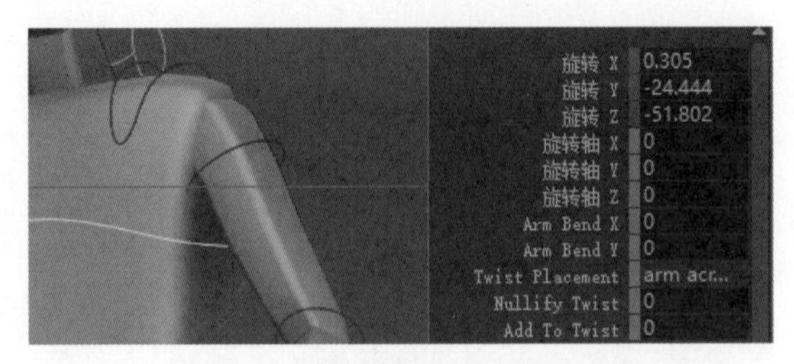

图 8-46

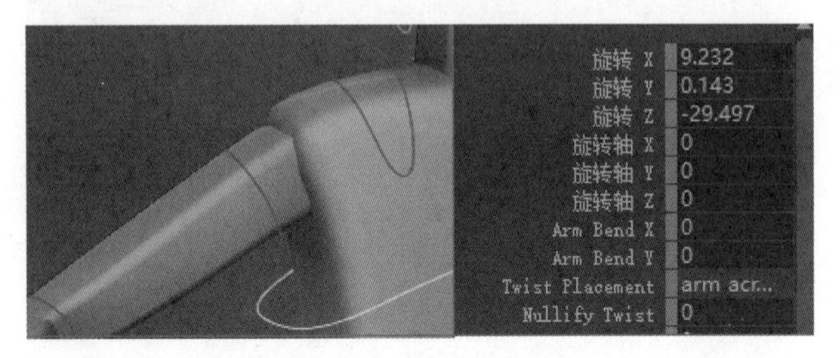

图 8-47

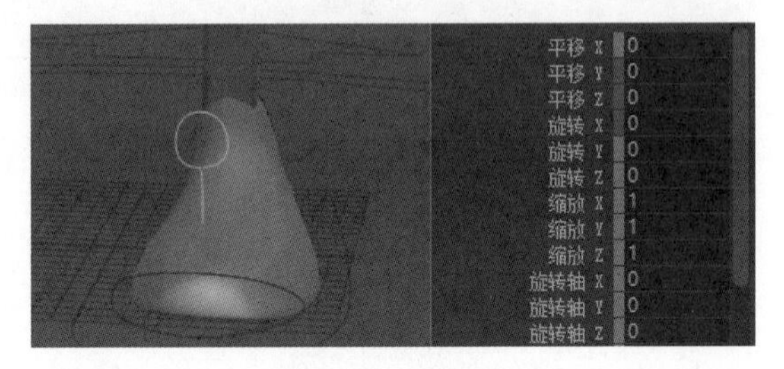

图 8-48

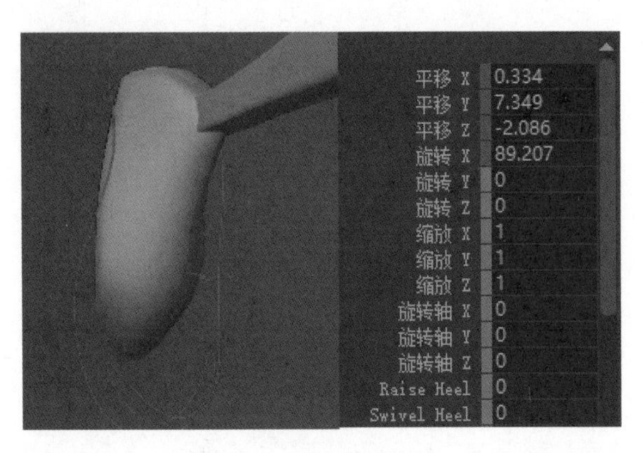

图 8-49

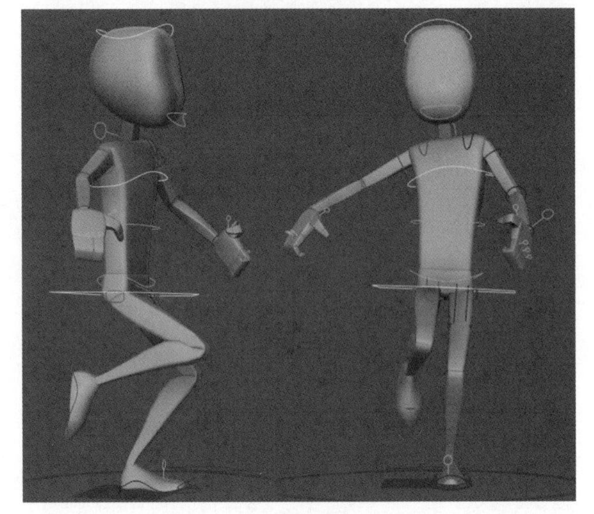

图 8-50

Step 06 将时间滑块拖到第 5 帧，选择右脚的红色控制器，单击鼠标右键，选择【复制】命令。将时间滑块拖到第 3 帧，单击鼠标右键，选择【粘贴】>【粘贴】命令，将第 5 帧支撑脚的关键帧复制到第 3 帧，设置【平移 X】为 -0.691、【平移 Y】为 -0.038、【平移 Z】为 7.768、【旋转 X】为 -37.171、【旋转 Y】为 -7.738、【旋转 Z】为 5.914，如图 8-51 所示；选择角色臂部黄色大控制器，设置【平移 X】为 -3.971、【平移 Y】为 -6.823、【平移 Z】为 1.79、【旋转 X】为 2.717、【旋转 Y】为 4.644、【旋转 Z】为 3.497，如图 8-52 所示；选择右脚的蓝色控制器，设置【平移 X】为 0、【平移 Y】为 8.956、【平移 Z】为 -7.178、【旋转 X】为 101.761、【旋转 Y】为 0.601、【旋转 Z】为 3.576，如图 8-53 所示；选择右大臂的红色控制器，设置【旋转 X】为 53.894、【旋转 Y】为 67.093、

【旋转 *Z*】为 -36.345，如图 8-54 所示；选择左大臂的蓝色控制器，设置【旋转 *X*】为 -69.744、【旋转 *Y*】为 -97.319、【旋转 *Z*】为 -61.372，如图 8-55 所示，效果如图 8-56 所示。

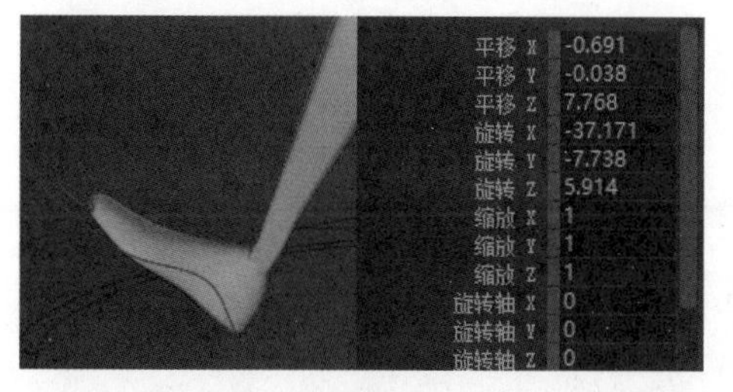

图 8-51

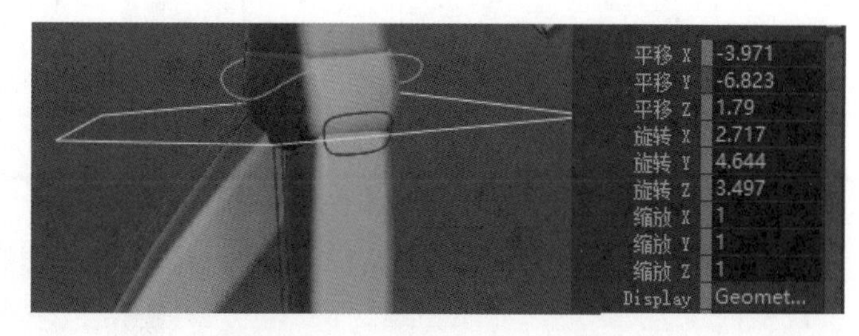

图 8-52

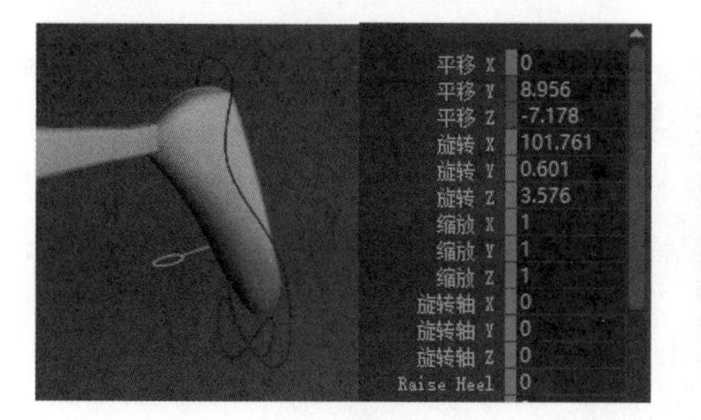

图 8-53

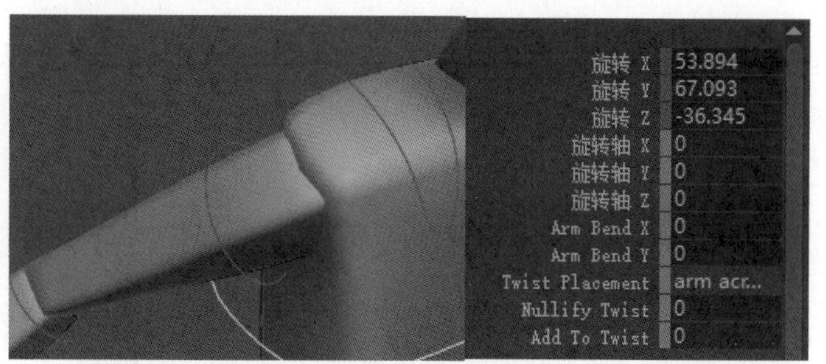

图 8-54

图 8-55

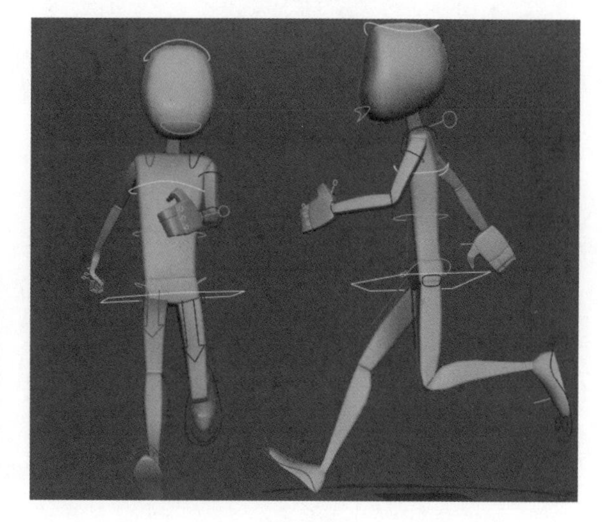

图 8-56

Step 07 将时间滑块拖到第 5 帧，选择右脚的红色控制器，单击鼠标右键，选择【复制】命令。将时间滑块拖到第 7 帧，单击鼠标右键，选择【粘贴】>【粘贴】命令，将第 5 帧支撑脚的关键帧复制到第 7 帧，设置【平移 *X*】为 -0.691、【平移 *Y*】为 0、【平移 *Z*】为 -9.261、【旋转 *X*】为 0.573、【旋转 *Y*】为 -10.916、【旋转 *Z*】为 0.87，设置【Raise Heel】为 45.6，如图 8-57 所示；选择右脚的蓝色控制器，设置【平移 *X*】为 0、【平移 *Y*】为 5.202、【平移 *Z*】为 3.627、【旋转 *X*】为 19.976、【旋转 *Y*】为 0.601、【旋转 *Z*】为 3.576，如图 8-58 所示；选择角色臂部的黄色大控制器，设置【平移 *X*】为 -4.81、【平移 *Y*】为 -6.643、【平移 *Z*】为 1.79、【旋转 *X*】为 2.717、【旋转 *Y*】为 -7.076、【旋转 *Z*】为 4.084，如图 8-59 所示；选择右大臂的红色控制器，设置【旋转 *X*】为 -31.599、【旋转 *Y*】为 -59.631、【旋转 *Z*】为 -28.208，如图 8-60 所示；选择左大臂的蓝色控制器，设置【旋转 *X*】为 -143.982、

【旋转 *Y*】为 -170.11、【旋转 *Z*】为 -137.026，如图 8-61 所示，效果如图 8-62 所示。

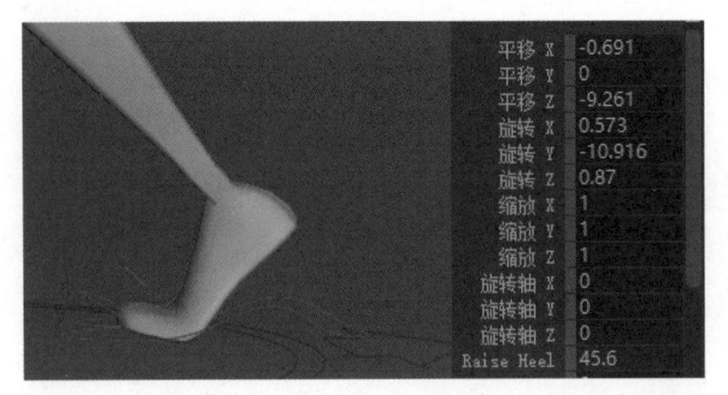

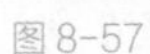
图 8-57

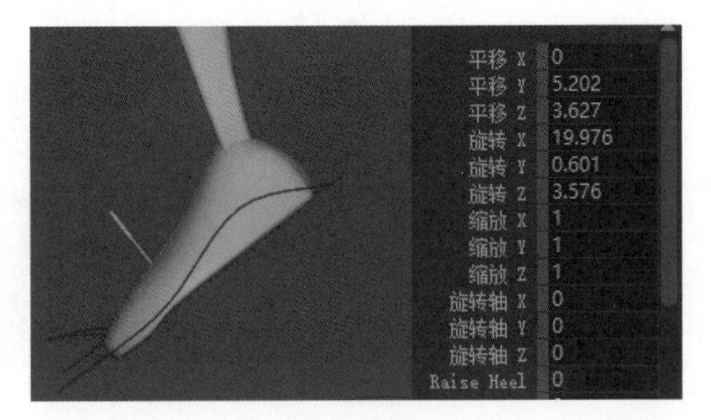

图 8-58

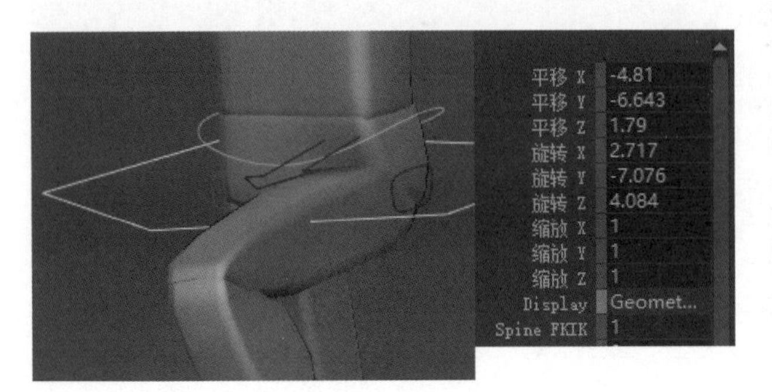

图 8-59

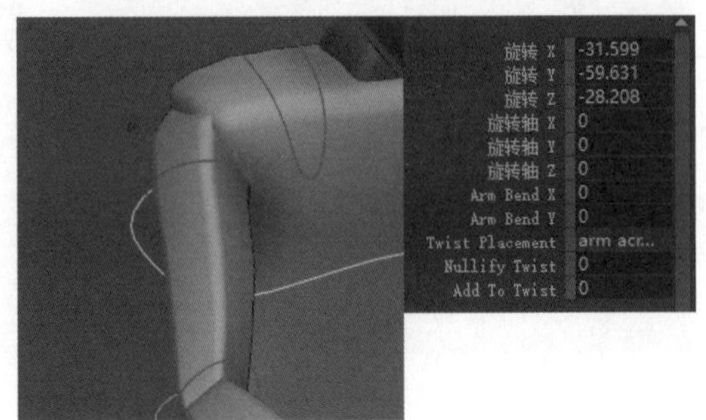

图 8-60

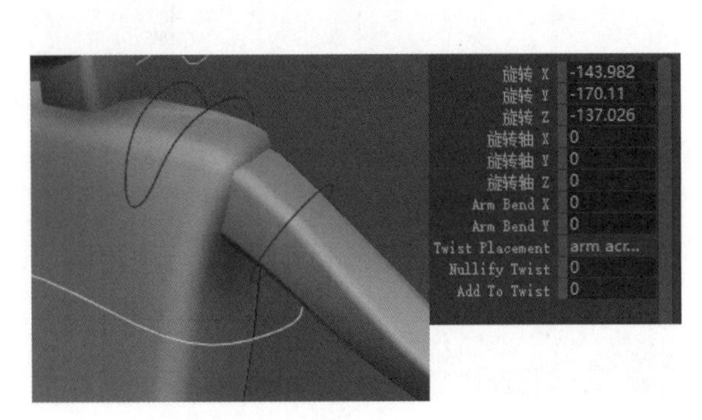

图 8-61

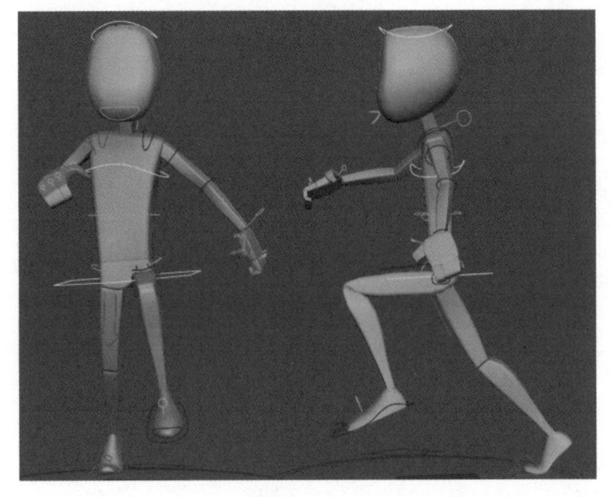

图 8-62

Step 08 将时间滑块拖到第 13 帧，选择左脚的蓝色控制器，单击鼠标右键，选择【复制】命令。将时间滑块拖到第 11 帧，单击鼠标右键，选择【粘贴】>【粘贴】命令，将第 5 帧支撑脚的关键帧复制到第 11 帧，设置【平移 *X*】为 0、【平移 *Y*】为 -0.031、【平移 *Z*】为 7.237、【旋转 *X*】为 -39.554、【旋转 *Y*】为 8.858、【旋转 *Z*】为 -7.396，如图 8-63 所示；选择右脚的红色控制器，设置【平移 *X*】为 -0.179、【平移 *Y*】为 10.054、【平移 *Z*】为 -7.618、【旋转 *X*】为 109.961、【旋转 *Y*】为 -3.504、【旋转 *Z*】为 -1.015，如图 8-64 所示；选择角色臀部的黄色大控制器，设置【平移 *X*】为 3.605、【平移 *Y*】为 -8.099、【平移 *Z*】为 0、【旋转 *X*】为 5.462、【旋转 *Y*】为 -8.675、【旋转 *Z*】为 -1.735，如图 8-65 所示；选择右大臂的红色控制器，设置【旋转 *X*】为 -34.504、【旋转 *Y*】为 -63.73、

【旋转 Z】为 -28.485，如图 8-66 所示；选择左大臂的蓝色控制器，设置【旋转 X】为 -119.906、【旋转 Y】为 -144.531、【旋转 Z】为 -122.726，如图 8-67 所示，效果如图 8-68 所示。

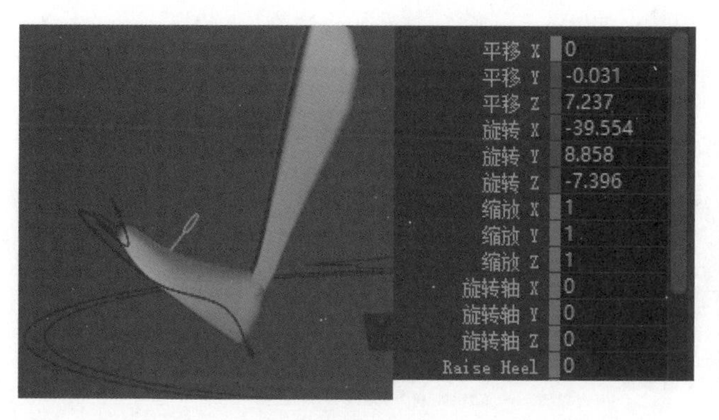

图 8-63

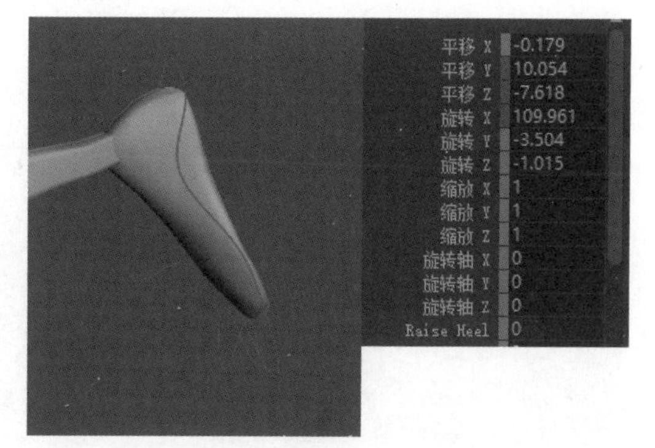

图 8-64

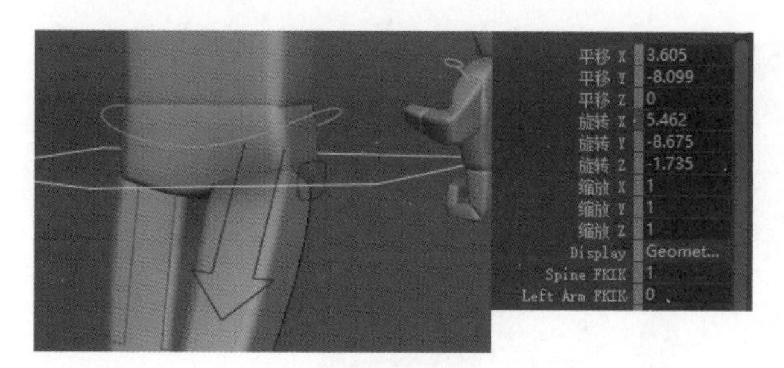

图 8-65

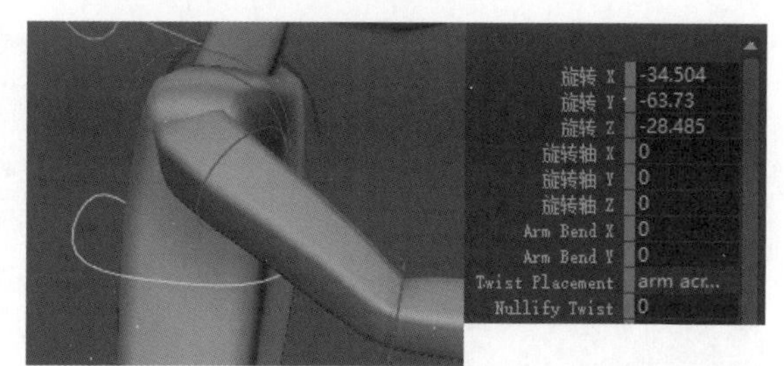

图 8-66

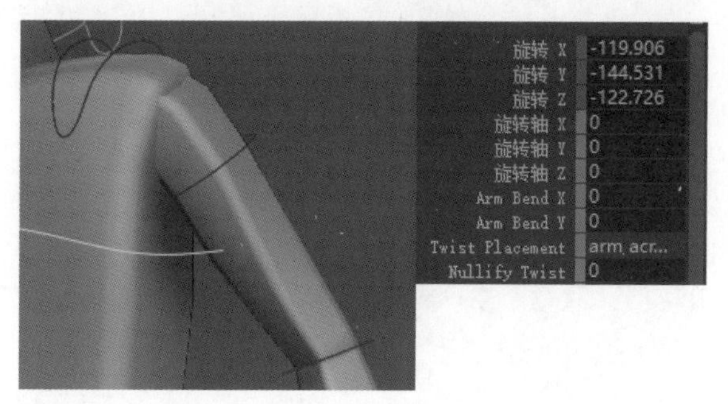

图 8-67

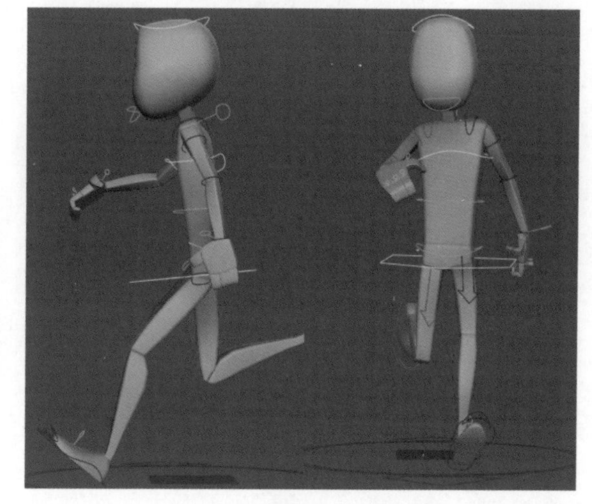

图 8-68

Step 09 将时间滑块拖到第 13 帧，选择左脚的蓝色控制器，单击鼠标右键，选择【复制】命令。将时间滑块拖到第 15 帧，单击鼠标右键，选择【粘贴】>【粘贴】命令，将第 13 帧支撑脚的关键帧复制到第 15 帧，设置【平移 X】为 0、【平移 Y】为 0.039、【平移 Z】为 -9.029、【旋转 X】为 0.242、【旋转 Y】为 9.093、【旋转 Z】为 -5.473，设置【Raise Heel】为 33.2，如图 8-69 所示；选择右脚的红色控制器，设置【平移 X】为 -0.179、【平移 Y】为 4.791、【平移 Z】为 3.502、【旋转 X】为 42.684、【旋转 Y】为 -3.504、【旋转 Z】为 -0.813，如图 8-70 所示；选择角色臀部的黄色大控制器，设置【平移 X】为 2.746、【平移 Y】为 -8.099、【平移 Z】为 0、【旋转

X】为 3.14、【旋转 *Y*】为 3.871、【旋转 *Z*】为 -1.196，如图 8-71 所示；选择右大臂的红色控制器，设置【旋转 *X*】为 59.582、【旋转 *Y*】为 80.831、【旋转 *Z*】为 -34.208，如图 8-72 所示；选择左大臂的蓝色控制器，设置【旋转 *X*】为 -20.894、【旋转 *Y*】为 -62.235、【旋转 *Z*】为 -28.971，如图 8-73 所示，效果如图 8-74 所示。

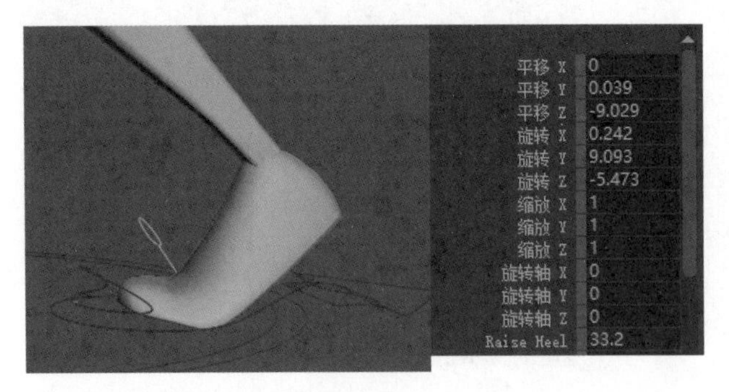

图 8-69

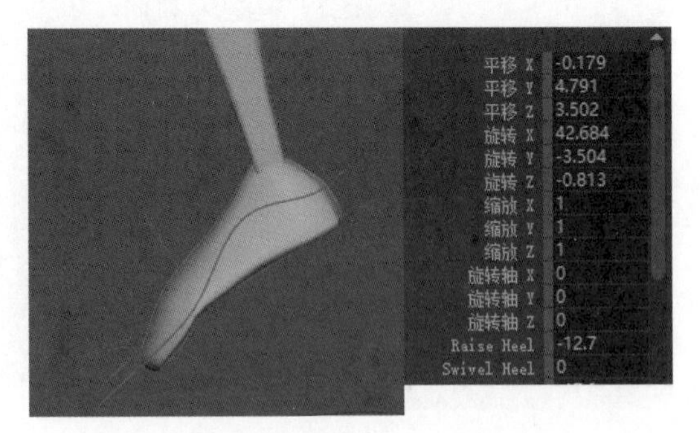

图 8-70

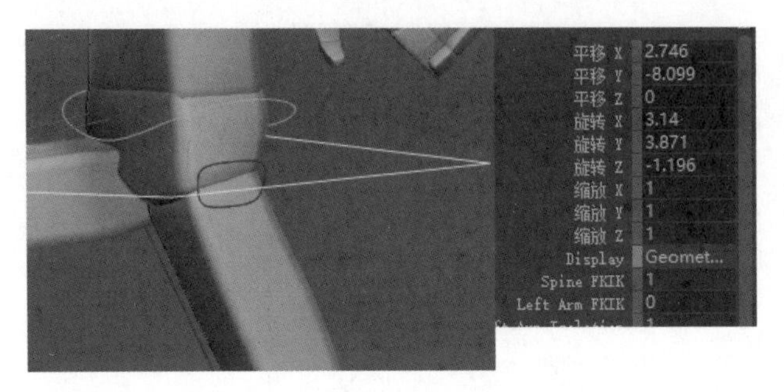

图 8-71

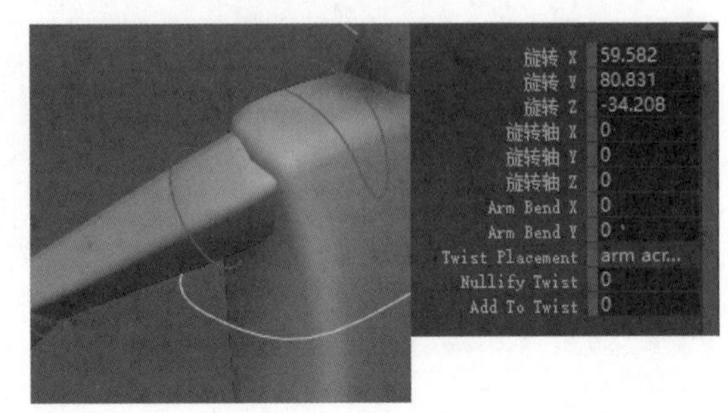

图 8-72

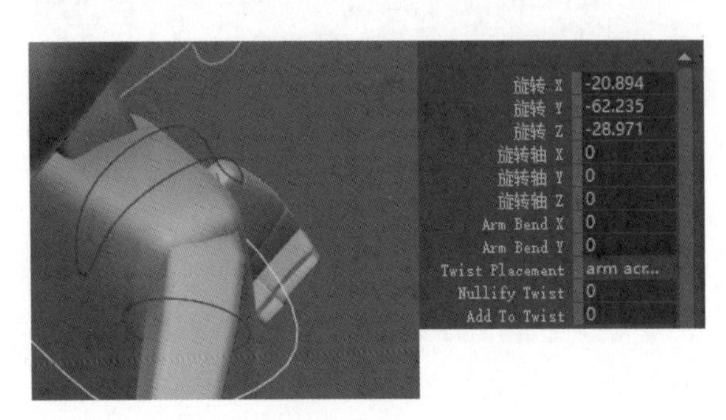

图 8-73

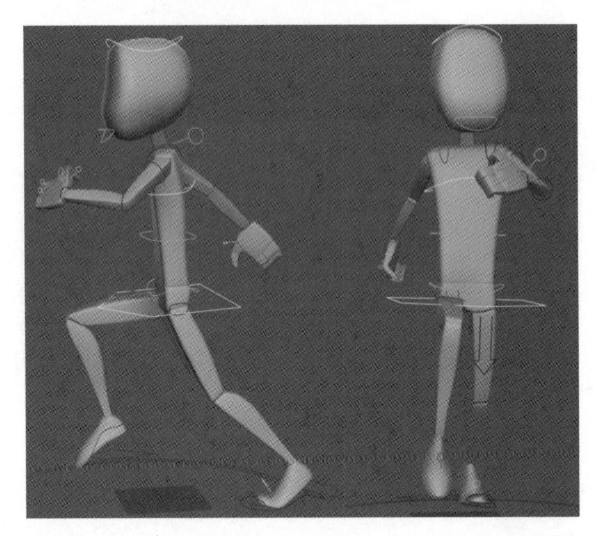

图 8-74

Step 10 调整脚步姿态。执行【窗口】>【动画编辑器】>【曲线图编辑器】菜单命令，打开曲线图编辑器，如图 8-75 所示。选择角色臀部的黄色大控制器，在曲线图编辑器中，单击左侧的【平移 *Y*】按钮，将第 5 帧和第 13 帧下方的曲线点对齐，使角色下落的姿态保持一致，其他曲线左右调整平滑，如图 8-76 所示。将时间滑块拖到第 4 帧，选择左大臂的蓝色控制器，设置【旋转 *X*】为 28.161、【旋转 *Y*】为 7.296、【旋转 *Z*】为 -67.942，旋转大臂，使其离身体远一些，如图 8-77 所示；选择左右两只脚的控制器，打开曲线图编辑器，单击左侧左右两只脚的【平移 Y】按钮，出现两只脚的 Y 轴曲线，如图 8-78 所示；选择右脚的红色控制器，在第 3 帧的位置将动画曲线调节成加速曲线，删除第 5 帧、13 帧的关键帧标记；选择左右脚的控制器，将第 3 帧、第 11 帧调节成加速曲线，使动画更加顺畅，如图 8-79 所示。

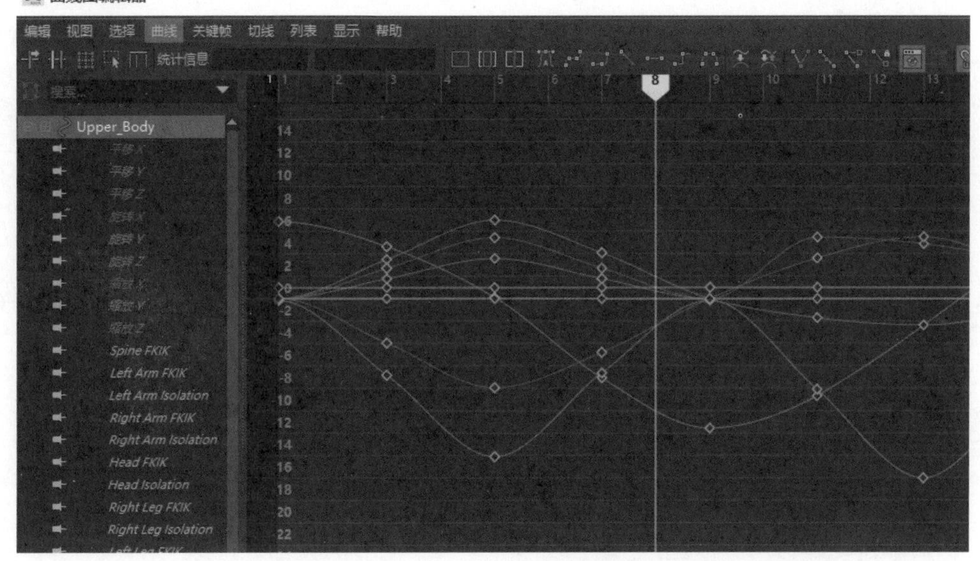

图 8-75

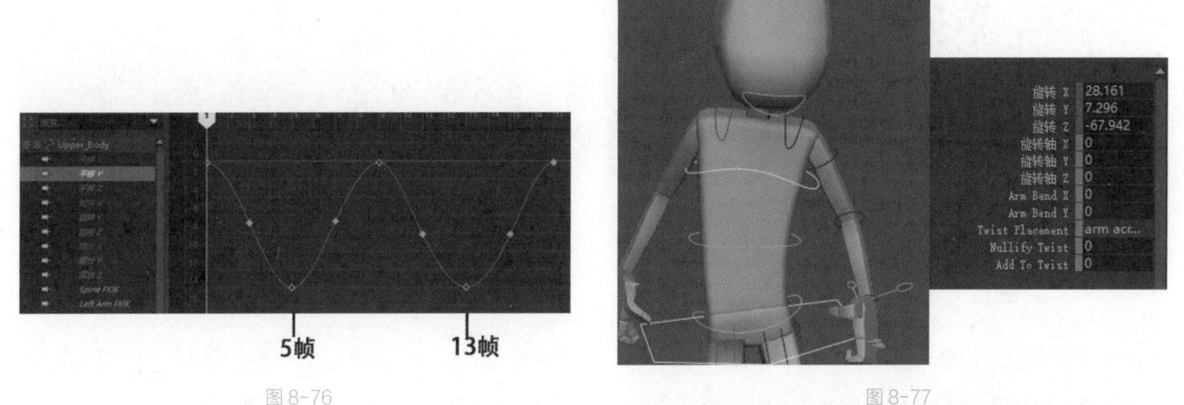

图 8-76

图 8-77

图 8-78

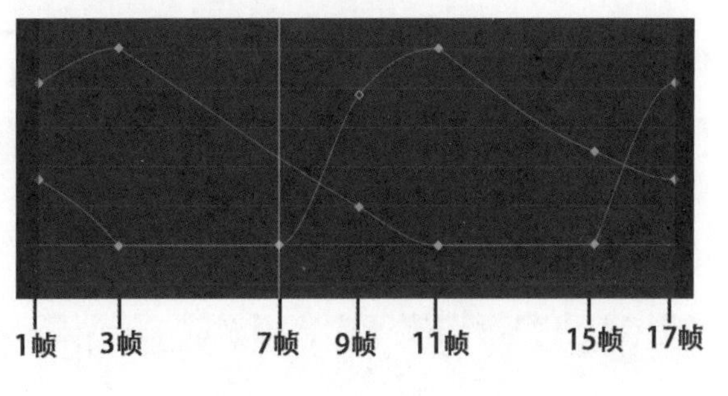

图 8-79

Step 11 调整胳膊姿态。将时间滑块拖到第 5 帧，选择左大臂的蓝色控制器，设置【旋转 *X*】为 -126.246、【旋转 *Y*】为 -145.752、【旋转 *Z*】为 -119.85，选择左小臂的控制器，设置【旋转 *Y*】为 -10.277，如图 8-80 所示；选择右大臂的红色控制器，设置【旋转 *X*】为 5.703、【旋转 *Y*】为 -2.107、【旋转 *Z*】为 -63.211，选择右小臂的控制器，设置【旋转 *Y*】为 -16.288，如图 8-81 所示。

图 8-80

图 8-81

Step 12 将时间滑块拖到第 13 帧，选择左大臂的蓝色控制器，设置【旋转 *X*】为 7.625、【旋转 *Y*】为 -15.112、【旋转 *Z*】为 -51.399，选择左小臂的控制器，设置【旋转 *Y*】为 -22.026，如图 8-82 所示；选择右大臂的红色控制器，设置【旋转 *X*】为 47.01、【旋转 *Y*】为 57.859、【旋转 *Z*】为 -51.612，选择右小臂的控制器，设置【旋转 *Y*】为 -20.649，如图 8-83 所示。

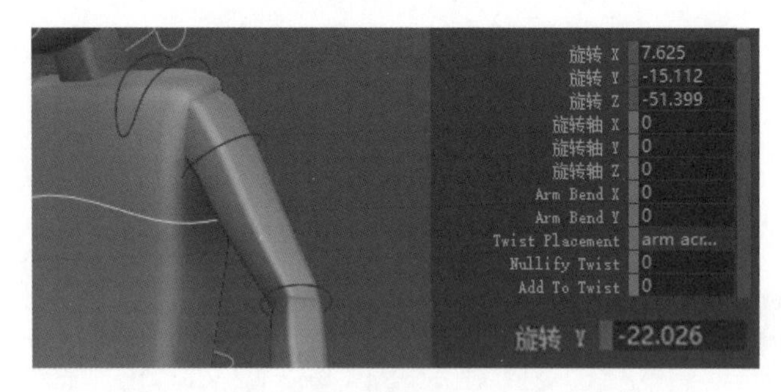

图 8-82

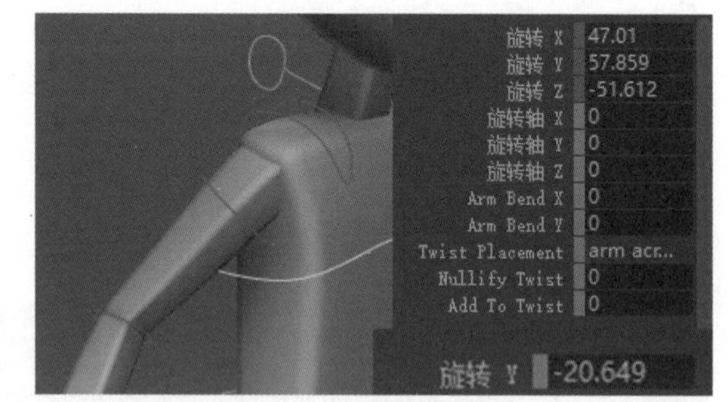

图 8-83

Step 13 将身体各个部分的曲线全部对照调整到满意的状态，这里就不一一赘述了。完成后，将动画时间更改为 120 帧，如图 8-84 所示。框选身体各部分的控制器，按住 Shift 键，配合鼠标左键选择第 1 帧到第 17 帧所有的关键帧，单击鼠标右键，选择【复制】命令。将时间滑块拖到第 17 帧，单击鼠标右键，选择【粘贴】>【粘贴】命令，将 1 帧到第 17 帧的关键帧进行粘贴。完成后，分别将时间滑块拖到第 33 帧、第 49 帧、第 65 帧、第 81 帧、第 97 帧、第 113 帧和第 120 帧，单击鼠标右键，选择【粘贴】>【粘贴】命令，粘贴关键帧，整个跑步的循环动画制作完成，如图 8-85 所示。

图 8-84

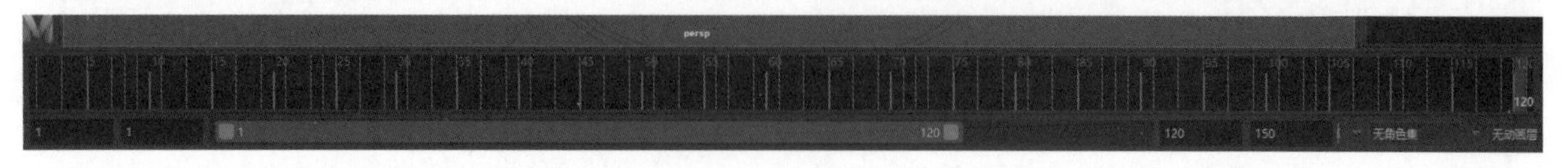

图 8-85

Step 14 循环制作完成后，再次检查模型的动作姿态、节奏和时间关系，完成整个案例的制作，如图 8-86 所示。

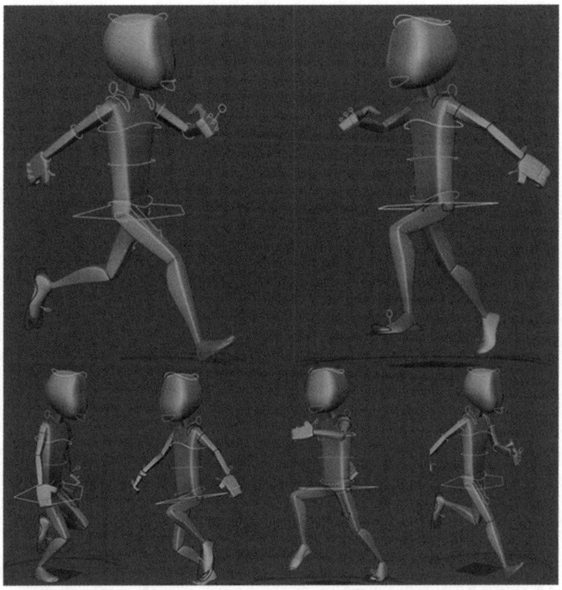

图 8-86

课后习题

一、选择题

1.（　　）是指制作动画时，按照动作的顺序从头画到最后，通常用来制作简单的动画。

A.【跟踪法】　B.【连贯动作法】　C.【模仿动作法】

2.（　　）是指将物体的各部位拆解制作动画，通常没有骨架的部位比较容易产生跟随动作。

A.【跟随动作法】　B.【连带动作法】　C.【穿插动作法】　D.【肢体动作法】

3.（　　）是三维动画中的重要元素，调节出优美的关键 pose 对后续的动画制作具有至关重要的作用。

A.【关键帧】　B.【关键动作】　C.【关键 pose】　D.【曲线】

4. 通过角色身体，展示姿态的力度、标志角色 pose 趋势和能量的假想线是（　　）。

A.【运动线】　B.【动态线】　C.【身体曲线】　D.【曲线与曲面】

二、填空题

1. ______ 是最重要的三维动画。

2. 三维动画不同于以往的二维动画，它对手绘能力要求较高，三维动画更看重动画的时间、______、动画的节奏、关键镜头的把握。

3. 一个动作在起始与结束的时候速度较慢，中间的过程快，因为一般动作并非等速运动，这是 ______ 物理现象。

4. ______ 是指将动作姿态进行细节化分析，需要考虑重心、支撑腿、胯部等几个主要的支撑关节，利用移动、旋转进行姿态的细化，表现出重量感、质感等。

三、简答题

1. 简述【预备动作】的概念。

2. 简述【挤压与拉伸】的概念。

3. 简述 pose 的作用。

四、案例习题

案例文件：案例文件 \ 第 8 章 \ 走路动画.mb

效果文件：效果文件 \ 第 8 章 \ 走路动画.mp4

练习要点：

1. 根据绑定模型进行角色走路动画的制作。

2. 运用关键帧设置关键姿态。

3. 通过调整曲线和关键帧完成案例的制作，如图 8-87 所示。

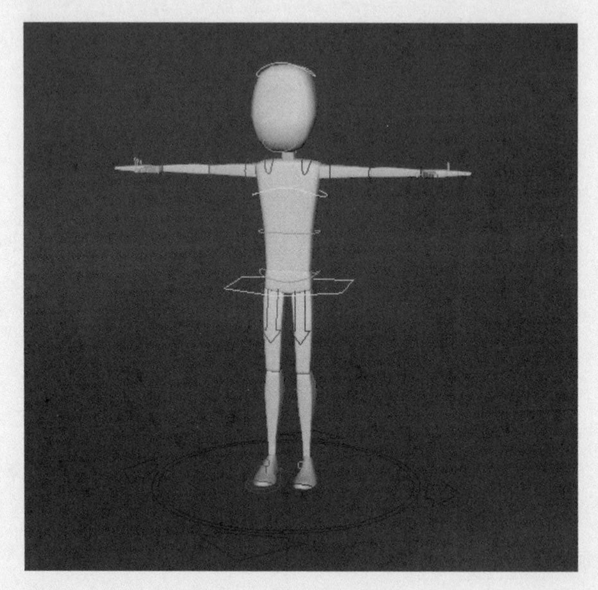

图 8-87

第 9 章

特效

Maya 的特效功能非常强大，较之前版本有了很大的提升。本章主要向大家讲述 Bifrost 流体、nParticle 粒子、nCloth 布料、nHair 毛发系统等方面的主要功能，内容新颖，利用它们可以创建许多现实世界中不可能实现甚至不可想象的神奇效果。Maya 也为用户提供了一系列的预设效果，这些效果方便用户使用，对学习有很好的推动作用。

MAYA

学习目标

- 了解 Bifrost 流体的属性与概念
- 了解 nParticle 粒子的应用范围
- 了解 nCloth 布料的概念与应用
- 了解 nHair 毛发系统的功能与设置

技能目标

- 掌握流体系统的设置技巧
- 掌握粒子系统的案例应用
- 掌握毛发和布料系统的模拟与应用

9.1 Bifrost流体

Bifrost（BF）是一种可使用 Flip（流体隐式粒子）解算器创建流体学效果的程序框架。可以从发射器生成流体并使其在重力的作用下坠落，与碰撞对象进行交互以导向流体并创建飞溅效果，并使用场创建喷射效果或其他效果，还可以创建流动气体效果，Bifrost 的前身是著名的流体特效插件 Naiad，在 2012 年被 Autodesk 公司收购，最终被植入 Maya，极大地增强了 Maya 的流体效果制作功能，如图 9-1 所示。

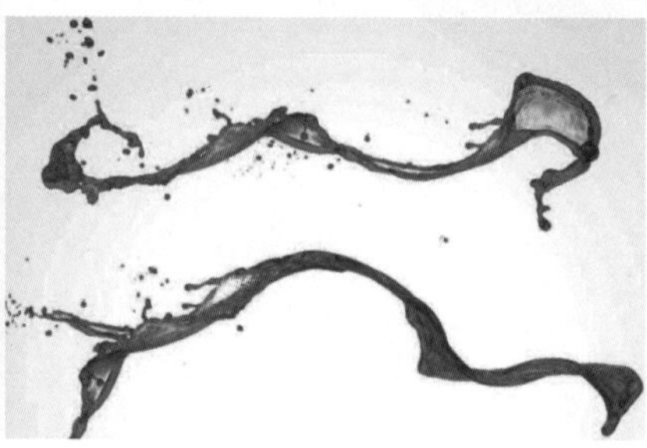

图 9-1

9.1.1 创建Bifrost流体效果

要创建 Bifrost 流体效果，需要在场景中添加所需的 Bifrost 对象，并将任何选定网格作为流体发射器进行连接。除此之外，还可以在同一场景中创建多个模拟，但是模拟不能彼此交互。创建面板中主要有 3 个选项，如图 9-2 所示。

图 9-2

【液体】：用于创建所有类型的流体效果，包括开阔水面、快速移动的湍流液体，以及熔岩、泥和胶等半固体。还可以由多边形网格或低分辨率模拟引导，生成受控制的飞溅、船尾迹等效果。设置导向液体模拟的步骤与典型的液体不同。

主要的创建步骤：

Step 01 选择一个或多个多边形物体作为发射器。

Step 02 执行【Bifrost 流体】>【液体】菜单命令，在场景中创建虚拟物体，如图 9-3 所示。

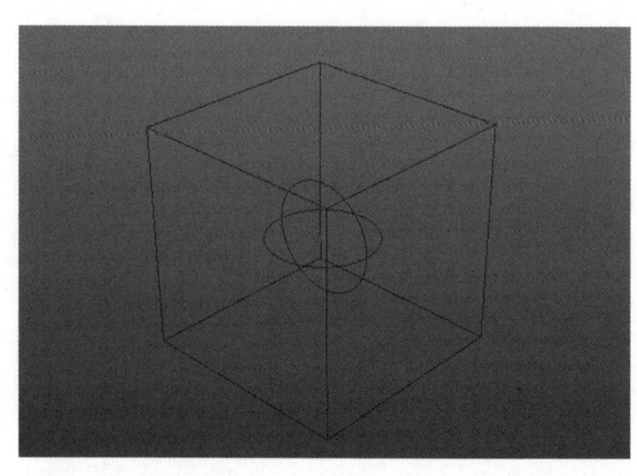

图 9-3

Step 03 仔细观察，然后根据需要调整主体大小，然后设置发射器特性。

Step 04 通过调整液体黏度，确定适当的稠度。

Step 05 添加用于控制模拟的任何其他对象。

Step 06 播放场景以预览效果。

【Aero】：用于创建诸如烟、雾和其他气体之类的效果。

提示

在主液体特性中，如果不按 1 厘米 =1 米的比例对场景建模，则可能需要调整重力、密度或曲面张力。

9.1.2 添加属性

添加属性是指给 Birfrost 增加属性以模拟不同的效果。执行【Bifrost 流体】>【添加】菜单命令，可以弹出的菜单中选取不同的属性，如图 9-4 所示。

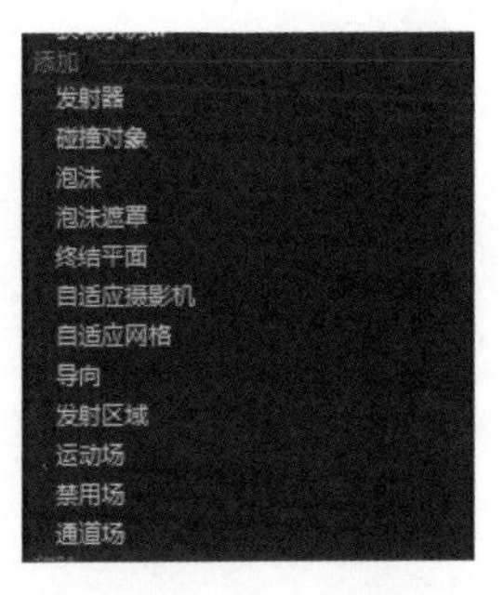

图 9-4

▶ 参数解析

【发射器】：Bifrost 中流体的源。与完全基于粒子的流体不同，Bifrost 流体的粒子没有发射速率。相反，Bifrost 流体的粒子基于速度体素场从发射器流出取决于多种因素，包括重力、压力、温度及其他影响。

【碰撞对象】：Bifrost 模拟的流动的障碍物。使用可以形成烟等围绕其流动的障碍物，或者创建防止液体在重力作用下流失的水池，或者为它们设置动画以创建波浪和飞溅效果。

【泡沫】：用于将泡沫粒子添加到液体中以创建气泡、泡沫和喷射效果。使用【泡沫】选项可以将泡沫粒子发射到处在高于或低于曲面的所有液体类型中。如果将泡沫粒子发射到具有不同密度的现有液体中也可以生成泡沫。

【泡沫遮罩】：用于将泡沫发射限制到多边形对象的体积内，允许用户更好地控制液体哪些区域将生成泡沫粒子。

【终结平面】：终结平面是无限平面，可消除 Bifrost 模拟中从一端到另一端的交叉粒子。使用【终结平面】可以移除退出摄影机视图后不再需要模拟的粒子。这样可以减少粒子总数，以及需要体素化的体积，并且可以降低内存和计算要求。

【自适应摄影机】：允许用户在需要细节的摄影机附近创建高分辨率泡沫模拟，同时降低场景其他区域中泡沫粒子的数量。

【自适应网格】：在 Aero 模拟中自适应性区域的体素化对象。在自适应网格的边界框内，Aero 以完全分辨率模拟，如容器的主体素大小设置定义的那样。自适应网格之外的区域以较低的分辨率模拟，可以将网格对象作为自适应网格添加。

【导向】：可以使用变形平面或其他平面网格引导 Bifros 液体曲面模拟，并将模拟限制在一个或多个特定区域内。这种效果适用于海洋上的船这样的镜头，渲染一大片水域，即使只有部分水域需要飞溅效果和其他模拟效果亦如此。

【运动场】：可以使用 Bifrost Motion Field Container（Bifrost 运动场容器）节点上的属性影响 Bifrost 液体、泡沫或 Aero 粒子的速度。

【禁用场】：可以根据各种标准使用 Bifrost Motion Field Container（Bifrost 运动场容器）节点上的属性删除 Bifrost 液体、泡沫或 Aero 粒子。

【通道场】：可以使用 Bifrost Motion Field Container（Bifrost 运动场容器）节点上的属性修改 Bifrost 模拟中的通道值。

9.1.3 其他参数设置

【移除】：用于移除多余的发射器、碰撞对象、泡沫、泡沫遮罩等属性。

【计算并缓存到磁盘】：将计算的 Bifrost 模拟按帧存储为磁盘上的文件。Bifrost 模拟读取每个帧的缓存文件，而不是重新计算模拟。用户可以为每个可缓存的Bifrost对象创建缓存文件，这些对象包括液体、Aero、泡沫和实体，也可以选择为输出网格创建缓存文件。与专门用于实时拖动和播放的临时缓存不同，用户缓存主要用于已批准的最终模拟。

【清空暂时缓存】：将用户在使用软件的过程中产生的缓存进行清空，为计算机节省大量内存。

课堂案例 珍酿

素材文件	素材文件\第9章\无	扫码观看视频
案例文件	案例文件\第9章\课堂练习——珍酿.mb	
视频教学	视频教学\第9章\课堂练习——珍酿.mp4	
练习要点	掌握Bifrost的应用	

Step 01 打开案例文件【课堂案例——珍酿.mb】，如图9-5所示。

图9-5

Step 02 创建发射器。选择竹筒中的液体块，切换至Fx界面，执行【Bifrost流体】>【液体】菜单命令，在液体块周围生成一个蓝色的模拟框，如图9-6所示。按快捷键Ctrl+H，隐藏液体块，此时周围已经生成细微的液体粒子。执行【Bifrost流体】>【Bifrost选项】菜单命令，打开【Bifrost选项】窗口，选中【启用临时缓存】复选框，设置【最大内存使用量】为16.00，如图9-7所示。

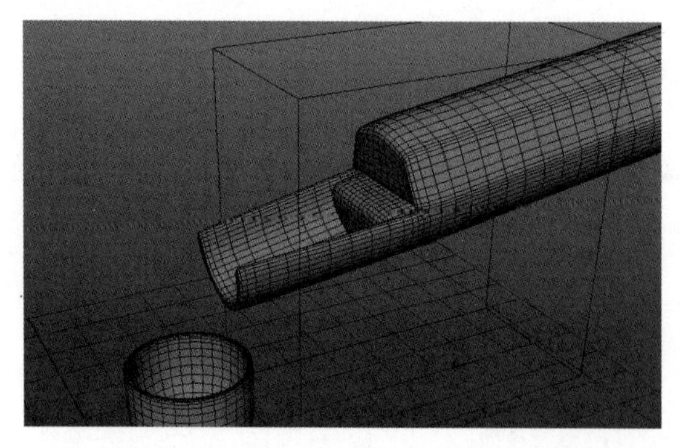

图9-6

图9-7

提示

最大内存使用量要根据用户计算机内存的实际大小来合理设置。

Step 03 创建碰撞效果。选择液体块发射器外框，按住 Shift 键加选竹筒，执行【Bifrost 流体】>【碰撞对象】菜单命令，将液体限制在竹筒区域。在大纲视图中，选择 bifrostLiquid1 节点，按快捷键 Ctrl+A 打开属性面板，在【liquidShape1】选项卡中，找到【粒子显示】卷展栏，设置【点大小】为 4.000，使碰撞粒子的外形变大，如图 9-8 所示。选择液体块发射器外框，按住 Shift 键加选高脚杯，执行【Bifrost 流体】>【碰撞对象】菜单命令，将液体限制在高脚杯区域，同时在大纲视图中生成一个新的 bifrostColliderProps2 节点。

图 9-8

提示

分别将创建的液体块与竹筒和高脚杯碰撞对象的节点进行重命名。

Step 04 设置碰撞效果。选择液体块发射器外框，按快捷键 Ctrl+A，打开属性面板，在【bifrost Liquid Properties Contitainer1】选项卡中，找到【分辨率】卷展栏，设置【主体素大小】为 0.35，如图 9-9 所示。单击【liquidShape1】选项卡，修改【点大小】为 6.000。选择液体块发射器外框，执行【Bifrost 流体】>【终结平面】菜单命令，在场景中创建终结平面，并将其移动到合适的位置。重复上一步操作，继续创建终结平面，并将其移动到合适的位置，如图 9-10 所示。

图 9-9

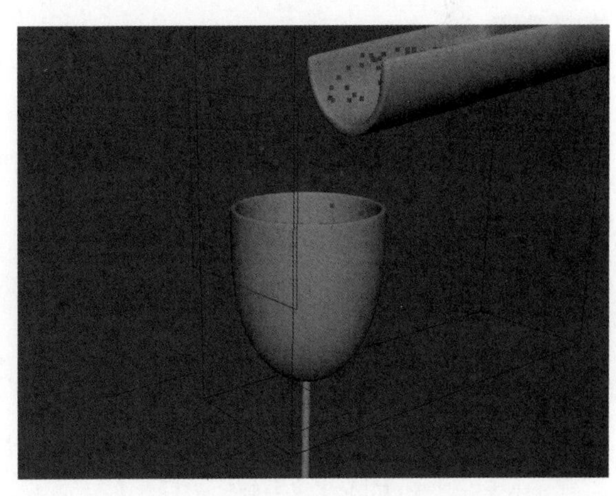

图 9-10

提示

灰色的框是新创建的终结平面，根据流体的实际溅射情况，利用终结平面限定溅射范围。

Step 05 设置溅射效果。选择液体块发射器外框，在【bifrost Liquid Properties Contitainer1】选项卡中，找到【腐蚀】卷展栏，设置【因子】为 0、【系数接近实体】为 0，如图 9-11 所示。在大纲视图中，选择 bifrostLiquidProperties1 节点，在【bifrost Liquid Properties Contitainer1】选项卡中，找到【水滴】卷展栏，设置【阈值】为 1.000，在【粒子分布】卷展栏中设置【内部粒子密度】为 2.000，在【漩涡】卷展栏中取消选中【启用】复选框，如图 9-12 所示。选择竹筒模型，按住 Shift 键加选液体块发射器外框，执行【Bifrost 流体】>【运动场】菜单命令，打开运动场属性面板，找到【bifrost MotionField Container1】选项卡，在【运动场特性】卷展栏中只选中【阻力】复选框，在【阻力】卷展栏中设置【Drag】（阻力）为 1、【Normal Drag】（阻力法线）为 0.500，如图 9-13 所示。

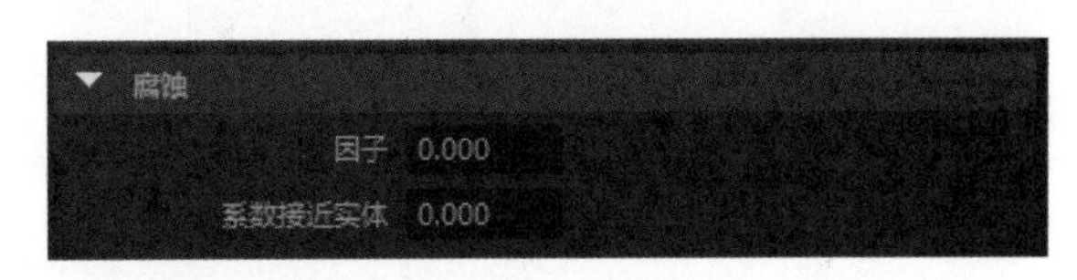

图 9-11

图 9-12

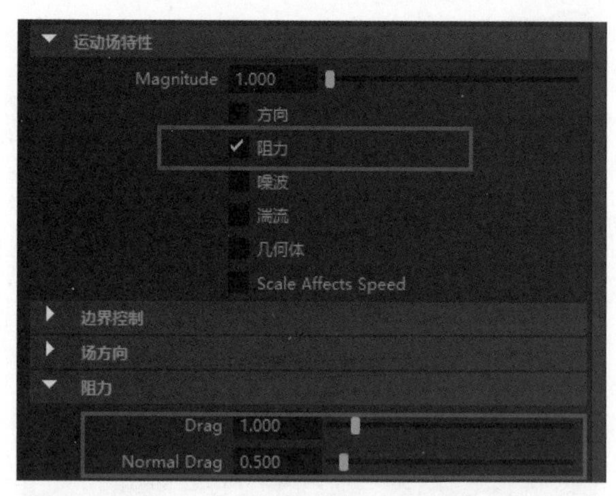

图 9-13

Step 06 设置缓存、导出 abc。选择液体块发射器外框，执行【Bifrost 流体】>【Bifrost 选项】菜单命令，打开【Bifrost 选项】窗口，取消临时缓存。执行【Bifrost 流体】>【计算并缓存到磁盘】菜单命令，设置好目录、名称，然后单击【创建】按钮，如图 9-14 所示。创建完成后，生成缓存文件，在大纲视图中，单击 bifrostLiquid1 节点，在【Bifrost Liquid Properties Contitainer1】选项卡中，找到【液体缓存】卷展栏，发现已经被调用的缓存文件，如图 9-15 所示。在大纲视图中，再次单击 bifrostLiquid1 节点，在右侧的【liquidShape1】选项卡中，找到【Bifrost 网格】卷展栏，选中【启用】复选框，生成液体网格，设置【水滴显示因子】为 0.200、【曲面半径】为 0.440、【水滴半径】为 2.967、【内核因子】为 0.769、【平滑】为 3、【分辨率】为 1.890，如图 9-16 所示。选择生成的液体网格模型，执行【缓存】>【Alembic 缓存】>【将当前选择导出到 Alembic】菜单命令，打开【Alembic 缓存】对话框，在【高级选项】卷展栏中，选中【UV 写入】、【写入颜色集】复选框，设置【文件格式】为【Ogawa-Maya 2014 Extension1】，导出当前选择，在弹出的对话框中，设置好保存的路径，如图 9-17 所示。

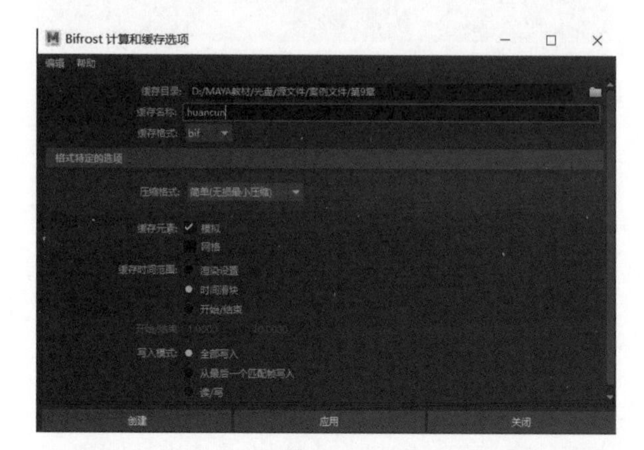

图 9-14

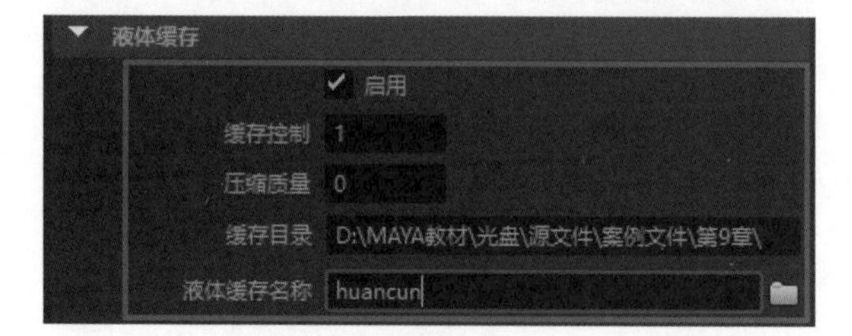

图 9-15

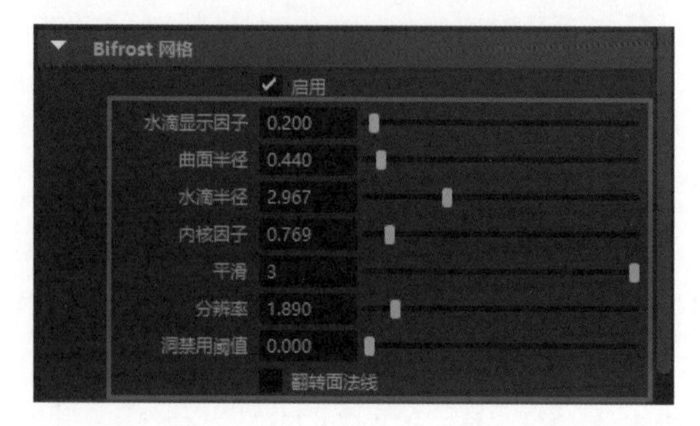

图 9-16

图 9-17

> **提示**
>
> 1. 计算和缓存：根据计算机的配置情况确定缓存时间。
> 2. 生成缓存文件能够节省渲染时间，方便用户随时查看流体状态。

Step 07 重新打开原始模型，导入 Alembic 缓存文件，生成最终效果，如图 9-18 所示。

图 9-18

9.2 nParticle粒子

nParticle 是一种使用 Maya Nucleus 动力学模拟框架的粒子生成系统。使用 nParticle 可以创建火、烟、液体和实例化几何体等许多类型的效果。创建 nParticle 对象并设置效果后，可以通过播放场景开始进行模拟。Maya Nucleus 解算器将执为其系统中的所有对象计算参数和设置，如图 9-19 所示。

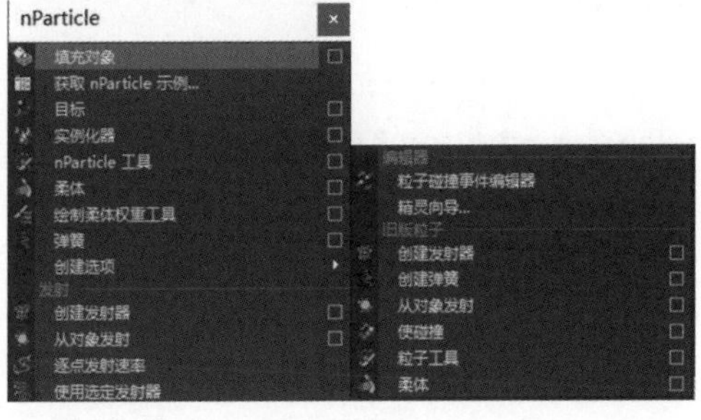

图 9-19

9.2.1 创建发射器

nParticle 发射器是发射粒子的基础源，掌握发射器的创建能够使用户对 nParticle 的使用更加顺畅。下面介绍一下 nParticle 粒子发射器的主要选项及参数解析，如图 9-20 所示。

1. 填充对象

填充对象用于设置 nParticle 如何填充选定的多边形对象，如图 9-20 所示。

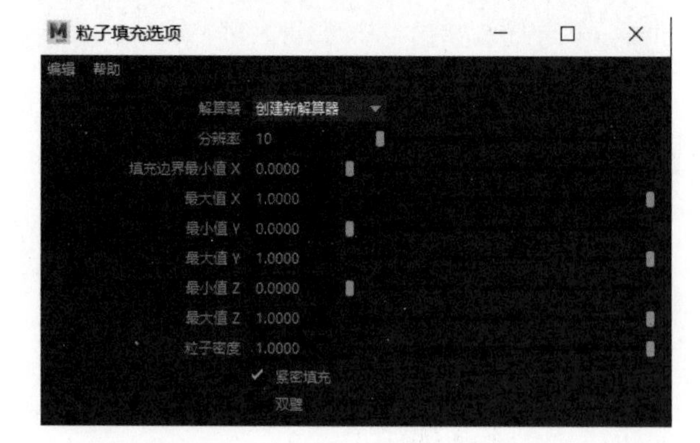

图 9-20

▶ 参数解析

【解算器】：即 nParticle 发射器对象所属的 Maya Nucleus 解算器。

【分辨率】：指定沿边界框最长轴将 nParticle 放置到几何体的栅格。

【填充边界最小值 X】：设置沿相对于填充对象 X 边界的 X 轴填充的 nParticle 填充下边界。

【最大值 X】：设置沿相对于填充对象 X 边界的 X 轴填充的 nParticle 填充上边界。值为 0 表示填满；值为 1 则为空。默认值为 0。

【最小值 Y】：设置沿相对于填充对象 Y 边界的 Y 轴填充的 nParticle 填充下边界。值为 0 表示填满；值为 1 则为空。默认值为 0。

【最大值 Y】：设置沿相对于填充对象 Y 边界的 Y 轴填充的 nParticle 填充上边界。值为 0 表示填满；值为 1 则为空。默认值为 0。

【最小值 Z】：设置沿相对于填充对象 Z 边界的 Z 轴填充的 nParticle 填充下边界。值为 0 表示填满；值为 1 则为空。默认值为 0。

【最大值 Z】：设置沿相对于填充对象 Z 边界的 Z 轴填充的 nParticle 填充上边界。值为 0 表示填满；值为 1 则为空。默认值为 0。

【粒子密度】：设置 nParticle 的大小。

【紧密填充】：启用后，将以六角形排列填充以尽可能紧密地定位 nParticle。

【双壁】：如果要填充对象的厚度已经建模，则启用该选项。

2. 目标

使用【目标选项】窗口中的选项可以控制目标对象在效果中的行为方式，如图 9-21 所示。

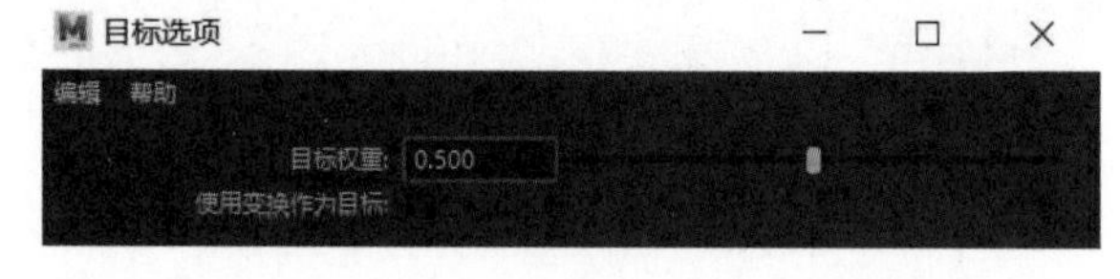

图 9-21

▶ 参数解析

【目标权重】：可设置被吸引到目标的后续对象的所有粒子数量。取值范围为 0 ~ 1。当该值为 0 时，说明目标的位置不影响后续粒子；当该值为 1 时，会立即将后续粒子移动到目标对象位置。

【使用变换作为目标】：使粒子跟随对象变换，而不是跟随粒子、CV、顶点或晶格点变换。

3. 粒子实例化器

使用【粒子实例化器选项】窗口中的选项可控制目标对象在效果中的行为方式，如图 9-22 所示。

参数解析

【粒子实例化器名称】：用于设置实例化器节点的名称。

【旋转单位】：如果为粒子设置旋转效果，则该选项可以用来设置将该值解释为度还是弧度。

【旋转顺序】：如果为粒子设置旋转效果，则该选项可以用来设置旋转的优先级顺序。

【细节级别】：设置在粒子位置是否显示源几何体，或者是否改为显示边界框。

【循环】：有两个选项。

•【无】：实例化单个对象。

•【顺序】：循环实例化对象列表中的对象。

【循环步长单位】：如果使用的是对象序列，可以在此选择使用帧数或秒数作为循环步长的单位。

【循环步长】：如果使用的是对象序列，在此输入粒子年龄间隔，序列中的下一个对象按该间隔出现。

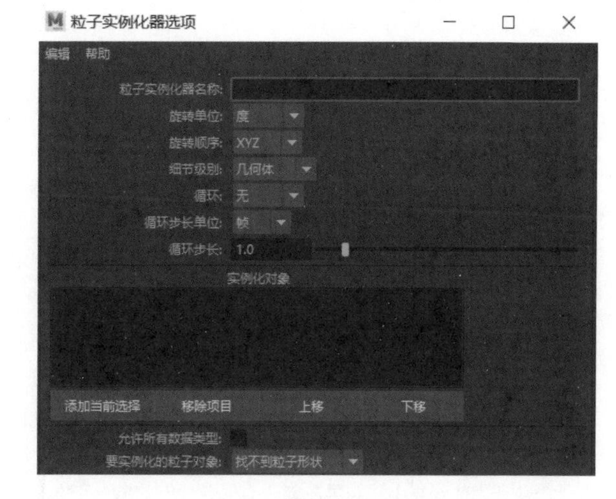

图 9-22

4. nParticle 工具

【工具设置】窗口如图 9-23 所示。

参数解析

【粒子名称】：用于设置粒子名称。

【解算器】：用于指定 nParticle 对象所属的 Maya Nucleus 解算器。

【保持】：使粒子运动的速度和加速度属性由动力学效果控制。

【粒子数】：用于指定每次单击鼠标时创建的粒子数。

【最大半径】：如果设置的粒子数大于 1，则可以将粒子随机分布在鼠标单击的球形区域中。若要选择球形区域，请将最大半径设置为大于 0 的值。

【草图粒子】：选中该复选框后，拖动鼠标可以绘制连续的粒子流草图。

【草图间隔】：用于设置粒子之间的像素间距。当此值为 0 时，可以创建几乎由像素组成的实线。此值越大，像素之间的间距越大。

【创建粒子栅格】：用于创建 2D 或 3D nParticle 栅格。

【粒子间距】：仅当【创建粒子栅格】复选框处于选中状态时此选项才处于活动状态。

【放置】：选择【使用光标】单选按钮，则可以使用光标设置体积；选择【使用文本字段】单选按钮，可以手动设置栅格坐标。

【最小角】：用于设置 3D 粒子栅格中左下角的 X、Y、Z 坐标。

【最大角】：用于设置 3D 粒子栅格中右上角的 X、Y、Z 坐标。

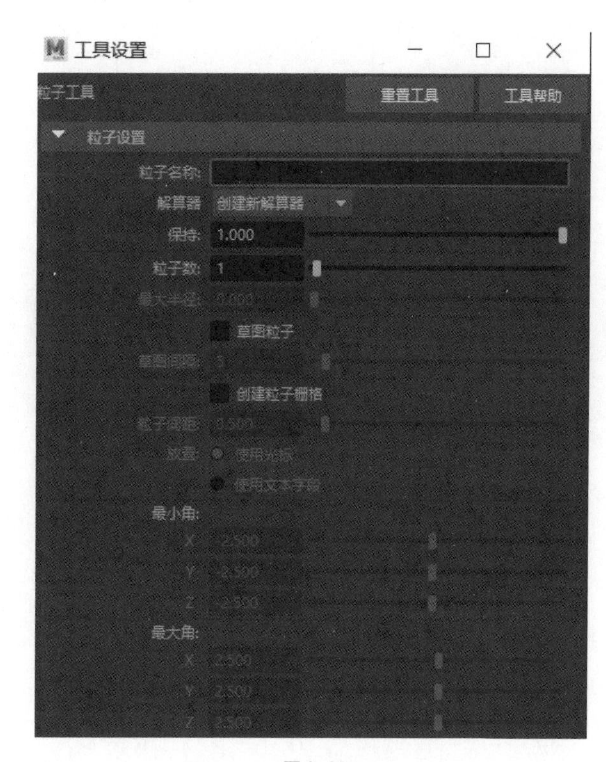

图 9-23

5. 软性

使用【软性选项】窗口中的选项可以将目标对象软化，如图 9-24 所示。

图 9-24

▶ 参数解析

【创建选项】：此下拉列表中有 3 个选项。

- 【生成柔体】：将对象转化为柔体。如果未设置对象的动画，并且使用动力学设置其动画，请选择该选项。
- 【复制，将副本生成柔体】：将对象的副本生成柔体，且不改变原始对象。
- 【复制，将原始生成柔体】：该选项的使用方法与上面类似，除了使原始对象成为柔体，同时复制原始对象。

【复制输入图标】：选中此复选框，则使用任一复制选项创建柔体，都会复制上游节点。

【隐藏非柔体对象】：如果在创建柔体时复制对象，那么其中一个对象会变为柔体。如果启用该选项，则会隐藏不是柔体的对象。

【将非柔体作为目标】：如果启用该选项，可以使柔体跟踪或移向从原始几何体或重复几何体生成的目标对象。

【权重】：设置柔体在从原始几何体或重复几何体生成的目标对象后面有多近。当此值为 0 时，可使柔体自由地弯曲和变形；当此值为 1 时，可使柔体变得僵硬；此值在 0 ~ 1 范围内，则柔体具有中间的刚度。

6. 绘制柔体权重工具

绘制柔体权重大小，可在如图 9-25 所示的窗口中进行设置。

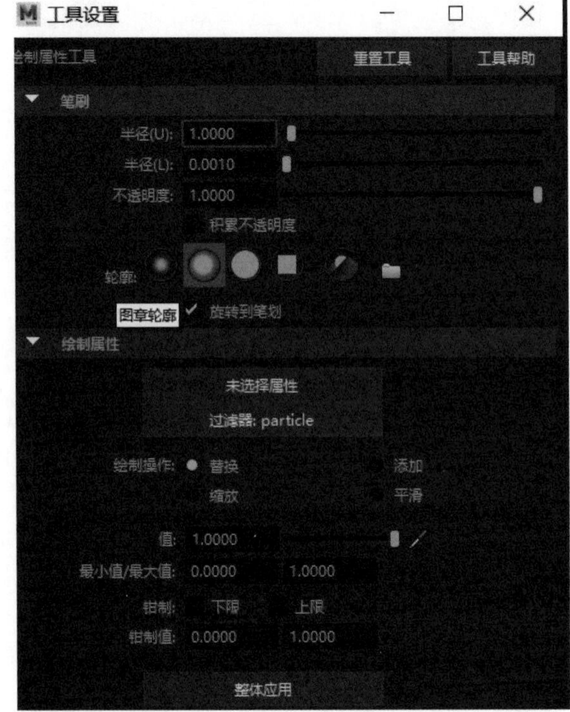

图 9-25

▶ 参数解析

【笔刷】：可定义笔刷形状、大小和方向。

- 【半径（U）】：如果使用光笔，则设置笔刷的半径上限或可能的最大半径。
- 【半径（L）】：如果使用光笔，则设置在使用该光笔时笔刷的半径下限或可能的最小半径。
- 【不透明度】：使用此选项，可以进行更为缓和的更改，以获得更精细的效果。

【绘制属性】：显示要绘制的粒子节点和要绘制的属性名称。

- 【过滤器（Particle）】：设置过滤器，这样仅粒子节点会显示在该过滤器上方按钮的菜单上。
- 【绘制操作】：选择一个操作以定义希望绘制的权重值如何受影响。
- 【替换】：使用指定的明度和不透明度，替换绘制的柔体粒子的权重值。

•【添加】：将指定的明度和不透明度与绘制的当前权重值相加。
•【缩放】：按明度和不透明度因子缩放绘制的当前权重值。
•【平滑】：将权重值更改为周围权重值的平均值。
•【值】：设置执行任意绘制操作时要应用的值。
•【最小值\最大值】：设置可能的最小和最大绘制值。

7. 弹簧

要在粒子之间添加弹簧属性，可在如图 9-26 所示的窗口中设置。

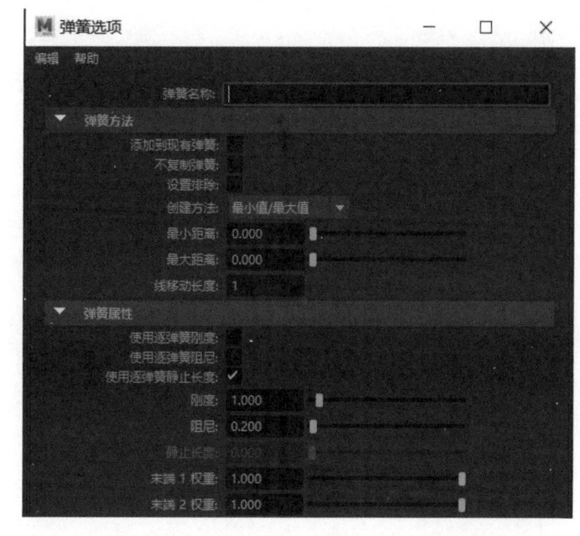

图 9-26

▶ 参数解析

【弹簧名称】：设置易于识别的名称。
【添加到现有弹簧】：将弹簧添加到某个现有弹簧对象，而不是添加到新弹簧对象。
【不复制弹簧】：如果在两个点之间已经存在弹簧，则可避免在这两个点之间再创建弹簧。
【设置排除】：当选择多个对象时，会基于点之间的平均长度，使用弹簧将来自选定对象的点链接到每隔一个对象中的点。
【创建方法】：此下拉列表中有 3 个选项。
•【最小值 / 最大值】：创建处于最小距离和最大距离范围内的弹簧。
•【全部】：在所有选定的成对点之间创建弹簧。
•【线框】：在柔体外部边上的所有粒子之间创建弹簧。
【线移动长度】：该选项可以与【线框】选项一起使用。它可以设置在边粒子之间创建多少个弹簧。

8. 创建发射器

创建发射器是指在模拟中使用发射器生成移动或静态的粒子，如图 9-27 所示。

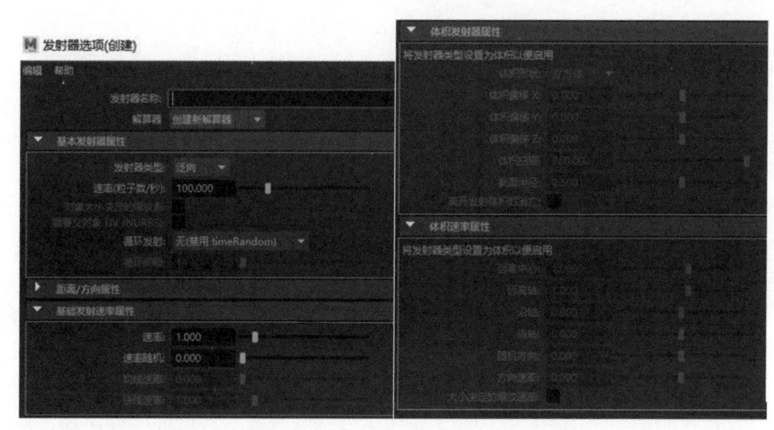

图 9-27

▶ 参数解析

【发射器名称】：设置易于识别的名称。

【解算器】：指定 nParticle 发射器对象所属的 Maya Nucleus 解算器。

【发射器类型】：此下拉列表中有 3 个选项。

- 【泛向】：将发射器类型设置为泛向粒子发射器，粒子向所有方向发射。
- 【定向】：将发射器类型设置为定向粒子发射器。
- 【体积】：从闭合的体积发射粒子。

【距离 / 方向属性】：有两种类型。

- 【最小距离】：设置发射器执行发射的最小距离，可以输入 0 或更大值。
- 【最大距离】：设置发射器执行发射的最大距离。

【基础发射速率属性】：有 3 种类型。

- 【速率】：为已发射粒子的初始发射速度设置速度倍增。
- 【速率随机】：通过速率随机属性，可以为发射速度添加随机性，而无须使用表达式。
- 【切线速率】：为曲面和曲线发射设置发射速度的切线分量的大小，默认值为 0。

【体积发射器属性】：有 5 种属性。

- 【体积形状】：指定要将粒子发射到的体积的形状。
- 【体积偏移】：将发射体积从发射器的位置偏移。
- 【体积扫描】：定义立方体外所有体积的旋转范围。
- 【截面半径】：定义圆环体实体部分的厚度。
- 【离开发射体积是消亡】：如果启用该属性，则发射的粒子将在其离开体积时消亡。

【体积速率属性】：仅适用于粒子的初始速度，有 8 种类型。

- 【远离中心】：指定粒子离开立方体或球体体积中心点的速度。
- 【远离轴】：指定粒子离开圆柱体、圆锥体或圆环体体积的中心轴的速度。
- 【沿轴】：指定粒子沿所有体积的中心轴移动的速度。
- 【绕轴】：指定粒子绕所有体积的中心轴移动的速度。
- 【随机方向】：为粒子的体积速率属性的方向和初始速度添加不规则性，有点像扩散对其他发射器类型的作用。
- 【平行光速率】：在由所有体积发射器 *X*、*Y*、*Z* 属性指定的方向上增加速度。
- 【按大小确定速率比例】：如果启用此属性，则当增加体积的大小时，粒子的速度也相应加快。
- 【显示速率】：显示指示速率的箭头。

9. 从对象发射

【从对象发射】：创建发射器对象，该对象从选定多边形或 NURBS 对象的曲面发射粒子，其参数与创建发射器一样。

10. 逐点发射速率

【逐点发射速率】：用于设置从对象发射粒子时为每个粒子改变发射速率。

11. 使用选定发射器

【使用选定发射器】：用于将 nParticle 对象连接到选定发射器。

9.2.2 编辑器

粒子碰撞事件编辑器：打开粒子碰撞事件编辑器，可以创建、编辑和删除粒子碰撞。

精灵向导：通过【精灵向导】窗口可以选择纹理、图像或图像序列，从而在每个 nParticle 上显示。

课堂案例 花火

素材文件	素材文件\第9章\无	扫码观看视频
案例文件	案例文件\第9章\课堂案例——花火.mb	
视频教学	视频教学\第9章\课堂练习——花火.mp4	
练习要点	掌握花火案例应用的方法	

Step 01 打开 Maya 2018，切换至 Fx 选项卡，双击工具栏中的【创建发射器】按钮，打开【发射器选项（创建）】窗口，设置【发射器名称】为 huahuo，如图 9-28 所示。

图 9-28

Step 02 单击大纲视图中的 huahuo2 节点，按 W 键，向上移动发射点，播放查看后将其调整到合适的位置。再次选择 huahuo2 节点，按快捷键 Ctrl+A，进入 huahuo2 的属性面板，设置【发射器类型】为【体积】、【体积形状】为【圆环】，在【体积速率属性】卷展栏中设置【远离轴】为 6.000，如图 9-29 所示。

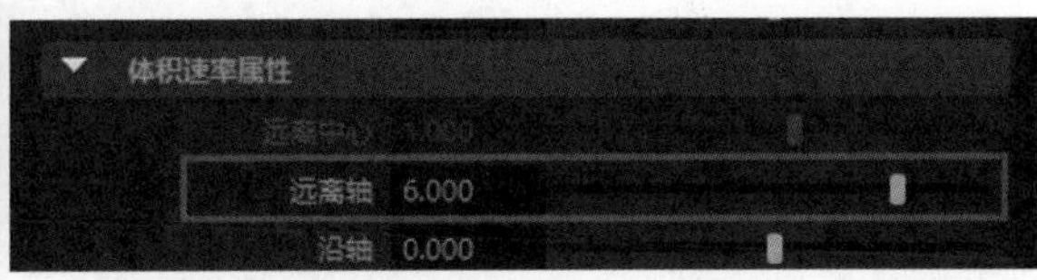

图 9-29

Step 03 创建碰撞地面。单击大纲视图中的 nucleus1 节点，进入 nucleus1 的属性面板，在【地平面】卷展栏中选中【使用平面】复选框，设置【平面反弹】为 0.800，如图 9-30 所示。

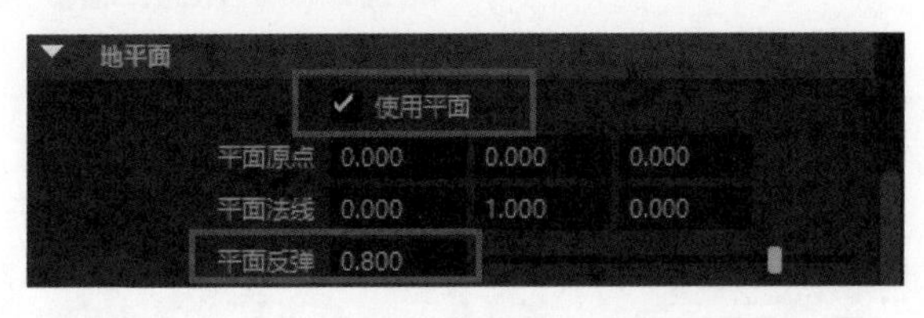

图 9-30

Step 04 更改粒子外形。单击大纲视图中的 nParticle1 节点，进入 nParticleShape1 的属性面板，在【着色】卷展栏中设置【粒子渲染类型】为【管状体（s/w）】、【半径 0】为 0.040、【半径 1】为 0.040、【尾部大小】为 2.500，如图 9-31 所示。在【颜色】卷展栏中设置【颜色输入】为【年龄】，调整随机颜色。在【白炽度】卷展栏中设置【白炽度输入】为【年龄】，调整随机颜色，如图 9-32 所示。单击大纲视图中的 huahuo2 节点，进入 huahuo2 的属性面板，在【基本发射器属性】卷展栏中设置【速率（粒子/秒）】为 20.000，如图 9-33 所示。

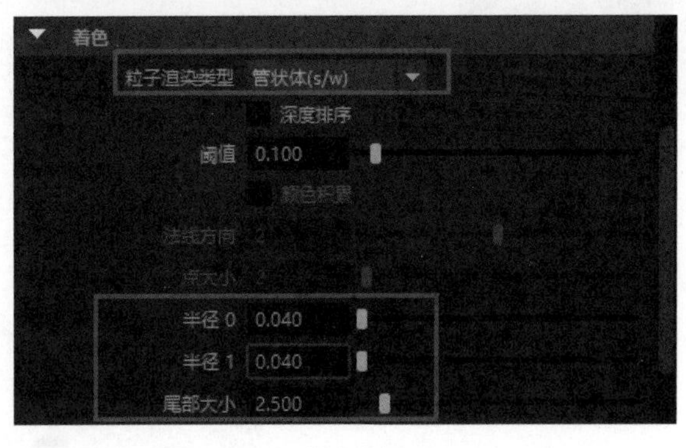

图 9-31

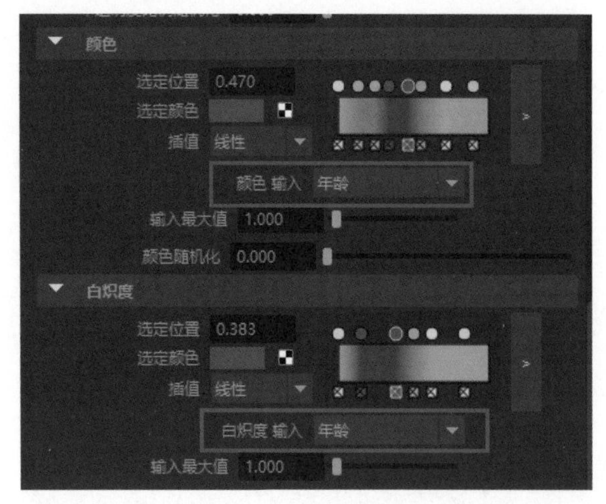

图 9-32

图 9-33

Step 05 最终效果如图 9-34 所示。

图 9-34

nCloth布料

nCloth 布料是一种快速而稳定的解决动力学布料的工具，它使用一系列链接的粒子来模拟各种动力学多边形曲面。nCloth 布料是从建模的多边形网格生成的。可以对任意类型的多边形网格建模，使其成为 nCloth 对象，非常适用于实现特定姿势和保持方向控制，如图 9-35 所示。

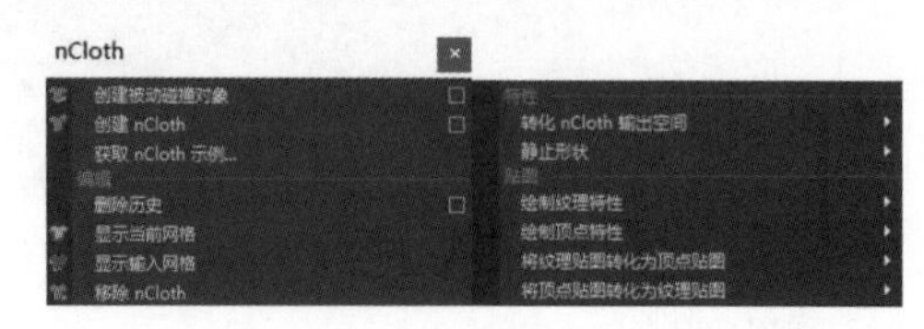

图 9-35

9.3.1 创建nCloth

1. 创建被动碰撞对象

图 9-36

创建被动碰撞对象是指使选定对象成为被动碰撞对象，并创建相应的 nRigid 节点。【使碰撞选项】窗口如图 9-36 所示。

▶ 参数解析

【解算器】：指定被动对象所属的 Maya Nucleus 解算器。从下拉列表中可以选择创建新解算器或创建新被动对象的 Maya Nucleus 解算器。

2. 创建 nCloth

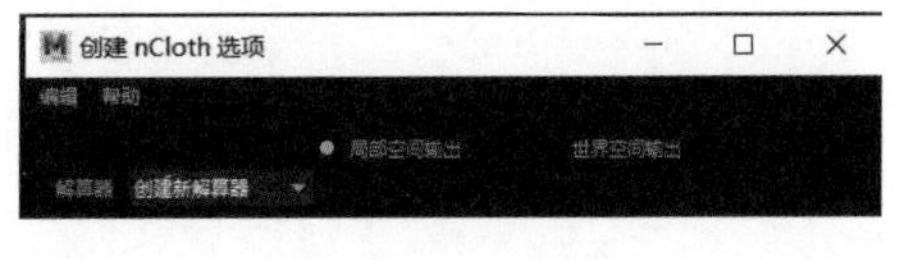

图 9-37

创建 nCloth 是指使选定多边形网格成为 nCloth 对象。【创建 nCloth 选项】窗口如图 9-37 所示。

▶ 参数解析

【局部空间输出】：生成最需要的 nCloth 行为，因为 nCloth 的输入和输出网格会受 Maya Nucleus 解算器的影响。

【世界空间输出】：生成最适合用于导出 nCloth 缓存的结果，因为只有 nCloth 的输出网格会受 Maya Nucleus 解算器的影响。

3. 获取 nCloth

获取 nCloth 是指使用内容浏览器打开 nCloth 示例文件夹。

9.3.2 创建碰撞对象

与被动对象发生碰撞：用户可以从场景中的任何多边形网格创建被动碰撞对象。在创建被动碰撞对象时，用户可以将碰撞对象指定给现有 Nucleus 解算器，使碰撞对象及其所含的其他 Nucleus 对象交互。如果场景中不存在 Nucleus 解算器，则可以在创建被动碰撞对象的同时创建一个 Nucleus 解算器。

Nucleus 对象之间的碰撞：如果对象被指定给同一 MayaNucleus 解算器，则可以在 nCloth、nParticle 及 nHair 对象之间创建碰撞和交互。

Nucleus 对象自碰撞：自碰撞发生在 nCloth 对象的组件之间。自碰撞对于 nCloth 动画在接触其自身模拟布料交互时非常重要。

碰撞和 Nucleus 节点：Maya Nucleus 解算器经过多次迭代计算出 Nucleus 对象碰撞的正确行为。迭代的次数越多，对象碰撞越精确，模拟速度越慢。

碰撞强度：用于指定 Nucleus 对象彼此碰撞时生成的力的大小。

碰撞层：用于组织共享相同 Maya Nucleus 解算器的多个对象之间的碰撞。

课堂案例 布料模拟

素材文件	素材文件\第9章\无
案例文件	案例文件\第9章\课堂练习——布料模拟.mb
视频教学	视频教学\第9章\课堂练习——布料模拟.mp4
练习要点	掌握布料案例的制作

扫码观看视频

Step 01 打开案例文件【课堂练习——布料模拟.mb】，如图 9-38 所示。

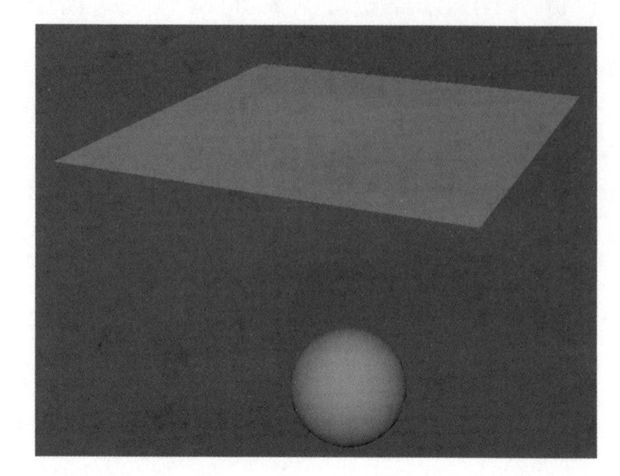

图 9-38

Step 02 分别为场景中的物体赋予物理属性。选择场景中的布料平面，执行【nCloth】>【创建 nCloth】菜单命令，打开【创建 nCloth 选项】窗口，选择【局部空间输出】单选按钮，设置【解算器】为【创建新解算器】，为平面模型赋予布料属性，如图 9-39 所示。选择场景中的球体，执行【nCloth】>【创建被动碰撞对象】菜单命令，为球体模型赋予碰撞属性。

Step 03 修改布料属性。在大纲视图中，单击 nCloth1 节点，进入 nClothShape1 面板，在【碰撞】卷展栏中设置【厚度】为 0.027、【反弹】为 0.049、【摩擦力】为 0.132、【黏滞】为 0.044。在【动力学特性】卷展栏中设置【拉伸阻力】为 200.000、【压缩阻力】为 200.000、【弯曲阻力】为 0.000、【质量】为 5.330、【阻力】为 0.626、【拉伸阻尼】为 3.791，如图 9-40 所示。

图 9-39

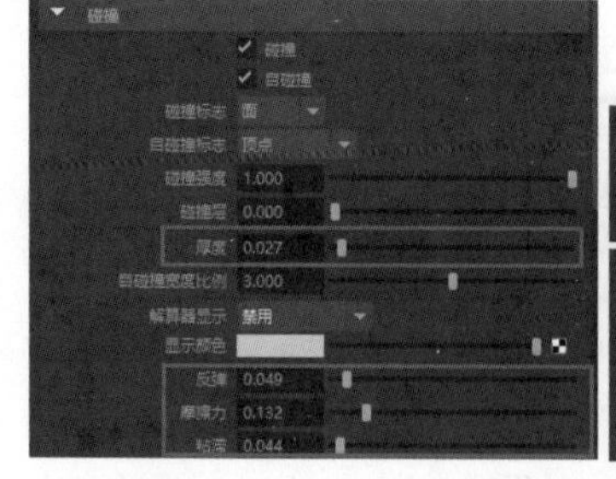

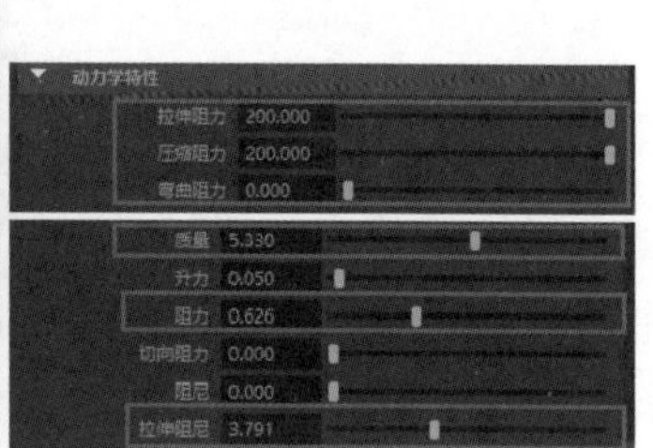

图 9-40

Step 04 单击【向后播放】按钮▶，预览动画，如图 9-41 所示。

图 9-41

nHair（毛发）

在 Maya 中使用 nHair 毛发可以创建动态的头发系统，以便模拟逼真的发型和毛发行为。nHair 毛发使用 Maya Nucleus 框架，即生成与 nCloth 布料和 nParticle 粒子模拟的相同的动态模拟框架。nHair 系统与其他 Nucleus 对象交互，包括 nCloth 布料、被动碰撞和 nParticle 粒子对象。若要发生碰撞，则必须将所有参与对象指定给同一个 Nucleus 解算器，如图 9-42 所示。

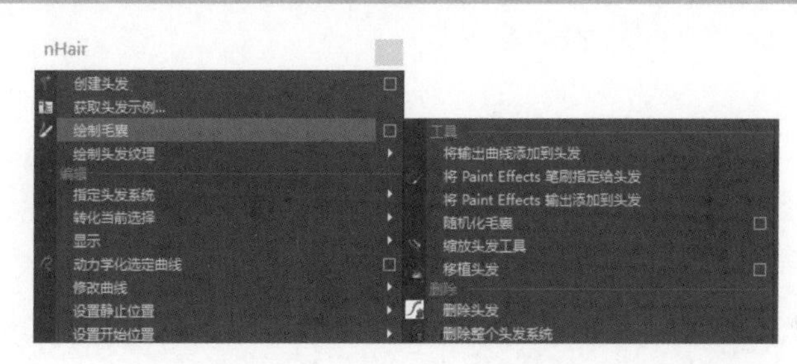

图 9-42

9.4.1 创建头发

在【创建头发选项】窗口中设置相关参数，可以在 NURBS 或多边形曲面上创建动力学头发，如图 9-43 所示。

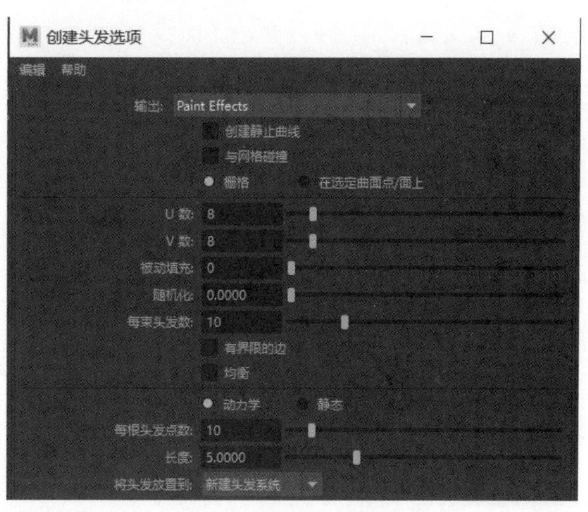

图 9-43

▶ 参数解析

【输出】：头发系统的输出，有3种类型。【Paint Effects】（笔刷特效）：每个毛囊都有头发，其中包含头发的颜色和着色，以及位置信息；【NURBS 曲线】：每个毛囊都包含一条 NURBS 曲线，它表示该毛囊中头发的位置；【Paint Effects 和 NURBS 曲线】：包含毛囊中头发的颜色及位置信息。

【创建静止曲线】：选中此复选框，会创建一组笔直并与曲面垂直的静止曲线。

【与网格碰撞】：选中此复选框，Maya 会将选定的网格转化为被动碰撞对象。

【栅格】和【在选定曲面点 / 面上】：用于设置将创建的头发放在选定曲面的栅格中，还是放在选定曲面点 / 面处。

【U 数】：设置沿 U 方向创建的毛囊数。

【V 数】：设置沿 V 方向创建的毛囊数。

【被动填充】：设置活动曲线的被动曲线数。

【随机化】：设置沿 U 和 V 方向放置毛囊的随机化程度。

【每束头发数】：设置为每个毛囊渲染的头发数量。

【有界限的边】：启用此选项时，将沿 U 和 V 参数的边创建毛囊。

【均衡】：选中此复选框，这样在创建头发时，Maya 会补偿 UV 空间和世界空间之间的不均匀贴图，从而均衡毛囊分布，使其不会堆积于极点。

【静态】和【动力学】：用于设置要创建的头发是静态的还是动态的。

【每根头发点数】：用于设置每根头发的点 / 分段数。随着此值的增加，头发曲线会变得更平滑。

【长度】：以世界空间单位计算头发长度。

【将头发放置到】：用于设置将要创建的头发放置在新的头发系统中，还是放置在现有头发系统中。

1. 绘制毛囊

绘制毛囊的笔刷与其他笔刷的功能是一样的。

2. 绘制头发纹理

绘制头发纹理可为各种头发赋予不同的属性。

9.4.2 毛发设置

1. 指定毛发系统

用户可将当前选择指定给选择的头发系统，所选头发系统可以是一个新的头发系统，也可以是一个现有的头发系统。

2. 转化当前选择

转化当前选择包括毛囊、开始曲线、静止曲线、当前位置、头发系统、头发约束或结束 CV 等。

3. 显示

曲线显示的位置包括当前位置、开始位置、静止位置、当前和开始、当前和静止或所有曲线。

4. 修改曲线

在设置头发样式时可以控制头发曲线。

5. 设置静止位置

选择该选项可基于当前位置或静止位置设置开始曲线的位置，也可用于在设置头发样式时操纵头发曲线。

6. 设置开始位置

选择该选项可基于当前位置或开始位置设置静止曲线的位置。

课堂案例 秀发

素材文件	素材文件\第9章\无	扫码观看视频
案例文件	案例文件\第9章\课堂练习——秀发.mb	
视频教学	视频教学\第9章\课堂练习——秀发.mp4	
练习要点	掌握秀发案例应用的方法	

Step 01 打开案例文件【课堂练习——秀发.mb】，如图9-44所示。

Step 02 将头发转换成曲线。选择头发模型，单击工具栏中的【隔离选择】按钮，单独处理头发。单击鼠标右键，选择【等参线】命令，头发表面出现线段。选择上下边，切换到【建模】选项卡，执行【曲线】>【复制曲面曲线】菜单命令，生成头发线段，依次选择所有头发模型，复制曲面曲线，如图9-45所示。

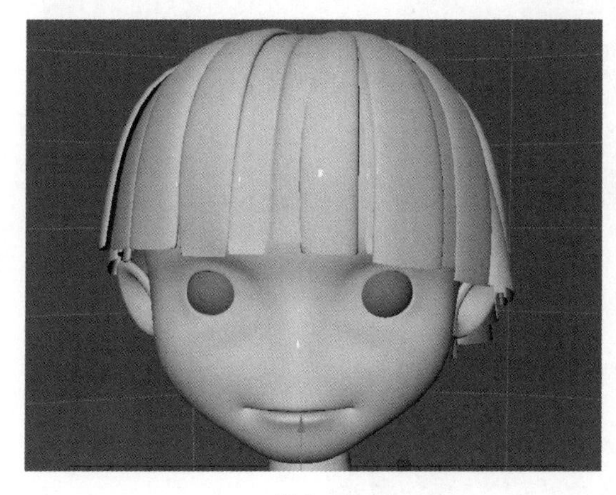

图9-44

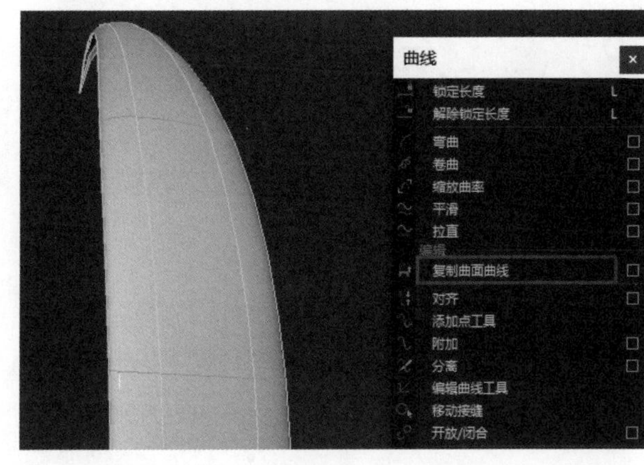

图9-45

Step 03 整理头发曲线。在大纲视图中，选择所有生成的头发曲线，按快捷键Ctrl+G，将曲线进行打组并重命名为toufasi。选择原本的头发组，按Delete键，删除头发组。执行【曲线】>【复制曲面曲线】菜单命令，生成头发线段。依次选择所有头发模型，复制曲面曲线。在大纲视图中，选择toufasi组，执行【曲线】>【重建】菜单命令，设置【跨度数】为10，这样可以使曲线上的节点更加顺畅，如图9-46所示。

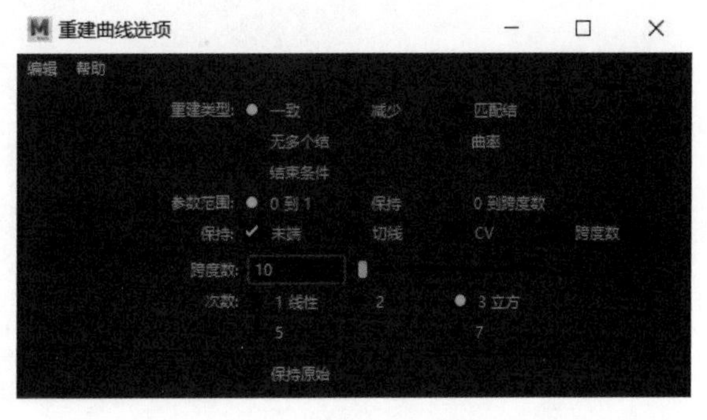

图9-46

Step 04 制作头发。切换至 Fx 选项卡，在大纲视图中，选择 toufasi 组，执行【nhair】>【动力学化选定曲线】菜单命令，在 hairSystem Shape1 属性面板中，设置【模拟方法】为【静态】，如图 9-47 所示。在大纲视图中，单击毛发系统组 hairSystem1，执行【nHair】>【将 Paint Effects 输出添加到头发】菜单命令，在曲线上生成头发。选择 toufasi 组，单击【显示】选项卡，取消 NURBS 曲线显示，如图 9-48 所示。

图 9-47

图 9-48

Step 05 选择毛发系统组 hairSystem1，在 hairSystem Shape1 属性面板中，单击【束和头发形状】卷展栏，设置【每束头发数】为 91、【稀释】为 0.055、【束扭曲】为 -1.000、【弯曲跟随】为 0.242、【束宽度】为 0.841、【头发宽度】为 0.005，如图 9-49 所示。单击【着色】卷展栏，设置【头发颜色】为（47.418，1.000，1.000），单击【头发颜色比例】卷展栏，设置颜色渐变为红黄渐变，如图 9-50 所示。

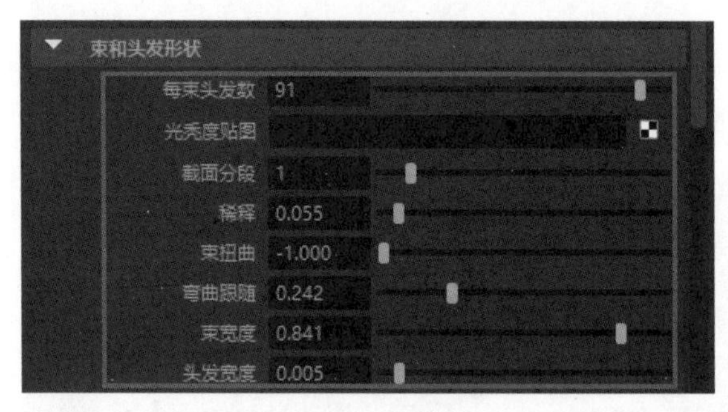

图 9-49

图 9-50

Step 06 本案例制作完成，效果如图 9-51 所示。

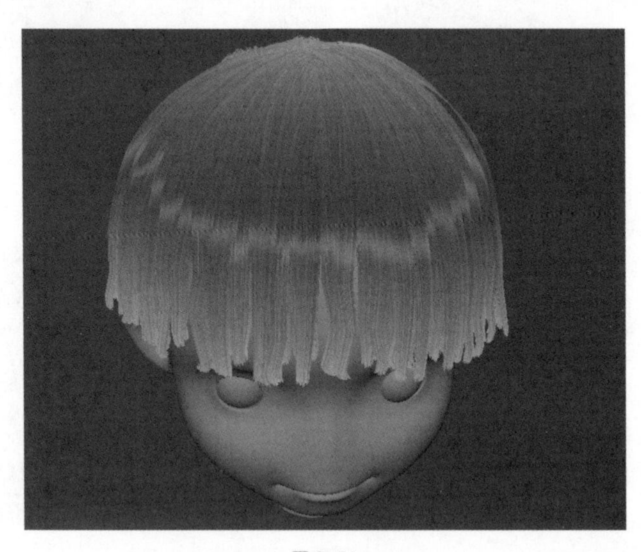

图 9-51

课后习题

一、选择题

1.（　　）是 Bifrost 模拟中流体的源。

A.【发射器】

B.【容器】

C.【虚拟体】

D.【虚拟物体】

2. 用户可以使用变形平面或其他平面网格引导 Bifros 液体曲面模拟，并将模拟限制在一个或多个特定区域内。这种效果是（　　）。

A.【导向】

B.【导向线】

C.【导向区域】

D.【区域导向】

3.（　　）用于指定 nParticle 发射器对象所属的 Maya Nucleus 解算器。

A.【解算器】

B.【物理属性】

C.【导向】

D.【发射器】

4. 可以创建动态的头发系统以便模拟逼真的发型和头发行为的毛发系统是（　　）。

A.【动力学】

B.【动力学系统】

C.【动力学毛发】

D.【布料系统】

二、填空题

1. ______ 模拟可用于创建诸如烟、雾和其他气体之类的效果。

2. ______ 是无限平面，可消除 Bifrost 模拟中从一端到另一端的交叉粒子。

3. ______ 用于从对象发射粒子时为每个粒子改变发射速率。

4. 可用于根据各种标准删除 Bifrost 液体、泡沫或 Aero 粒子的属性节点是 ______。

三、简答题

1. 简述【Bifrost】的概念。

2. 简述【目标权重】的概念。

3. 简述 nParticle 粒子的主要特点。

四、案例习题

案例文件：案例文件 \ 第 9 章 \ 旗帜飘扬.mb

效果文件：效果文件 \ 第 9 章 \ 旗帜飘扬.mp4

练习要点：

1. 根据场景模型制作旗帜飘扬动画。
2. 运用 nCloth 布料模拟系统制作动画。
3. 通过设置布料属性、风力等完成案例的制作，如图 9-52 所示。

图 9-52

Chapter

10

第 10 章

综合案例

本章是综合案例，作者从实际项目中筛选出墙角静物、小球对对碰、角色搬重物 3 个极具特点的综合性案例，充分利用了 Maya 软件的强大功能。通过对 3 个典型案例的学习，读者可以轻松进阶，很好地适应岗位需求。

MAYA

学习目标

- 了解静物的建模与材质设置
- 了解静物的灯光设置与渲染
- 了解小球动画的设置技巧
- 了解角色动画与物体的对接关系

技能目标

- 掌握墙角静物案例制作的全流程
- 掌握不同质感小球的动画设置技巧
- 掌握角色搬重物案例的制作

综合案例　墙角静物

素材文件	素材文件 \ 第 10 章 \ 无	扫码观看视频
案例文件	案例文件 \ 第 10 章 \ 综合案例——墙角静物 .mb	
视频教学	视频教学 \ 第 10 章 \ 综合案例——墙角静物 .mp4	
练习要点	掌握墙角静物的制作方法	

10.1.1 场景简模制作

Step 01 打开 Maya 2018，执行【文件】>【项目窗口】菜单命令，打开【项目窗口】，设置合适的项目存储路径，如图 10-1 所示。

Step 02 创建桌面和墙体简模。在多边形建模选择卡中，单击工具栏中的【长方体】按钮，在场景中搭建墙体。利用【缩放】命令调整桌面的大小后，按 Shift 键，旋转复制出墙体，并进行移动对位，如图 10-2 所示。

图 10-1

图 10-2

Step 03 创建书架简模。单击工具栏中的【长方体】按钮，在场景中创建书架，然后利用【缩放】命令调整书架的大小。选择书架，单击鼠标右键，选择【边】命令。在【边】模式下，单击任意一条边。按住 Ctrl 键，配合右键快捷菜单中的【环形边工具】>【到环形边并分割】命令，给隔板加一条环形线。选择新增边，按住 Shift 键，配合右键快捷菜单中的【倒角边】命令，将书架的两条边移动到书架两侧，如图 10-3 所示。选择两条边下方的面，按住 Shift 键，向下挤压生成书架腿。选择书架，单击鼠标右键，选择【点】命令，调整一侧书架腿的顶点，使其略微倾斜，如图 10-4 所示。

图 10-3

图 10-4

Step 04 创建翻页书简模。单击工具栏中的【长方体】按钮，在场景中创建翻页书皮，并利用【缩放】命令调整书皮的大小。选择书皮，按快捷键 Ctrl+D 复制出内页，并利用【缩放】命令调整书内页的大小。选择书内页，单击鼠标右键，选择【边】命令。单击任意一条边，按住 Ctrl 键，配合右键快捷菜单中的【环形边工具】>【到环形边并分割】命令，给书添加一条环形线。选择新增边，按住 Shift 键，配合右键快捷菜单中的【倒角边】命令，将内页的两条边移动到两侧。完成后，单击鼠标右键，选择【点】命令。在【点】模式下，利用【移动】命令调整书内页的外形，如图 10-5 所示。选择调整好的左侧内页，按快捷键 Ctrl+D，复制出右侧书内页，如图 10-6 所示。

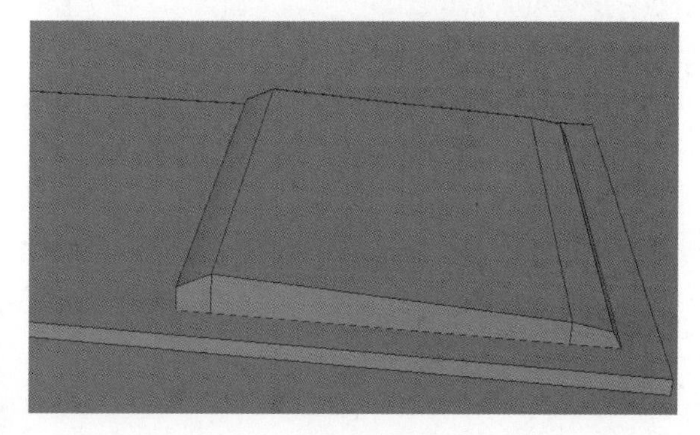

图 10-5

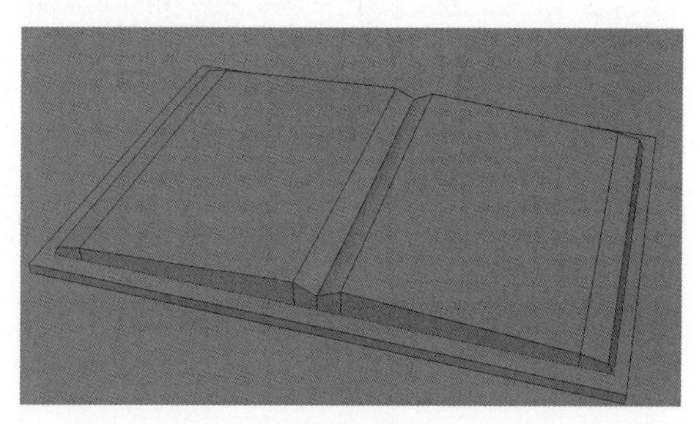

图 10-6

Step 05 创建咖啡杯和圆盘简模。单击工具栏中的【圆柱体】按钮，在场景中创建圆柱体作为圆盘，设置【半径】为 1、【高度】为 2、【轴向细分数】为 20、【端面细分数】为 0，删除顶面，如图 10-7 所示。单击工具栏中的【圆柱体】按钮，创建杯子模型。选择圆柱体顶部的面，利用【缩放】命令调整该面（杯口）的大小，按 Delete 键删除。单击鼠标右键，选择【边】命令。单击任意一条边，按住 Ctrl 键，配合右键快捷菜单中的【环形边工具】>【到环形边并分割】命令，给杯子添加一条环形线，将其向上移动并进行缩放，如图 10-8 所示。

图 10-7

图 10-8

Step 06 创建装饰杯和相框简模。单击工具栏中的【长方体】按钮，在场景中创建长方体，将其放到书架上面。选择长方体底部的面，利用【缩放】命令调整该面（杯底）的大小。单击工具栏中的【长方体】按钮，在场景中创建长方体作为相框，将其移动至墙上，如图 10-9 所示。

Step 07 创建铁水壶简模。单击工具栏中的【圆柱体】按钮，在场景中创建圆柱体。选择圆柱体，在【通道】面板中，设置【输入】>【PolyCylinder2】>【轴向细分数】为 18。选择圆柱体底部的面（壶底），利用【缩放】命令调整壶底的大小，将壶底调大一些。选择壶顶部的面，按住 Shift 键，配合【移动】命令，向上挤压出新的面，多次挤压后，制作出壶顶部的造型。选择壶底部的面，向下挤压，利用【缩放】命令调整壶底部的造型，多次挤压后，制作出壶底部的造型。壶顶和壶底制作完成后，选择壶中间的 4 个面，按住 Shift 键，配合【移动】命令，向外挤压新的面并向上移动，制作出壶嘴造型，如图 10-10 所示。

图 10-9

图 10-10

提示

在制作造型的过程中，除了常用的挤压操作，还经常用到【倒角边】、【插入循环边工具】等命令，多次调整后才能制作出满意的效果。

Step 08 铁水壶一侧制作完成后，单击工具栏中的【圆环】按钮，在场景中创建圆环作为壶把手。选择圆环，在【通道】面板中，选择【输入】>【PolyTorus1】选项，设置【半径】为 1.7、【截面半径】为 0.3、【轴向细分数】为 18、【高度细分数】为 8，如图 10-11 所示。选择圆环的一半，按 Delete 键，删除这一半，然后将剩下的一半移动到茶壶上的合适位置，如图 10-12 所示。

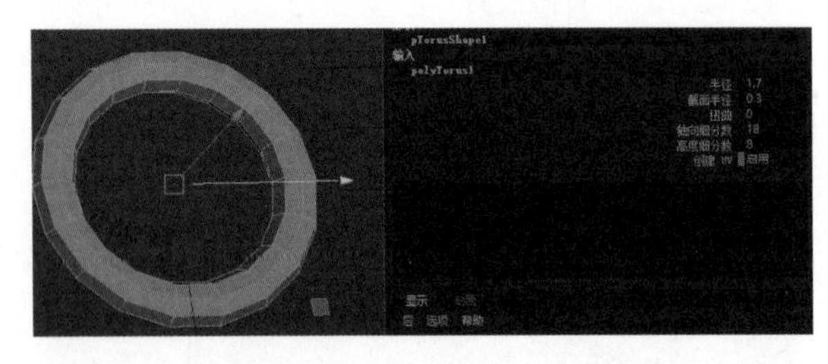

图 10-11

图 10-12

Step 09 制作水果模型。单击工具栏中的【圆球】按钮，在场景中创建圆球体作为水果。选择圆球体的顶点，按 B 键，利用【软选择】命令调整选择范围，之后向下移动并对顶点进行收缩，形成苹果外形，如图 10-13 所示。单击工具栏中的【圆柱体】按钮，在场景中创建圆柱体作为苹果柄。选择圆柱体，设置【半径】为 0.1、【高度】为 2、【轴向细分数】为 8，如图 10-14 所示。完成后，进入【边】模式，按住 Shift 键，配合右键快捷菜单中的

【插入循环边】命令，给苹果把添加几条线段。添加完成后，按 B 键，利用【软选择】命令，扩大选择模型区域，如图 10-15 所示。将苹果把与苹果把移动对位。选择这两个物体，按快捷键 Ctrl+G 打成组，如图 10-16 所示。

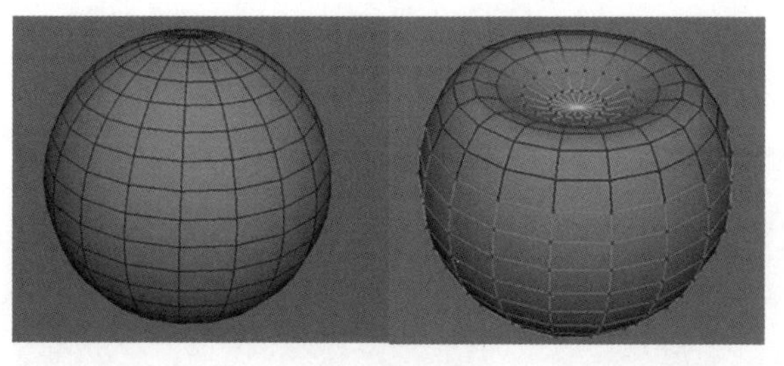

图 10-13

图 10-14

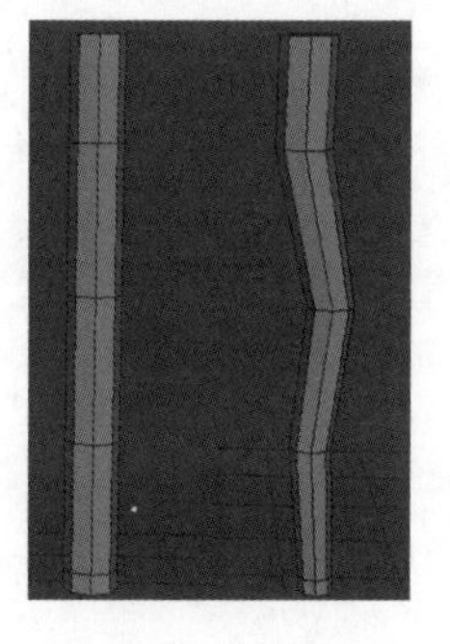

图 10-15

图 10-16

提示

选择整个成组的物体，需要按键盘上的上箭头键。

Step 10 选择苹果，连续两次按快捷键 Ctrl+D，复制出两个，分别摆放到合适的位置，如图 10-17 所示。

Step 11 制作插板、充电器简模。单击工具栏中的【长方体】按钮，在场景中创建长方体作为插板，并将其移动调整至合适的位置。选择长方体，按快捷键 Ctrl+D 复制出小充电器，并将其移动至合适的位置，如图 10-18 所示。

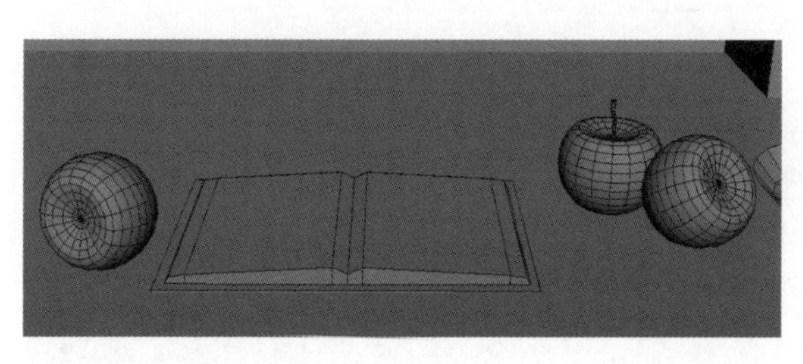

图 10-17

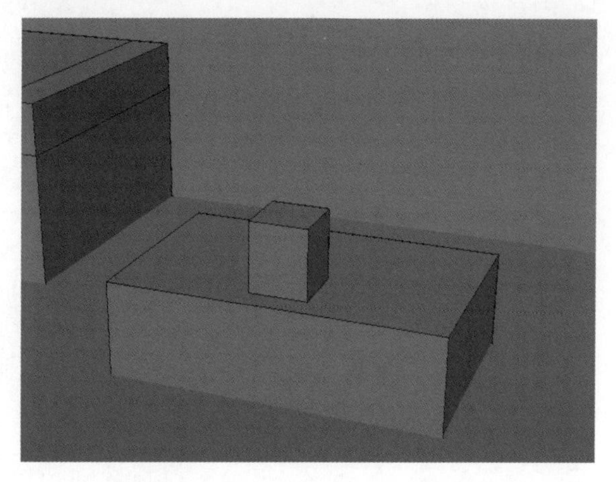

图 10-18

Step 12 选择插板，单击工具栏中的【孤立选择】按钮，将长方体单独显示。选择插板的顶面，按住 Shift 键，配合右键快捷菜单中的【倒角面】命令做出倒角面，设置【分数】为 0.05，其他参数保持不变。选择插板 4 个角的 4 条边，按住 Shift 键，配合右键快捷菜单中的【倒角边】命令做出全角边，设置【分数】为 0.3、【分段】为 4，其他参数保持不变，如图 10-19 所示。

Step 13 选择插板底面，同样进行倒角操作，具体参数设置参考顶面。选择插板两侧的顶点，按住 Shift 键，配合右键快捷菜单中的【连接工具】命令，将点与点连接。连接完成后，框选所有顶点，按住 Shift 键，配合右键快捷菜单中的【合并顶点】>【合并顶点】命令，将插板模型的所有顶点进行合并，如图 10-20 所示。

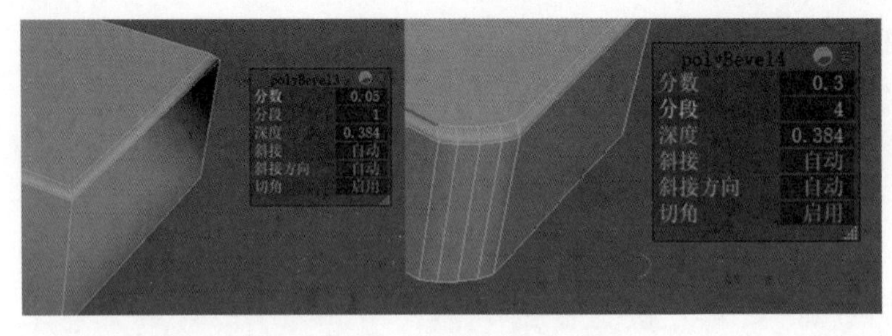

图 10-19

图 10-20

提示

1. 连接顶点时，将模型上下所有的顶点都进行连接。
2. 合并模型上所有顶点的目的是将模型顶点进行统一。

Step 14 选择插板的任意一条边，按住 Shift 键，配合右键快捷菜单中的【插入循环边工具】命令，打开【工具设置】窗口，设置【保持位置】为【多个循环边】、【循环边数】为 6，然后在模型左右方向添加 6 条循环边，如图 10-21 所示。完成后，设置【循环边数】为 10，在前后方向添加 10 条循环边，如图 10-22 所示。完成后，设置【循环边数】为 3，继续给模型在上下方向添加 3 条循环边，如图 10-23 所示。

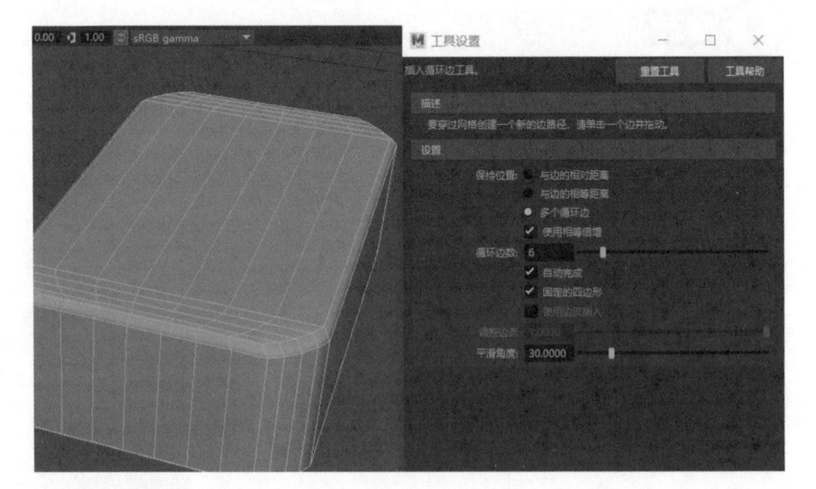

图 10-21

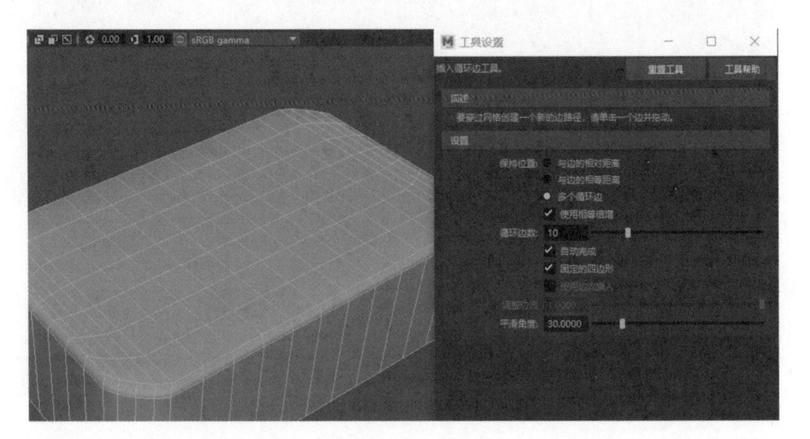

图 10-22

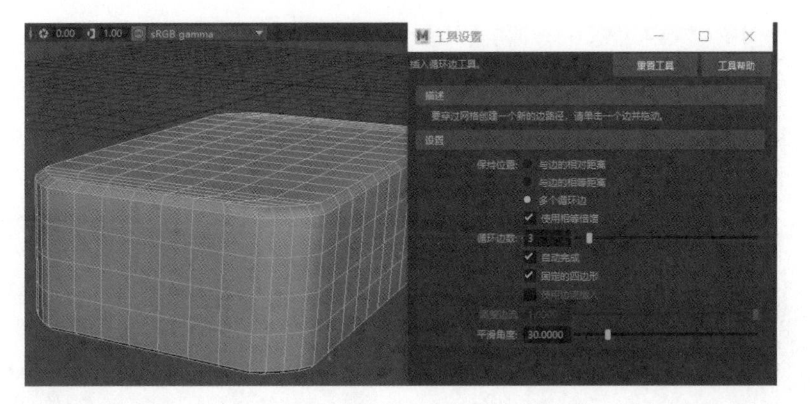

图 10-23

Step 15 制作 USB 插口模型。单击工具栏中的【长方体】按钮，创建一个长方体作为 USB 模型。选择任意一条边，按住 Shift 键，配合右键快捷菜单中的【循环边工具】>【到循环边分割】命令，添加一条边，如图 10-24 所示。选择模型的另一侧，按住 Shift 键，配合右键快捷菜单中的【插入循环边工具】命令，设置【循环边数】为 2，在前后方向添加两条循环边。单击鼠标右键，选择【点】命令，利用【移动】命令将两条边移动到模型的两侧，如图 10-25 所示。

图 10-24

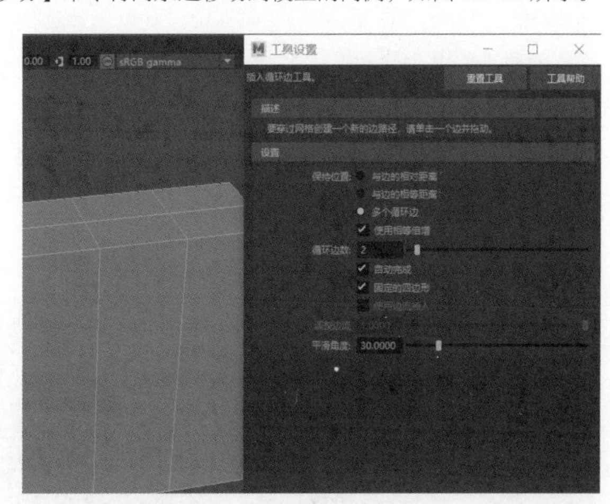

图 10-25

Step 16 细化模型。选择顶部的两个面，按住 Shift 键向下进行移动复制，形成 USB 插口。选择模型边，按住 Shift 键，配合右键快捷菜单中的【插入循环边工具】命令，设置【循环边数】为 4，给模型添加 4 条循环边，如图 10-26 所示。

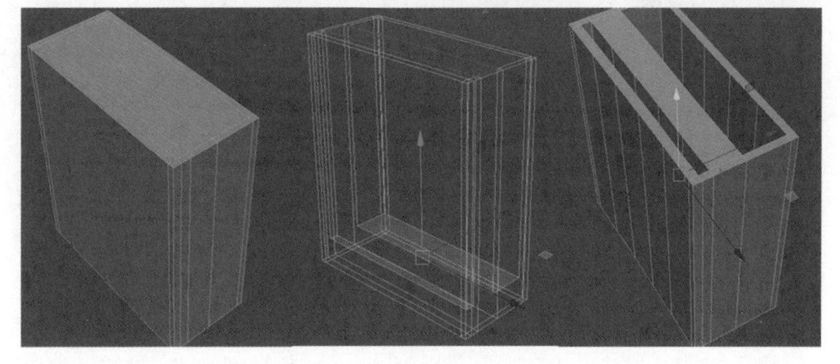

图 10-26

Step 17 选择新增的 4 条边，按住 Shift 键，配合右键快捷菜单中的【倒角边】命令，设置【分数】为 0.4、【分段】为 1，制作出倒角边，如图 10-27 所示。选择模型内部的面，按住 Shift 键，向前进行移动复制，如图 10-28 所示。

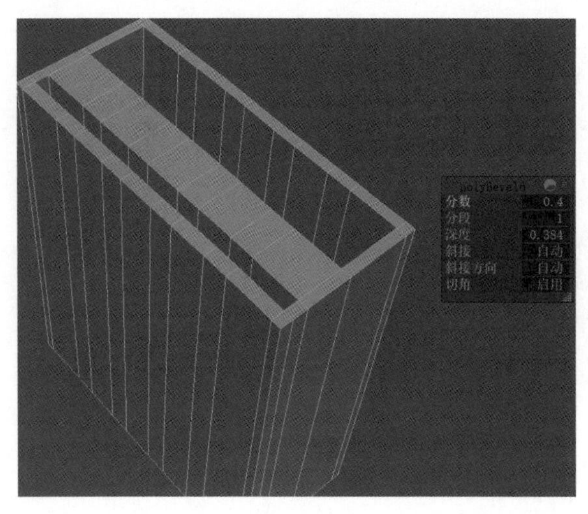

图10-27

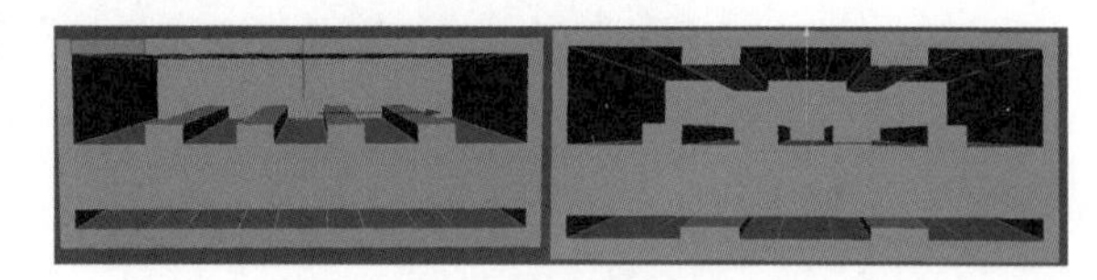

图10-28

Step 18 单击工具栏中的【目标焊接】按钮，选择USB插口内部的边进行合并，如图10-29所示。选择最上面边缘的边，将其向下向内推，如图10-30所示。选择整个模型，按住Shift键，配合右键快捷菜单中的【软化/硬化边】>【软化/硬化】命令，去除创建的模型中多余的元素，如图10-31所示。

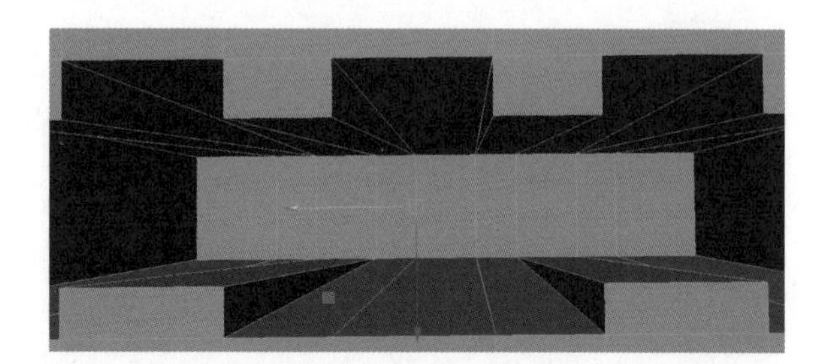

图10-29

图10-30

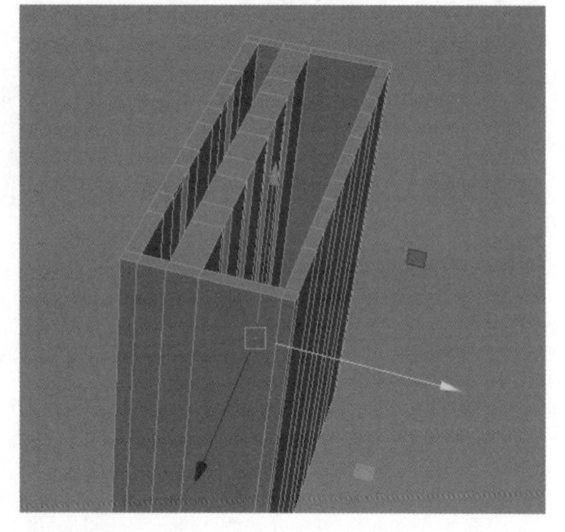

图10-31

Step 19 选择USB插口，执行【编辑】>【按类型删除】>【历史】菜单命令，去掉历史记录。按快捷键Ctrl+D复制新的模型，将其移动到插板的合适位置，如图10-32示。选择插板模型，按住Shift键加选USB插口模型，执行【网格】>【布尔】>【差集】菜单命令，用布尔运算的方式制作出USB插孔。选择插孔最上面的一圈，按住Shift键，配合右键快捷菜单中的【倒角边】命令制作出倒角边，设置【分数】为0.2、【分段】为1，其他参数保持不变，执行【编辑】>【按类型删除】>【历史】菜单命令，清除插孔的操作历史，如图10-33所示。

图 10-32

图 10-33

Step 20 单击工具栏中的【长方体】按钮，创建一个长方体作为电源插孔模型。利用【旋转】和【移动】命令将其移动至插板的合适位置。选择插板，执行【网格】>【布尔】>【差集】菜单命令，利用布尔运算制作出电源插孔，如图 10-34 所示。

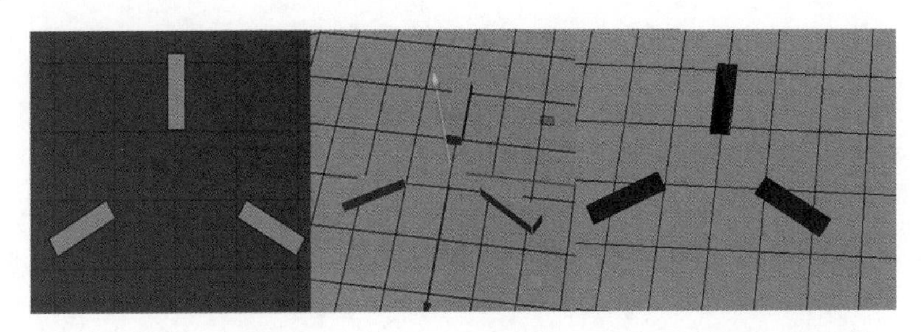

图 10-34

Step 21 制作插板电线头。单击工具栏中的【圆柱体】按钮，创建一个圆柱体作为电源插孔模型，按快捷键 Ctrl+A 打开圆柱体的属性面板，在【多边形圆柱体历史】卷展栏下，设置【端面细分数】为 3，如图 10-35 所示。选择端面上方的一条线，按住 Shift 键，配合右键快捷菜单中的【倒角边】命令制作出倒角边，设置【分数】为 0.1。选择中间的面，按住 Shift 键，配合【移动】命令向前拉伸出新的面，如图 10-36 所示。

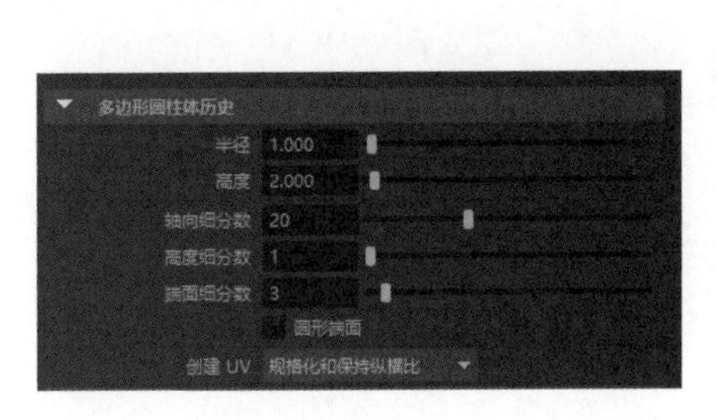

图 10-35

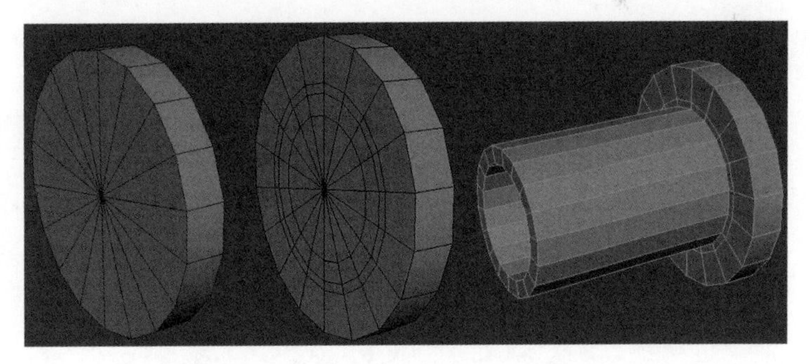

图 10-36

Step 22 选择挤压的圆柱体边缘的线，按住 Shift 键，配合右键快捷菜单中的【倒角边】命令制作出倒角边，如图 10-37 所示。

Step 23 制作充电器插头。单击工具栏中的【长方体】按钮，创建一个长方体作为充电器插头模型。选择插头的 4 条边，按住 Shift 键，配合右键快捷菜单中的【倒角边】命令制作出倒角边，设置【分段】为 5，如图 10-38 所示。

图 10-37

图 10-38

Step 24 选择充电器插头顶面，按住 Shift 键，配合右键快捷菜单中的【挤出面】命令，向中心缩放挤出新的面。选择新挤出的面，按 G 键，继续向下缩放挤出新的面，如图 10-39 所示。

Step 25 选择充电器插头顶部的上下边，按住 Shift 键，配合右键快捷菜单中的【倒角边】命令制作出倒角边，设置【分数】为 0.2、【分段】为 1，如图 10-40 所示。

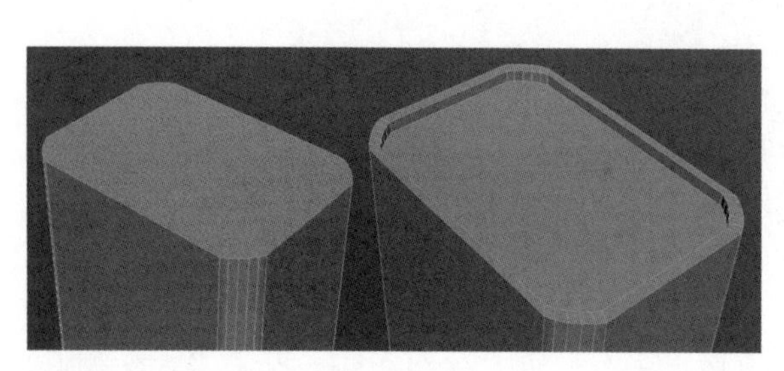

图 10-39

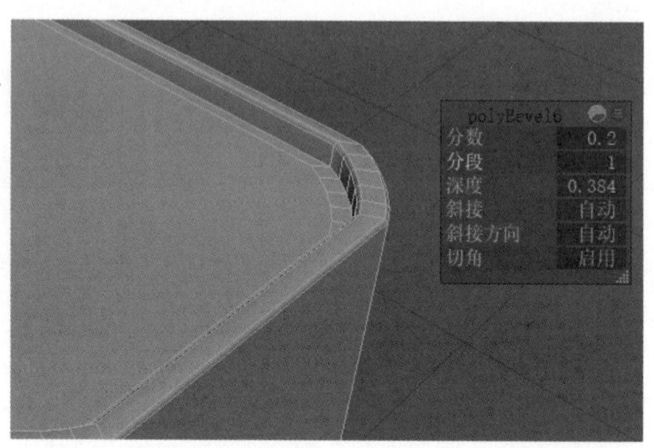

图 10-40

Step 26 制作充电器电线头。选择插板电线头，按快捷键 Ctrl+D 复制出新的模型，如图 10-41 所示，将复制的模型移动至充电器顶部，如图 10-42 所示。

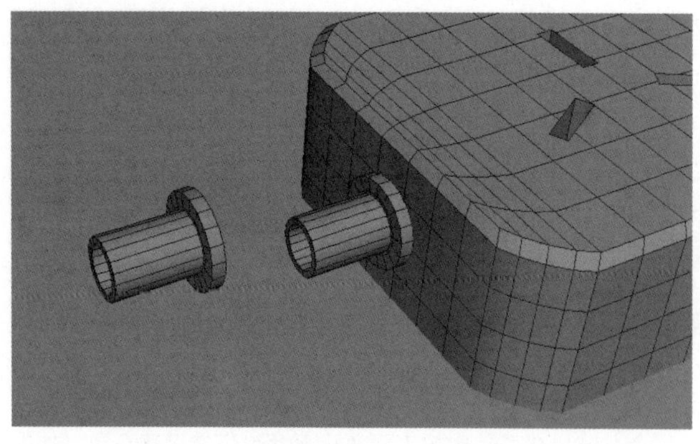

图 10-41

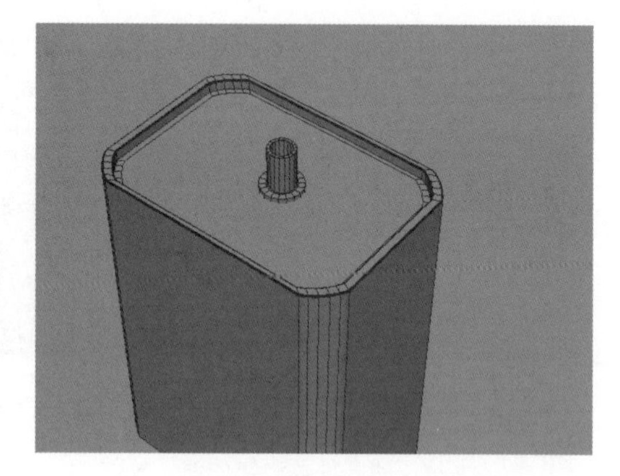

图 10-42

Step 27 制作充电器底部的模型。选择充电器上面的模型，按住 Shift 键，配合右键快捷菜单中的【镜像】命令，设置【偏移】为 1.5、【轴】为 *Y*，如图 10-43 所示。然后框选上下两个物体，按住 Shift 键，配合右键快捷菜单中的【结合】命令，将上下分离的物体结合成一个整体，如图 10-44 所示。单击鼠标右键，选择【点】命令，框选中间的一圈点，按住 Shift 键，配合右键快捷菜单中的【合并顶点】命令，将中间的点合并，如图 10-45 所示，单击鼠标右键，选择【边】命令，双击中间一圈边，按住 Shift 键，配合右键快捷菜单中的【删除边】命令，将中间的边合并，如图 10-46 所示。

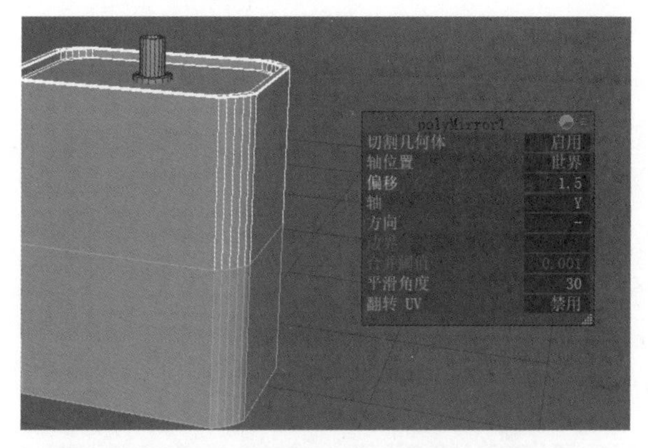

图 10-43

图 10-44

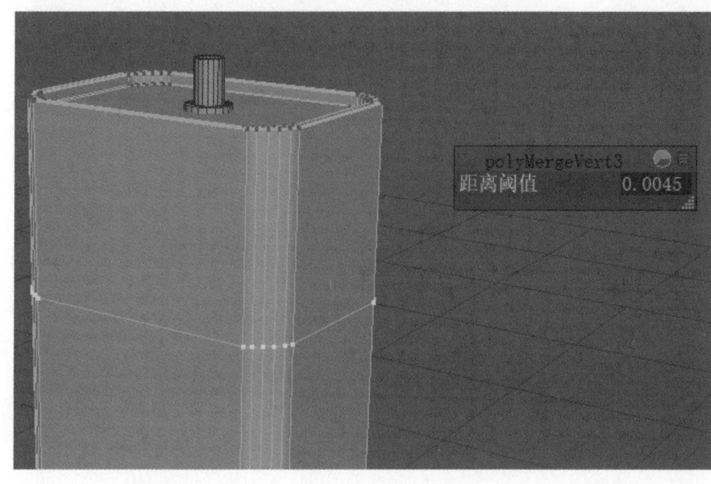

图 10-45

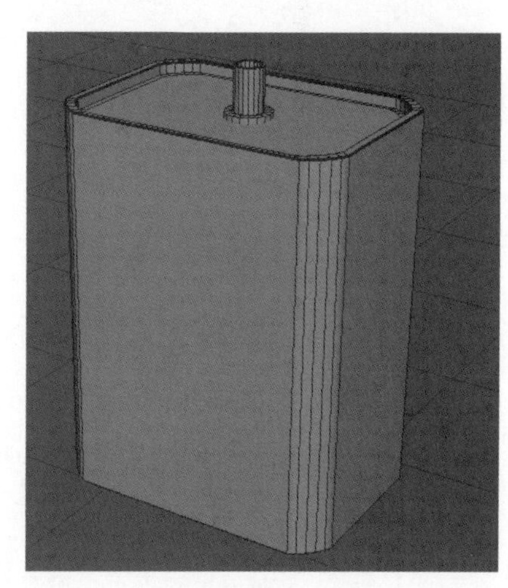

图 10-46

Step 28 制作充电器插头金属片简模。单击工具栏中的【长方体】按钮，创建一个长方体作为充电器插头金属片，如图 10-47 所示。选择金属片模型，按住 Shift 键，配合右键快捷菜单中的【多切割】命令，将金属片两侧的顶点连接起来。选择金属片的 4 条边，按住 Shift 键，利用右键快捷菜单中的【倒角边】命令，同时设置【分数】为 0.5、【分段】为 2，将金属插头的边缘细化，如图 10-48 所示。

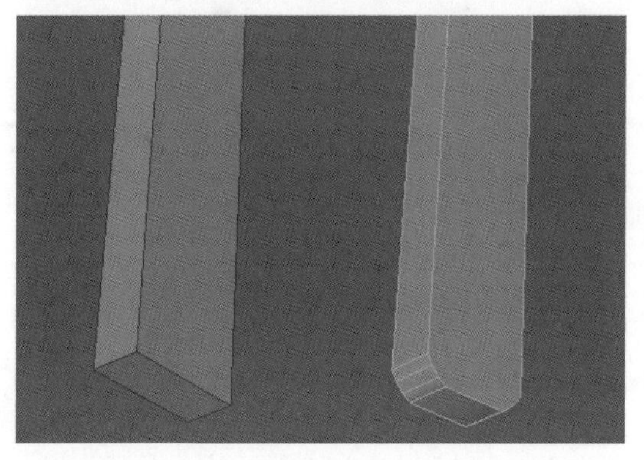

图 10-47

图 10-48

Step 29 制作笔筒。单击工具栏中的【圆柱体】按钮，创建一个圆柱体作为笔筒，如图 10-49 所示。选择圆柱体，按住 Shift 键，配合右键快捷菜单中的【插入循环边工具】命令，打开【插入循环边工具】对话框，设置【循环边数】为 2，给圆柱体添加两条边，单击鼠标右键，选择【顶点】命令，将两条边的顶点移动到上方，如图 10-50 所示。

图 10-49

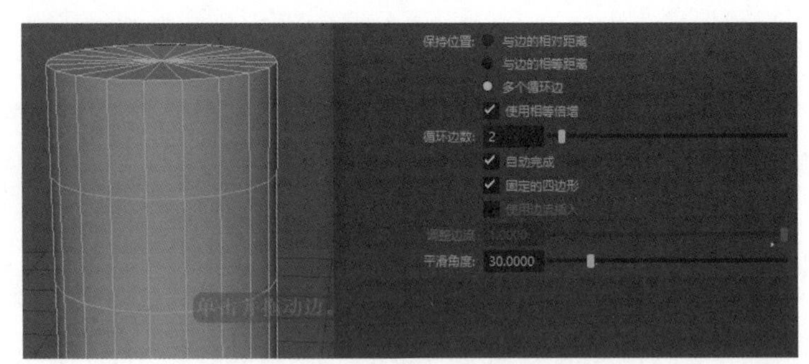

图 10-50

Step 30 选择圆柱体的顶面，按 Delete 键将其删除，再按住 Shift 键，配合右键快捷菜单中的【插入循环边工具】命令，设置【循环边数】为 8，给笔筒模型增加 8 条边，如图 10-51 所示。

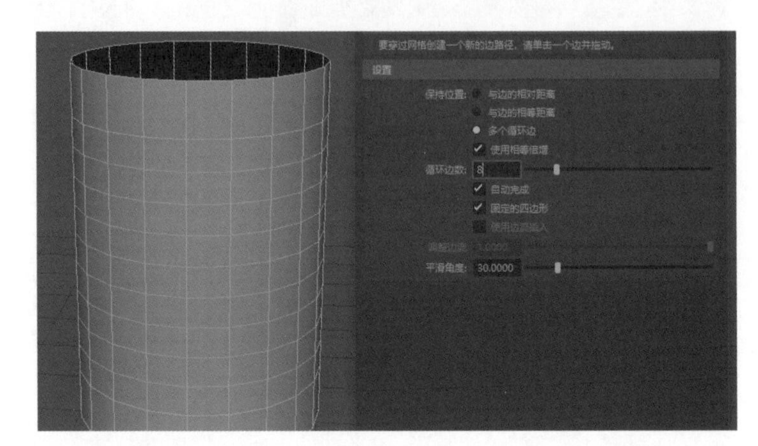

图 10-51

Step 31 选择圆柱体的顶面和底面，按 Delete 键将它们删除，再按住 Shift 键，配合右键快捷菜单中的【插入循环边工具】命令，在打开的对话框中设置【循环边数】为 8，给笔筒模型增加 8 条边。选择圆柱体的顶面，按住 Shift 键，配合右键快捷菜单中的【切角顶点】命令，在打开的对话框中设置【宽度】为 0.5、【长度】为 0、【分段】为 1，如图 10-52 所示。选择所有的边，按住 Shift 键，配合右键快捷菜单中的【倒角边】命令，在打开的对话框中设置【分数】为 0.8、【分段】为 1，如图 10-53 所示。

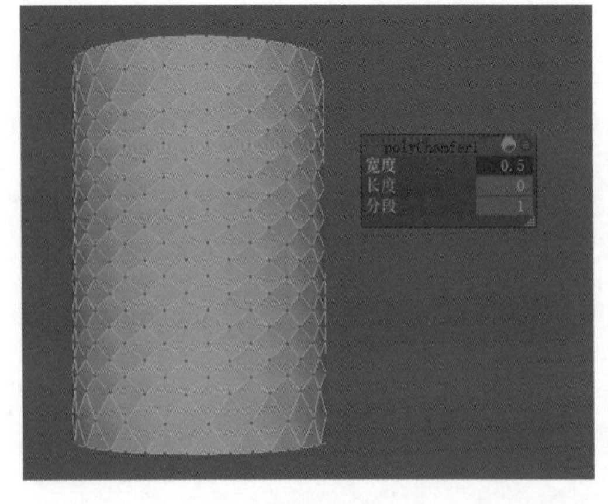

图 10-52

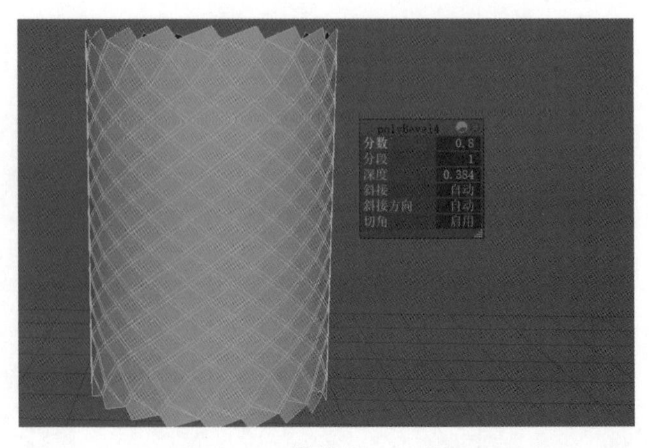

图 10-53

Step 32 制作笔筒铁网。选择几组笔筒铁网里面的面，单击鼠标右键，选择【选择类似对象】命令，可以将类似的面都选择上，如图 10-54 所示。将选择的圆柱体所有的面，按 Delete 键删除，使笔筒形成铁网镂空的效果，如图 10-55 所示。选择笔筒模型所有的面，按住 Shift 键，配合右键快捷菜单中的【挤出面】命令，使笔筒铁网镂空部分形成一定的厚度，如图 10-56 所示。

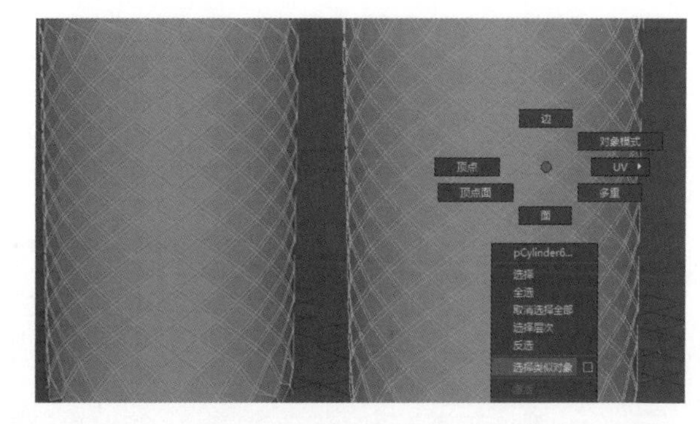

图 10-54

图 10-55

图 10-56

提示

挤出模型后，不用设置对话框中的其他参数，只需移动蓝色 Z 轴拉出厚度即可。

Step 33 制作笔筒的上下包边。单击工具栏中的【圆柱体】按钮，设置【轴向细分数】为 8，并将圆柱体与笔筒上方进行对位。按快捷键 Ctrl+D 复制上方的笔筒包边，移动到笔筒的下方。选择笔筒上方包边的面，按 Delete 键，删除面，如图 10-57 所示。

图 10-57

Step 34 细化笔筒包边。单击工具栏中的【圆柱体】按钮，设置【轴向细分数】为 8，将圆柱体移动到笔筒上方进行对位。按快捷键 Ctrl+D 复制出新的笔筒包边，并将其移动到笔筒的下方。选择笔筒上方包边的面，按 Delete 键，删除面，如图 10-58 所示。选择上下边，按住 Shift 键，配合右键快捷菜单中的【倒角边】命令，设置【分数】为 0.2、【分段】为 1、【深度】为 0.384，效果如图 10-59 所示。

图 10-58

图 10-59

Step 35 选择下方包边模型上方的边，按住 Shift 键，配合右键快捷菜单中的【倒角边】命令，挤出下方模型边缘的厚度。选择底部中间部分的面，按住 Shift 键，配合右键快捷菜单中的【挤出面】命令，向中心挤出两次。之后单击鼠标右键，选择【将面合并到中心】命令，将挤出的面合并，并将底部的面删除。选择笔筒的所有模型，按快捷键 Ctrl+G 将它们结合成组，如图 10-60 所示。

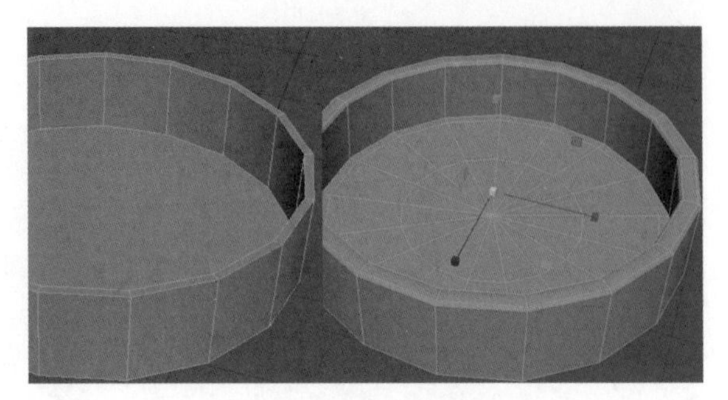

图 10-60

10.1.2 场景模型细化

Step 01 制作和细化碳素笔。单击工具栏中的【圆柱体】按钮，创建圆柱体作为笔身，在【通道】面板中，设置【半径】为 1、【端面细分数】为 4，如图 10-61 所示。选择笔帽，按住 Shift 键，配合右键快捷菜单中的【挤出面】命令，挤出笔帽的厚度，如图 10-62 所示。选择笔帽边缘的边，按住 Shift 键，配合右键快捷菜单中的【倒角边】命令，细化笔帽的边缘，如图 10-63 所示。选择笔帽下方的边，按住 Shift 键，配合右键快捷菜单中的【倒角边】命令，细化笔帽下方的边缘，如图 10-64 所示。

图 10-61

图 10-62

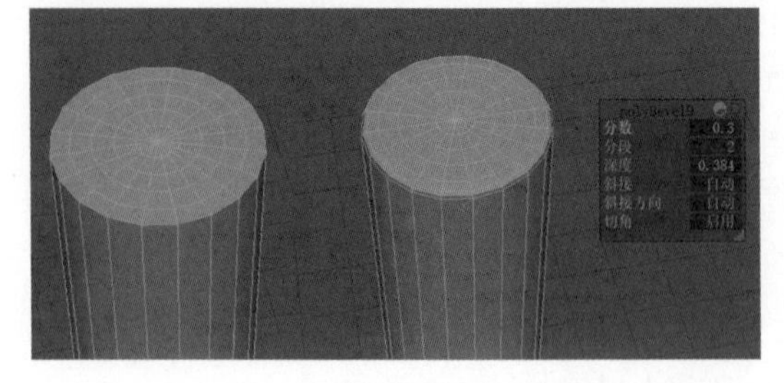

图 10-63

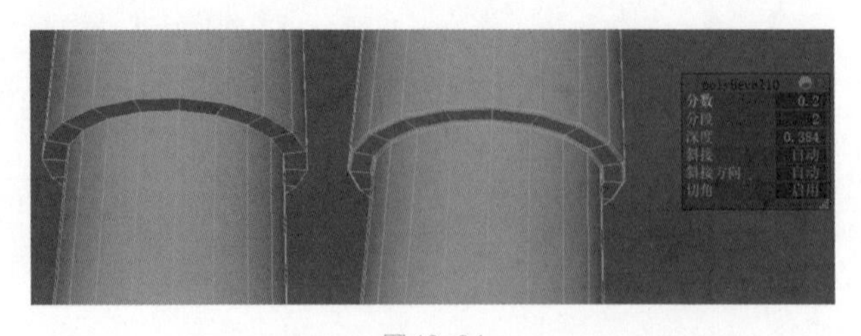

图 10-64

Step 02 制作自动铅笔。先选择碳素笔，按快捷键 Ctrl+D 复制出新的模型作为自动铅，在【顶点】模式下，选择笔帽下方的顶点，利用【移动】命令将顶点向上移动，使笔帽变小。选择自动铅笔下半部分的面，按住 Shift 键，配合右键快捷菜单中的【挤出面】命令，挤出笔帽的厚度，如图 10-65 所示。选择笔帽下半部分的线，按住 Shift 键，配合右键快捷菜单中的【倒角边】命令，细化边缘，如图 10-66 所示。

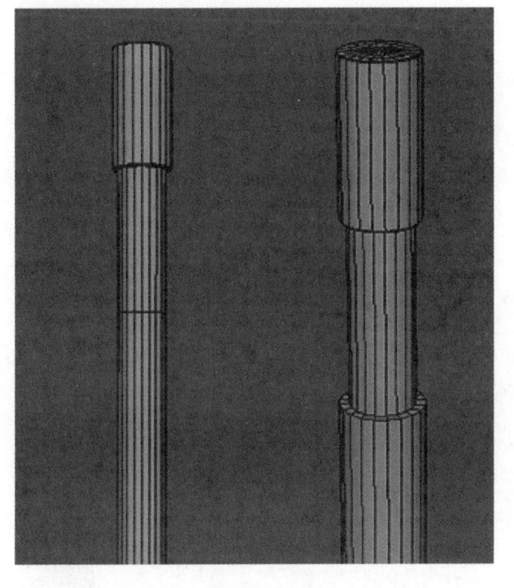

图 10-65

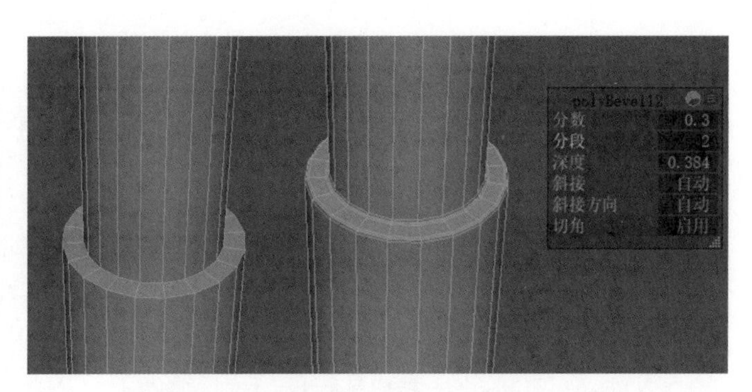

图 10-66

Step 03 选择自动铅笔，按住 Shift 键，配合右键快捷菜单中的【插入循环边工具】命令，添加两条循环边。选择笔头部分的顶点，利用【缩放】命令缩小笔头，如图 10-67 所示。选择笔头部分的面，按住 Shift 键，配合右键快捷菜单中的【挤出面】命令，挤出笔头的出铅管，如图 10-68 所示。选择出铅管的面，按住 Shift 键，配合右键快捷菜单中的【挤出面】命令，挤出出铅管的厚度，利用【缩放】命令向上移动，将面删除，如图 10-69 所示。

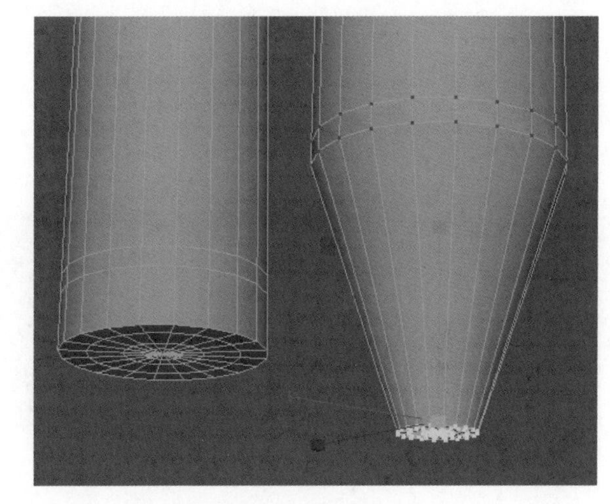

图 10-67

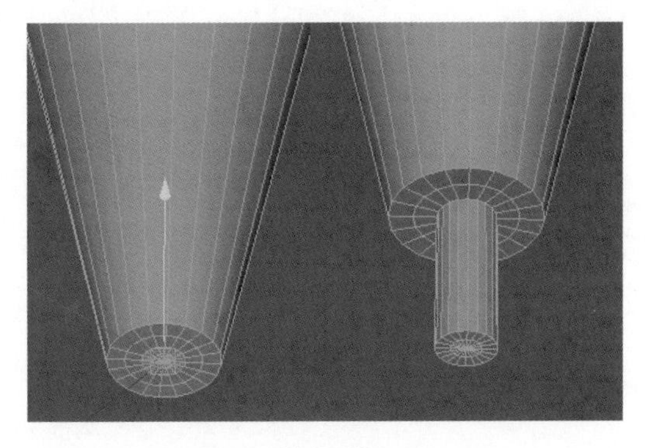

图 10-68

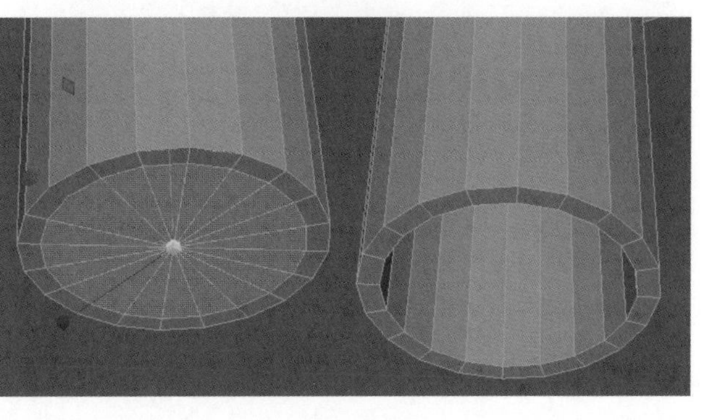

图 10-69

Step 04 选择笔头及出铅管的 4 条边，执行【倒角边】操作，细化结构，如图 10-70 所示。

Step 05 制作便利贴纸。单击工具栏中的【平面】按钮，创建一个平面作为便利贴。利用【旋转】命令将平面移动至合适的位置。选择便利贴，按 B 键，打开【软选择】，调整其外形，如图 10-71 所示。选择便利贴模型，按快捷键 Ctrl+D 复制出新的便利贴模型，利用【软选择】再次调整其外形，如图 10-72 所示。

图 10-70

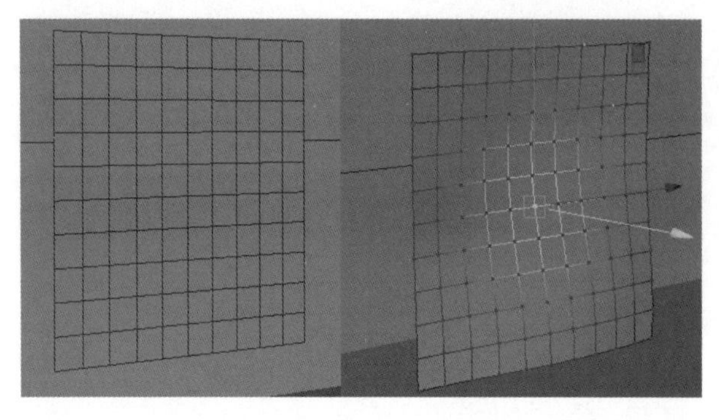

图 10-71

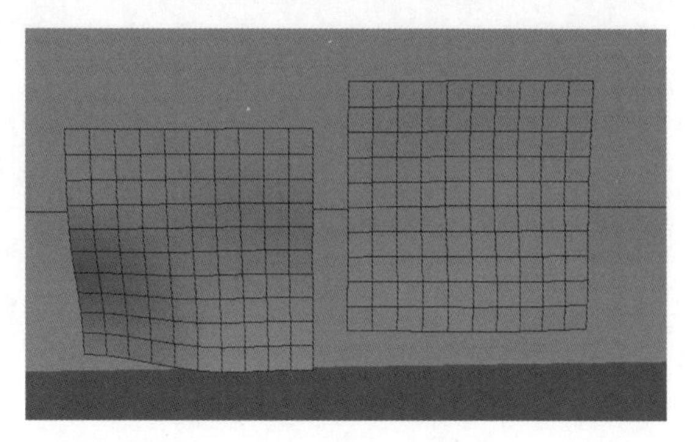

图 10-72

Step 06 制作台灯。单击工具栏中的【圆柱体】按钮，创建一个圆柱体作为台灯底座，设置【半径】为 1、【轴向细分数】为 20、【端面细分数】为 0，如图 10-73 所示。选择圆柱体的顶面，按住 Shift 键，配合右键快捷菜单中的【挤出面】命令，将顶部的面向中心收缩。之后，继续挤出面并向下移动，如图 10-74 所示。

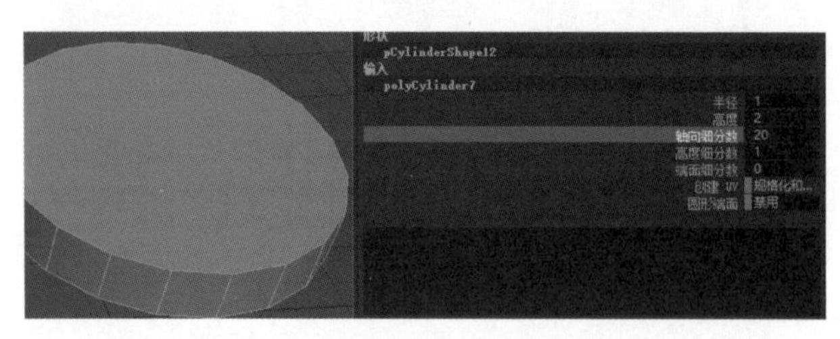

图 10-73

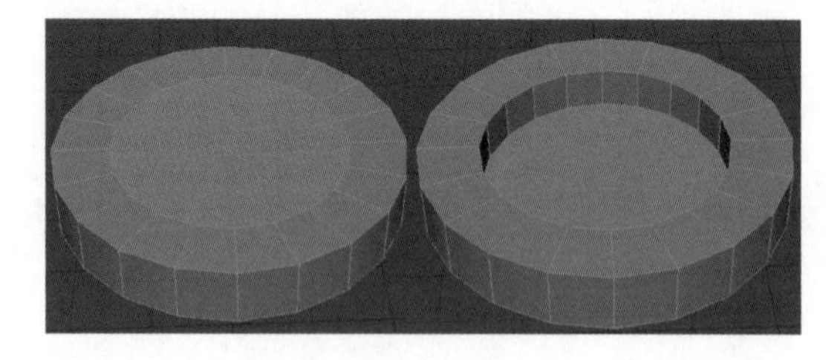

图 10-74

Step 07 选择底座挤出的面，继续挤出和收缩两次，配合右键快捷菜单中的【将面合并到中心】命令，将面合并到中心，如图 10-75 所示。选择底座的 4 条边，按住 Shift 键，配合右键快捷菜单中的【倒角边】命令，设置【分数】为 0.2、【分段】为 2，并删除底座底面，如图 10-76 所示。

Step 08 制作台灯转轴。单击工具栏中的【圆柱体】按钮，创建一个圆柱体作为台灯支撑，设置【半径】为 1、【轴向细分数】为 18、【端面细分数】为 0。选择圆柱体中间的面，按住 Shift 键，配合右键快捷菜单中的【插入多边形工具】命令，添加两条线段，调整至圆柱体两侧。选择圆柱体中间的面，按住 Shift 键，配合右键快捷菜单中的【挤出面】命令，将中间的面向中心收缩，如图 10-77 所示。选择台灯转轴的上下边缘，按住 Shift 键，配合右键快捷菜单中的【倒角边】命令来倒角边，设置【分数】为 0.2、【分段】为 2，如图 10-78 所示。

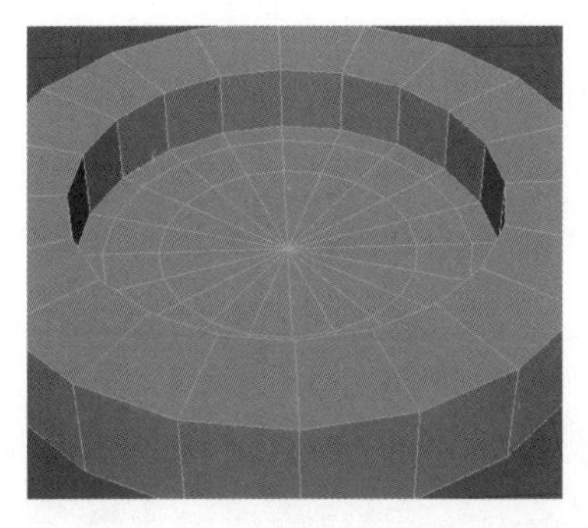

图 10-75

图 10-76

图 10-77

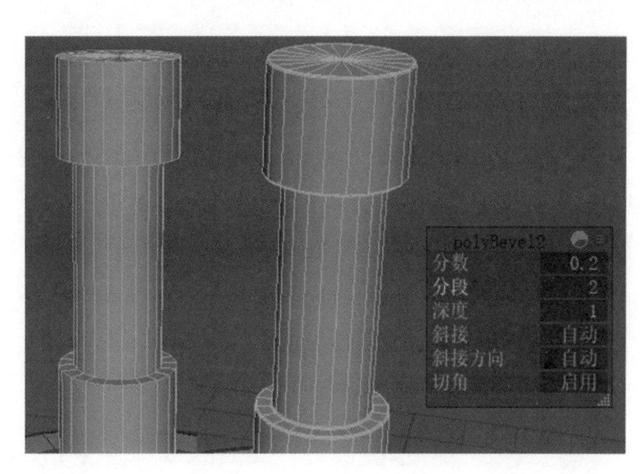

图 10-78

Step 09 制作台灯支撑杆。单击工具栏中的【圆柱体】按钮，创建一个圆柱体作为台灯支撑杆，设置【端面细分数】为 0，删除上下端面，将台灯转轴旋转 90°，与支撑杆和底座对位，如图 10-79 所示。

Step 10 制作台灯支撑长杆。单击工具栏中的【圆柱体】按钮，创建一个圆柱体作为台灯支撑杆，设置【端面细分数】为 0，删除上下端面，按快捷键 Ctrl+D 复制出新的支撑长杆，移动至另一侧。选择支撑杆，按快捷键 Ctrl+D 复制出新的支撑杆，移至上方，如图 10-80 所示。

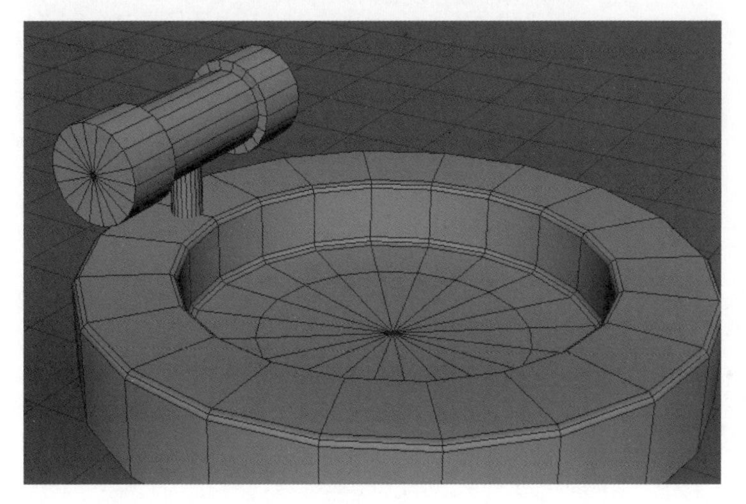

图 10-79

图 10-80

Step 11 制作台灯上端长杆。选择支撑长杆，按快捷键Ctrl+D复制出新的支撑长杆，移至上方。按D键，配合V键向下移动捕捉上端长杆的底部，并旋转90°，如图10-81所示，选择上端长杆的边，按住Shift键，配合右键快捷菜单中的【插入循环边工具】命令，添加一条线段。选择顶端的面，按住Shift键，配合右键快捷菜单中的【挤出面】命令，挤出顶端的面，如图10-82所示。选择上端长杆的4条边，按住Shift键，配合右键快捷菜单中的【倒角边】命令，设置【分数】为0.396、【分段】为2，效果如图10-83所示。

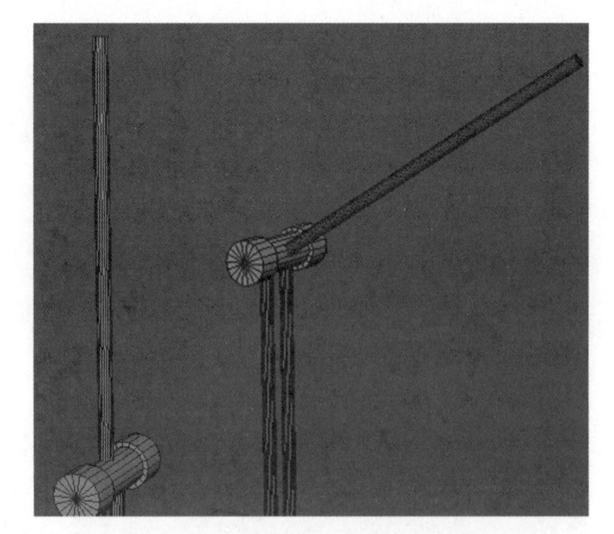

图10-81

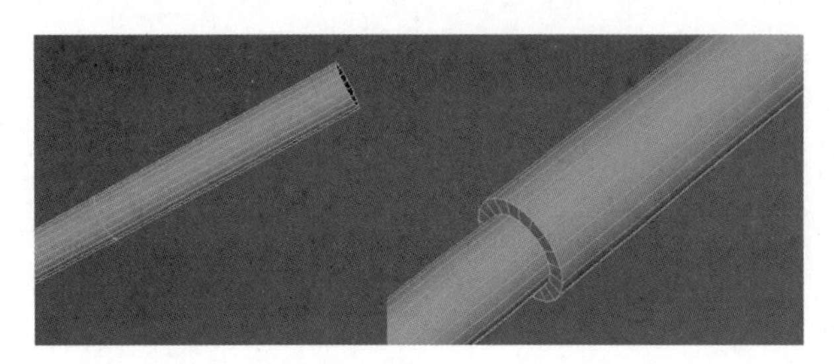

图10-82

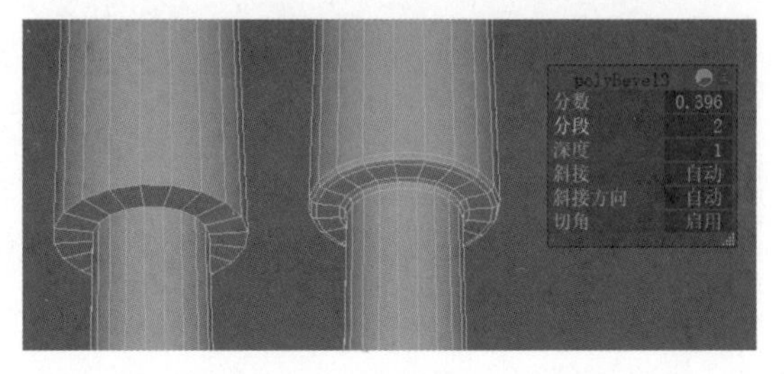

图10-83

Step 12 选择台灯底座，按快捷键Ctrl+D复制出新的底座，将其缩小作为台灯灯罩，如图10-84所示。将灯罩移动到支撑杆附近，修改一下布线，如图10-85所示。选择灯罩中间的面，按住Shift键，配合右键快捷菜单中的【提取面】命令，将中间面进行分离作为白炽灯。选择分离的面，按住Shift键，配合右键快捷菜单中的【挤出面】命令，挤出白炽灯的厚度，如图10-86所示。选择台灯所有的模型，按快捷键Ctrl+G使它们成组，并移动到合适的位置。

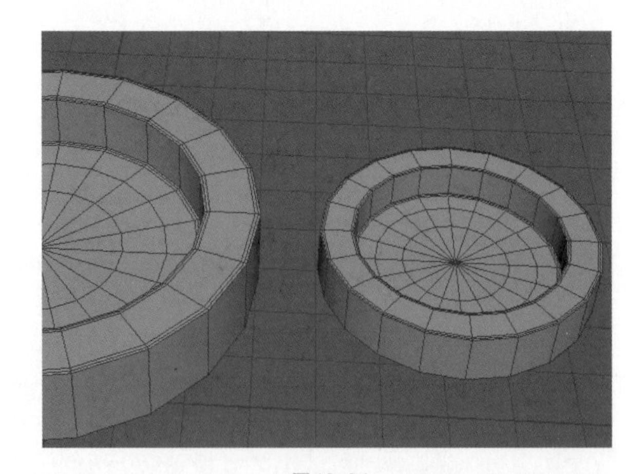

图10-84

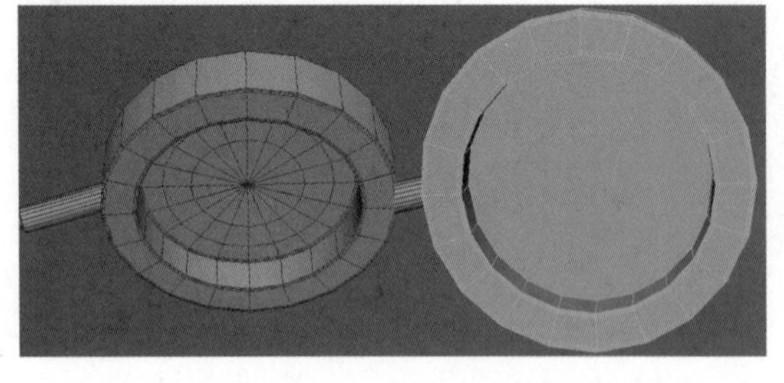

图10-85

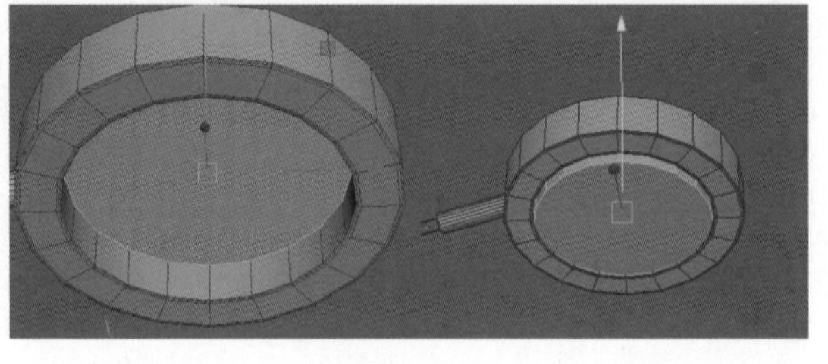

图10-86

Step 13 细化桌面和墙壁。选择桌子所有的面，按住 Shift 键，配合右键快捷菜单中的【倒角面】命令，细化桌面的边缘，设置【分数】为 0.0959、【分段】为 2，如图 10-87 所示。按住 Shift 键，配合右键快捷菜单中的【插入循环边工具】命令，设置【循环边数】为 10，分别在横向和纵向各添加 10 条边，细化模型，如图 10-88 所示。选择墙壁，执行与上面相同的操作，细化墙壁，如图 10-89 所示。

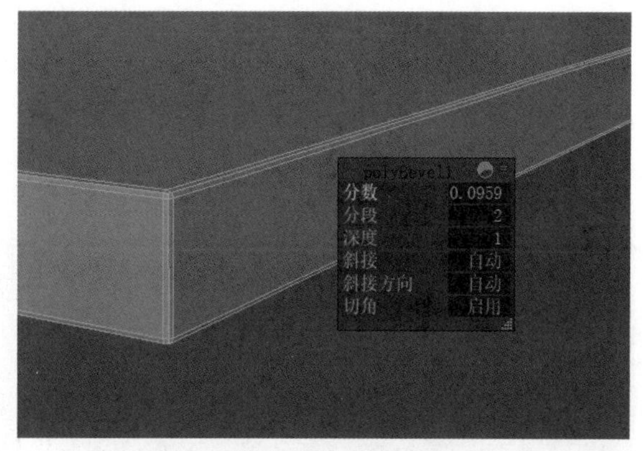

图 10-87

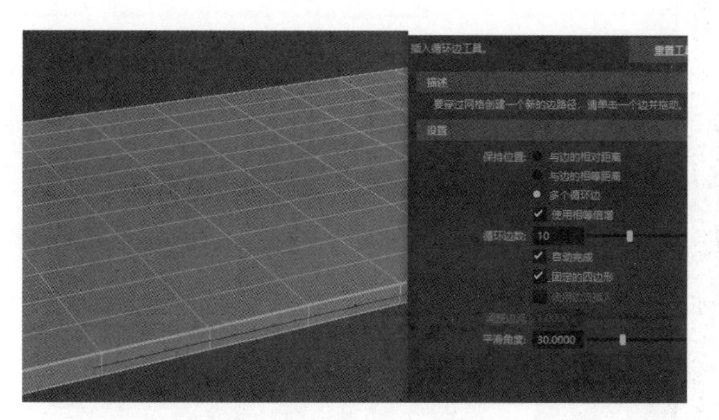

图 10-88

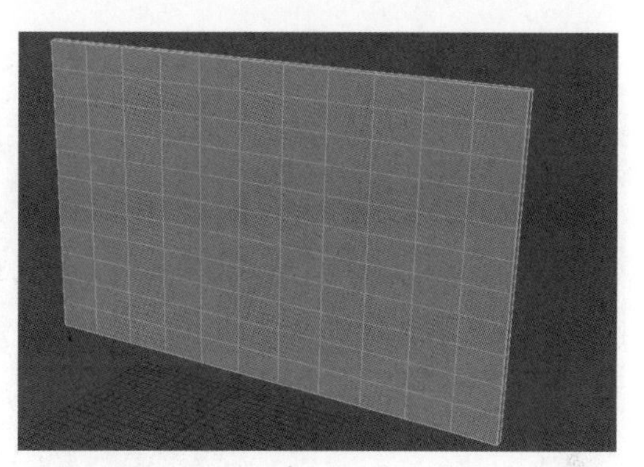
图 10-89

Step 14 细化书架。选择书架，按住 Shift 键，配合右键快捷菜单中的【插入循环边工具】命令，设置【循环边数】为 10，在横向添加 6 条边，在纵向添加 10 条边，如图 10-90 所示。选择书架上面的边，按住 Shift 键，配合右键快捷菜单中的【倒角边】命令，设置【分数】为 0.0959、【分段】为 2，如图 10-91 所示。

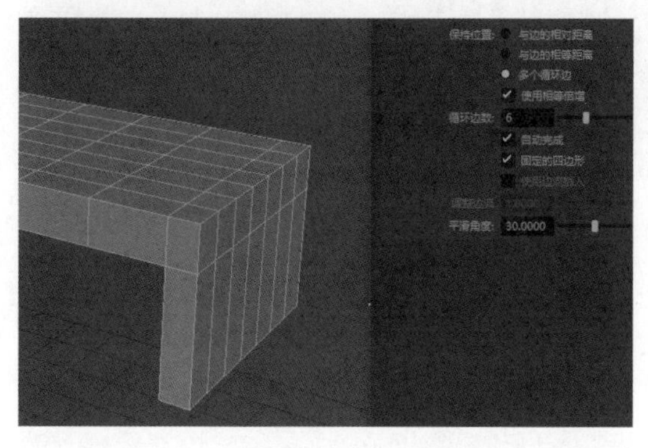

图 10-90

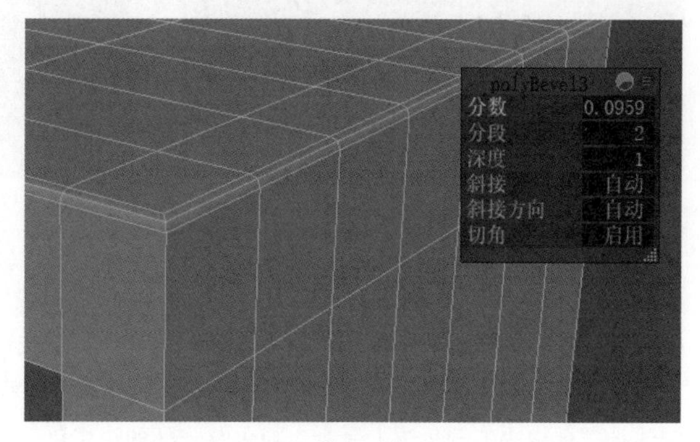

图 10-91

Step 15 细化茶杯和圆盘。选择茶杯中间的边，按住 Shift 键，配合右键快捷菜单中的【删除边】命令，删除茶杯中间的边，如图 10-92 所示。完成后，按住 Ctrl 键，配合右键快捷菜单中的【环形边工具】>【到环形并切割】命令，给茶杯添加一条边。选择新增的边，按住 Ctrl 键，配合右键快捷菜单中的【倒角边】命令来倒角边，设置【分数】为 0.696、【分段】为 4，效果如图 10-93 所示。全选茶杯所有的面，按住 Shift 键，配合右键快捷菜单中的【挤出面】命令，做出茶杯的厚度，如图 10-94 所示。选择茶杯上下边缘，按住 Ctrl 键，配合右键快捷菜单中的【倒角边】命令来倒角边，设置【分数】为 0.696、【分段】为 4，细化边缘，如图 10-95 所示。选择圆盘，单击鼠标右键，选择【边】命令，双击顶部的边，利用【缩放】命令放大边缘，形成盘子外形，如图 10-96 所示。单击鼠标右键，选择【面】命令，框选所有的面，按住 Shift 键，配合右键快捷菜单中的【挤出面】命令，沿 Z 轴挤出圆盘的厚度。选择圆盘上下边，按住 Ctrl 键，配合右键快捷菜单中的【倒角边】命令来倒角边，设置【分数】为 0.396、【分段】为 3，效果如图 10-97 所示。

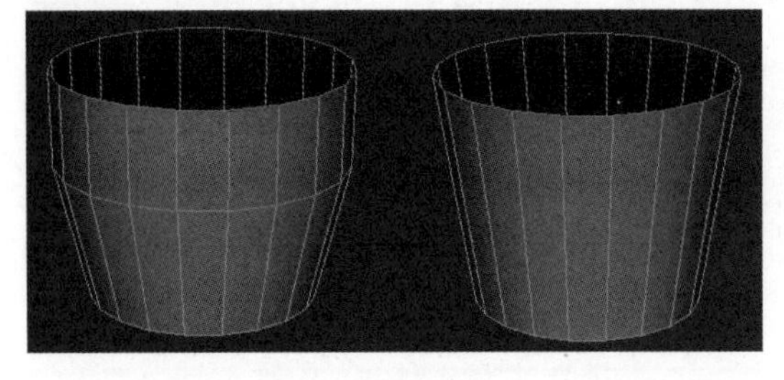

图 10-92

图 10-93

图 10-94

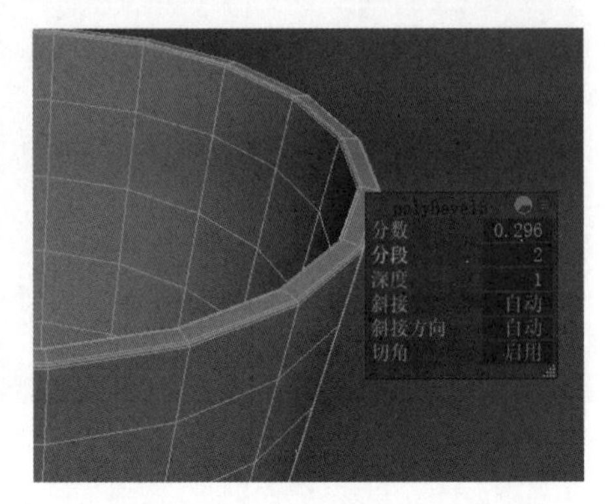

图 10-95

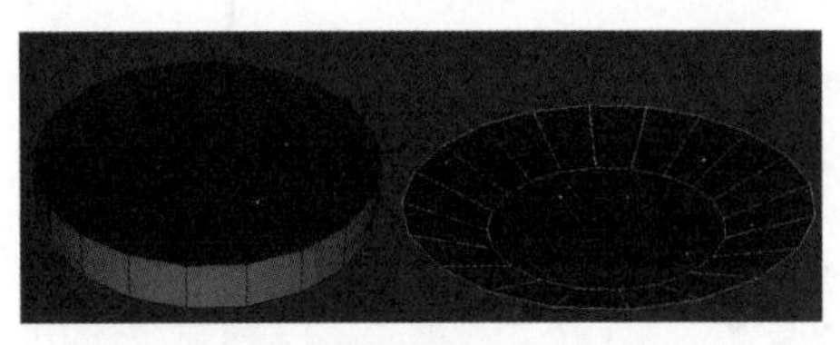

图 10-96

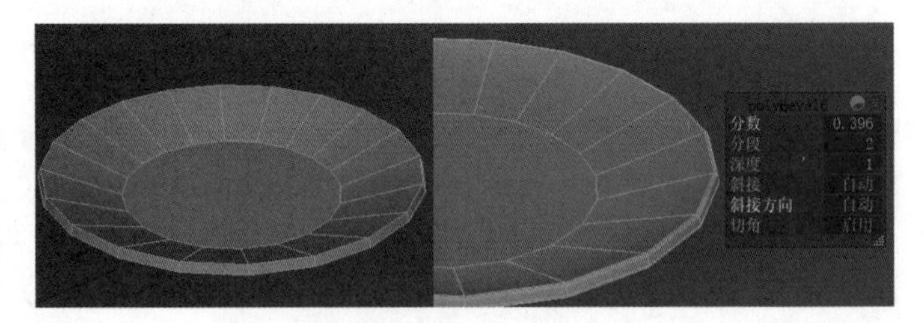

图 10-97

Step 16 细化装饰杯和相框。选择装饰杯的所有面，按住 Shift 键，配合右键快捷菜单中的【挤出面】命令，沿 Z 轴挤出圆盘的厚度，如图 10-98 所示。按住 Shift 键，配合右键快捷菜单中的【插入循环边工具】命令，设置【循环边数】为 6 条，在装饰杯 3 个方向添加边，细化模型，如图 10-99 所示。选择上下边，按住 Shift 键，配合右键快捷菜单中的【倒角边】命令，细化装饰杯的边缘，如图 10-100 所示。选择相框前面的面，按住 Shift 键，配合右键快捷菜单中的【挤出面】命令，将其向中心缩放，再按住 Shift 键，配合右键快捷菜单中的【挤出面】命令，将其向内移动，如图 10-101 所示。选择相框的边，按住 Shift 键，配合右键快捷菜单中的【倒角边】命令，细化相框边缘，如图 10-102 所示。

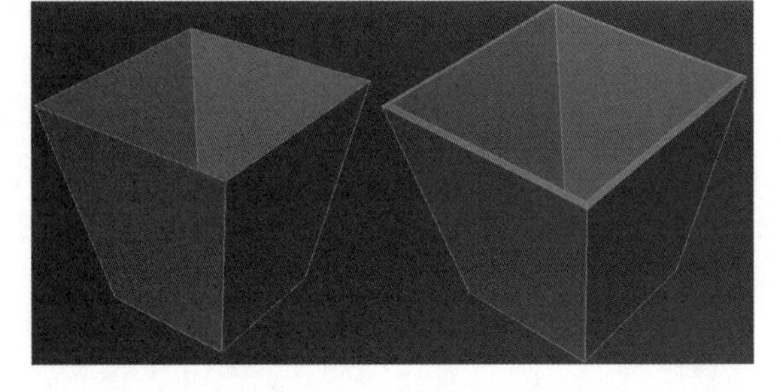

图 10-98

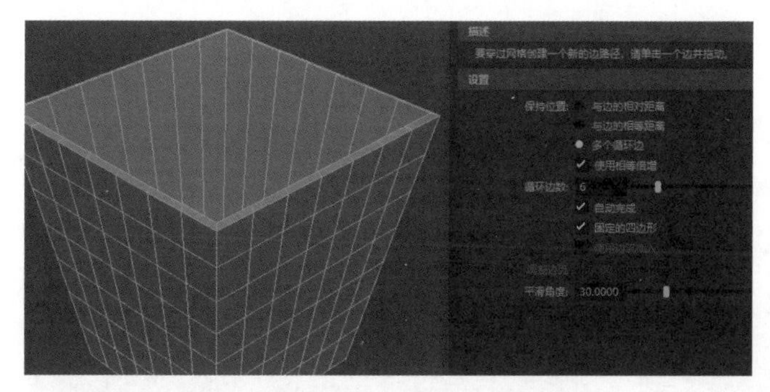

图 10-99

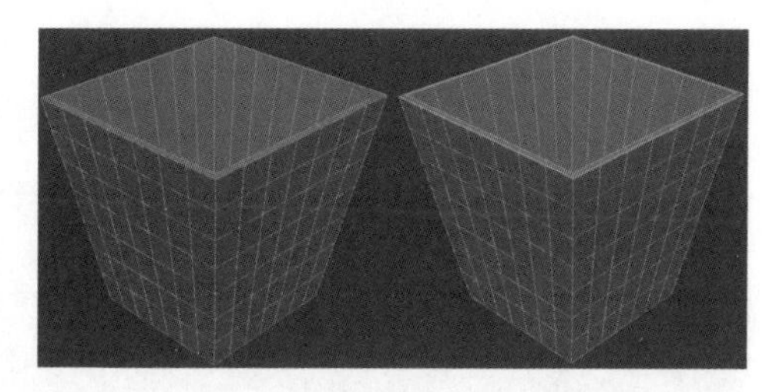

图 10-100

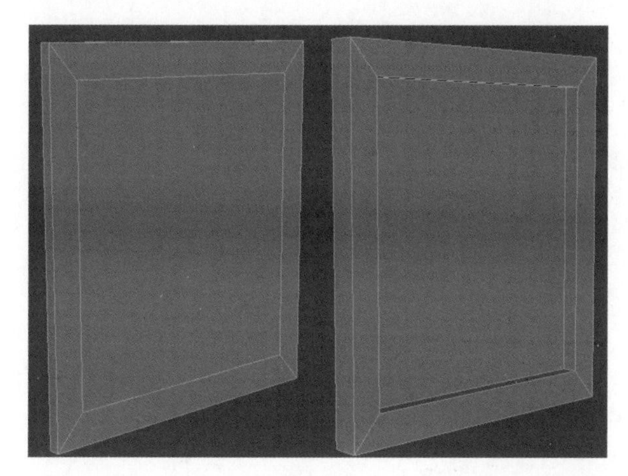

图 10-101

图 10-102

Step 17 细化铁水壶。选择壶嘴中间的边，按住 Shift 键，配合右键快捷菜单中的【删除边】命令，删除水壶中间的边。按住 Shift 键，配合右键快捷菜单中的【插入循环边工具】命令，细化壶嘴部分，设置【循环边数】为 4 条，如图 10-103 所示，选择水壶上方的边，按住 Shift 键，配合右键快捷菜单中的【倒角边】命令，细化水壶的边缘，如图 10-104 所示。

图 10-103

图 10-104

Step 18 制作装饰书籍。单击工具栏中的【长方体】按钮，创建长方体作为内页。选择书籍一侧的面，按住 Shift 键，配合右键快捷菜单中的【挤出面】命令，挤出书皮的厚度，如图 10-105 所示。选择挤出的面，按住 Shift 键，配合右键快捷菜单中的【挤出面】命令，挤出书皮的长度，如图 10-106 所示。

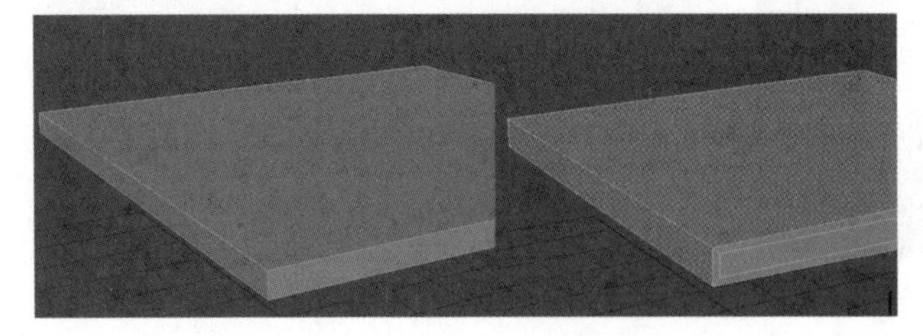

图 10-105

图 10-106

Step 19 细化书籍。按住 Shift 键，配合右键快捷菜单中的【插入循环边】命令，设置【循环边数】为 4，调整书籍的外形。按快捷键 Ctrl+D 键复制出其他几本书，并移动旋转至合适的位置，如图 10-107 所示。

图 10-107

Step 20 制作图书支架。单击工具栏中的【长方体】按钮，创建长方体作为图书支撑。按住 Shift 键，配合右键快捷菜单中的【插入循环边工具】命令，添加一条边，并将其移动至图书支架的下方。完成后，按住 Shift 键，配合右键快捷菜单中的【挤出面】命令，将底部支撑挤出来，如图 10-108 所示。选择图书支架上下边，按住 Shift 键，配合右键快捷菜单中的【倒角边】命令进行倒角边操作，设置【分数】为 0.0959、【分段】为 3。再将图书支架移动至书籍的下方，如图 10-109 所示。

图 10-108

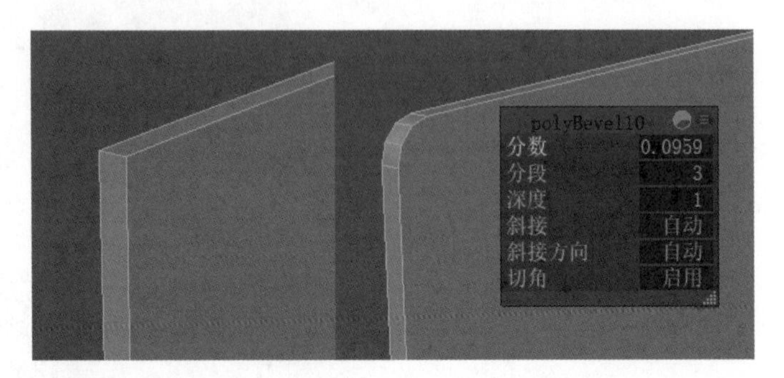

图 10-109

Step 21 制作插板电源线。单击工具栏中的【捕捉曲面】按钮，开启捕捉功能，执行【创建】>【曲线工具】>【CV 曲线工具】菜单命令，在顶视图中创建一根电源线。配合右键快捷菜单中的【控制顶点】命令，调整曲线的顶点。单击工具栏中的【圆环】按钮，创建圆环，并调整至合适的大小，如图 10-110 所示。选择圆环，按住 Shift 键加选 CV 曲线，执行【曲面】>【挤出】菜单命令，生成电源线曲面模型，如图 10-111 所示。选择 NURBS 模型，执行【修改】>【转化】>【NURBS 到多边形】菜单命令，打开【将 NURBS 转化为多边形选项】窗口，设置【类型】为【四边形】、【细分方法】为【控制点】。完成后，删除NURBS圆管。选择多边形圆管，按住Shift键，配合右键快捷菜单中的【平滑】命令，设置【分段】为2，使圆管更加平滑，如图10-112所示。

图10-110

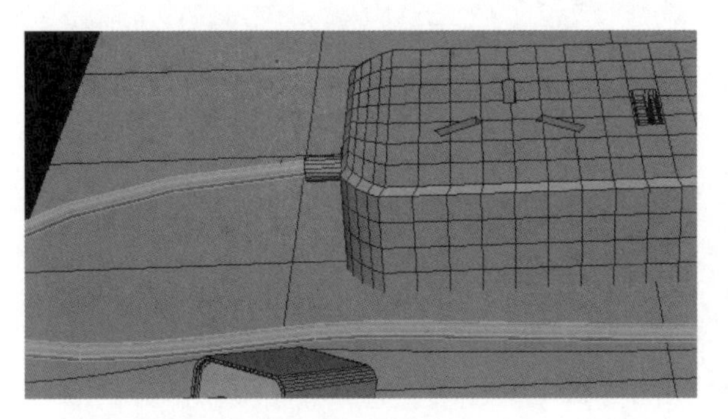

图10-111

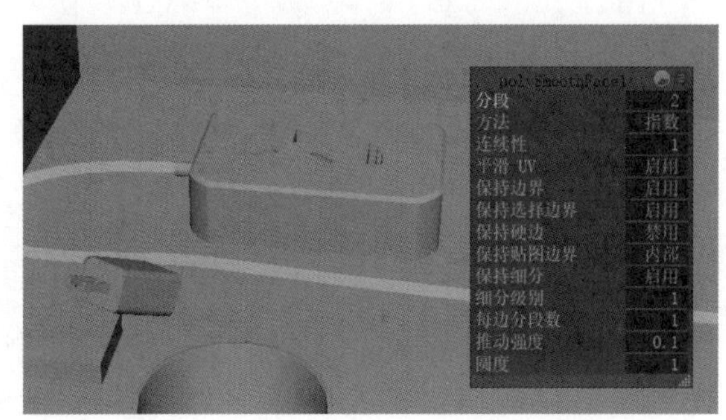

图10-112

10.1.3 创建摄影机与场景布光

Step 01 执行【创建】>【摄影机】>【摄影机】菜单命令，确定渲染图的角度。选择Camera1（相机1），将其向后移动，利用【缩放】命令放大相机。完成后，按快捷键Ctrl+A，打开【摄影机】属性面板，设置【视角】为39.60、【焦距】为50.000，如图10-113所示。执行【面板】>【透视】>【Camera1】菜单命令，打开【摄影机】属性面板，选中【显示分辨率】、【显示门遮罩】和【显示安全标题】复选框，确定好画面的构图，效果如图10-114所示。

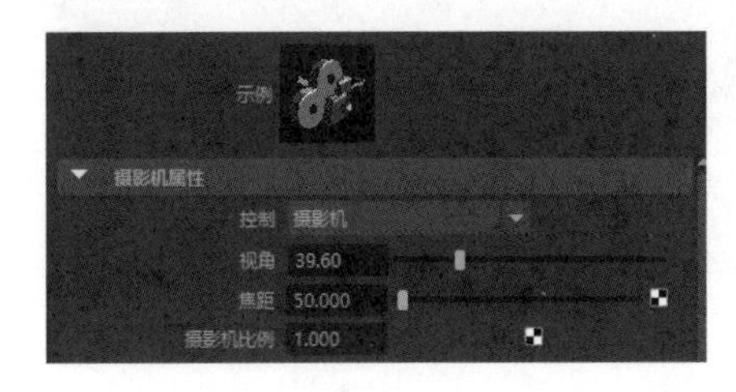

图10-113

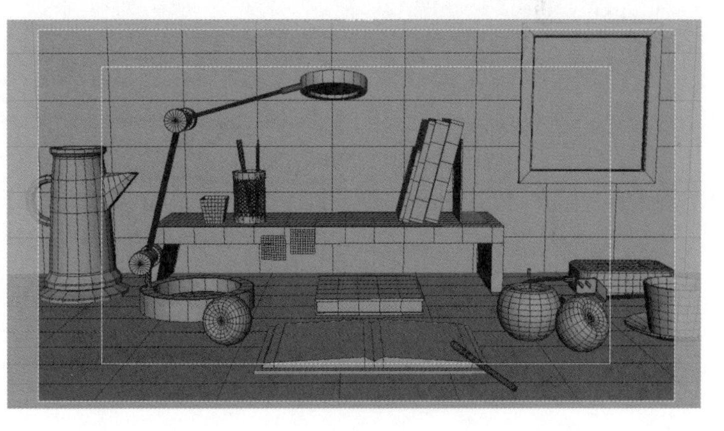

图10-114

1. 执行【面板】>【透视】>【persp】菜单命令，可以重新回到透视图。
2. 摄影机的架设，主要依据读者的审美来确定。

Step 02 场景布光。切换至透视图，执行【Arnold】>【Lights】>【Area Light】菜单命令，打开【区域光】属性面板，设置【Color】为白色、【Exposure】为14，如图10-115所示，执行【Arnold】>【Lights】>【Area Light】菜单命令，打开【区域光】属性面板，再次创建一盏辅助光，设置【Color】为白色、【Intensity】为1.000、【Exposure】为12.000，如图10-116所示，效果如图10-117所示。

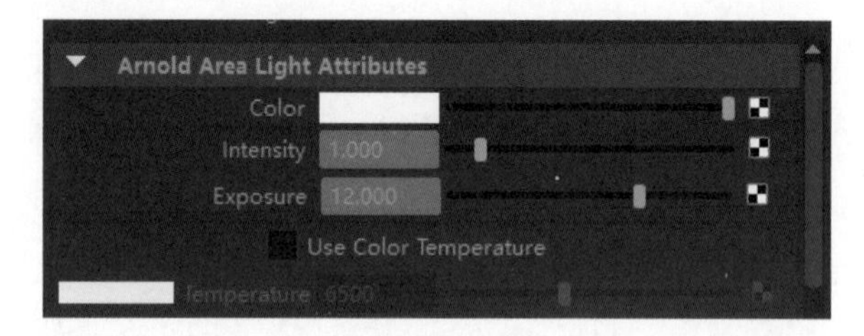

图10-115

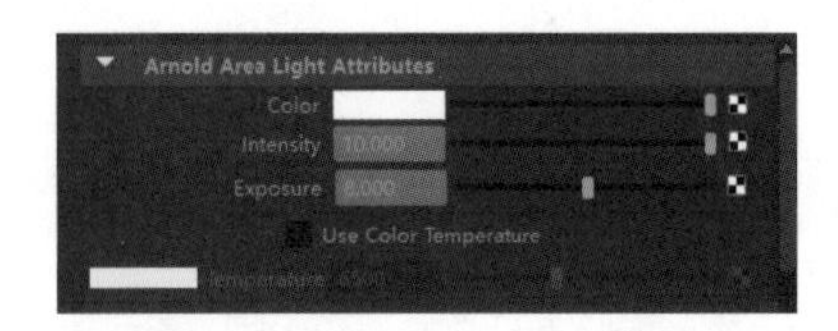

图10-116

图10-117

区域光可以利用缩放工具来更改大小。

Step 03 创建Skydome Light（环境光）。执行【Arnold】>【Lights】>【Skydome Light】菜单命令，打开【环境光】属性面板，单击【Color】右侧的【创建渲染节点】按钮，打开创建渲染节点对话框，单击【文件】按钮，在右侧的文件属性面板，单击【文件夹】按钮，添加Environment.hdri文件，设置【过滤器类型】为【禁用】，如图10-118所示，选择Skydome Light（环境光），在右侧的属性面板中，设置【Intensity】为0.5，降低环境光的亮度。

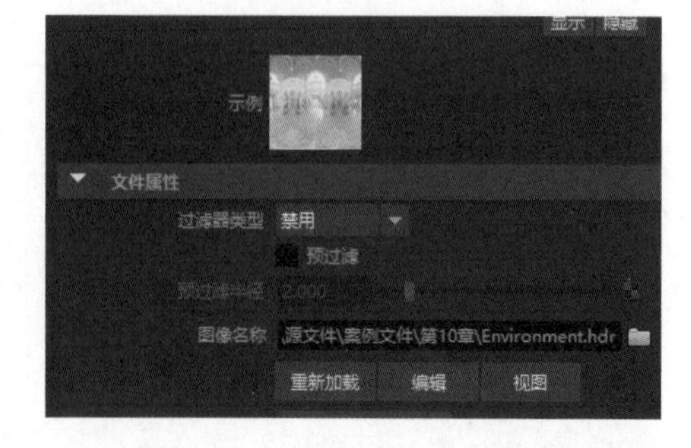

图10-118

Skydome Light（环境光）一般用来模拟全局光效果，使场景模型看起来更加真实。

10.1.4 拆分UV与材质设置

Step 01 制作墙面材质。选择墙壁模型，单击鼠标右键，选择【指定新材质】命令，打开【指定新材质】对话框。选择【Ai Standard Surface】选项，打开【Ai Standard Surface】材质面板。在【Base】卷展栏中，设置【Specular】>【Weight】为0，取消高光状态。单击【Color】右侧的【创建渲染节点】按钮，打开创建渲染节点对话框。单击【文件】按钮，在右侧的文件属性面板中，单击【文件夹】按钮，添加【墙彩色.jpg】文件，设置【过滤器类型】为【禁用】，如图10-119所示。单击上方的【place2dTexture2】选项卡，在【2D纹理放置属性】卷展栏中，选中【U向镜像】复选框，设置【UV向重复】为（10.000,10.000），如图10-120所示。回到最上层，在[Geometry]（几何体）卷展栏中，单击【Bump Mapping】，打开创建渲染节点对话框，单击【文件夹】按钮，在右侧的文件属性面板中，添加【墙凹凸.jpg】文件，设置【凹凸深度】为-0.361，使墙面出现真实的凹凸效果，如图10-121所示。

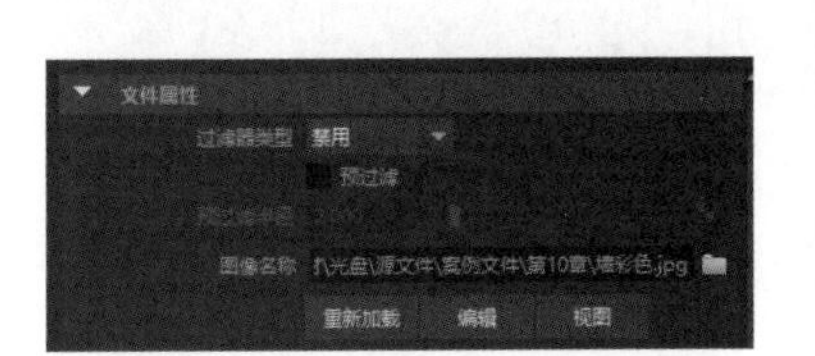

图10-119

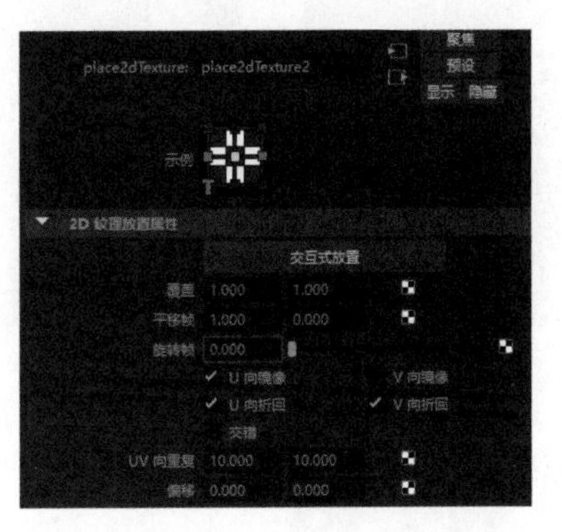

图10-120

图10-121

Step 02 制作桌面材质。选择桌面模型，单击鼠标右键，选择【指定新材质】命令，打开指定新材质对话框。选择【Ai Standard Surface】选项，打开【Ai Standard Surface】材质面板。在【Base】卷展栏中，单击【Color】右侧的【创建渲染节点】按钮，打开创建渲染节点对话框。单击【文件】按钮，在右侧的文件属性面板中，单击【文件夹】按钮，添加【桌子彩色.jpg】文件，设置【过滤器类型】为【禁用】，如图10-122所示，执行【UV】>【UV编辑器】菜单命令，打开【UV编辑器】窗口.在右侧的UV工具包选项组中，单击【旋转角度】按钮，将UV进行角度旋转，如图10-123所示。回到最上层，在【Geometry】（几何体）卷展栏中，单击【Bump Mapping】，打开创建渲染节点对话框。单击【文件】按钮，在右侧的文件属性面板中，单击【文件夹】按钮，添加【桌子凹凸.jpg】文件，设置【凹凸深度】为0.600，使墙面出现真实的凹凸效果，如图10-124所示。

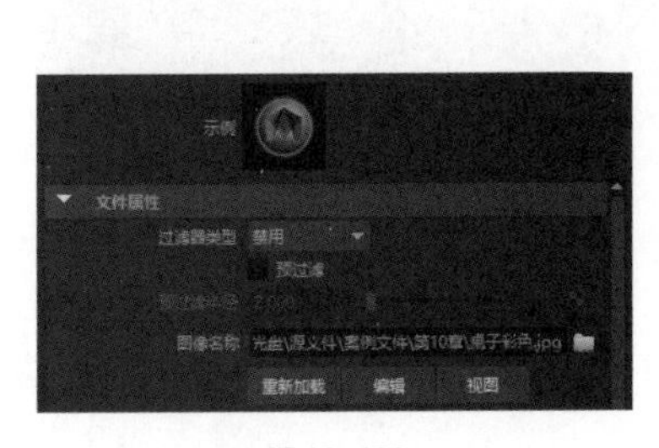

图10-122

图10-123

图10-124

Step 03 制作书架材质，拆分UV。选择书架模型，使用右键菜单中的【指定新材质】命令，打开【指定新材质】对话框。选择【Ai Standard Surface】选项，打开【Ai Standard Surface】材质面板。在【Base】卷展栏中，单击【Color】右侧的【创建渲染节点】按钮，打开创建渲染节点对话框。单击【文件】按钮，在右侧的文件属性面板中，单击【文件夹】按钮，添加【桌子彩色.jpg】文件，设置【过滤器类型】为【禁用】，如图10-125所示。单击上方的【place2dTexture2】选项卡，在【2D纹理放置属性】卷展栏中，设置【UV向重复】为10.000、【旋转帧】为90.000，如图10-126所示。执行【UV】>【自动】菜单命令，将书架的UV坐标自动展平，如图10-127所示。回到最上层，在【Geometry】卷展栏中，单击【Bump Mapping】打开创建渲染节点对话框。单击【文件】按钮，在右侧的文件属性面板中，单击【文件夹】按钮，添加【桌子彩色.jpg】文件，设置【凹凸深度】为0.200，使墙面出现真实的凹凸效果，如图10-128所示。

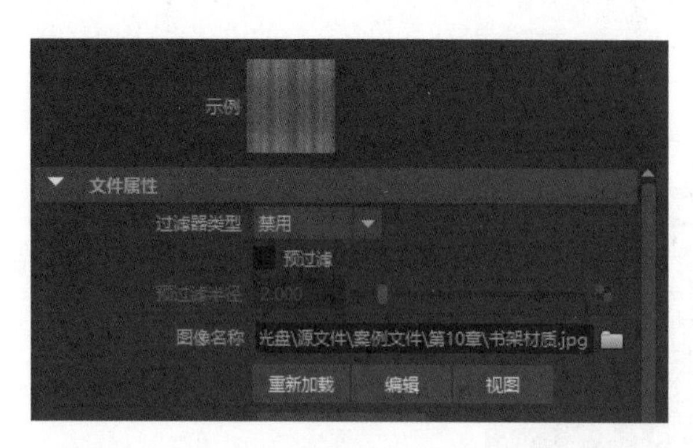

图10-125

图10-126

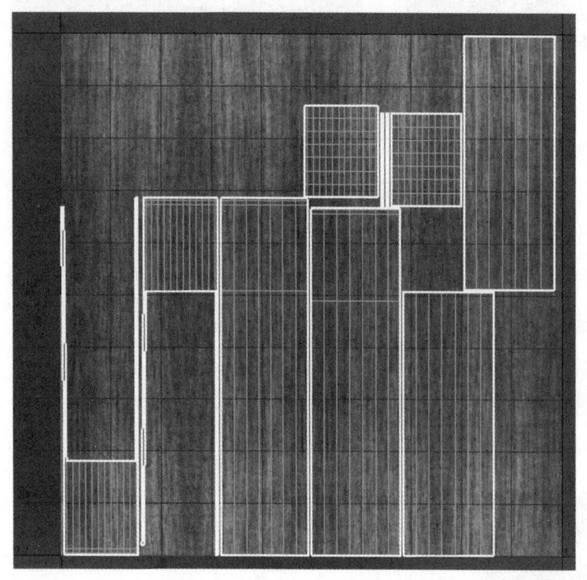

图10-127

图10-128

Step 04 拆分UV，制作铁水壶材质。选择铁水壶模型，使用右键菜单中的【指定新材质】命令，打开【指定新材质】对话框。选择【Ai Standard Surface】选项，打开【Ai Standard Surface】材质面板。在【Base】卷展栏中，单击【Color】右侧的【创建渲染节点】按钮，打开创建渲染节点对话框。单击【棋盘格】按钮，赋予物体棋盘格材质。单击上方的【place2dTexture2】选项卡，在【2D纹理放置属性】卷展栏中，设置【UV向重复】为（30.000,30.000）。执行【UV】>【圆柱体】菜单命令，给铁水壶添加UV坐标，如图10-129所示。选择壶嘴周围的一圈线，打开【UV编辑器】窗口，按住Shift键配合右键快捷菜单中的【剪切】命令，剪切掉壶嘴，如图10-130所示。选择壶嘴上下边，打开【UV编辑器】窗口，按住Shift键，配合右键快捷菜单中的【剪切】命令，剪切出壶嘴的范围。选择壶嘴中间的边，按住Shift键，配合右键快捷菜单中的【剪切】命令，剪切出壶嘴中间的边。在【UV编辑器】窗口中，利用右键菜单中的【UV】命令，框选模型上所有的UV点。按住Shift键，配合右键快捷菜单中的【展开】>【展开】命令，展开剪切好的壶嘴模型，如图10-131所示。

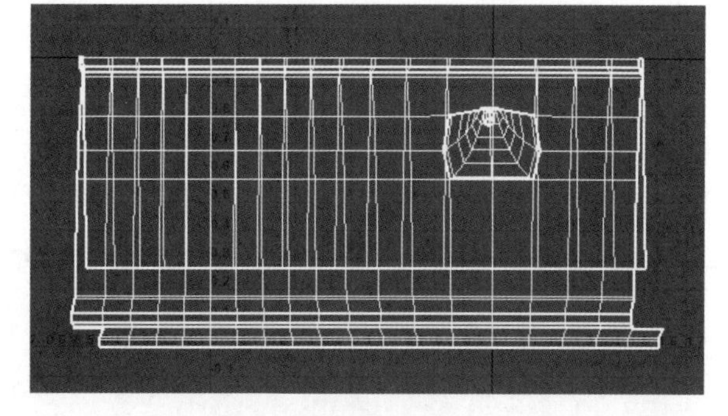

图10-129

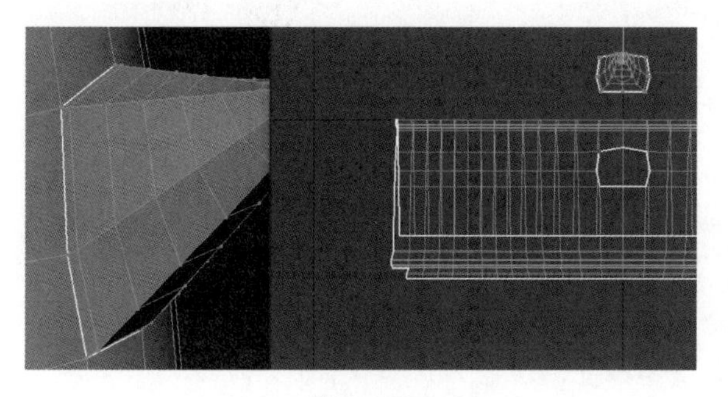

图10-130

图10-131

提示

执行完成【展开】命令后，若效果不太好，可以利用优化工具进行优化，得到满意的效果。

Step 05 选择铁水壶壶身上下边，打开【UV编辑器】窗口。按住Shift键，配合右键快捷菜单中的【剪切】命令，剪切出壶身的范围。选择壶身左右中间的边，按住Shift键，配合右键快捷菜单中的【剪切】命令，剪切出壶身中间的边，如图10-132所示。完成后，选择右键快捷菜单中的【UV】命令，框选模型所有的UV点。按住Shift键，配合右键快捷菜单中的【展开】>【展开】命令，展开剪切好的壶身模型，如图10-133所示。修改模型各部分的UV，使其符合UV展开的要求。框选壶身上所有的UV点，按住Shift键，配合右键快捷菜单中的【排布】>【排布】命令，将UV进行排布组合，如图10-134所示。选择壶把模型的内侧边，打开【UV编辑器】窗口，按住Shift键，配合右键快捷菜单中的【剪切】命令，剪切出壶把的范围。完成后，打开【UV编辑器】窗口，框选模型所有的UV点，按住Shift键，配合右键快捷菜单中的【展开】>【展开】命令，展开剪切好的壶把模型。选择壶把模型，按住Shift键，加选壶身模型，利用右键快捷菜单中的【结合】命令，将壶把模型与壶身模型结合成一个整体。打开【UV编辑器】窗口，手动排布UV，如图10-135所示。

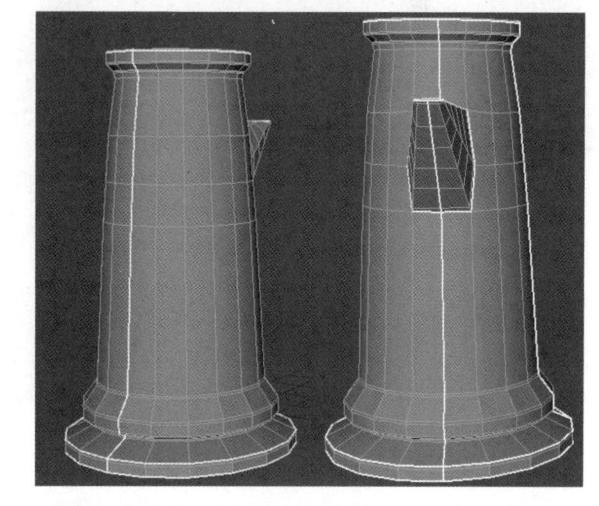

图10-132

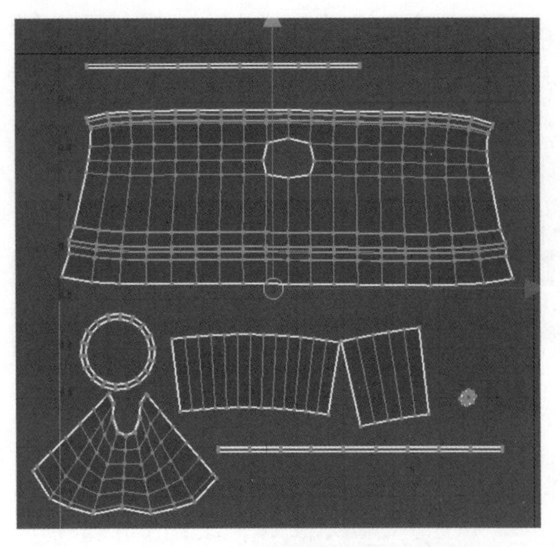

图 10-133

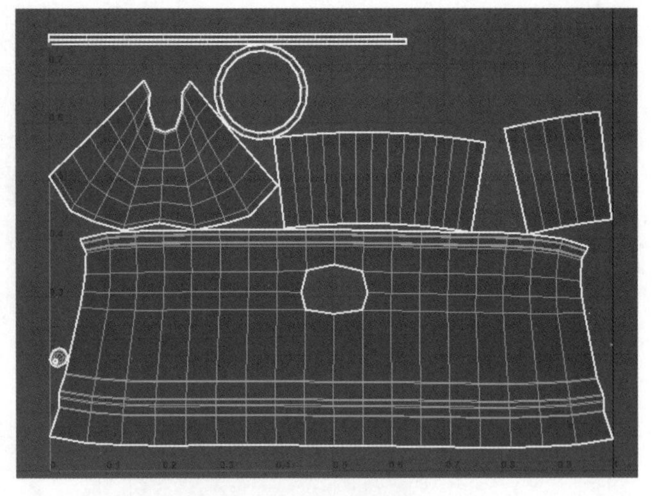

图 10-134

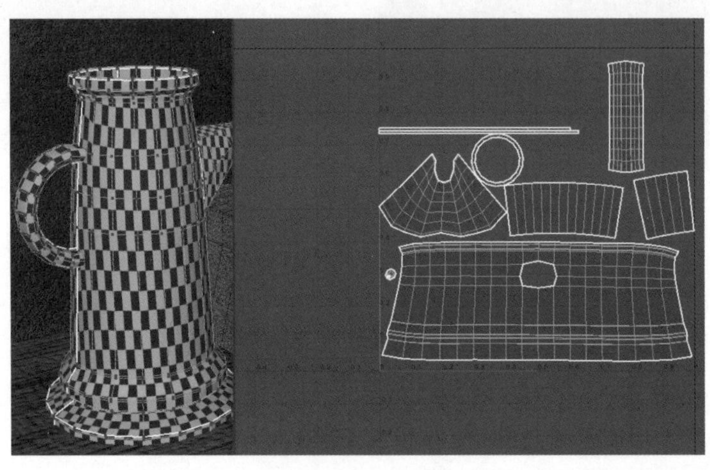

图 10-135

Step 06 选择铁水壶模型，导出到 Substance Painter 中，绘制脏旧材质。执行【文件】>【导出当前选择】菜单命令，将模型导出为 *obj 格式的文件。打开 Substance Painter 软件，执行【文件】>【新建】菜单命令，打开【新项目】对话框，设置【模板】为【PBR-Metallic Roughness(allegorithmic)】、【文件分辨率】为 2048、【法线贴图格式】为【DirectX】，将铁水壶模型导入，如图 10-136 所示。单击工具面板右侧的【Texture Set Settings】按钮，设置【输出尺寸】为 2048，烘焙所有贴图，如图 10-137 所示，效果如图 10-138 所示。

新项目 ? ×
模板 PBR - Metallic Roughness (allegorithmic)
文件 D:/MAYA教材/光盘/源文件/案例文件/第10章/墙角静物-茶壶.obj 选择...
导入设置
为每个UDIM平铺创建纹理集
导入镜头
项目设置
文件分辨率 2048
法线贴图格式 DirectX
计算每个片段的切线空间
为所有材质导入模型法线贴图和烘焙贴图。 添加 清除

图 10-136

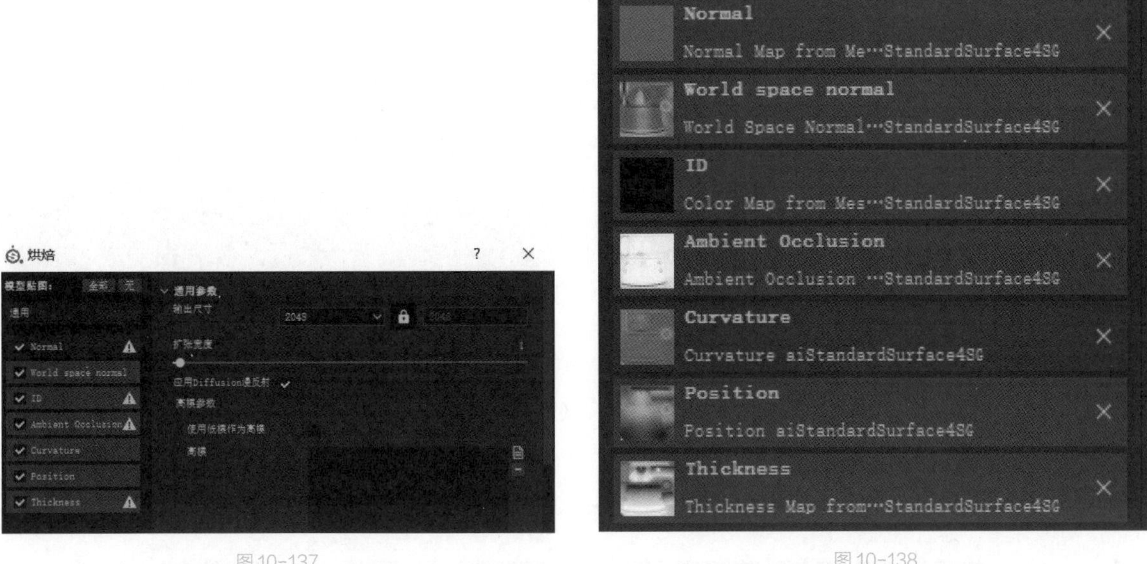

图 10-137　　图 10-138

Step 07 选择铁水壶模型，在 Substance Painter 界面右下方，执行【展架】>【智能材质】菜单命令，进入智能材质库。单击材质库中的【Chrome Red Bleached】按钮，将材质球拖到右侧图层面板的最上层，如图 10-139 所示。为了让铁水壶材质与 Maya 光照保持一致，将前面用到的【Environment.hdr】贴图拖到 Substance Painter 环境背景中。完成后，将【Environment.hdr】贴图拖至场景窗口。选择右侧的【Copper Blue Tint】图层，将其展开，设置铁水壶颜色，如图 10-140 所示。单击材质库中的【Rust Coarse】按钮，将材质拖到图层的最上层，如图 10-141 所示。单击材质库中的【Dirt Dusty】按钮，将其拖至【Rust Coarse】图层，使铁水壶表面形成锈迹，如图 10-142 所示。

图 10-139

图 10-140

图 10-141

图 10-142

Step 08 选择铁水壶模型，单击材质库中的【Dust】按钮，将其拖至图层最上层，形成铁水壶表面的灰尘，如图10-143所示。单击材质库中的【Dust Soft 2】按钮，将其拖至【Dust】图层，形成铁水壶表面真实的灰尘，如图10-144所示。

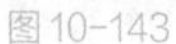

图10-143

图10-144

Step 09 导出Substance Painter贴图。执行【文件】>【导出贴图】菜单命令，打开【导出文件】对话框，设置【导出路径】为合适的位置、【格式】为exr，【配置】为【Arnold 5（AiStandard）】，【文件大小】为2048×2048，如图10-145所示。

图10-145

Step 10 链接Substance Painter材质。回到Maya中，选择铁水壶模型，设置其【指定新材质】为【Ai Standard Surface】（Ai基本材质）。打开材质属性面板，在【Base】（基本）卷展栏中，单击【Color】右侧的【创建渲染节点】按钮，打开创建渲染节点对话框。单击【文件】按钮，在右侧的文件属性面板中，单击【文件夹】按钮，添加【墙角静物－茶壶_aiStandardSurface4SG_BaseColor.jpeg】文件，设置【过滤器类型】为【禁用】，如图10-146所示。单击【Metalness】右侧的【创建渲染节点】按钮，打开创建渲染节点对话框。单击【文件】按钮，在右侧的文件属性面板中，单击【文件夹】按钮，添加【墙角静物－茶壶_aiStandardSurface4SG_Metalness.jpeg】文件，设置【过滤器类型】为【禁用】、【颜色空间】为【Raw】，在【颜色平衡】卷展栏中，选中【Alpha为亮度】复选框，如图10-147所示。在【Specular】（高光）卷展栏中，单击【Roughness】右侧的【创建渲染节点】按钮，打开创建渲染节点对话框。单击【文件】按钮，在右侧的文件属性面板中，单击【文件夹】按钮，添加【墙角静物－茶壶_aiStandardSurface4SG_Roughness.jpeg】文件，设置【过滤器类型】为【禁用】，【颜色空间】为【Raw】，在【颜色平衡】卷展栏中，选中【Alpha为亮度】复选框，如图10-148所示。在【Geometry】（几何体）卷展栏中，单击【Bump Mapping】右侧的【创建渲染节点】按钮，打开创建渲染节点对话框。进入凹凸属性面板，在2D凹凸属性面板中，设置【用作】为【切线空间法线】，单击凹凸值右侧的【创建渲染节点】按钮，打开创建渲染节点对话框，在右侧的文件属性面板中，单击【文件夹】按钮，添加【墙角静物－茶壶_aiStandardSurface4SG_Normal.jpeg】文件，设置【过滤器类型】为【禁用】，如图10-149所示。

图 10-146

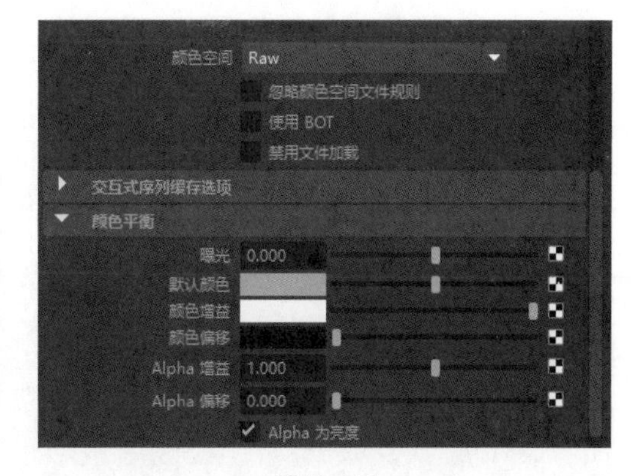

图 10-147

图 10-148

图 10-149

Step 11 细化翻页书、拆分 UV 和赋予材质。选择翻页书模型，按住 Shift 键，配合右键快捷菜单中的【插入循环边工具】命令，设置【循环边数】为 3 条，在翻页书上添加边，调整翻页书外形，如图 10-150 所示。选择模型所有边缘处的线，按住 Shift 键，配合右键快捷菜单中的【倒角边】命令，细化边缘。完成后，按 D 键，配合 V 键捕捉书的右侧中间部分，按快捷键 Ctrl+D，复制出书的另一侧，如图 10-151 所示。选择翻页书的一侧，执行【UV】>【平面】菜单命令，设置【投影源】为 Z 轴，剪切模型的边缘，完成 UV 的设置，效果如图 10-152 所示。

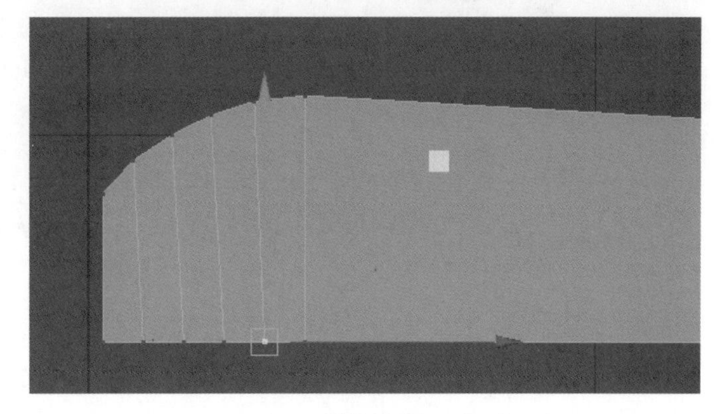

图 10-150

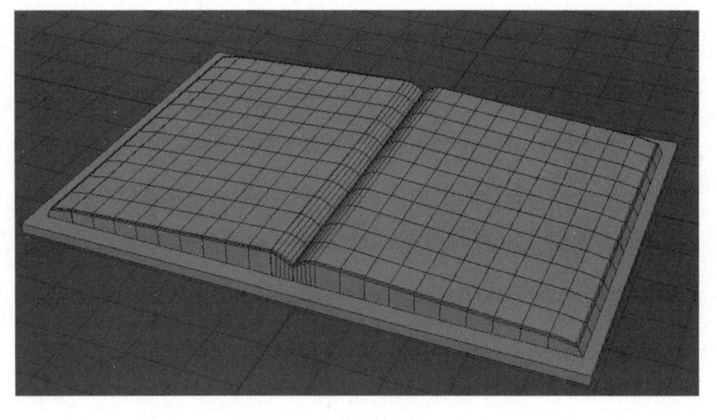

图 10-151

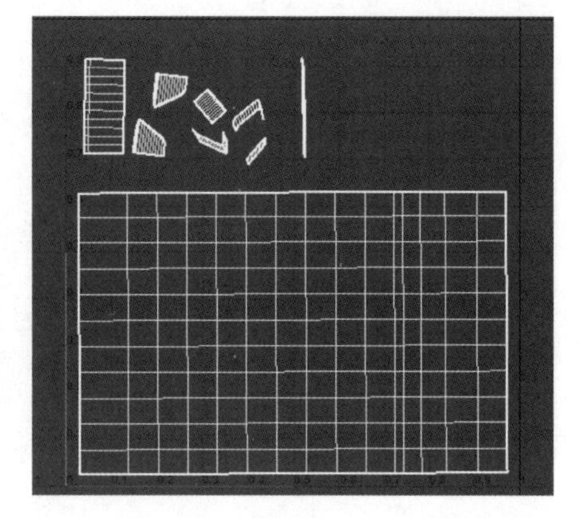

图 10-152

Step 12 选择左侧翻页书模型，单击【指定新材质】按钮，为左侧翻书页赋予 Ai Standard Surface（Ai 基本材质）。打开材质属性面板，在【Base】（基本）卷展栏中，单击【Color】右侧的【创建渲染节点】按钮，打开创建渲染节点对话框。单击【文件】按钮，在右侧的文件属性面板中，单击【文件夹】按钮，添加【内页 1.jpeg】文件，设置【过滤器类型】为【禁用】。选择右侧翻页书模型，单击【指定新材质】按钮，为右侧翻书页赋予 Ai Standard Surface（Ai 基本材质）。打开材质属性面板，在【Base】（基本）卷展栏中，单击【Color】右侧的【创建渲染节点】按钮，打开创建渲染节点对话框。单击【文件】按钮，在右侧的文件属性面板中，单击【文件夹】按钮，添加【内页 2.jpeg】文件，设置【过滤器类型】为【禁用】。选择翻页书下方的封皮，单击【指定新材质】按钮，为其赋予 Ai Standard Surface（Ai 基本材质）。打开材质属性面板，在【Base】（基本）卷展栏中，单击【Color】右侧的【创建渲染节点】按钮，打开创建渲染节点对话框。单击【文件】按钮，在右侧的文件属性面板中，单击【文件夹】按钮，添加【内页 1.jpeg】文件，设置【过滤器类型】为【禁用】，如图 10-153 所示。

图 10-153

Step 13 选择桌面里侧的书，执行【UV】>【平面】菜单命令，设置【投影源】为 Z 轴，剪切模型的边缘，如图 10-154 所示。单击工具栏中的【UV 编辑器】按钮，打开【UV 编辑器】窗口。框选所有模型的 UV 点，按住 Shift 键，配合右键快捷菜单中【排布】>【排布】命令，如图 10-155 所示。选择书模型，利用右键快捷菜单中的【指定新材质】命令为其指定 Ai Standard Surface（Ai 基本材质）。打开材质属性面板，在【Base】（基本）卷展栏中，单击【Color】右侧的【创建渲染节点】按钮，打开创建渲染节点对话框。单击【文件】按钮，在右侧的文件属性面板中，单击【文件夹】按钮，添加【牛皮 1.jpeg】文件，设置【过滤器类型】为【禁用】。选择书中间的面，按住 Shift 键，配合右键快捷菜单中的【提取面】命令，将书中间部分的面进行分离，重新赋予白色材质，如图 10-156 所示。选择里侧的书，按快捷键 Ctrl+D 复制出 3 本，利用【移动】和【旋转】工具，将其移动到合适的位置，利用【指定新材质】命令，分别为其中两本书指定【牛皮 2.jpeg】和【牛皮 3.jpeg】贴图，作为封面，如图 10-157 所示。

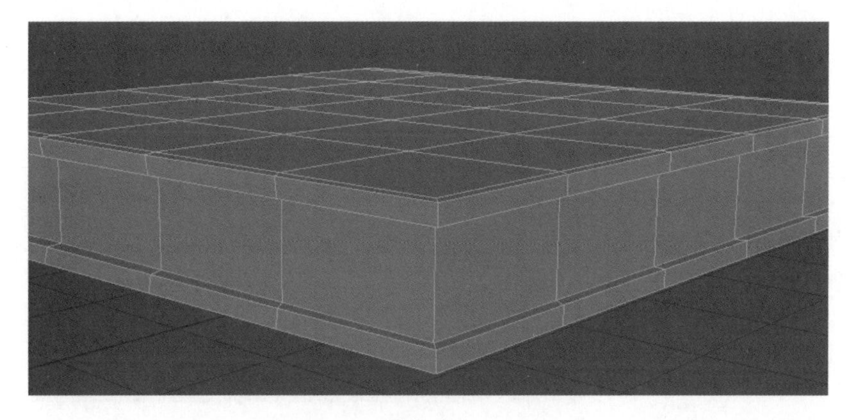

图 10-154

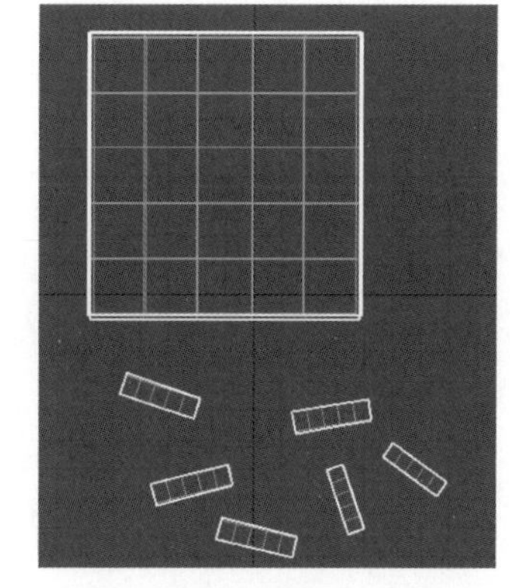

图 10-155

图 10-156

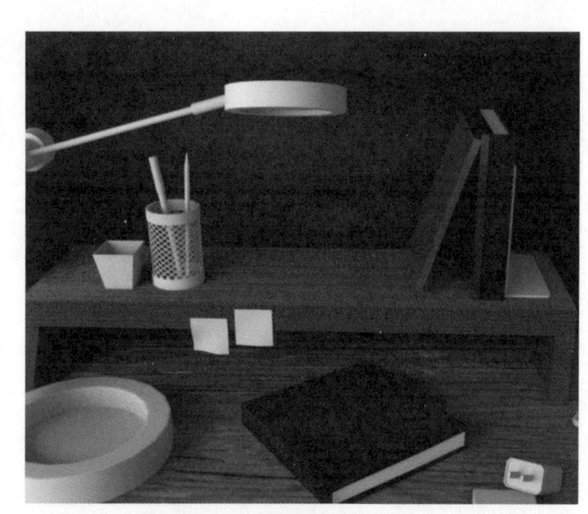

图 10-157

Step 14 制作台灯材质。选择台灯模型各个部分，按住 Shift 键，配合【平滑】命令，设置【分段】为 1，细化台灯，如图 10-158 所示。选择台灯各个模型，利用【指定新材质】命令为其指定 Ai Standard Surface（Ai 基本材质）。打开材质属性面板，单击上方的 预设* 按钮，执行【Plastic】>【替换】菜单命令，为台灯赋予塑料材质，设置【Color】为白色、【Diffuse Roughness】为 0.143、【Roughness】为 0.519，效果如图 10-159 所示。

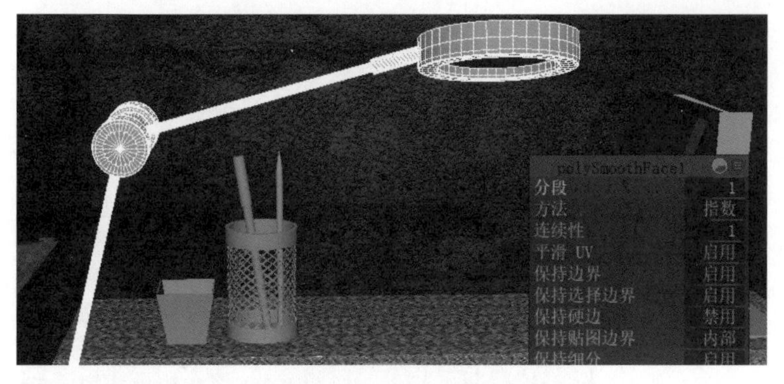

图 10-158

图 10-159

Step 15 制作充电器、插板。选择充电器模型，按住 Shift 键，配合右键快捷菜单中的【指定新材质】命令为其指定 Ai Standard Surface（Ai 基本材质）。打开材质属性面板，单击上方的 预设 按钮，执行【Plastic】>【替换】菜单命令，为其赋予塑料材质，设置【Color】为白色、【Diffuse Roughness】为 0.143、【Roughness】为 0.519，效果如图 10-160 所示。选择充电器插头部分，添加多条细分线段，按住 Shift 键，配合右键快捷菜单中的【平滑】命令，设置【分段】为 1，如图 10-161 所示。细分完成后，按住 Shift 键，配合右键快捷菜单中的【指定新材质】命令为其指定 Ai Standard Surface（Ai 基本材质）。打开材质属性面板，在【Base】（基本）卷展栏中，设置【Weight】为 0.474、【Metalness】为 1.0，在 Specular（高光）卷展栏中，设置【weight】为 0.987、【Roughness】为 0.5，效果如图 10-162 所示。

图 10-160

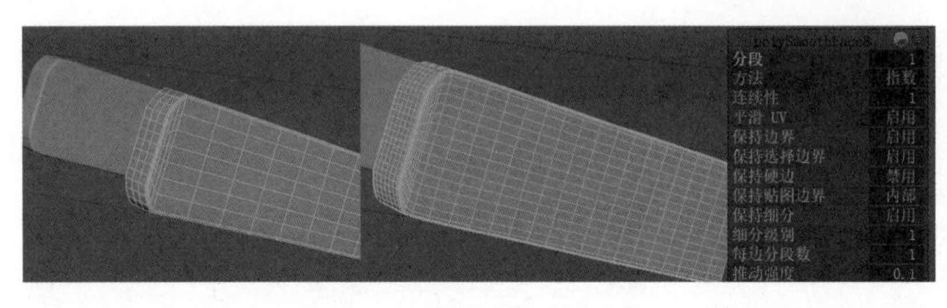

图 10-161

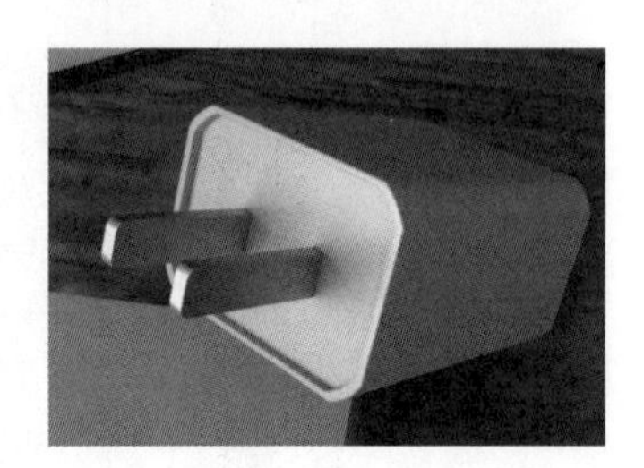

图 10-162

Step 16 制作水果材质。选择里面带果柄的苹果模型，利用【指定新材质】命令为其指定 Ai Standard Surface（Ai 基本材质）。打开材质属性面板，在【Base】（基本）卷展栏中，单击【Color】右侧的【创建渲染节点】按钮，打开创建渲染节点对话框。单击【文件】按钮，在右侧的文件属性面板中，单击【文件夹】按钮，添加【苹果 1.jpeg】文件，设置【过滤器类型】为【禁用】。在【Geometry】（几何体）卷展栏中，单击【Bump Mapping】右侧的【创建渲染节点】按钮，打开创建渲染节点对话框。进入凹凸属性面板，在 2D 凹凸属性面板中，设置【凹凸深度】为 0.500，如图 10-163 所示。选择左侧的苹果模型，利用【指定新材质】命令为其指定 Ai Standard Surface（Ai 基本材质）。打开材质属性面板，在【Base】（基本）卷展栏中，单击【Color】右侧的【创建渲染节点】按钮，打开创建渲染节点对话框。单击【文件】按钮，在右侧的文件属性面板中，单击【文件夹】按钮，添加【苹果 2.jpeg】文件，设置【过滤器类型】为【禁用】。在【Geometry】（几何体）卷展栏中，单击【Bump Mapping】右侧的【创建渲染节点】按钮，打开创建渲染节点对话框。进入凹凸属性面板，在 2D 凹凸属性面板中，设置【凹凸深度】为 -2.108，如图 10-164 所示。选择右侧的苹果模型，利用【指定新材质】命令为其指定 Ai Standard Surface（Ai 基本材质）。打开材质属性面板，在【Base】（基本）卷展栏中，单击【Color】右侧的【创建渲染节点】按钮，打开创建渲染节点对话框。单击【文件】按钮，在右侧的文件属性面板中，单击【文件夹】按钮，添加【苹果 3.jpeg】文件，设置【过滤器类型】为【禁用】。在【Geometry】（几何体）卷展栏中，单击【Bump Mapping】右侧的【创建渲染节点】按钮，打开创建渲染节点对话框。进入凹凸属性面板中，在 2D 凹凸属性面板中，设置【凹凸深度】为 -0.181，如图 10-165 所示，效果如图 10-166 所示，

图 10-163

图 10-164

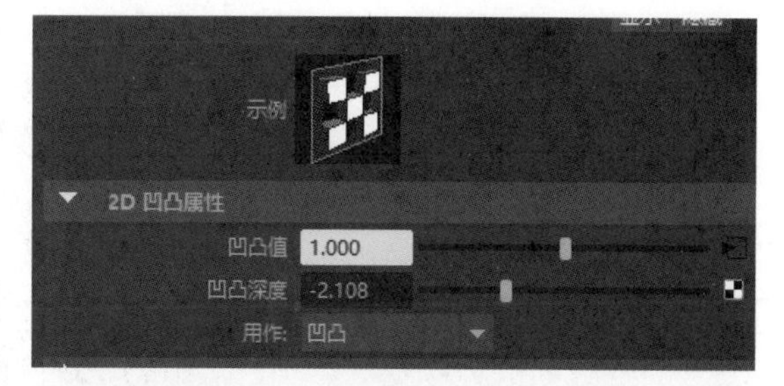

图 10-165

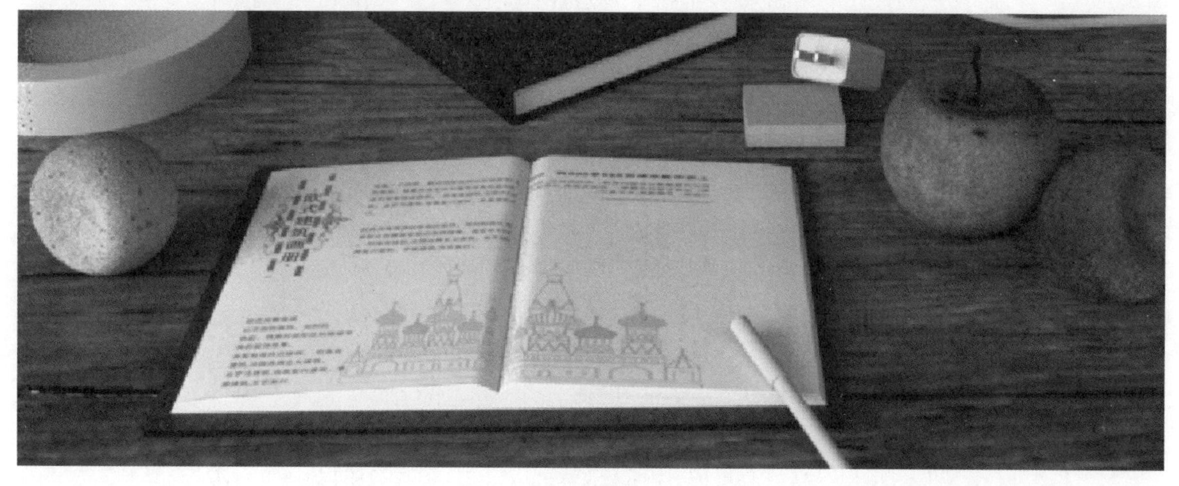

图 10-166

Step 17 制作陶瓷材质。选择茶杯和茶盘，按住 Shift 键，配合右键快捷菜单中的【平滑】命令，将模型进行圆滑处理，设置【分段】为 1，如图 10-167 所示。完成后，利用【指定新材质】命令为其指定 Ai Standard Surface（Ai 基本材质）。打开材质属性面板，在【Specular】（基本）卷展栏中，设置【IOR】为 2.191，在【Coat】（外表面）卷展栏中，设置【Weight】为 0.5，完成陶瓷材质的制作，效果如图 10-168 所示。

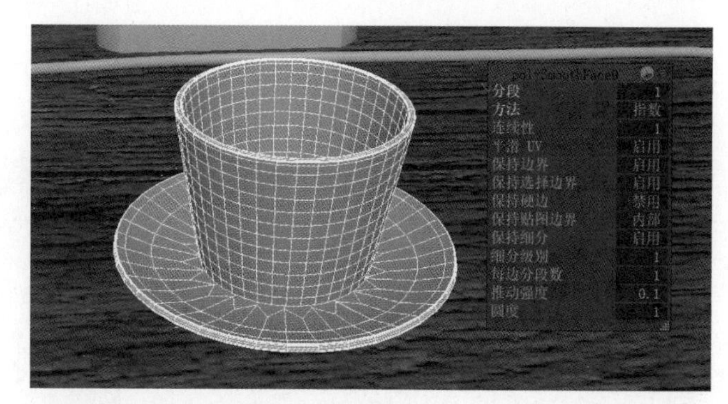

图 10-167

图 10-168

Step 18 制作笔筒材质。选择笔筒上下包边，按住 Shift 键，配合右键快捷菜单中的【平滑】命令，将模型进行圆滑处理，设置【分段】为 1，如图 10-169 所示。完成后，按住 Shift 键加选中间的铁网，利用【指定新材质】命令为其指定 Ai Standard Surface（Ai 基本材质）。打开材质属性面板，在【Base】（基本）卷展栏中，设置【Weight】为 0.8、【Metalness】为 1，在【Specular】（高光）卷展栏中，设置【Roughness】为 0.299，完成黑色金属材质的制作，如图 10-170 所示。

图 10-169

图 10-170

Step 19 细化充电宝模型，为其赋予塑料材质。选择充电宝模型前面的面，按住 Shift 键，配合右键快捷菜单中的【挤压】命令，将模型向后挤压。完成后，在充电宝边缘的位置，添加线段细化模型，如图 10-171 所示。选择充电宝模型，按住 Shift 键加选中间的铁网，利用【指定新材质】命令为其指定 Ai Standard Surface（Ai 基本材质）。打开材质属性面板，在【Base】（基本）卷展栏中，设置【Weight】为 0.800，在【Specular】（高光）卷展栏中，设置【Roughness】为 0.201，在【Coat】（外表面）卷展栏中，设置【Roughness】为 0.312，如图 10-172 所示，效果如图 10-173 所示。

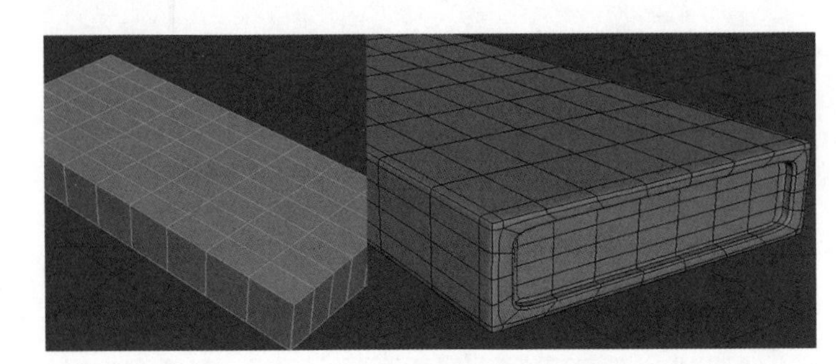

图 10-171

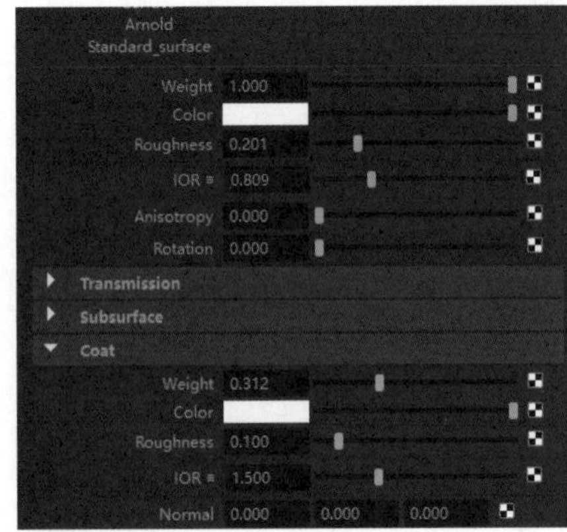

图 10-172

图 10-173

Step 20 制作装饰杯、笔材质。选择装饰杯模型，按住 Shift 键，配合右键快捷菜单中的【平滑】命令，设置【分段】为 1，将模型进行平滑细化，如图 10-174 所示。完成后，按住 Shift 键，配合右键快捷菜单中的【指定新材质】命令为其指定 Ai Standard Surface（Ai 基本材质）。打开材质属性面板，单击上方的 预设* 按钮，执行【Plastic】>【替换】菜单命令，为装饰杯赋予塑料材质，设置【Color】为浅褐色，如图 10-175 所示。选择笔筒右侧的笔，按住 Shift 键，配合右键快捷菜单中的【指定新材质】命令为其指定 Ai Standard Surface（Ai 基本材质）。打开材质属性面板，单击上方的 预设* 按钮，执行【Plastic】>【替换】菜单命令，为笔筒右侧的笔赋予塑料材质，设置【Color】为蓝色，如图 10-176 所示。选择笔筒左侧的笔，按住 Shift 键，利用【指定新材质】命令为其指定 Ai Standard Surface（Ai 基本材质）。打开材质属性面板，单击上方的 预设* 按钮，执行【Plastic】>【替换】菜单命令，为笔筒左侧的笔赋予塑料材质，设置【Color】为绿色。选择笔尖部分，按住 Shift 键，配合右键快捷菜单中的【提取面】命令，将笔尖进行分离，为其赋予金属材质，如图 10-177 所示。选择书前面的笔，按住 Shift 键，配合右键快捷菜单中的【指定新材质】命令为其指定 Ai Standard Surface（Ai 基本材质）。打开材质属性面板，单击上方的 预设* 按钮，执行【Plastic】>【替换】菜单命令，为书前面的笔赋予塑料材质，设置【Color】为灰黑色，如图 10-178 所示。

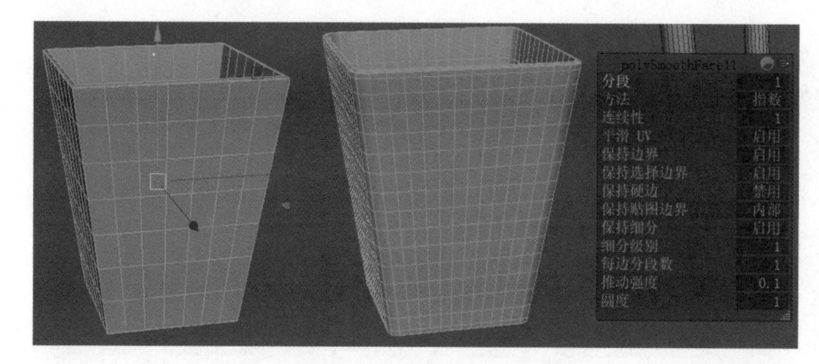

图 10-174

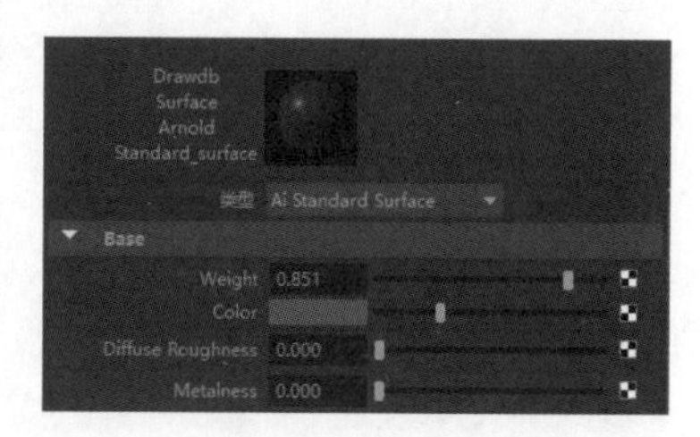

图 10-175

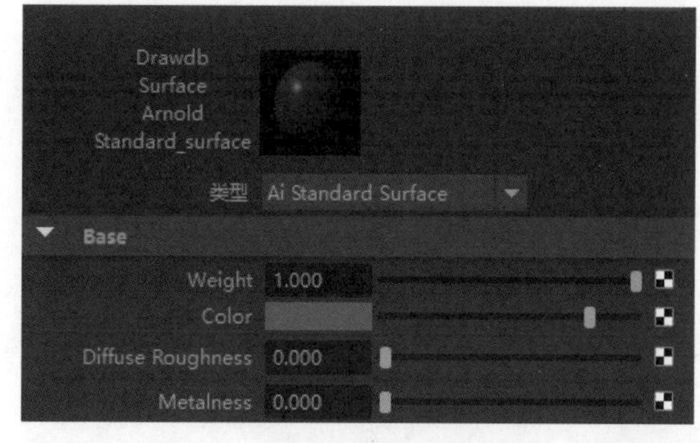

图 10-176

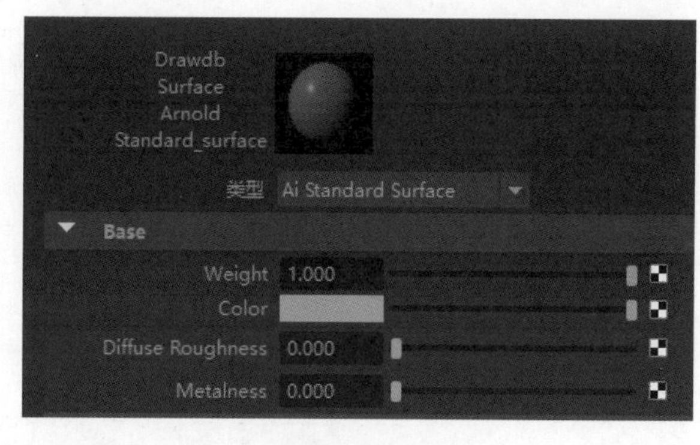

图 10-177

图 10-178

Step 21 制作纸片、图书支架材质。选择两张纸片，按住 Shift 键，配合右键快捷菜单中的【合并】命令，将两个模型合并成一个整体。完成后，执行【UV】>【平面】菜单命令，设置【投影源】为 Z 轴，打开【UV 编辑器】窗口，利用【UV】命令，框选所有的 UV 点，执行【排布】>【排布】菜单命令，将两个物体的 UV 分散排列，如图 10-179 所示。继续在【UV 编辑器】窗口中，执行【图像】>【UV 快照】菜单命令，打开【UV 快照选项】窗口，设置【图像格式】为【JPEG】，【大小 *X* 像素】为 2048，【大小 *Y* 像素】为 2048，将 UV 图输出到 Photoshop 中绘制贴图，完成后输出 PNG 格式的文件，如图 10-180 所示。回到 Maya，选择纸片模型，选择【指定新材质】命令，打开指定新材质对话框，单击【Ai Standard Surface】选项，打开 Ai Standard Surface 材质面板。在【Base】（基本）卷展栏中，单击【Color】右侧的【创建渲染节点】按钮，打开创建渲染节点对话框。单击【文件】按钮，在右侧的文件属性面板中，单击【文件夹】按钮，添加【纸片 UV.png】文件，设置【过滤器类型】为【禁用】，如图 10-181 所示。选择图书支架模型，按住 Shift 键，配合右键快捷菜单中的【指定新材质】命令为其指定 Ai Standard Surface（Ai基本材质），打开材质属性面板。在【Base】(基本) 卷展栏中，设置【Color】为灰色、【Metalness】为 1。在【Specular】（高光）卷展栏中，设置【Weight】为 0.766、【Roughness】为 0.364，如图 10-182 所示。

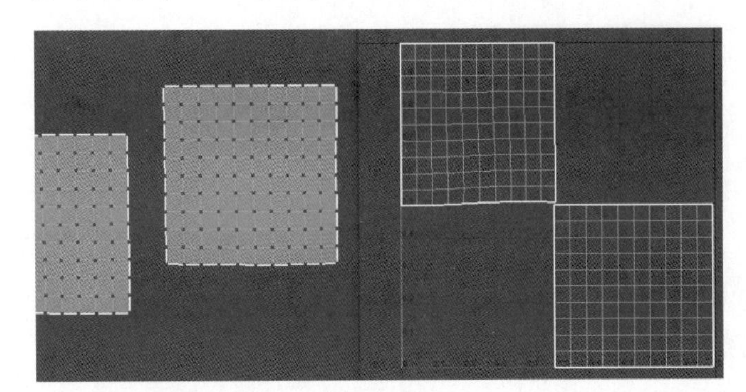

图 10-179

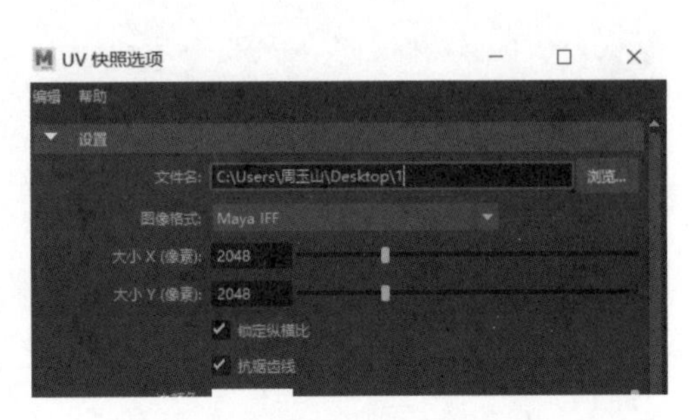

图 10-180

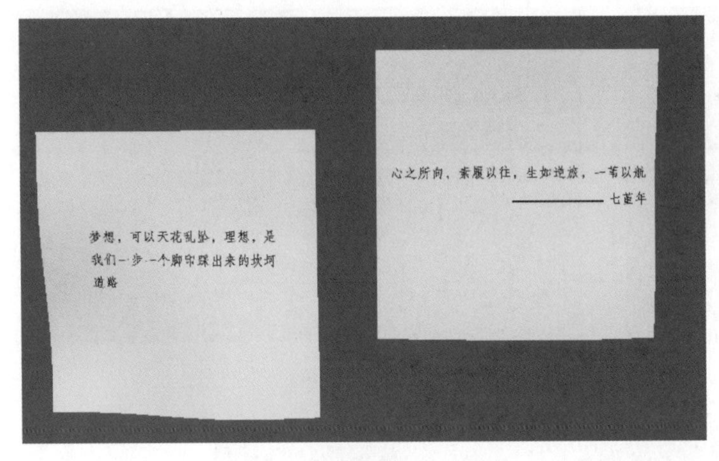

图 10-181

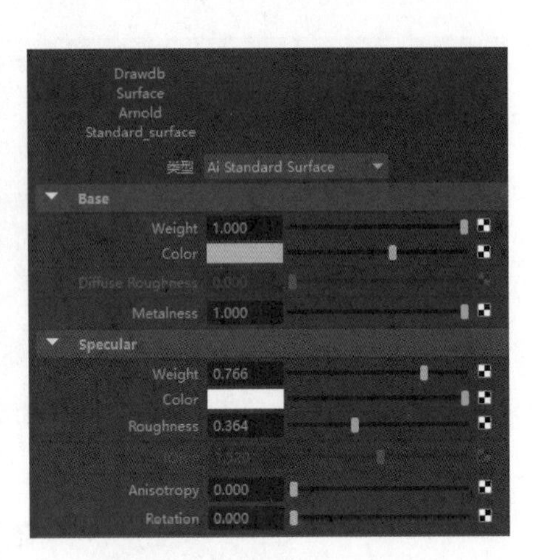

图 10-182

Step 22 制作画框材质。选择画框模型，选择中间的面，按住 Shift 键，配合右键快捷菜单中的【提取面】命令，将中间的画部分分离出来，选择中间的画模型，利用【指定新材质】命令为其指定 Ai Standard Surface（Ai 基本材质）。打开材质属性面板，在【Base】（基本）卷展栏中，单击【Color】右侧的【创建渲染节点】按钮，打开创建渲染节点对话框。单击【文件】按钮，在右侧的文件属性面板中，单击【文件夹】按钮，添加【画.jpeg】文件，设置【过滤器类型】为【禁用】。选择画框，利用【指定新材质】命令为其指定 Ai Standard Surface（Ai

基本材质），打开材质属性面板。在【Base】（基本）卷展栏中，单击【Color】右侧的【创建渲染节点】按钮，打开创建渲染节点对话框。单击【文件】按钮，在右侧的文件属性面板中，单击【文件夹】按钮，添加【画.jpeg】文件，设置【过滤器类型】为【禁用】，如图 10-183 所示。执行【UV】>【平面】菜单命令，设置【投影源】为 Z 轴，框选所有 UV 点，按 R 键，旋转 UV 点，如图 10-184 所示。

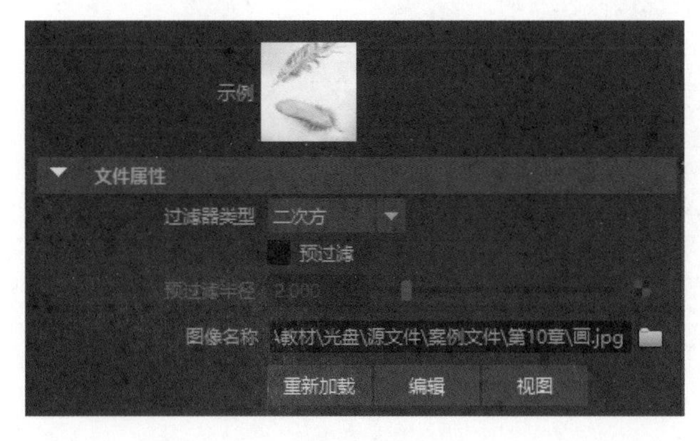

图 10-182

图 10-184

Step 23 渲染输出静帧。选择右侧的 Area Light（区域）灯光，在右侧的属性面板中，设置【Samples】为 5，增加灯光细分，如图 10-185 所示。选择左侧 Area Light（区域）灯光，在右侧的属性面板中，设置【Samples】为 6，增加灯光细分，如图 10-186 所示。选择 Skydome Light（环境光），在右侧的属性面板中，设置【Samples】为 6，增加灯光细分，如图 10-187 所示。单击工具栏中的【渲染设置】按钮，打开【渲染设置】对话框。单击工具栏中的【Arnold Rendered】选项卡，在【Sampling】（细分）卷展栏中，设置【Camera（AA）】为 4、【Difuse】为 6、【Specular】为 6。单击【公用】选项卡，设置【图像大小】为 2000×1800（宽度 × 高度），如图 10-188 所示，效果如图 10-189 所示。

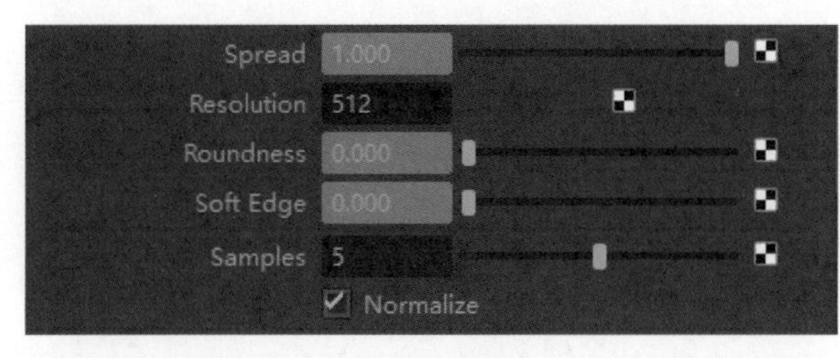

图 10-185

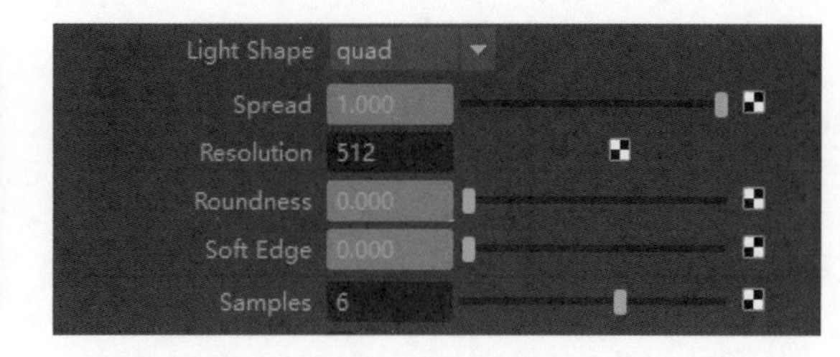

图 10-186

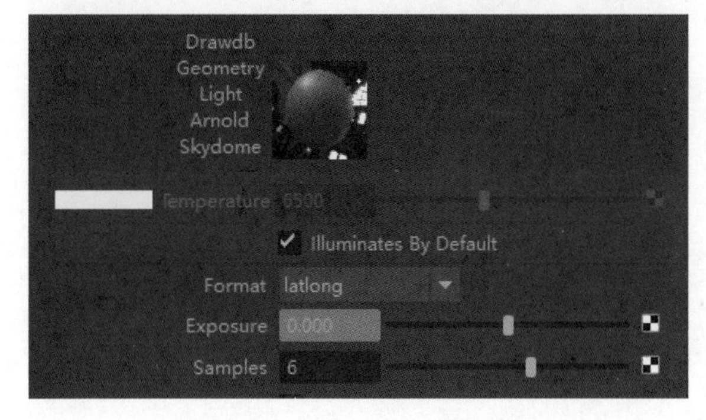

图 10-187

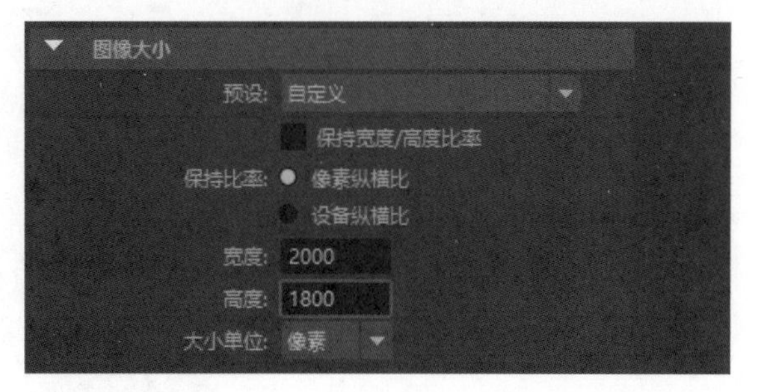

图 10-188

图 10-189

综合案例　小球对对碰

素材文件	素材文件 \ 第 10 章 \ 无	扫码观看视频
案例文件	案例文件 \ 第 10 章 \ 综合案例——小球对对碰 .mb	
视频教学	视频教学 \ 第 10 章 \ 综合案例——小球对对碰 .mp4	
练习要点	掌握情景动画小球对对碰案例的制作	

10.2.1 小黑球情景动画设置

Step 01 打开【源文件 \ 案例文件 \ 第 10 章 \10.2 综合案例——小球对对碰.mb】，如图 10-190 所示。

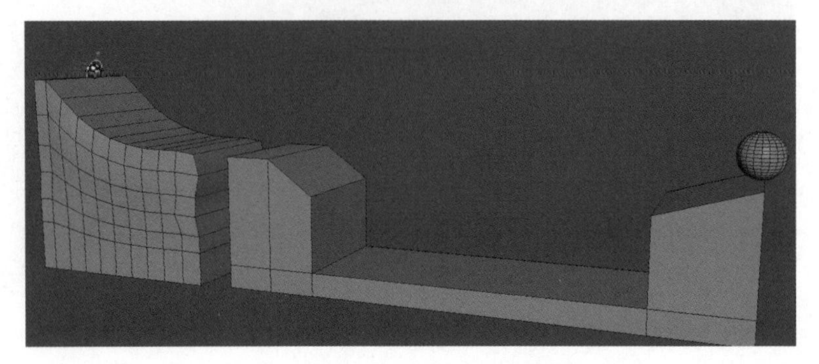

图 10-190

Step 02 选择棋盘格小球所有控制器，在第 1 帧的位置，按 S 键，定义关键帧。将时间滑块拖至第 2、3 帧，选择小球的总控制柄，设置右侧通道【旋转 X】为 -20，小球整体倾斜处于蓄力状态，如图 10-191 所示。将时间滑块拖至第 4 帧，选择小球变形控制柄，设置【平移 Y】为 2，使小球处于拉伸状态，如图 10-192 所示。

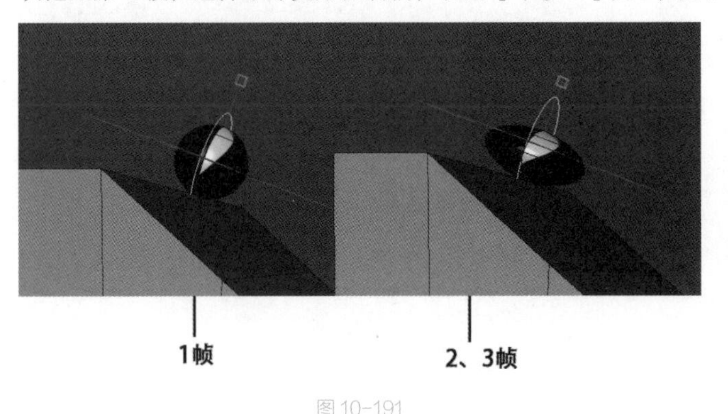

图 10-191

图 10-192

Step 03 在场景中，将时间滑块拖至第 7 帧，选择小球总控制柄，将小球移动至空中，设置右侧通道【旋转 X】为 0，选择小球变形控制柄，设置【平移 Y】为 0，使小球恢复原状，如图 10-193 所示。将时间滑块拖至第 11 帧，选择小球总控制柄，将小球移动至斜坡上，设置右侧通道【旋转 X】为 4，设置【平移 Y】为 2，如图 10-194 所示。

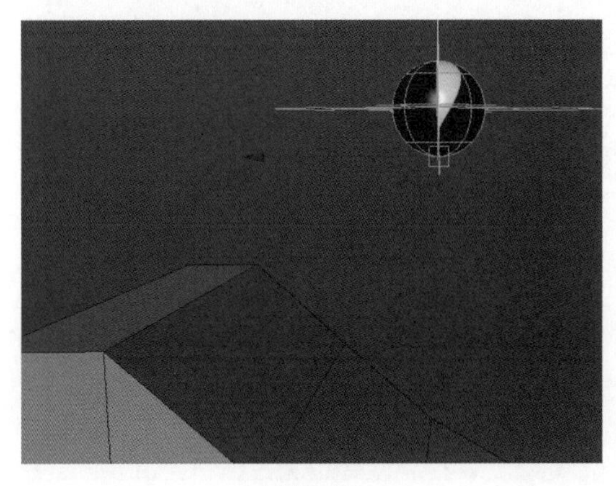

图 10-193

图 10-194

Step 04 在场景中，将时间滑块拖曳至第 14 帧，选择小球总控制柄，设置右侧通道【旋转 X】为 -20，选择小球变形控制柄，设置【平移 Y】为 -2，如图 10-195 所示。将时间滑块拖至第 18 帧，选择小球总控制柄，设置右侧通道【旋转 X】为 0，设置【平移 Y】为 0，小球在空中恢复原状，如图 10-196 所示。将时间滑块拖至第 22 帧，选择小球总控制柄，设置右侧通道【旋转 X】为 7，设置【平移 Y】为 1.578，小球呈现拉伸状态，如图 10-197 所示。

图 10-195

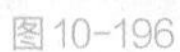

图 10-196

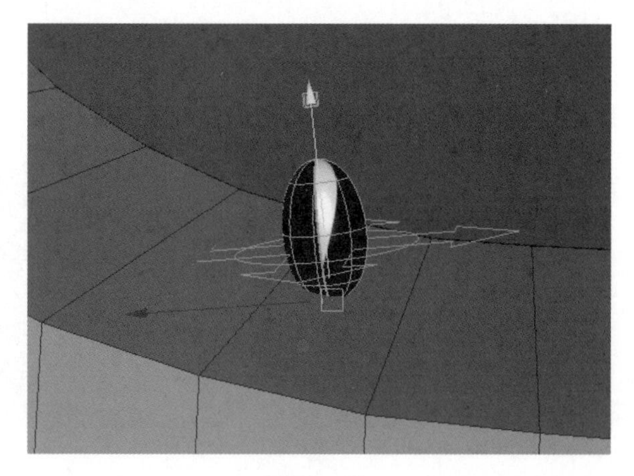

图 10-197

Step 05 在场景中，将时间滑块拖至第 25 帧，选择小球总控制柄，设置右侧通道【旋转 X】为 -2，选择小球变形控制柄，设置【平移 Y】为 -2，如图 10-197 所示。将时间滑块拖至第 27 帧，选择小球总控制柄，设置右侧通道【旋转 X】为 -13，选择小球变形控制柄，设置【平移 Y】为 2，使小球处于蓄力拉伸的状态，如图 10-199 所示。将时间滑块拖至第 30 帧，选择小球总控制柄，设置右侧通道【旋转 Y】为 180，选择小球变形控制柄，设置【平移 Y】为 0，小球恢复原状，如图 10-200 所示。将时间滑块拖至第 33 帧，选择小球总控制柄，将小球移动到地面上，设置【旋转 Y】为 8，选择小球变形控制柄，设置【平移 Y】为 0.87，如图 10-201 所示。将时间滑块拖至第 34 帧，选择小球总控制柄，将小球向前移动，设置【平移 X】为 0.412，设置【平移 Y】为 3.942，设置【平移 Z】为 -1.446，设置【旋转 X】为 7.713，设置【旋转 Y】为 8，设置【平移 Y】为 0，如图 10-202 所示。

图 10-198

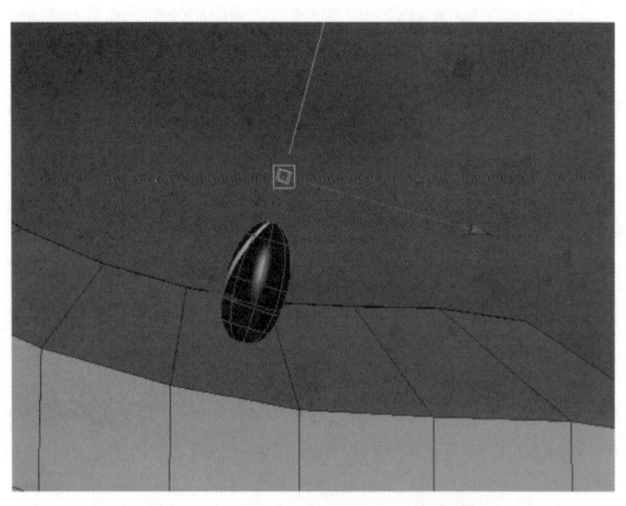

图 10-199

图 10-200

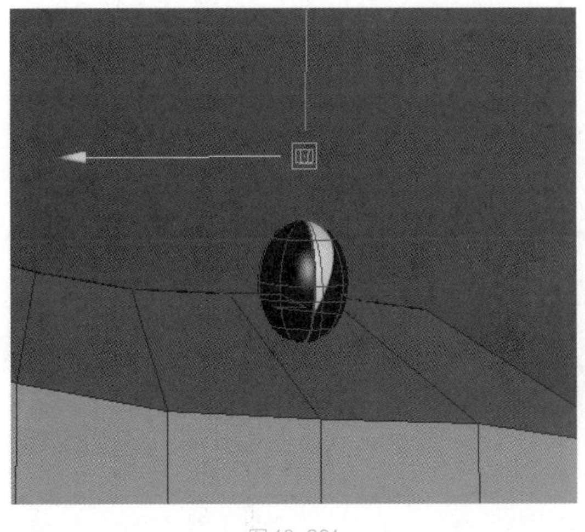
图 10-201

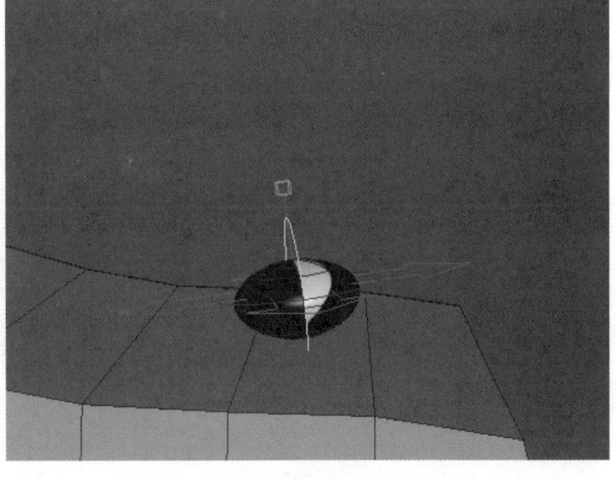
图 10-202

Step 06 在场景中，将时间滑块拖至第 39 帧，选择小球总控制柄，设置右侧通道【平移 X】为 0.281、【平移 Y】为 3.942、【平移 Z】为 0.386、【旋转 X】为 -3.35、【旋转 Y】为 8，选择小球变形控制柄，设置【平移 Y】为 0，小球呈现挤压状态，如图 10-203 所示。将时间滑块拖至第 45 帧，选择小球总控制柄，小球保持与前一帧一样的静止状态。将时间滑块拖至第 46 帧，选择小球总控制柄，拉伸小球，选择小球变形控制柄，设置【平移 Y】为 2。将时间滑块拖至第 49 帧，选择小球总控制柄，小球弹起，设置右侧通道【平移 X】为 0.262、【平移 Y】为 6.233、【平移 Z】为 0.253、【旋转 X】为 -3.35、【旋转 Y】为 8、【旋转 Z】为 0，选择小球变形控制柄，设置【平移 Y】为 2，如图 10-204 所示。

图 10-203

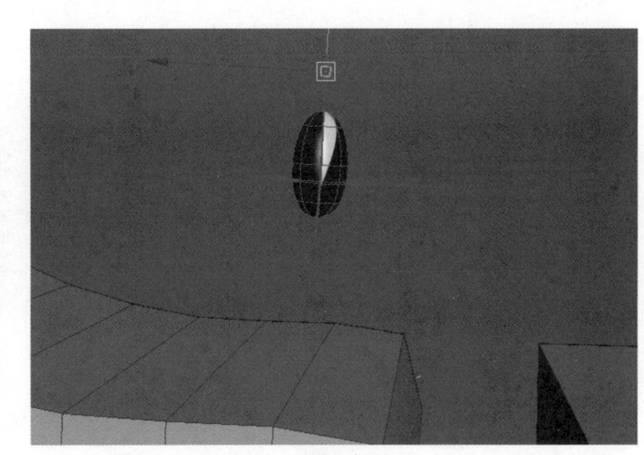
图 10-204

Step 07 调节小球左右晃动姿态。将时间滑块拖至第 51 帧，选择小球腰部，设置右侧通道【平移 X】为 0.262、【平移 Y】为 6.233、【平移 Z】为 0.253、【旋转 X】为 6、【旋转 Y】为 8、【旋转 Z】为 0，使小球向右倾斜。将时间滑块拖至第 53 帧，选择小球腰部，设置右侧通道【平移 X】为 0.262、【平移 Y】为 6.233、【平移 Z】为 0.253、【旋转 X】为 -12.152、【旋转 Y】为 8、【旋转 Z】为 0，使小球向左倾斜。重复上面晃动效果的动画设置，平移轴向保持不变，分别在第 55 帧、第 57 帧、第 58 帧、第 59 帧、第 60 帧、第 61 帧设置【旋转 X】为 4.862、-6.903、5.409、-8.771、5.709、-3.202，这样形成了小球受到“惊吓”后晃动的效果，如图 10-205 所示。

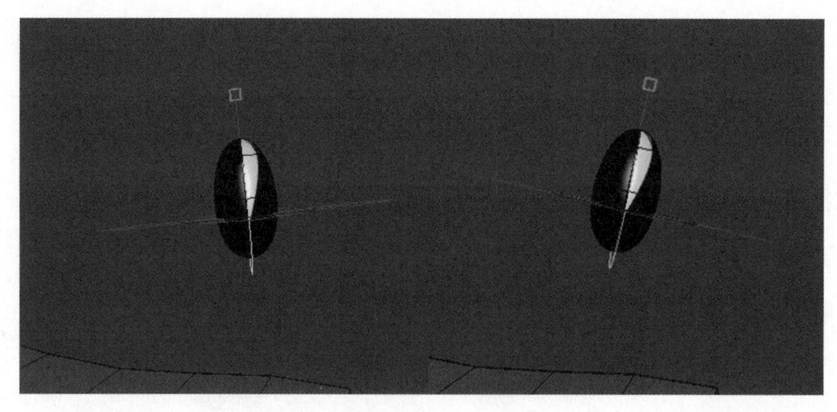

图 10-205

Step 08 在场景中，将时间滑块拖至第 66 帧，选择小球腰部，设置右侧通道【平移 X】为 0.28、【平移 Y】为 3.881、【平移 Z】为 0.384、【旋转 X】为 -1、【旋转 Y】为 8、【旋转 Z】为 0，选择小球变形控制柄，设置【平移 Y】为 -1.207，使小球落到地面并挤压。将时间滑块拖至第 68 帧，选择小球腰部，设置右侧通道【平移 X】为 0.28、【平移 Y】为 3.881、【平移 Z】为 0.384、【旋转 X】为 -8.334、【旋转 Y】为 8、【旋转 Z】为 0，选择小球变形控制柄，设置【平移 Y】为 -2，使小球蓄力准备起跳，如图 10-206 所示。将时间滑块拖至第 71 帧，选择小球腰部，设置右侧通道【平移 X】为 0.244、【平移 Y】为 4.289、【平移 Z】为 0.227、【旋转 X】为 -6.174、【旋转 Y】为 -49.798、【旋转 Z】为 0，选择小球变形控制柄，设置【平移 Y】为 1.351，使小球蓄力起跳拉伸。将时间滑块拖至第 73 帧，选择小球腰部，设置右侧通道【平移 X】为 0.001、【平移 Y】为 5.485、【平移 Z】为 0.28、【旋转 X】为 0、【旋转 Y】为 -214.934、【旋转 Z】为 0，选择小球变形控制柄，设置【平移 Y】为 0，使小球在空中恢复原状，如图 10-207 所示。

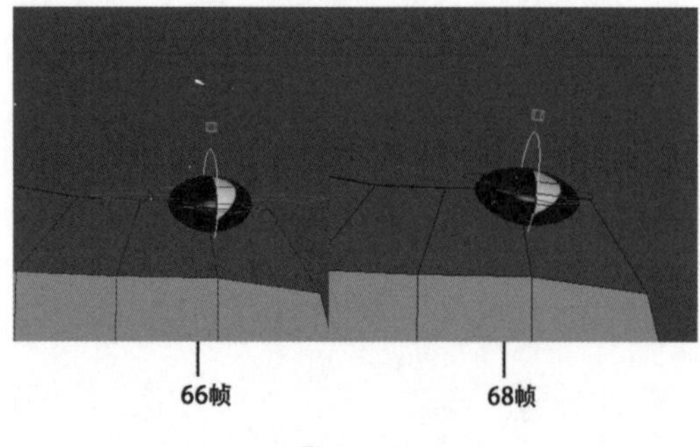

图 10-206

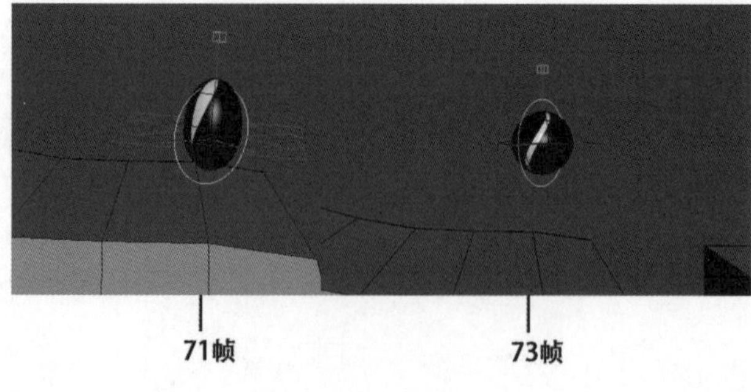

图 10-207

Step 09 在场景中，将时间滑块拖至第 75 帧，选择小球腰部，设置右侧通道【平移 X】为 0.001、【平移 Y】为 3.816、【平移 Z】为 0.28、【旋转 X】为 0、【旋转 Y】为 -333.243、【旋转 Z】为 0，选择小球变形控制柄，设置【平移 Y】为 0，使小球落到地面。将时间滑块拖至第 77 帧，选择小球腰部，设置右侧通道【平移 X】为 0.001、【平移 Y】为 4.212、【平移 Z】为 0.28、【旋转 X】为 -7.46、【旋转 Y】为 -333.243、【旋

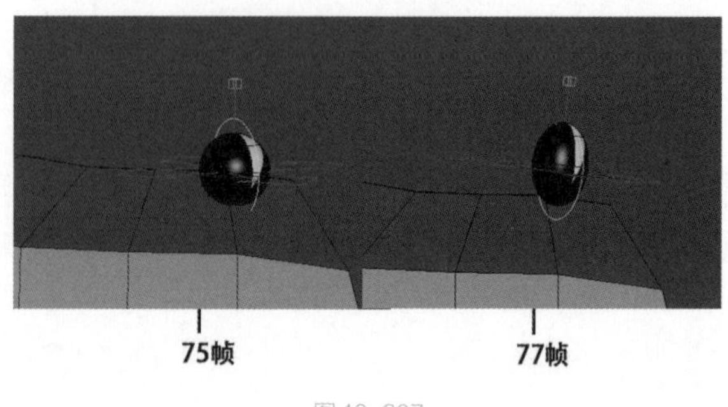

图 10-207

转 Z】为 0，选择小球变形控制柄，设置【平移 Y】为 1，使小球蓄力准备起跳，如图 10-208 所示。将时间滑块拖至第 78 帧，选择小球变形控制柄，设置【平移 Y】为 -1.264，压缩小球。将时间滑块拖至第 79 帧，选择小球变形控制柄，设置【平移 Y】为 0.304，如图 10-209 所示。将时间滑块拖至第 80 帧，设置【平移 X】为 0.001、【平移 Y】为 3.834、【平移 Z】为 0.28、【旋转 X】为 -3.631、【旋转 Y】为 -333.243、【旋转 Z】为 0，选择小球变形控制柄，设置【平移 Y】为 -0.79，使小球落到地面。选择小球变形控制柄，设置【平移 Y】为 0.304，将时间滑块拖曳至第 81 帧，选择小球变形控制柄，设置【平移 Y】为 0，使小球落到地面，如图 10-210 所示。

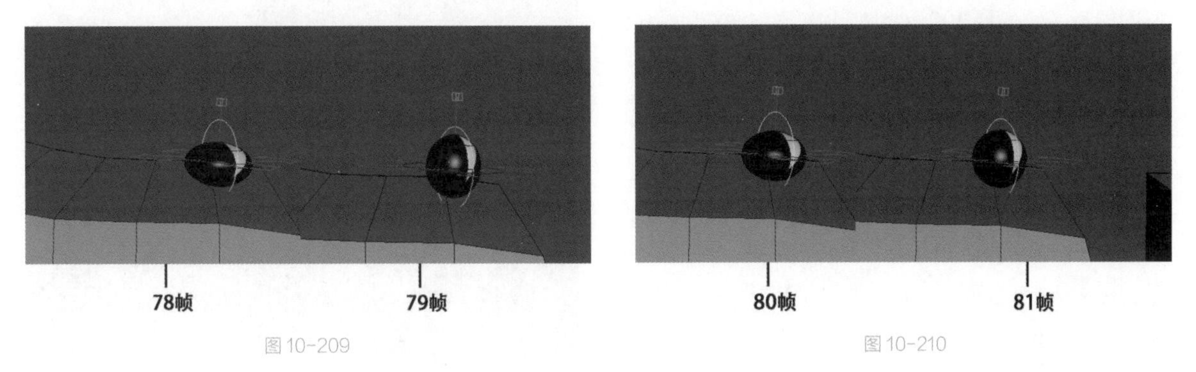

图 10-209　　图 10-210

Step 10 在场景中，将时间滑块拖至第 82 帧，选择小球腰部控制柄，设置右侧通道【平移 X】为 0.003、【平移 Y】为 4.315、【平移 Z】为 0.172、【旋转 X】为 -10.157、【旋转 Y】为 -324.457、【旋转 Z】为 -0.95，选择小球变形控制柄，设置【平移 Y】为 0.737，使小球蓄力拉伸。将时间滑块拖至第 85 帧，选择小球腰部，设置右侧通道【平移 X】为 0.045、【平移 Y】为 5.691、【平移 Z】为 -0.287、【旋转 X】为 -9.543、【旋转 Y】为 -325.726、【旋转 Z】为 0，选择小球变形控制柄，设置【平移 Y】为 0，使小球在空中恢复原形，如图 10-211 所示。将时间滑块拖至第 88 帧，选择小球变形控制柄，设置【平移 X】为 0.243、【平移 Y】为 3.679、【平移 Z】为 -0.616、【旋转 X】为 -8.93、【旋转 Y】为 -326.995、【旋转 Z】为 -4.552，选择小球变形控制柄，设置【平移 Y】为 -0，使小球落到地面。将时间滑块拖至第 89 帧，设置【平移 X】为 0.243、【平移 Y】为 3.679、【平移 Z】为 -0.616、【旋转 X】为 -9.12、【旋转 Y】为 -327.042、【旋转 Z】为 -4.903，选择小球变形控制柄，设置【平移 Y】为 -2，使小球落到地面并蓄力，如图 10-212 所示。

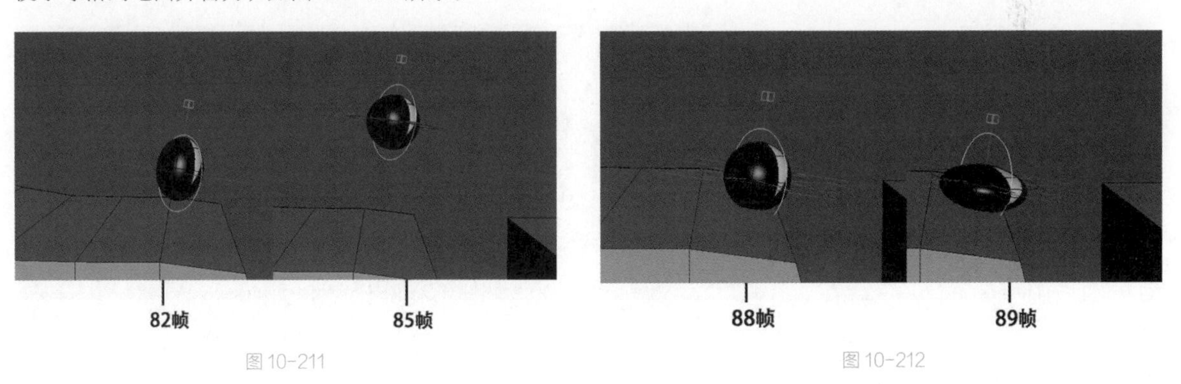

图 10-211　　图 10-212

Step 11 在场景中，将时间滑块拖至第 92 帧，选择小球腰部控制柄，设置右侧通道【平移 X】为 0.643、【平移 Y】为 3.679、【平移 Z】为 -0.616、【旋转 X】为 -23.42、【旋转 Y】为 -324.833、【旋转 Z】为 -16.319，选择小球变形控制柄，设置【平移 Y】为 -2，压缩小球使其处于蓄力状态。将时间滑块拖至第 100 帧，选择小球腰部控制柄，设置右侧通道【平移 X】为 0.686、【平移 Y】为 6.51、【平移 Z】为 -2.63，旋转数值全部归零，选择小球变形控制柄，设置【平移 Y】为 0，使小球置空恢复原状。将时间滑块拖至第 110 帧，选择小球腰部控制柄，设置右侧通道【平移 X】为 0.263、【平移 Y】为 3.548、【平移 Z】为 -5.122、【旋转 X】为 7.564，选择小球变形控制柄，设置【平移 Y】为 1.347，使小球呈拉伸的状态。如图 10-213 所示。将时间滑块拖至第 111 帧，选择小球腰部控制柄，选择小球变形控制柄，设置【平移 Y】为 0，使小球恢复原状。

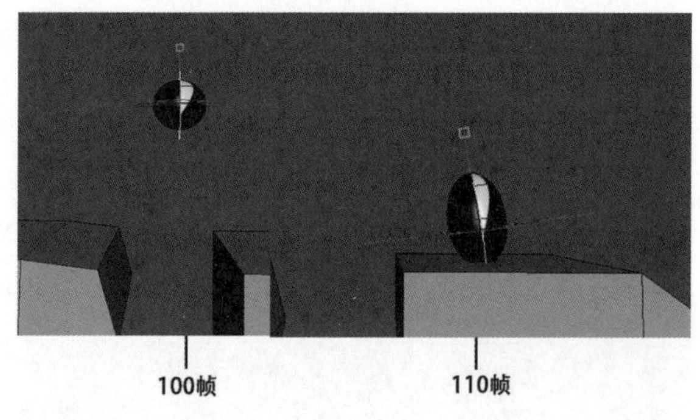

图 10-213

Step 12 在场景中，将时间滑块拖至第 113 帧，选择小球腰部控制柄，设置右侧通道【平移 X】为 0.263、【平移 Y】为 3.548、【平移 Z】为 -5.122、【旋转 X】为 -2.817，选择小球变形控制柄，设置【平移 Y】为 -2，使小球处于压缩蓄力状态。将时间滑块拖至第 115 帧，选择小球腰部控制柄，设置右侧通道【平移 X】为 0.279、【平移 Y】为 4.384、【平移 Z】为 -5.479、【旋转 X】为 -8.08，选择小球变形控制柄，设置【平移 Y】为 1，使小球呈拉伸状态。将时间滑块拖至第 117 帧，选择小球腰部控制柄，设置右侧通道【平移 X】为 0.115、【平移 Y】为 3.606、【平移 Z】为 -6.319、【旋转 X】为 -8.08，选择小球变形控制柄，设置【平移 Y】为 -2，使小球呈挤压的状态，如图 10-214 所示。

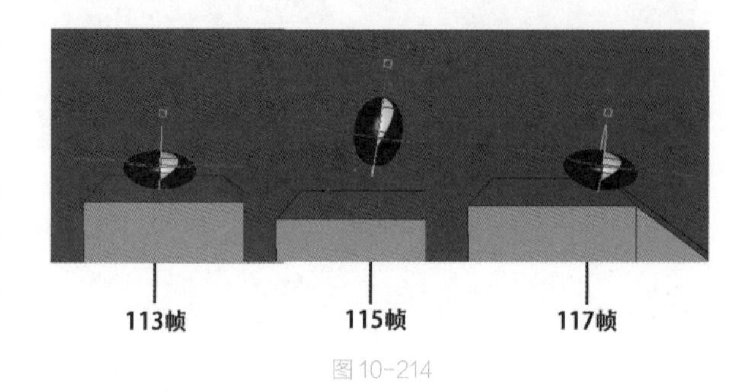

图 10-214

10.2.2 小黑球曲线节奏调整

Step 01 小球前半部分大体动画制作完成后，调整运动曲线。选择小球腰部控制柄，执行【窗口】>【动画编辑器】>【曲线图编辑器】菜单命令，打开【曲线图编辑器】窗口，单击【平移 Y】按钮，更改曲线运动方式。按 Delete 键删除第 2 帧、第 3 帧处的关键帧，将第 4 帧的曲线更改为加速曲线，如图 10-215 所示，效果如图 10-216 所示。

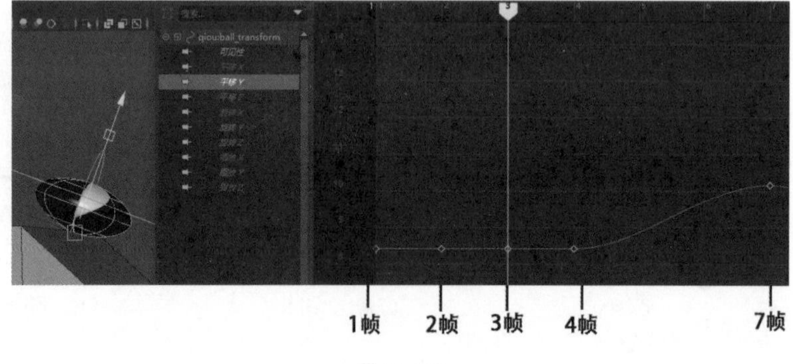

图 10-215

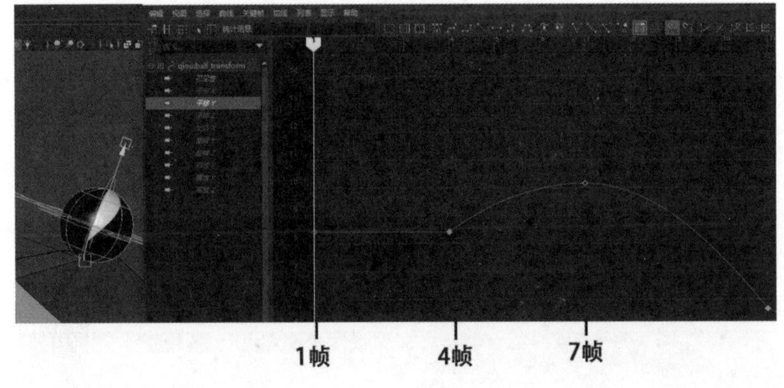

图 10-216

提示

如果想完美地表现小黑球的弹跳，就要按照关键帧位置及动画原理依次调整动画曲线。【打断曲线】命令非常实用，可以将关键帧控制柄打断，各自控制自身方向。

Step 02 选择小球腰部控制柄，单击【平移 Y】按钮，将第 14 帧、第 27 帧处关键帧的曲线更改为加速曲线，如图 10-217 所示，效果如图 10-218 所示。

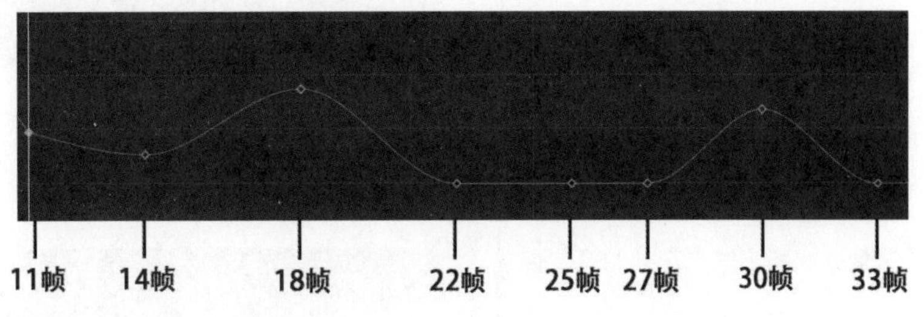

图 10-217

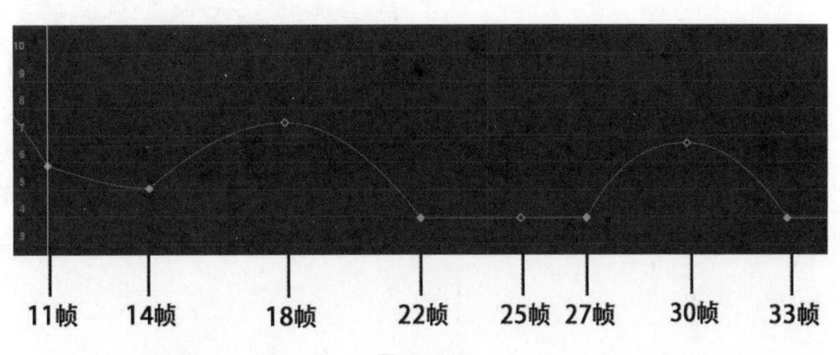

图 10-218

Step 03 选择小球腰部控制柄，单击【平移 Y】按钮，将第 45 帧、第 70 帧、第 75 帧处关键帧的网线更改为加速曲线，如图 10-219 所示，效果如图 10-220 所示。

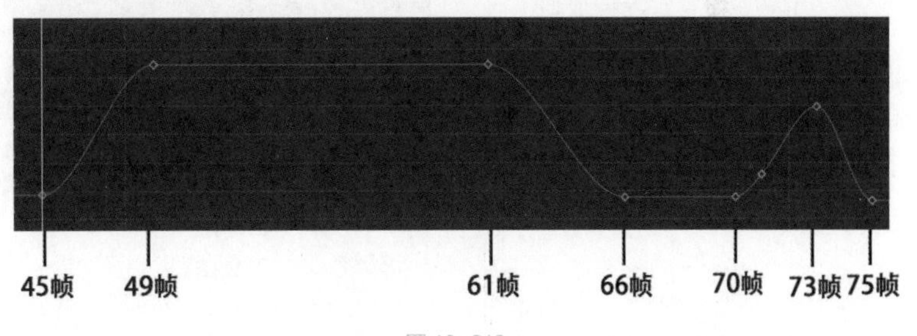

图 10-219

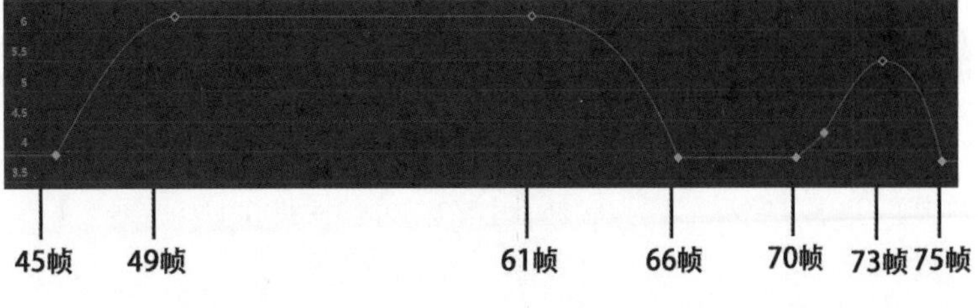

图 10-220

Step 04 选择小球腰部控制柄，单击【平移 Y】按钮，将第 75 帧、第 81 帧、第 92 帧处关键帧的曲线更改为加速曲线，如图 10-221 所示，效果如图 10-222 所示。

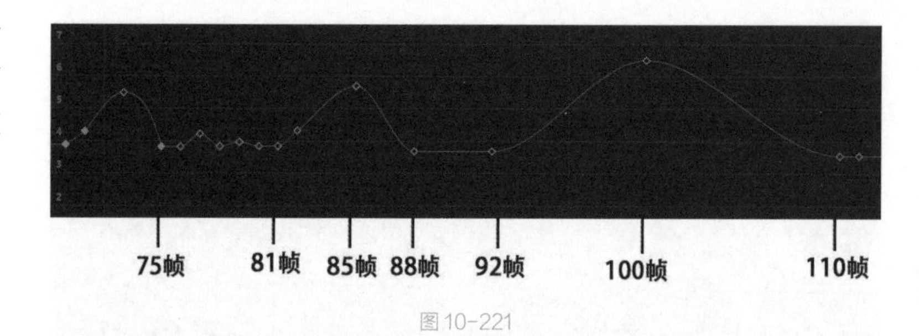

图 10-221

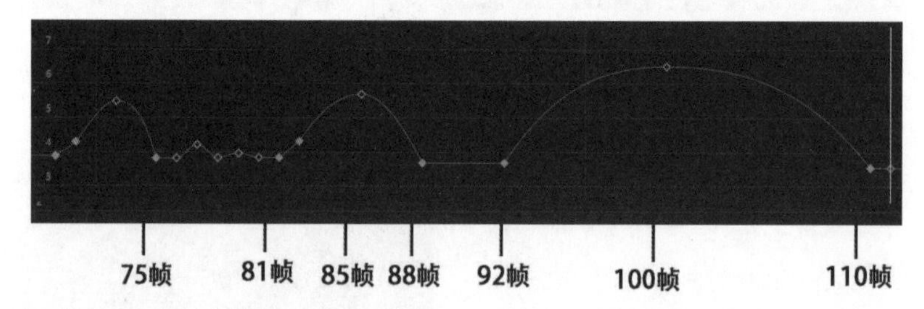

图 10-222

Step 05 选择小球变形控制柄，设置【平移 Y】的曲线，分别将第 15 帧、第 21 帧、第 24 帧处关键帧的曲线更改为减速曲线，如图 10-223 所示。

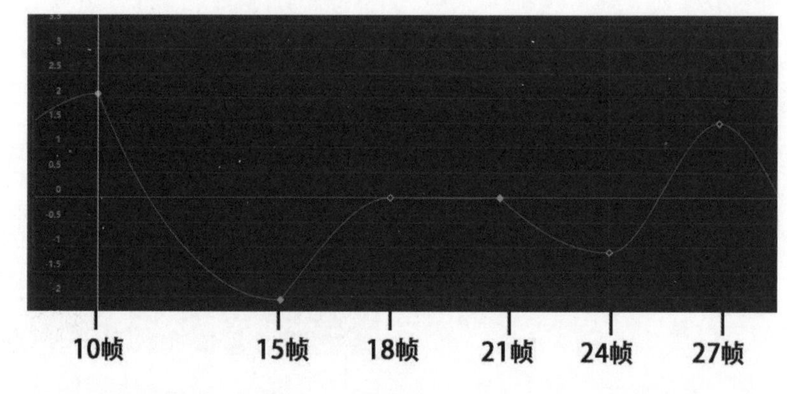

图 10-223

Step 06 选择小球变形控制柄，设置【平移 Y】的曲线，分别将第 89 帧、第 92 帧、第 97 帧、第 100 帧、第 103 帧、第 104 帧处关键帧的曲线更改为减速曲线，如图 10-224 所示。

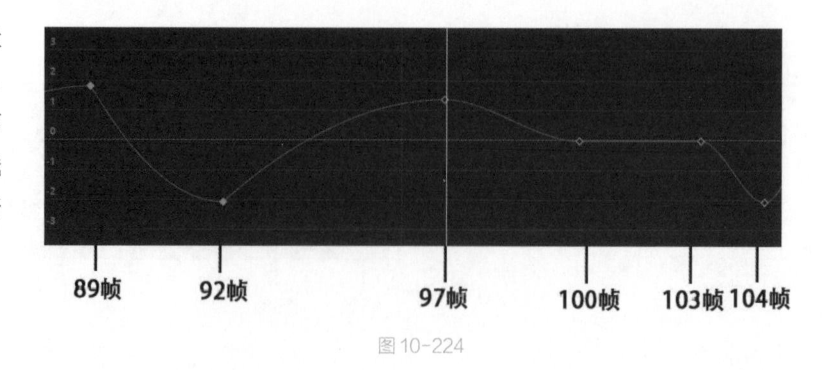

图 10-224

10.2.3 大铁球情景动画设置

Step 01 创建大铁球动画。选择大铁球，将时间滑块拖至第 120 帧，按 S 键，定义一个关键帧。设置右侧通道【平移 X】为 0、【平移 Y】为 0.706、【平移 Z】为 -37.08、【旋转 X】为 0、【旋转 Y】为 -0、【旋转 Z】为 0。

将时间滑块拖至 135 帧，将小球向下滑动。设置右侧通道【平移 X】为 -0.012、【平移 Y】为 -0.915、【平移 Z】为 -31.53，如图 10-225 所示。

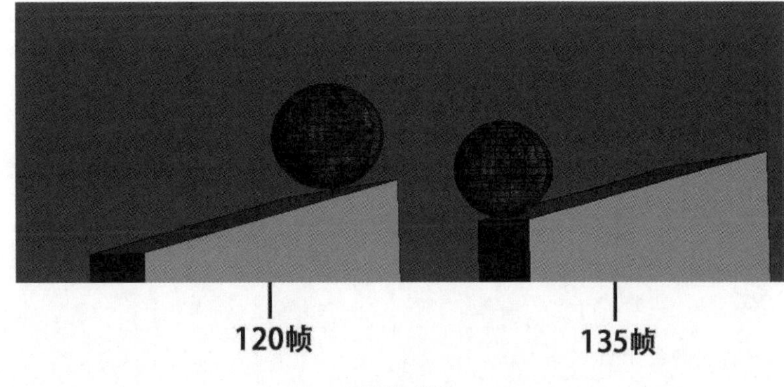

图 10-225

Step 02 创建大铁球动画。选择大铁球，将时间滑块拖至第 138 帧，铁球落到地面上。设置右侧通道【平移 X】为 0.094、【平移 Y】为 -6.339、【平移 Z】为 -27.894。将时间滑块拖至第 141 帧，小球向上弹起，设置右侧通道【平移 X】为 0.094、【平移 Y】为 -4.866、【平移 Z】为 -26.86。将时间滑块拖至第 144 帧，小球向上弹起，设置右侧通道【平移 X】为 0.094、【平移 Y】为 -6.301、【平移 Z】为 -25.502，如图 10-226 所示。

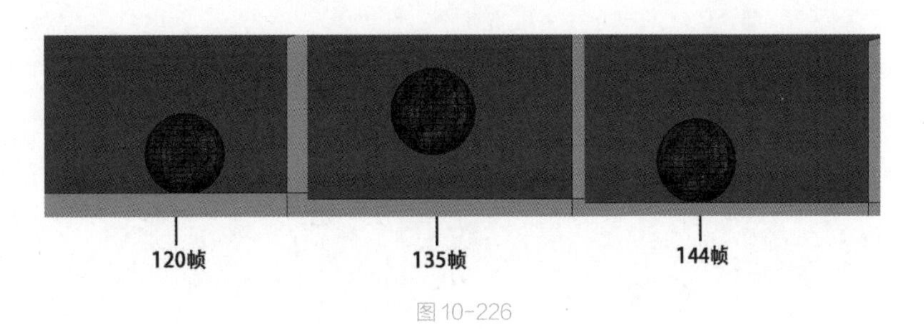

图 10-226

Step 03 选择大铁球，将时间滑块拖至第 146 帧，铁球向上弹起，设置右侧通道【平移 X】为 0.094、【平移 Y】为 -5.306、【平移 Z】为 -24.373。将时间滑块拖至第 148 帧，设置右侧通道【平移 X】为 0.094、【平移 Y】为 -6.301、【平移 Z】为 -23.78，如图 10-227 所示。

Step 04 选择大铁球，将时间滑块拖至第 168 帧，将铁球向前移动，设置右侧通道【平移 X】为 0.094、【平移 Y】为 -6.301、【平移 Z】为 -11.345。将时间滑块拖曳至 172 帧，设置右侧通道【平移 X】为 0.094、【平移 Y】为 -6.301、【平移 Z】为 -12.821，如图 10-228 所示。

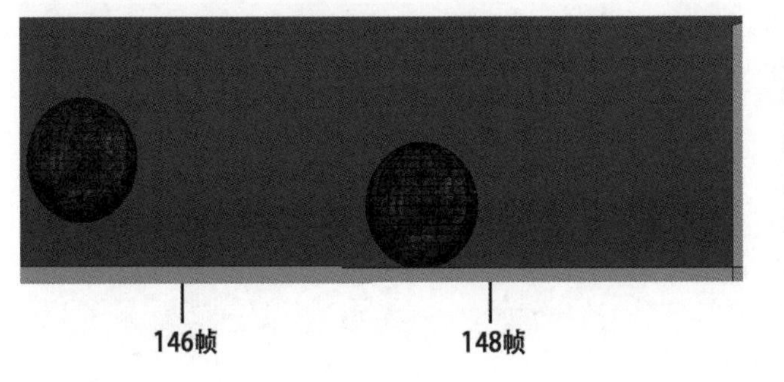

图 10-227

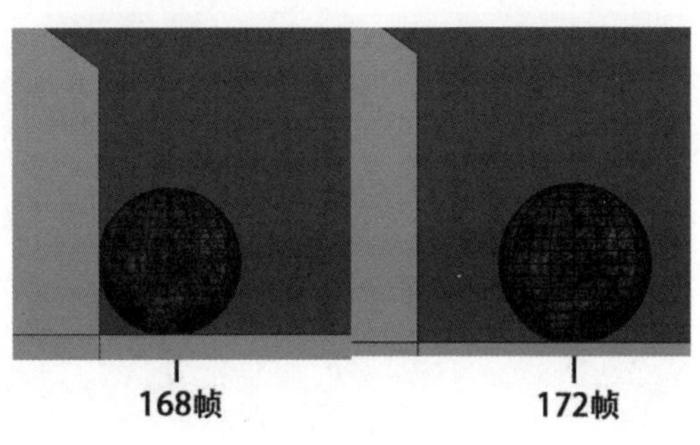

图 10-228

10.2.4 大铁球曲线节奏调整

Step 01 调整运动曲线。选择大铁球，执行【窗口】>【动画编辑器】>【曲线图编辑器】菜单命令，打开【曲线图编辑器】窗口框，在第 120 帧～第 135 帧，调整【平移 Z】曲线形状为加速曲线，调整【平移 Y】曲线形态为碰撞物体的位置，如图 10-229 所示。

图 10-229

Step 02 选择大铁球，在第 138 帧、第 144 帧、第 148 帧调整运动曲线，如图 10-230 所示。

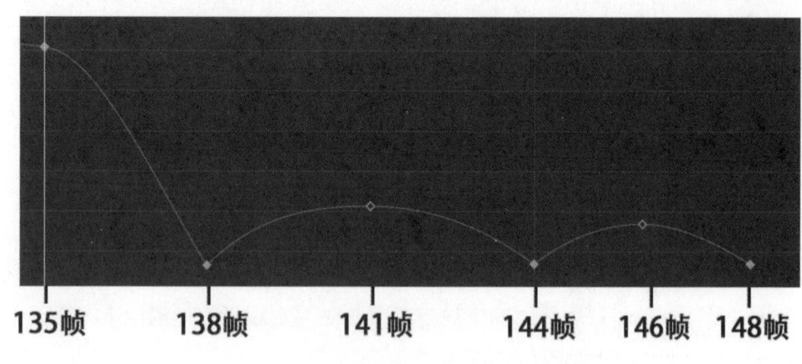

图 10-230

Step 03 更改大铁球前行曲线。在【曲线图编辑器】窗口中，单击【平移 Z】按钮，更改运动曲线为匀速曲线，如图 10-231 所示，效果如图 10-232 所示。

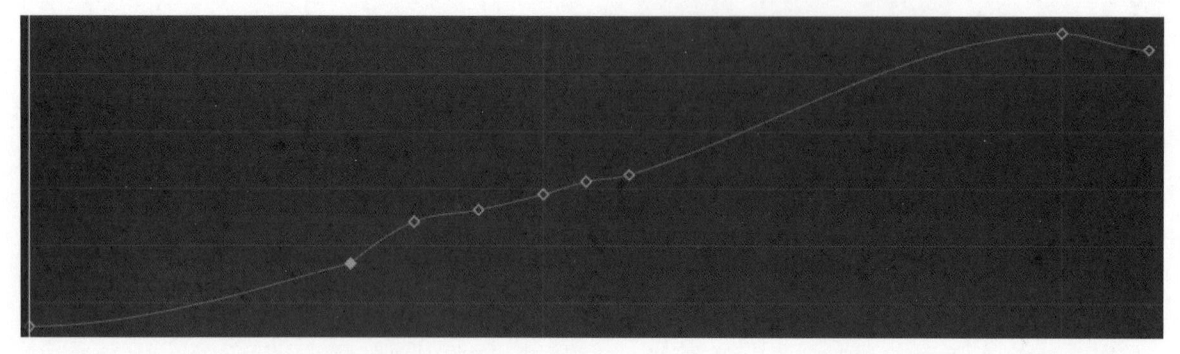

图 10-231

图 10-232

Step 04 更改大铁球碰撞曲线。调整第 168 帧 ~ 第 172 帧的曲线位置，打开【曲线图编辑器】窗口，单击【平移 *Z*】按钮，更改运动曲线为减速曲线，如图 10-233 所示，效果如图 10-234 所示。

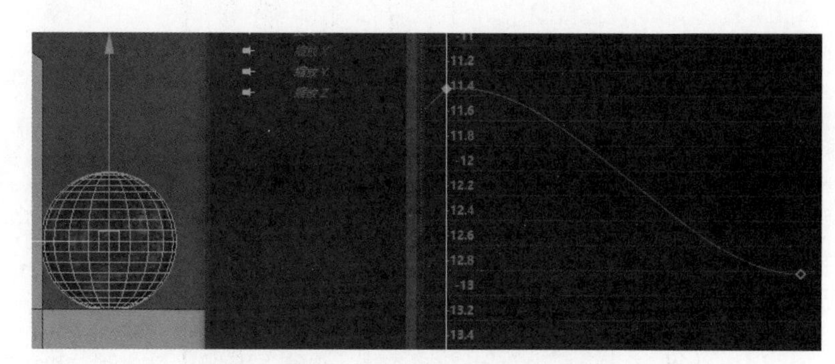

图 10-233

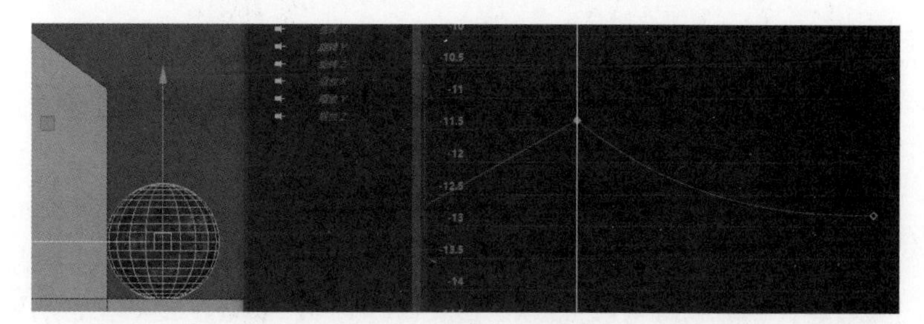

图 10-234

Step 05 更改大铁球弹跳曲线。调整第 144 帧、第 146、第 148 帧曲线的位置，打开【曲线图编辑器】窗口，单击【平移 *Y*】按钮，将时间缩短为 144 帧、145 帧、146 帧，这样可以使大铁球的重量感增加，如图 10-235 所示，效果如图 10-236 示。

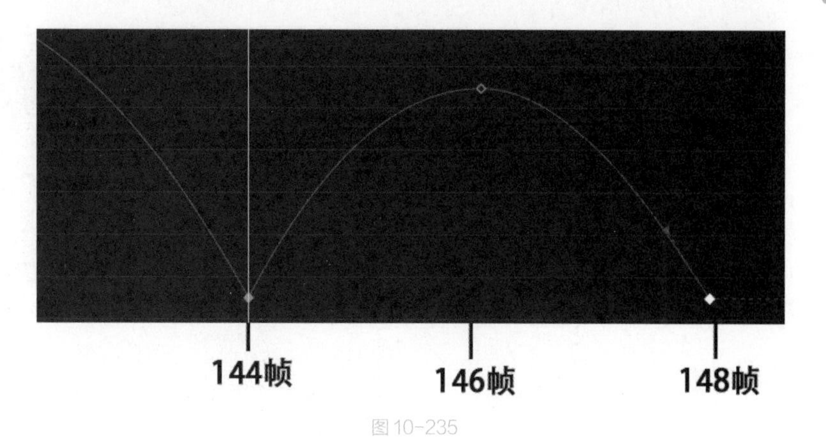

图 10-235

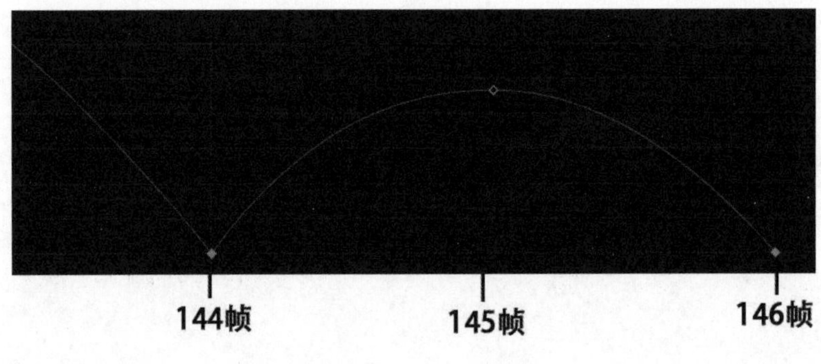

图 10-236

Step 06 增加大铁球停止曲线。打开【曲线图编辑器】窗口，单击【平移 Z】按钮，将曲线长度由第 168 帧～第 172 帧调整为第 168 帧～第 182 帧，如图 10-237 所示。

图 10-237

Step 07 添加大铁球旋转属性。选择大铁球，在第 120 帧，按 S 键定义关键帧，设置右侧通道【平移 X】为 0、【平移 Y】为 0.706、【平移 Z】为 -37.08、【旋转 X】为 0，将时间滑块拖至第 135 帧，向左侧旋转铁球，设置右侧通道【平移 X】为 -0.012、【平移 Y】为 -0.915、【平移 Z】为 -31.53、【旋转 X】为 421.033。将时间滑块拖至第 168 帧，向左侧旋转铁球，设置右侧通道【平移 X】为 0.094、【平移 Y】为 -6.301、【平移 Z】为 -11.345、【旋转 X】为 856.71。将时间滑块拖至第 182 帧，向左侧旋转铁球，设置右侧通道【平移 X】为 0.094、【平移 Y】为 -6.301、【平移 Z】为 -12.821、【旋转 X】为 823.283，如图 10-238 所示。

图 10-238

10.2.5 双球动画节奏调整

Step 01 小黑球弹跳动画制作。在场景中，选择小黑球上面腰部总控制柄，将时间滑块拖至第 120 帧，按 S 键定义关键帧。将时间滑块拖至第 130 帧，设置右侧通道【平移 X】为 0.08、【平移 Y】为 1.477、【平移 Z】为 -9.854，使小黑球向下滑动，如图 10-239 所示。

Step 02 选择小球上面腰部总控制柄，将时间滑块拖至第 134 帧，设置右侧通道【平移 X】为 0.445、【平移 Y】为 -3.677、【平移 Z】为 -12.868，将小球移动到地面上。将时间滑块拖至第 139 帧，设置右侧通道【平移 X】为 0.445、【平移 Y】为 -0.447、【平移 Z】为 -16.009，使小球向上弹起，如图 10-240 所示。

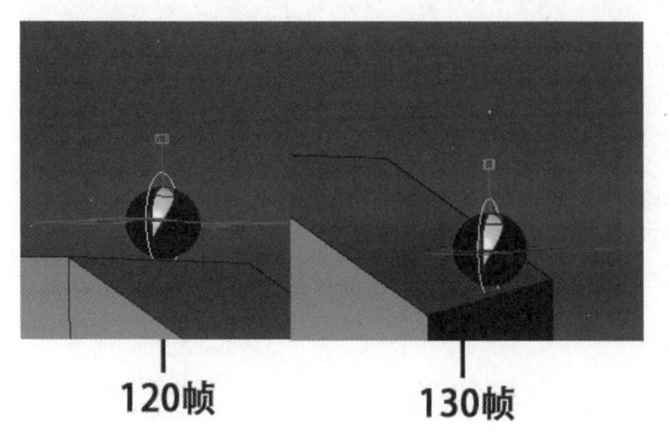

图 10-239

134帧
139帧

图 10-240

Step 03 选择小黑球上面腰部总控制柄，将时间滑块拖至第 144 帧，设置右侧通道【平移 X】为 0.445、【平移 Y】为 -3.677、【平移 Z】为 -18.992，将小黑球移动到地面上。将时间滑块拖至第 148 帧，设置右侧通道【平移 X】为 0.445、【平移 Y】为 -2.129、【平移 Z】为 -21.37，使小黑球向上弹起与大铁球相撞，如图 10-241 所示。

图 10-241

Step 04 修改小黑球的弹跳曲线。选择小黑球上面腰部总控制柄，执行【窗口】>【动画编辑器】>【曲线图编辑器】菜单命令，打开【曲线图编辑器】窗口，单击【平移 Y】和【平移 Z】按钮，在第 120 帧～第 130 帧，将小球下落曲线调整为加速曲线，如图 10-242 所示。

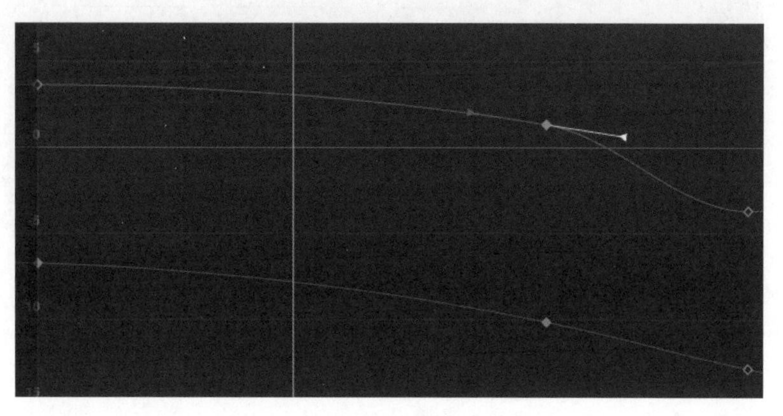

图 10-242

Step 05 选择小黑球上面腰部总控制柄，单击【平移 Y】按钮，在第 130 帧~第 144 帧，将小黑球下落曲线调整为加速曲线，如图 10-243 所示，效果如图 10-244 所示。

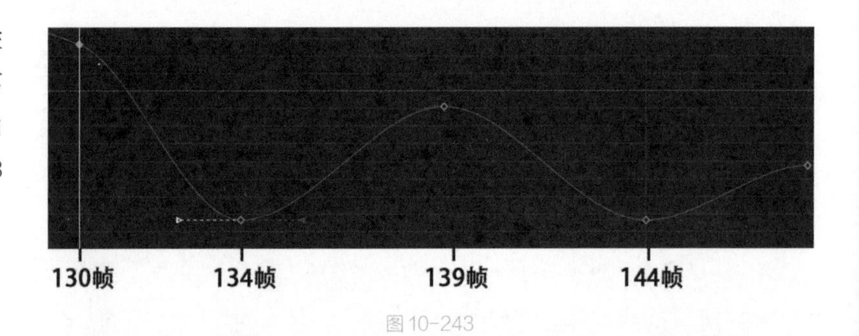

图 10-243

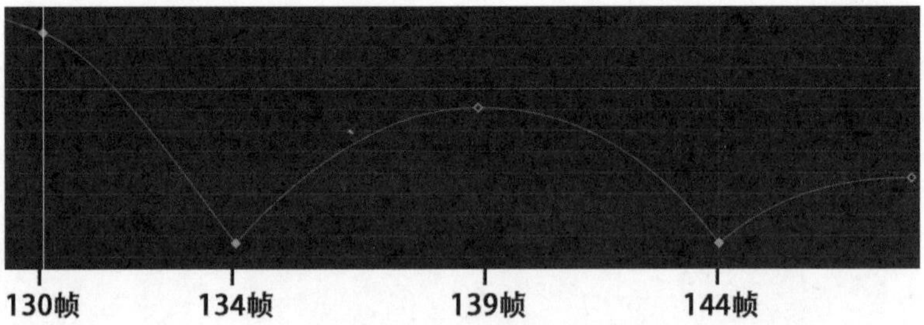

130帧 134帧 139帧 144帧

图 10-244

Step 06 选择小黑球上面腰部总控制柄，将时间滑块拖至第 150 帧，设置右侧通道【平移 X】为 0.445、【平移 Y】为 -1.416、【平移 Z】为 -19.231，小黑球碰撞后向相反的方向弹起。将时间滑块拖至第 152 帧，设置右侧通道【平移 X】为 0.445、【平移 Y】为 -3.683、【平移 Z】为 -17.531，小黑球落地。将时间滑块拖至第 154 帧，设置右侧通道【平移 X】为 0.445、【平移 Y】为 -2.568、【平移 Z】为 -16.415，小黑球弹起。将时间滑块拖至第 156 帧，设置右侧通道【平移 X】为 0.445、【平移 Y】为 -3.683、【平移 Z】为 -15.264，小黑球落地。将时间滑块拖至第 158 帧，设置右侧通道【平移 X】为 0.445、【平移 Y】为 -2.842、【平移 Z】为 -13.838，小黑球弹起。将时间滑块拖至第 160 帧，设置右侧通道【平移 X】为 0.445、【平移 Y】为 -3.683、【平移 Z】为 -12.942，小黑球落地。将时间滑块拖至第 162 帧，设置右侧通道【平移 X】为 0.445、【平移 Y】为 -2.952、【平移 Z】为 -11.965，小黑球弹起。将时间滑块拖至第 164 帧，设置右侧通道【平移 X】为 0.445、【平移 Y】为 -3.665、【平移 Z】为 -10.923，小黑球落地。将时间滑块拖至第 166 帧，设置右侧通道【平移 X】为 0.445、【平移 Y】为 -1.21、【平移 Z】为 -10.564，小黑球弹起，如图 10-245 所示。

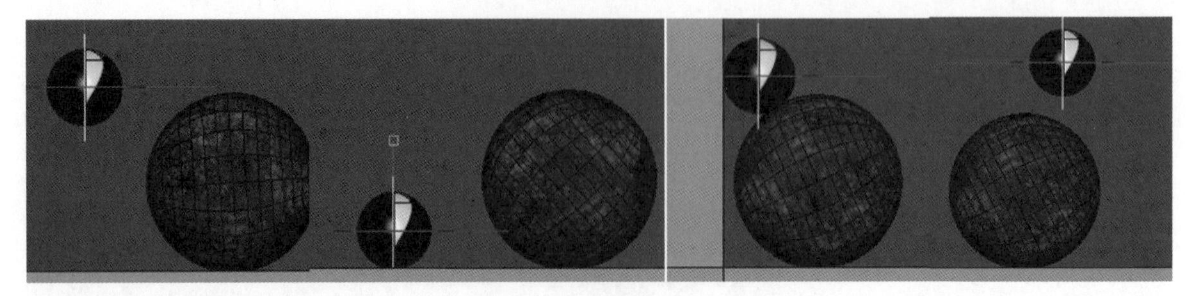

图 10-245

Step 07 选择小黑球上面腰部总控制柄，将时间滑块拖至第 168 帧，设置右侧通道【平移 X】为 0.445、【平移 Y】为 -0.601、【平移 Z】为 -12.503，小黑球向相反的方向弹起。将时间滑块拖至第 170 帧，设置右侧通道【平移 X】为 0.445、【平移 Y】为 -3.647、【平移 Z】为 -15.009，小黑球落地。将时间滑块拖至第 172 帧，设置右侧通道【平移 X】为 0.445、【平移 Y】为 -2.679，【平移 Z】为 -16.302，小黑球弹起。将时间滑块拖至第 174 帧，设置右侧通道【平移 X】为 0.445、【平移 Y】为 -3.683、【平移 Z】为 -17.869，小黑球落地。将时间滑块拖至第 176 帧，设置右侧通道【平移 X】为 0.445、【平移 Y】为 -3.062、【平移 Z】为 -19.296，小黑球弹起。将时间滑块拖至第 178 帧，设置右侧通道【平移 X】为 0.445、【平移 Y】为 -3.702、【平移 Z】为 -20.067，小黑球落地。将时间滑块拖至第 179 帧，设置右侧通道【平移 X】为 0.445、【平移 Y】为 -3.373、【平移 Z】为 -20.84，小黑球弹起。将时间滑块拖至第 180 帧，设置右侧通道【平移 X】为 0.445、【平移 Y】为 -3.683、【平移 Z】为 -21.333，小黑球落地。将时间滑块拖至第 181 帧，设置右侧通道【平移 X】为 0.445、【平移 Y】为 -3.263、【平移 Z】为 -21.937，小黑球弹起。将时间滑块拖至第 182 帧，设置右侧通道【平移 X】为 0.445、【平移 Y】为 -3.683、【平移 Z】为 -22.577，小黑球落地。将时间滑块拖至第 183 帧，设置右侧通道【平移 X】为 0.445、【平移 Y】为 -3.439、【平移 Z】为 -23.005，小黑球弹起。将时间滑块拖至第 184 帧，设置右侧通道【平移 X】为 0.445、【平移 Y】为 -3.661、【平移 Z】为 -23.45，小黑球落地。将时间滑块拖至第 185 帧，设置右侧通道【平移 X】为 0.445、【平移 Y】为 -3.536、【平移 Z】为 -23.854，小黑球弹起。将时间滑块拖至第 186 帧，设置右侧通道【平移 X】为 0.445、【平移 Y】为 -3.689、【平移 Z】为 -24.34，小黑球落地，如图 10-246 所示。

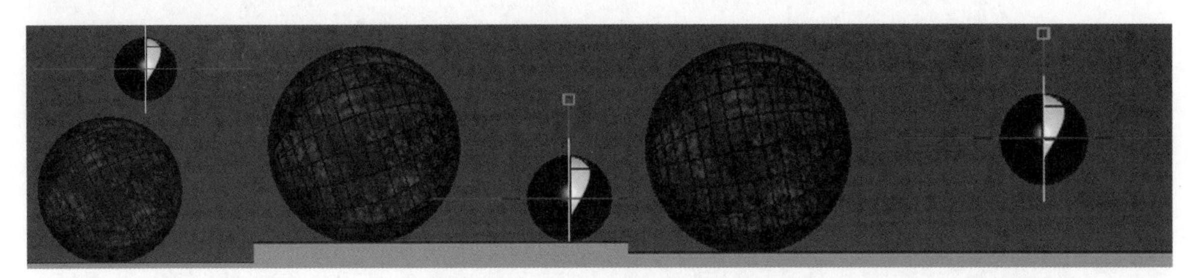

图 10-246

Step 08 修改小黑球的弹跳曲线。选择小黑球上面腰部总控制柄，执行【窗口】>【动画编辑器】>【曲线图编辑器】菜单命令，打开【曲线图编辑器】窗口，单击【平移 Y】按钮，在第 144 帧 ~ 第 164 帧，将小黑球下落曲线调整为加速曲线，如图 10-247 所示。

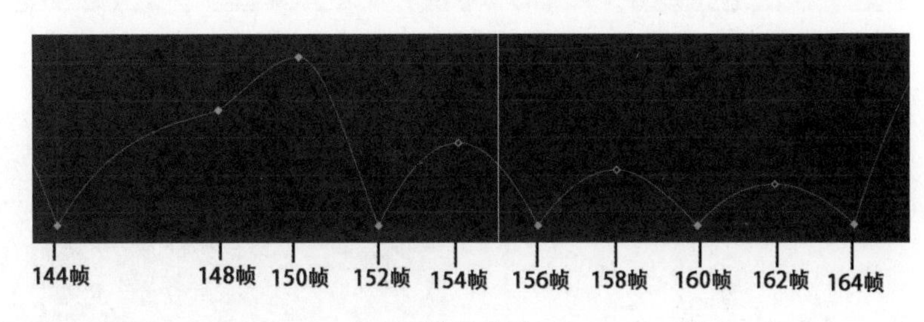

图 10-247

Step 09 选择小黑球上面腰部总控制柄，执行【窗口】>【动画编辑器】>【曲线图编辑器】菜单命令，打开【曲线图编辑器】窗口，单击【平移 Y】按钮，在第 166 帧 ~ 第 186 帧，将小黑球下落曲线调整为加速曲线，如图 10-248 所示。

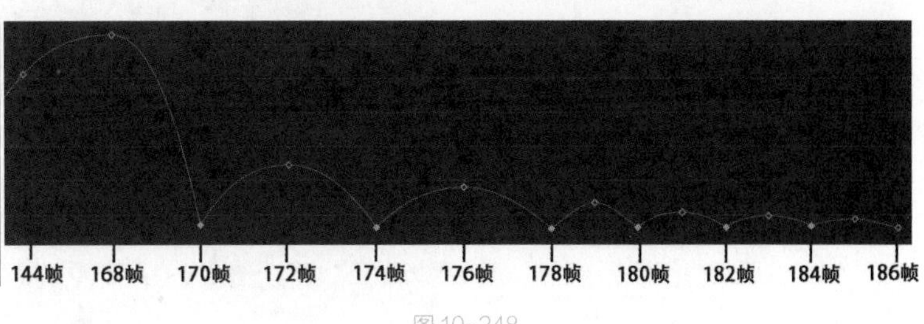

图 10-248

Step 10 选择小球上面腰部总控制柄，执行【窗口】>【动画编辑器】>【曲线图编辑器】菜单命令，打开【曲线图编辑器】窗口，单击【平移 Z】按钮，在第 120 帧 ~ 第 166 帧，删除多余的关键帧，在第 120 帧 ~ 第 148 帧，使小球与大铁球相撞，并设置曲线状态为减速曲线，如图 10-249 所示，效果如图 10-250 所示。

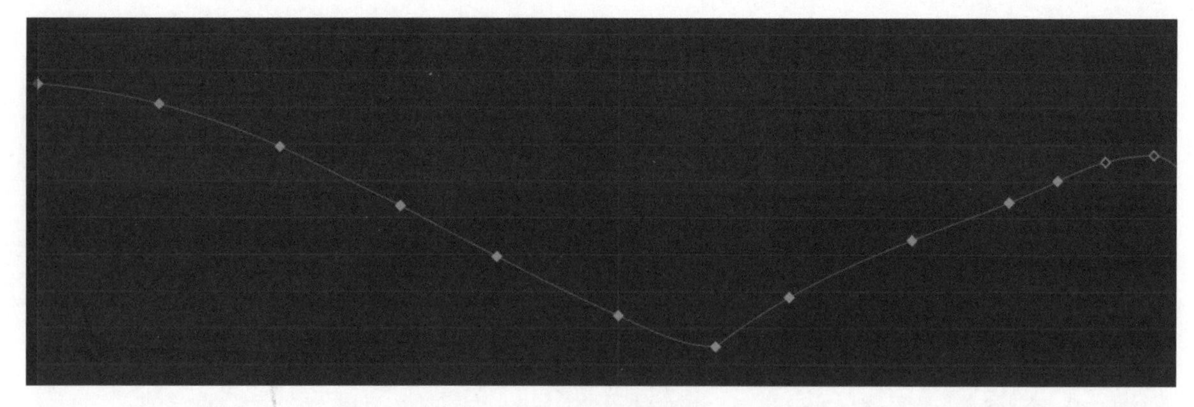

图 10-249

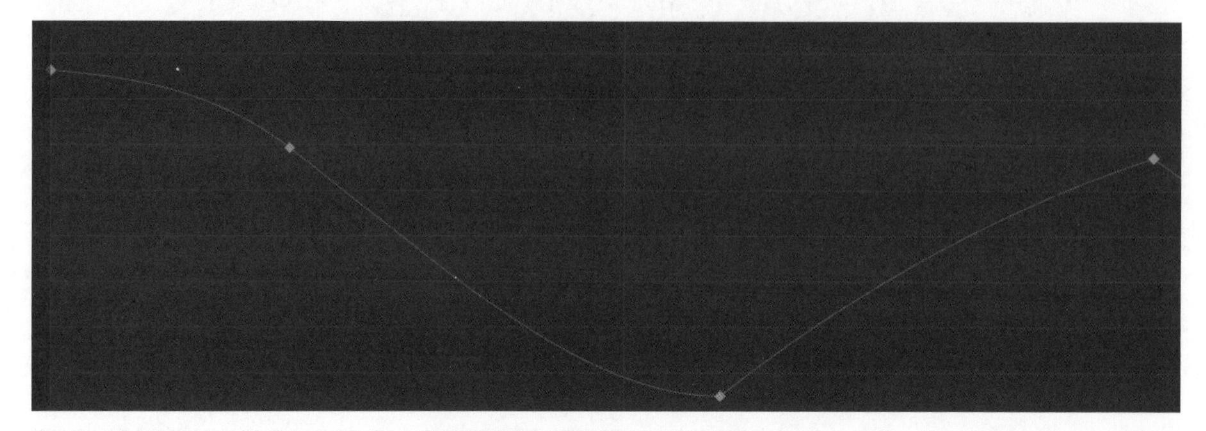

图 10-250

Step 11 打开【曲线图编辑器】窗口，单击【平移 Z】按钮，在第 167 帧～第 194 帧，删除多余的关键帧，并设置曲线状态为减速曲线，如图 10-251 所示，效果如图 10-252 所示。

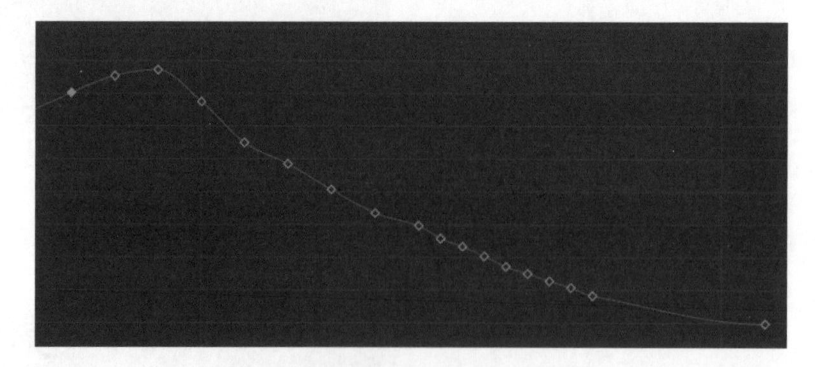

图 10-251

提示

小黑球和大铁球运动及其碰撞的调节不是一遍就能成功的，需要读者大量练习，才能做出满意的效果。

图 10-252

Step 12 设置小球旋转动画。在第120帧，选择小黑球黄色控制柄，按S键定义旋转关键帧，设置【旋转 X】为0，将时间滑块拖曳至130帧，设置【旋转 X】为-460，将时间滑块拖至第134帧，设置【旋转 X】为-676.306，将时间滑块拖至第148帧，设置【旋转 X】为-1268，将时间滑块拖至第166帧，设置【旋转 X】为-885.394，如图10-253所示。

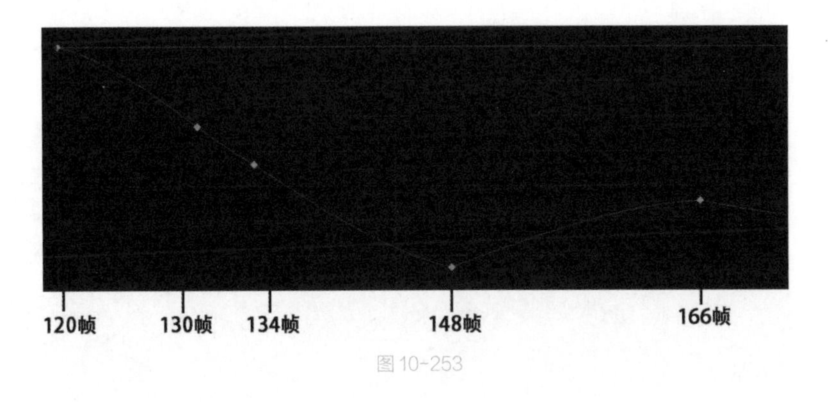

图10-253

Step 13 选择小黑球黄色控制柄，将时间滑块拖至第196帧，设置【旋转 X】为-1079.661，将时间滑块拖至第148帧，设置【旋转 X】为-1071.759，如图10-254所示。

图10-254

Step 14 创建动态分镜。执行【创建】>【摄影机】>【摄影机】菜单命令，在场景中创建摄影机（Camera 1）。选择摄影机，执行【面板】>【沿对象查看】菜单命令，进入摄影机视角。选择合适的角度，确定好分镜一的视角。完成后，单击工具栏左上角的【安全框】和【安全框边缘背景】按钮，将时间滑块拖至第1帧，按S键定义摄影机起始位置，拖动时间滑块至第20帧，按住Alt键+鼠标右键，轻微地推进镜头，如图10-255所示。

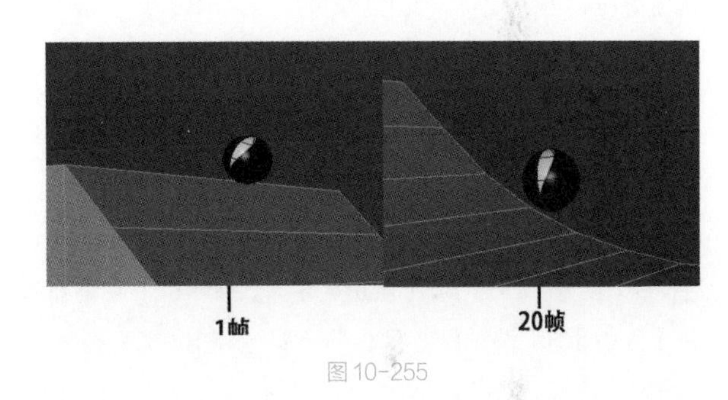

图10-255

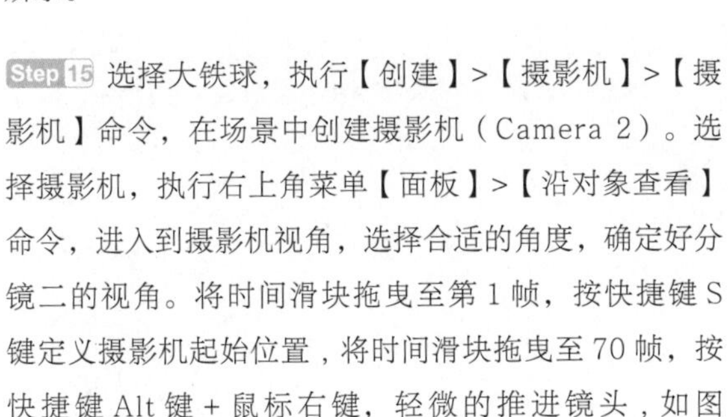

Step 15 选择大铁球，执行【创建】>【摄影机】>【摄影机】命令，在场景中创建摄影机（Camera 2）。选择摄影机，执行右上角菜单【面板】>【沿对象查看】命令，进入到摄影机视角，选择合适的角度，确定好分镜二的视角。将时间滑块拖曳至第1帧，按快捷键S键定义摄影机起始位置，将时间滑块拖曳至70帧，按快捷键Alt键+鼠标右键，轻微的推进镜头，如图10-256所示。

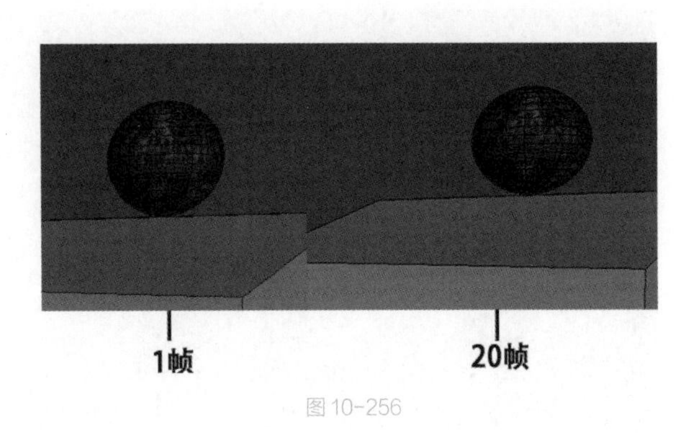

图10-256

Step 16 执行【创建】>【摄影机】>【摄影机】菜单命令，在场景中创建摄影机（Camera 3）。选择摄影机，执行【面板】>【沿对象查看】菜单命令，进入摄影机视角。选择合适的角度，确定好分镜三的视角。将时间滑块拖至第 1 帧，按 S 键定义摄影机起始位置。拖动时间滑块至第 70 帧，按住 Alt 键 + 鼠标右键，轻微地推进镜头，如图 10-257 所示。

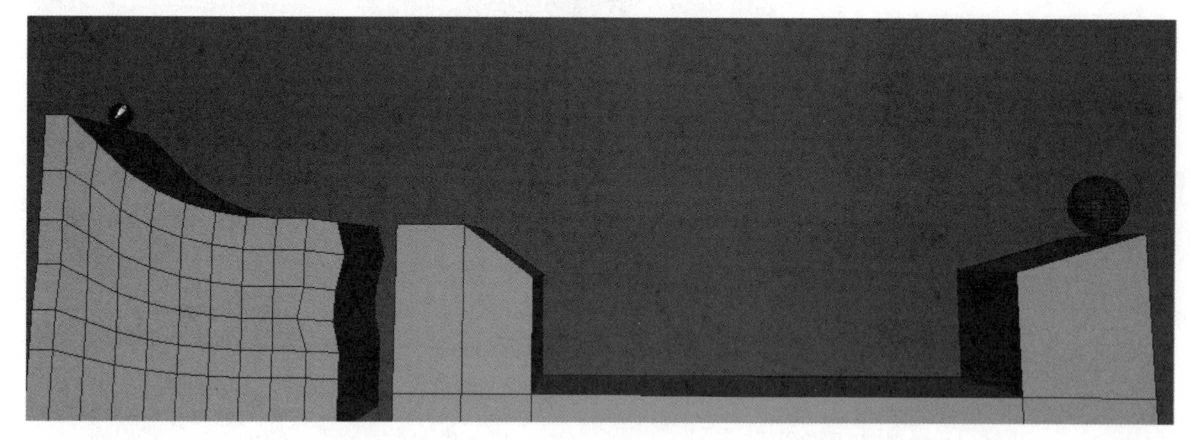

图 10-257

Step 17 执行【创建】>【摄影机】>【摄影机】菜单命令，在场景中创建摄影机（Camera 4）。选择摄影机，执行【面板】>【沿对象查看】菜单命令，进入摄影机视角。选择合适的角度，确定好分镜四的视角。将时间滑块拖至第 68 帧，按 S 键定义摄影机起始位置。拖动时间滑块至第 120 帧，按住 Alt 键 + 鼠标右键，轻微地推进镜头，如图 10-258 所示。

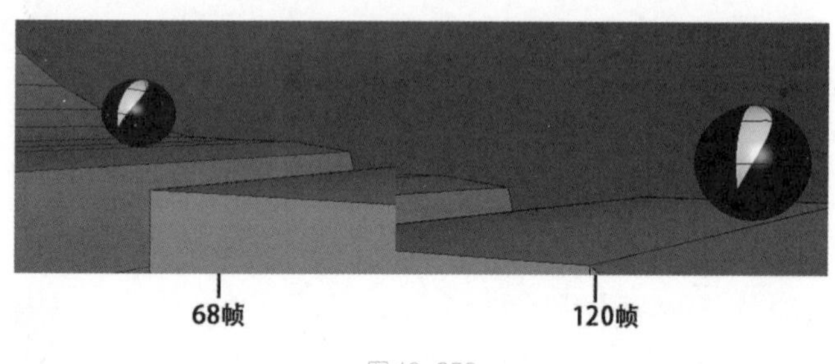

图 10-258

Step 18 执行【创建】>【摄影机】>【摄影机】菜单命令，在场景中创建摄影机（Camera 5）。选择摄影机，执行【面板】>【沿对象查看】菜单命令，进入摄影机视角。选择合适的角度，确定好分镜四的视角。将时间滑块拖至第 121 帧，按 S 键定义摄影机起始位置。拖动时间滑块至第 200 帧，按住 Alt 键 + 鼠标右键，轻微地推进镜头，如图 10-259 所示。

图 10-259

Step 19 拍屏输出视频。将鼠标指针移动到动画标尺栏位置，用鼠标右键单击下方的播放预览右侧的小方框，打开【播放预览】窗口，设置【格式】为【qt】、【编码】为Photo—JPEG，设置【缩放】为1.00，选中【保存到文件】复选框，单击【播放预览】测试按钮各个摄像机效果，如图10-260所示。

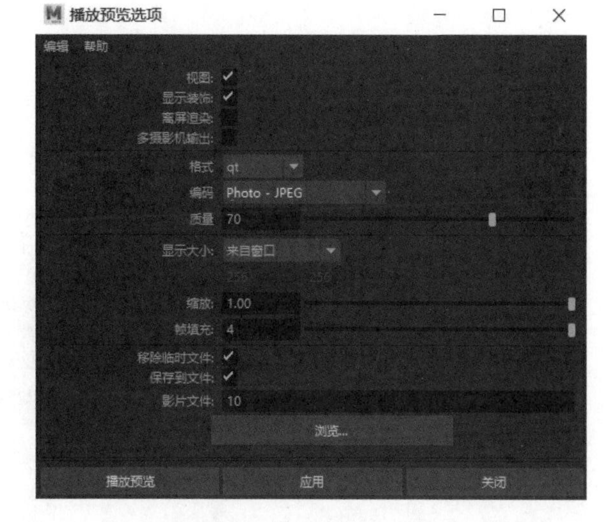

图10-260

提示

拍屏视频的格式除了qt，还有AVI、图片等格式，大家根据需要进行选择。

10.3 综合案例　角色搬重物

素材文件	素材文件\第10章\无	扫码观看视频 
案例文件	案例文件\第10章\综合案例——角色搬重物.mb	
视频教学	视频教学\第10章\综合案例——角色搬重物.mp4	
练习要点	掌握角色搬重物案例的制作	

10.3.1 角色搬重物前期制作

Step 01 打开【源文件\案例文件\第10章\10.3综合案例——角色搬重物.mb】，如图10-261所示。

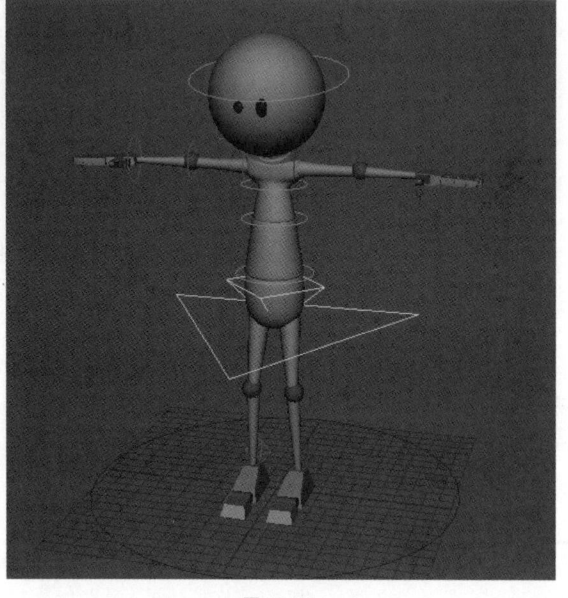

图10-261

Step 02 创建重物。打开【多边形建模】选项卡，单击【球体】按钮，在场景中创建一个球体作为重物，如图10-262所示。

Step 03 创建圆环及球体。打开【曲线/曲面】选项卡，单击【圆环】按钮，在场景中创建一个圆环作为虚拟体，通过【缩放】和【移动】命令与球体进行适配。选择球体，按Shift键加选圆环，按P键做父子链接，使圆环虚拟体能够控制球体，如图10-263所示。

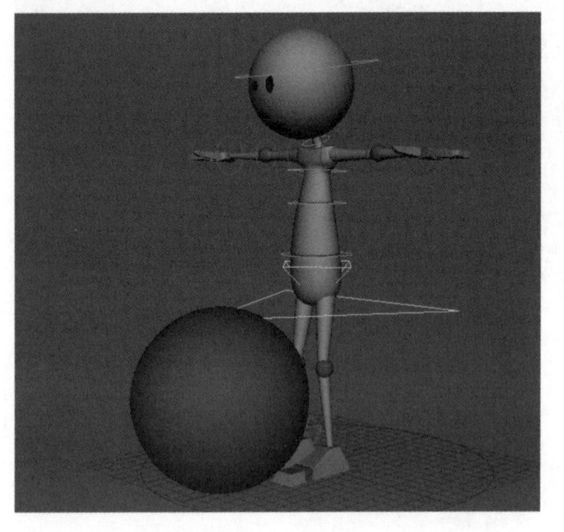

图10-262

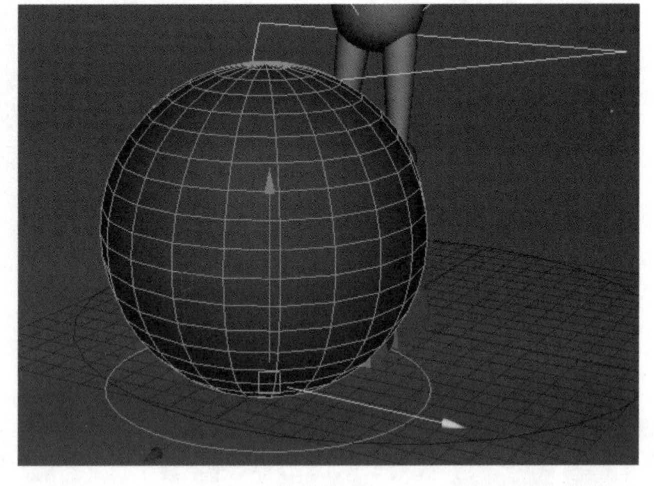

图10-263

提示

不论是创建球体还是圆环，如果太小，可以按R键进行放大，适应场景的大小。

Step 04 调整角色初始姿态。选择角色左手控制器，在右侧的【通道】栏中设置【Ik Enable】为1，使角色的手臂变成IK状态，并且将右手也调整为IK状态，如图10-264所示。完成后，调整角色身体的姿态，表现出搬重物前身体放松的姿态，如图10-265所示。

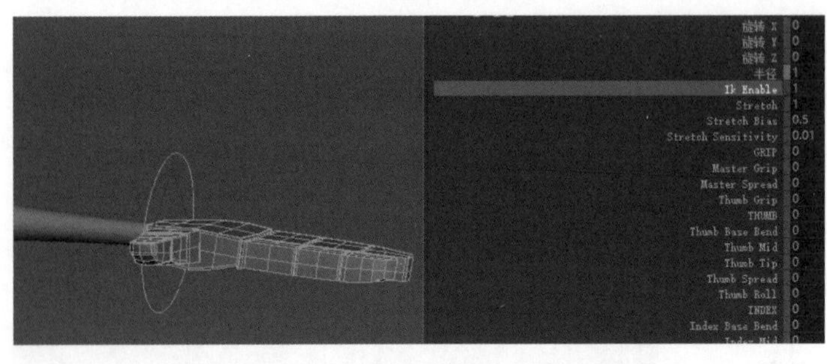

图10-264

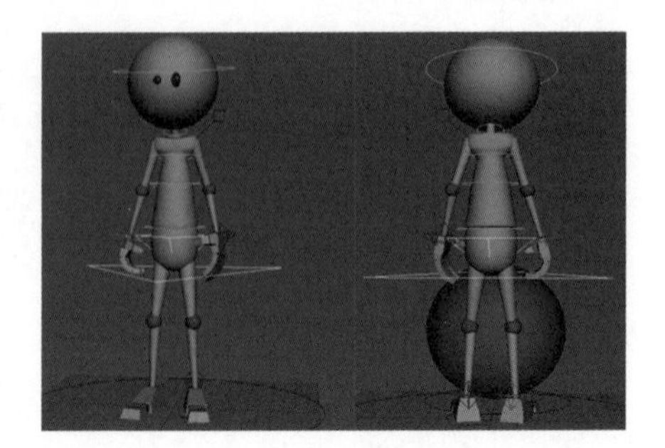

图10-266

Step 05 调整角色下蹲姿态。框选角色身上的所有控制器，分别在第1帧、第15帧和第30帧，按S键设置全身控制器关键帧，在第25帧调整角色姿态，如图10-266所示。

Step 06 调整角色深蹲姿态。选择角色臀部、腰部、肩部等位置，在第34帧，按S键设置全身控制器关键帧，如图10-267所示。

Step 07 将手部与球体链接。打开动画模块，将时间滑块移动到第25帧，制作身体刚蹲下手拖重物的姿态。选择左手腕部骨骼，按住 Shift 键加选球体控制柄，执行【动画】>【约束】>【父约束】菜单命令，将左手腕与球体控制柄做父子约束，如图 10-268 所示。

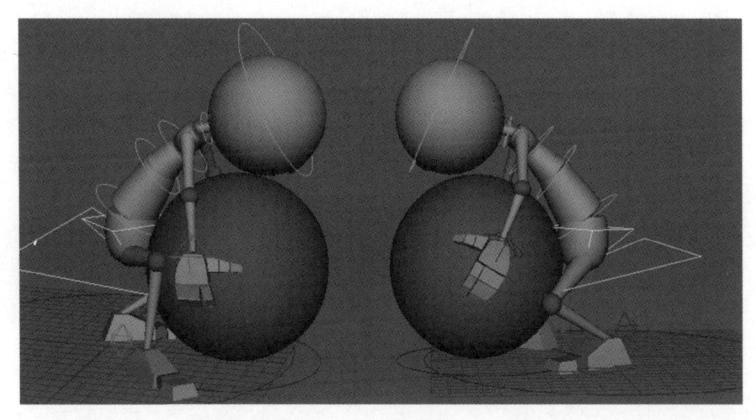

图 10-266

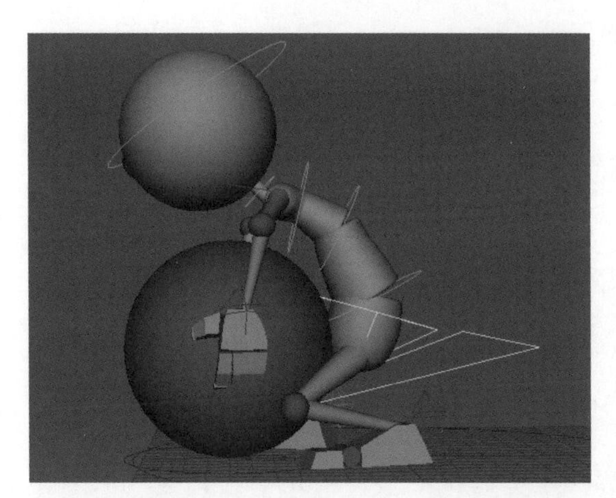

图 10-267

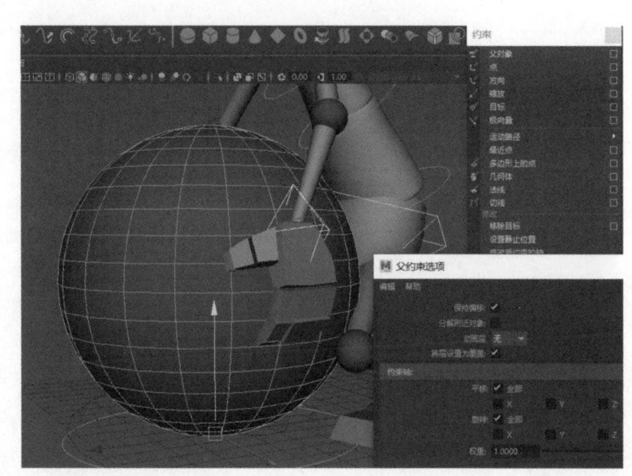

图 10-268

提示

父子链接和父子约束是不同的，父子链接一般常用 P 键，父子约束是在变形菜单。

 设置右手与球体的链接。单击工具栏中的【激活几何体】按钮，选择球体，按住 Shift 键加选右手控制柄，执行【动画】>【约束】>【父约束】菜单命令，将球体控制柄与右手腕做父子约束，这样双手就能通过控制柄控制整体运动，如图 10-269 所示。

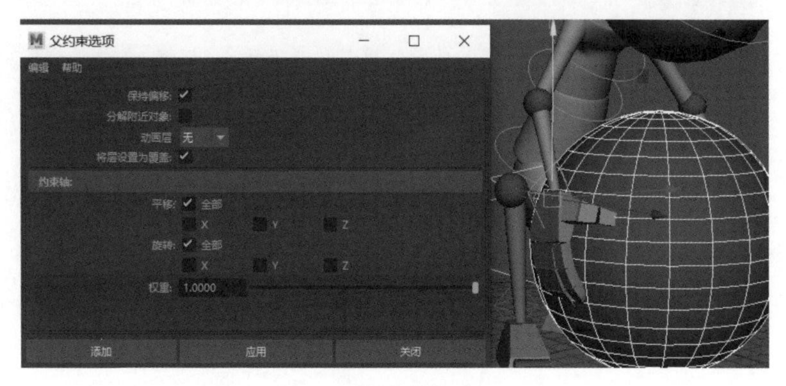

图 10-269

Step 09 设置左手与球体的关键帧控制。将时间滑块拖至第 25 帧，选择球体控制柄，按 S 键，右侧的【通道】栏中就会自动增加【Blend Parent 1】数值框，在第 25 帧，设置【Blend Parent 1】的值为 0，在第 26 帧设置【Blend Parent 1】的值为 1，如图 10-270 所示。

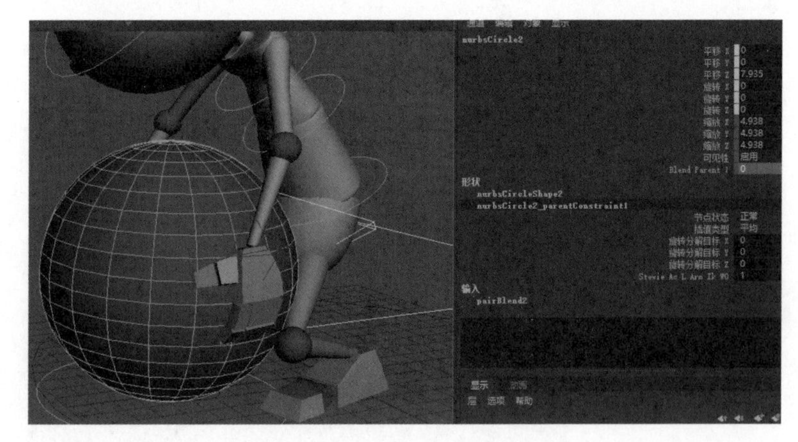

图 10-270

提示

当【Blend Parent 1】的值为 0 时，手部与球体不产生父子链接作用，当【Blend Parent 1】的值为 1 时，手部与球体产生父子链接作用。

Step 10 设置球体与右手的关键帧控制。在第 25 帧，选择左手腕部骨骼，在【通道】栏中设置【Blend Parent 1】的值为 0，在第 26 帧，选择左手腕部骨骼，在【通道】栏中设置【Blend Parent 1】的值为 1。至此，在第 26 帧之前角色手部不会与球体产生链接关系，在第 26 帧之后就会产生父子链接，如图 10-271 所示。

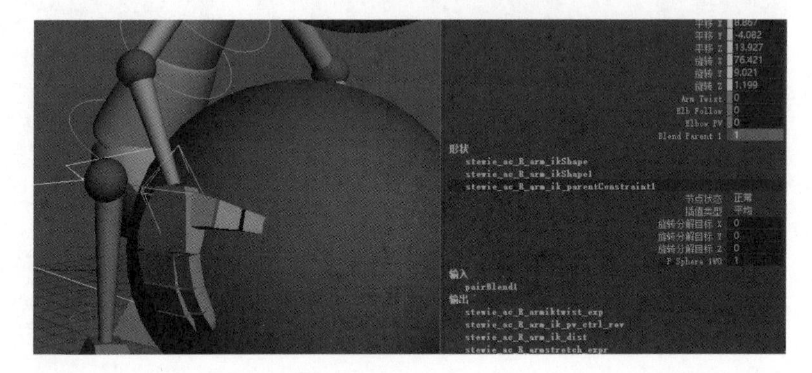

图 10-271

10.3.2 角色搬重物中期制作

Step 01 设置手腕部拖起球体的动画。将时间滑块拖至第 42 帧，选择角色腰部的黄色总控制柄，将角色身体抬起，调整角色弯腰的姿态。选择左脚骨骼，让左脚向前移动，选择右手腕部骨骼，将球体托起，形成抬起重物的姿态，如图 10-272 所示。

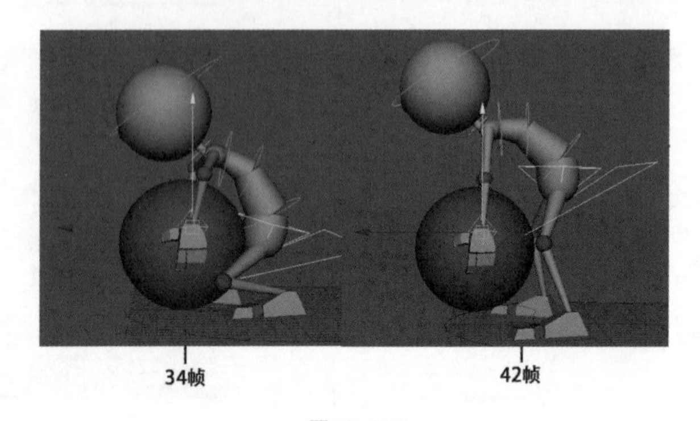

图 10-272

Step 02 设置角色右脚搬重物前行的状态。将时间滑块拖至第 54 帧，选择角色右脚骨骼，使其向前移动迈步。选择右手骨骼，按住 Shift 键加选腰部黄色总控制柄向前移动，完成右脚的姿态，如图 10-273 所示。

Step 03 设置角色左脚搬重物前行的状态。将时间滑块拖至第 68 帧，选择角色左脚骨骼，使其向前移动迈步。选择右手骨骼，按住 Shift 键加选腰部黄色总控制柄向前移动，完成左脚的姿态，如图 10-274 所示。

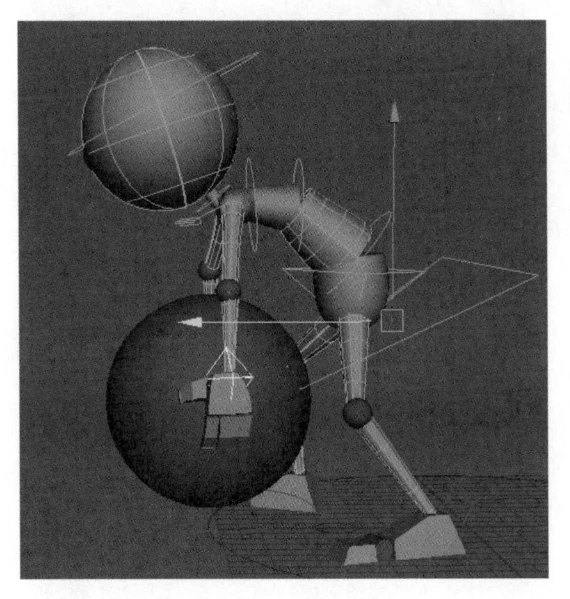

图 10-273

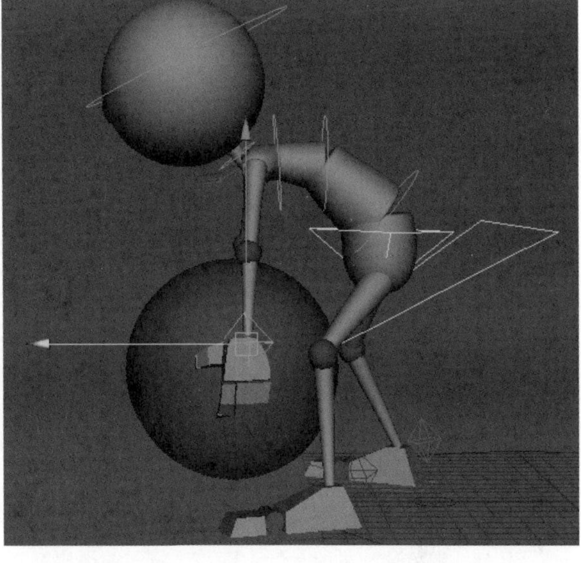

图 10-274

提示

角色在前行的过程中，手部托起重物，手臂尽量处于直立状态，这样符合手部受力后的姿态。

Step 04 设置角色右脚搬重物移动停止的状态。将时间滑块拖至第 85 帧，选择角色右脚骨骼，使其向前移动迈步，选择右手骨骼，按住 Shift 键加选腰部黄色总控制柄向前近距离移动，形成移动停止的姿态，如图 10-275 所示。

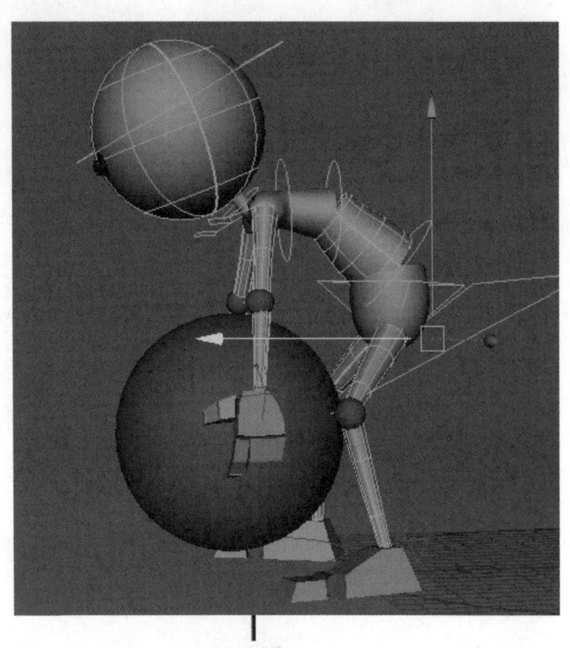

图 10-275

10.3.3 角色搬重物后期制作

Step 01 设置角色右脚搬重物停止下蹲的状态。将时间滑块拖至第98帧，选择角色腰部总控制柄，使身体下蹲。选择右手骨骼，同时让球体落地，让角色形成停止下蹲的姿态，如图10-276所示。

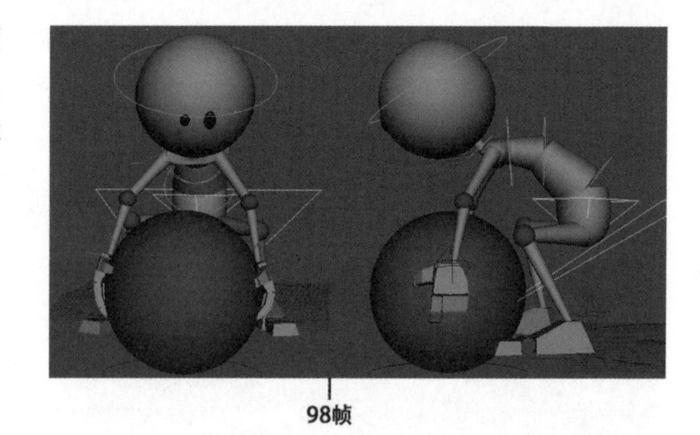

图10-276

Step 02 添加中间帧细节。将时间滑块拖至第15帧，调整角色的脖子、身体和手腕，形成低头思考的过程，如图10-277所示。将时间滑块拖至第20帧，加入中间帧，将角色身体下压，调整手腕方向，头部微微抬起，如图10-278所示，将时间滑块拖至第46帧，加入中间帧，将角色身体抬起，选择腿部骨骼，在第54帧复制关键帧，在第46帧进行粘贴，使身体和脚的运动提前，与手臂形成时间差，如图10-279所示，将时间滑块拖曳至第59帧，将角色右脚抬起向下旋转，将时间滑块拖至第62帧，给角色右脚加入旋转帧，如图10-280所示，将时间滑块拖至第70帧，将角色左脚抬起向下旋转，将时间滑块拖至第76帧，给角色左脚加入旋转帧，如图10-281所示，将时间滑块拖至第102帧，选择角色左手控制器，将球体放到地面上，之后头部抬起，如图10-282所示。

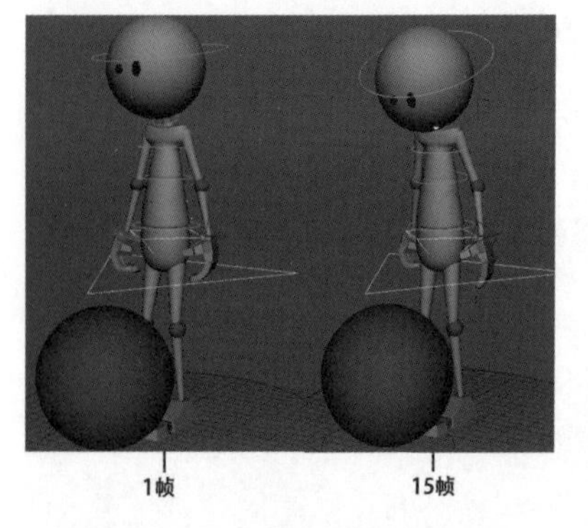

图10-277

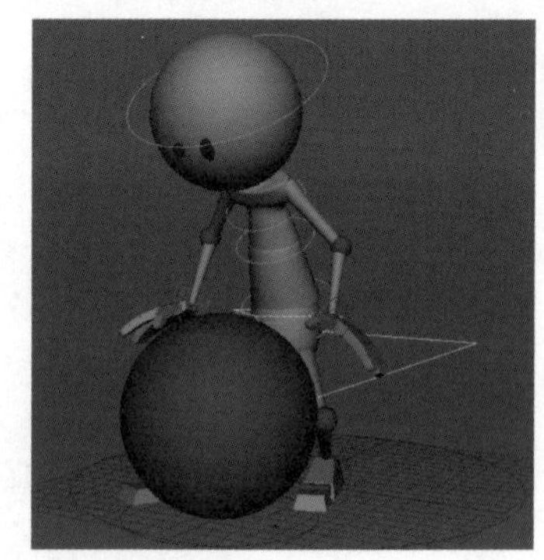

图10-278

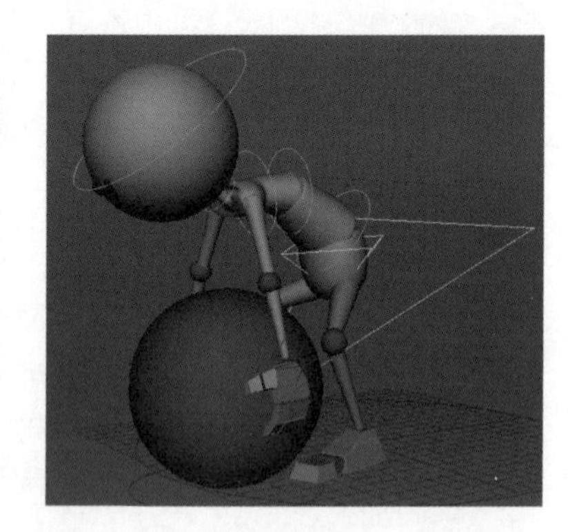

图10-279

图10-280

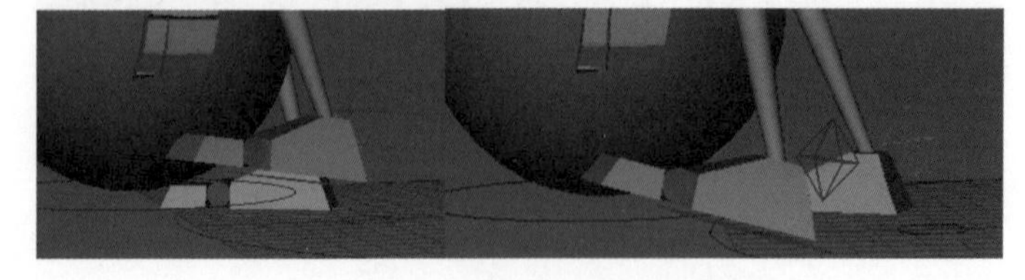

图10-281

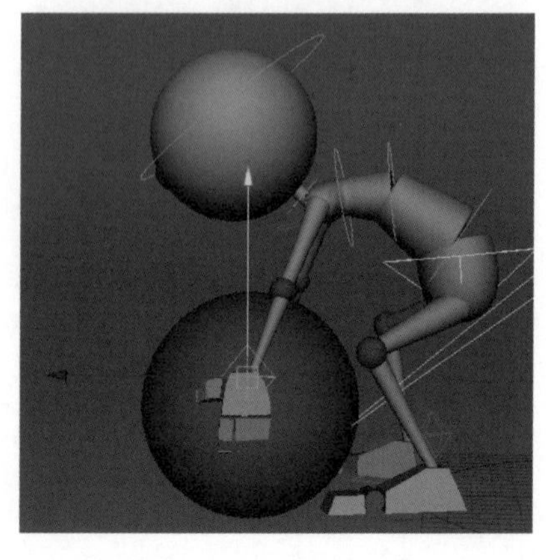

图10-282

Step 03 细化动作。将时间滑块拖至第 59 帧，选择角色腰部总控柄，向左侧支撑脚移动，同时调整臀部、腰部、胸部，形成圆弧状曲线，如图 10-283 所示，将时间滑块拖至第 70 帧，选择角色腰部总控柄，向右侧侧支撑脚移动，同时调整臀部、腰部、胸部，形成圆弧状曲线，如图 10-284 所示，将时间滑块拖至第 123 帧，选择角色控制器，将角色身体抬起，手臂恢复初始姿态，如图 10-285 所示。

Step 04 最终经过反复调整，案例制作完成，如图 10-286 所示。

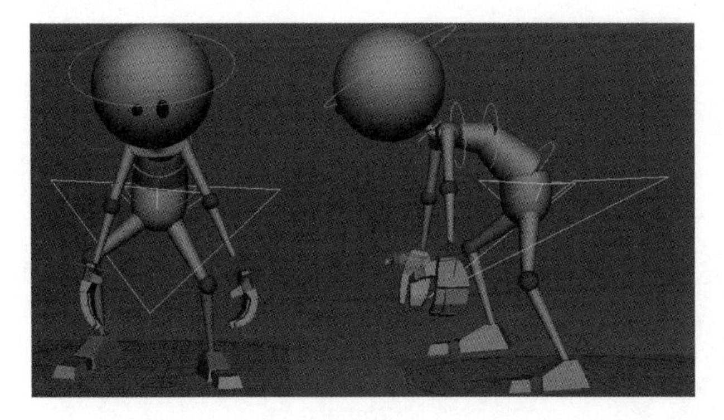

图 10-283

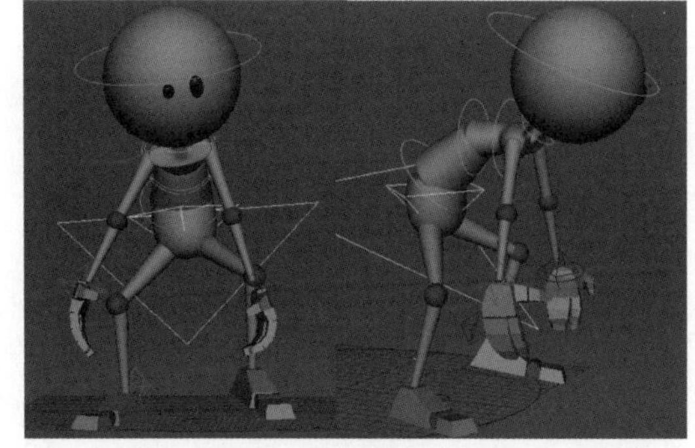

图 10-284

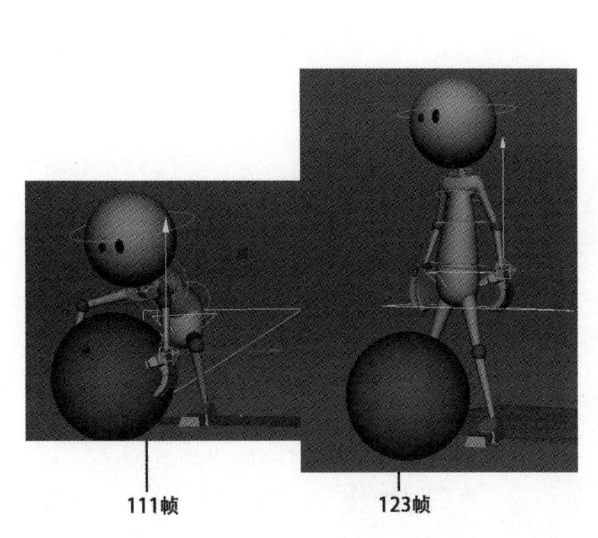

图 10-285

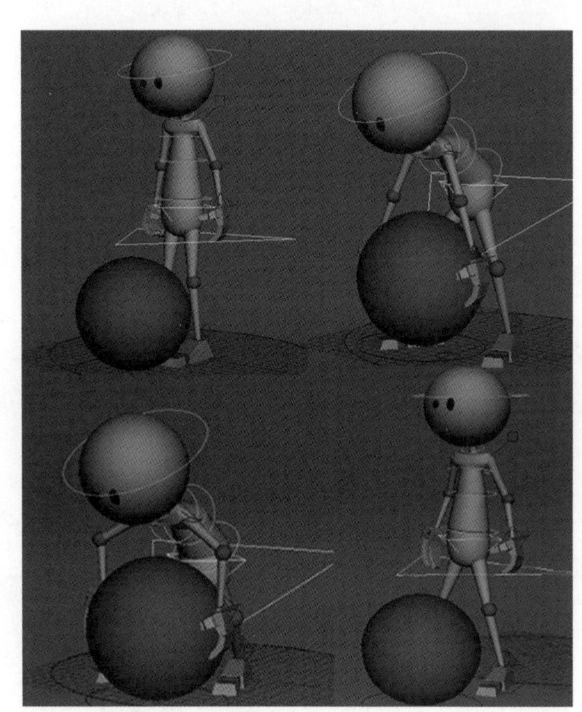

图 10-286

提示

在整个案例制作过程中，需要反复调节控制器，调整时框选所有的控制器进行整体移动。

课后习题

一、选择题

1. 多边形物体加线段细分的主要目的是（　　）。

A.【增加内存】　B.【减面】　C.【增加模型细节】　D.【过渡】

2. 在 Arnold（阿诺德）灯光系统中，区域光的发射形态是（　　）。

A.【矩形方式】　B.【点方式】　C.【圆柱体方式】　D.【像素方式】

3. 在三维动画中，（　　）是调节动画上下浮动、节奏的主要工具。

A.【曲线编辑器】　B.【关键帧】　C.【导向】　D.【发射器】

4. 通过创建（　　）能够自动出现【Blend Parent 1】选项。

A.【粒子系统】　B.【关键帧】　C.【控制器】　D.【动画】

二、填空题

1. 一般情况下，______ 命令可用于将模型的边缘由一条细化成多条。

2. 在 UV 编辑器中，使用 ______ 工具可对模型关键部分进行切割。

3. ______ 曲线可以使小球的运动由快到慢。

4. 在 UV 编辑器中，将模型 UV 各部分切割完成后，最后要使用 ______ 命令，使各个部分看起来均衡。

三、简答题

1. 简述【环境光】的作用。

2. 简述【Skydome Light】的概念。

3. 简述【父子约束】的主要特点。

四、案例习题

制作一段场景动画，包括角色跑步、转身，以及镜头切换等，拍屏输出 5 秒动画。

练习要点：

1. 根据提供的角色模型进行动画制作。

2. 调节曲线。

3. 综合运用动画运动规律及摄影机镜头知识进行动画制作，如图 10-287 所示。

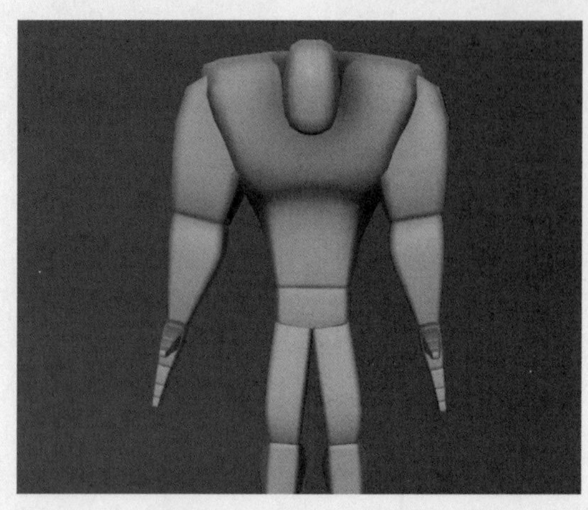

图 10-287